JN304057

タンパク質科学
イラストレイテッド

竹縄忠臣（東京大学医科学研究所 教授）

編集

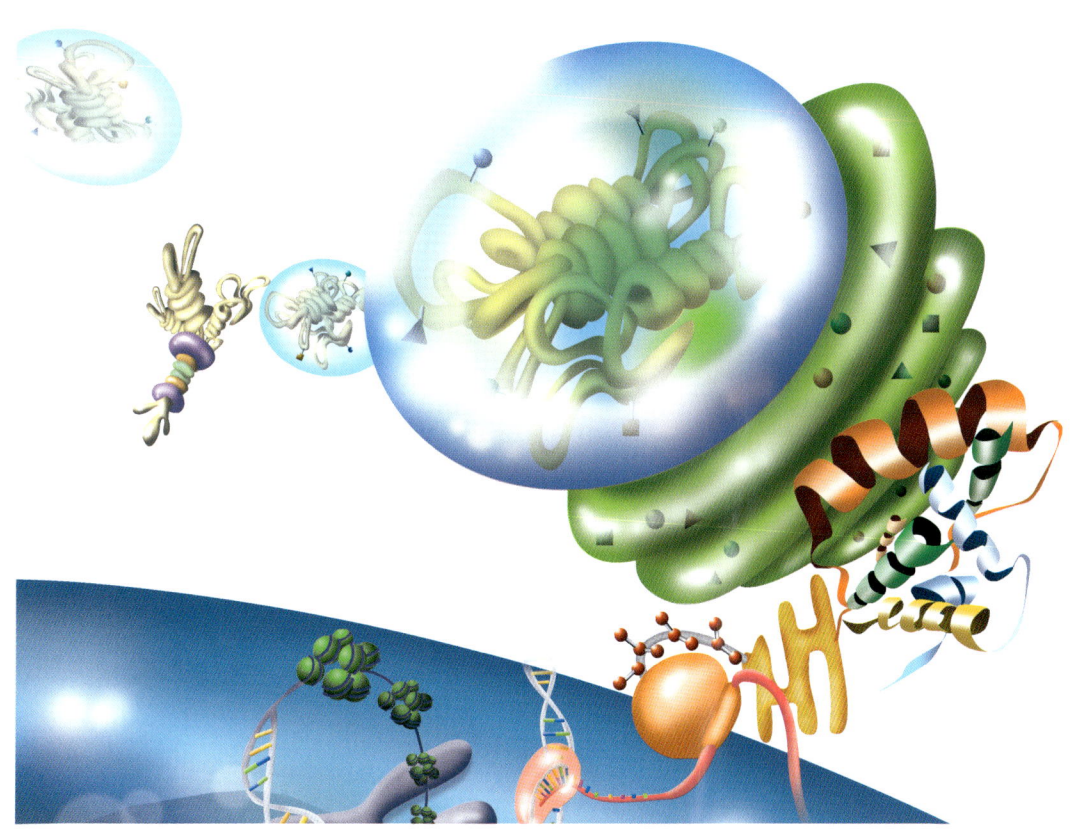

羊土社
YODOSHA

羊土社総合メールマガジンへ登録はお済みですか？

羊土社総合メールマガジンでは，登録者の方に羊土社出版物の最新情報，大学・研究機関・企業の求人情報など皆様の役に立つ様々な情報をお届けしております．登録・配信は無料です．まだ登録がお済みでない方は，今すぐ羊土社ホームページからご登録下さい！

ぜひご活用ください！！

羊土社ホームページ　http://www.yodosha.co.jp/

- ▼ 書籍の情報量が充実！ ▼ 大学・研究機関・企業の求人情報，学会・セミナー情報なども掲載！
- ▼ 希望書籍の購入ボタンを押すだけで，簡単に，しかも一括で書籍を購入できます．
- ▼ ホームページ限定のコンテンツも充実しています．

序

　待望のヒトゲノム解析が終わってみると，ヒトの遺伝子は当初予定していた（100,000個）よりもかなり数が少ない（32,000個）ことに驚かされた．ヒトとチンパンジーの違いも驚くほど少なく，99％は同じであるということやマウスの遺伝子も非常に似通っていることを考えるに，生物はあるところまでは遺伝子の数を増やすことで，進化を獲得してきたが，複雑な高等動物への進化はむしろタンパク質の多様性を増やす方向で行われてきたと考えられた．実際，遺伝子の32,000個に対し，タンパク質は100,000個近く存在するだろうと考えられている．

　この事実は多くの遺伝子が選択的スプライシングにより数個のタンパク質を作り出し，バリエーションを拡大していることを意味する．あくまでゲノムは生命体を構築するための平面設計図であり，これを手に入れたからといってすぐに複雑な生命体の構築や維持，調節機序がわかる訳でもなく，ただジグソーパズルの駒を手に入れただけにすぎない．立体的にジグソーパズルを組み立て，さらにソフトを駆使していかに生命体を調節しているのかを明らかにしなければ，本当に生命の基本がわかったとはいえない．人の体の仕組みや病気の原因を明らかにし，治療法などを開発するには，まず100,000個近く存在する個々のタンパク質のもつ機能を明らかにする必要がある．

　タンパク質は翻訳後修飾を受けることで，構造変換や場所決めが行われ，機能調節が行われているが，それを明らかにするにはゲノミクスから得た情報を生かしたプロテオミクスを行い，タンパク質の性質を調べる必要がある．高等生物になればなるほど，リン酸化，糖鎖付加，脂質化に代表されるように，より複雑な翻訳後修飾を受け，複雑な機能調節を受けることで，高度な機能を制御できるようになっている．タンパク質がさまざまな修飾を受けることで，機能的のみならず，時間的，空間的制御が併せ行われ，組織，細胞または細胞内の部位で異なった調節が行える．よって複雑な生命の営みを理解するにはこれらのタンパク質修飾の詳細を明らかにする必要がある．タンパク質は個々に独立して機能をしているというより，複合体を形成して作用をしていることが多い．このような複合体形成による情報伝達と機能調節，タンパク質相互のネットワークの解明は生命を統合的に理解するうえで必須である．

　本書では第一線のタンパク質研究者にタンパク質の基礎的性質から始まって，タンパク質合成，分解，高次構造，機能，さまざまな翻訳後修飾による制御の実態，タンパク質複合体，病気とのかかわりなどをわかりやすく図説し，タンパク質研究の全体像がつかめるように執筆していただいた．

　本書が21世紀の科学を担うタンパク質研究の手がかりともなれば望外の幸せである．

2005年9月

新緑のまぶしい白金台にて

竹縄忠臣

color graphics （巻頭カラー）

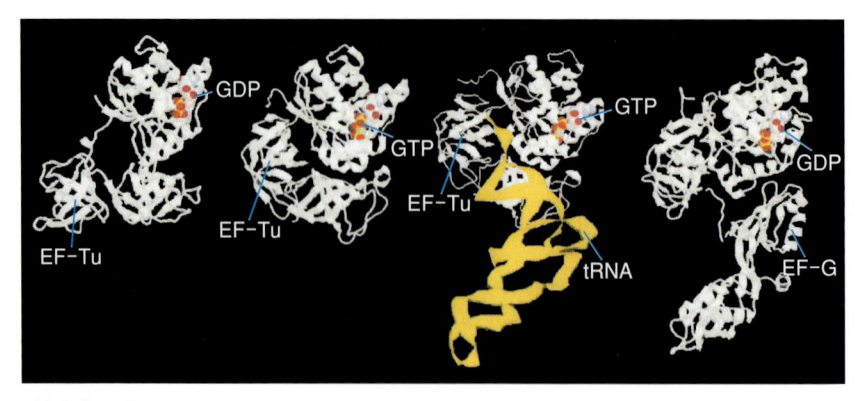

1 **原核生物の伸長因子**（41 ページ参照）
（左から）EF-Tu・GDP, EF-Tu・GTP, EF-Tu・GTP・tRNA^{Cys}, EF-G・GDP の立体構造. EF-Tu は GTP の加水分解の前後で，立体構造が大きく変化している．また，EF-G は EF-Tu・GTP・tRNA 複合体とよく似た構造をしており，タンパク質が RNA を分子擬態していると捉えることもできる

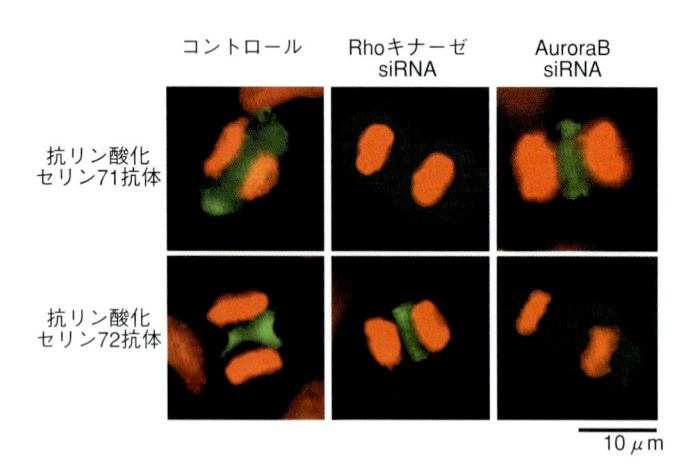

2 **中間径フィラメント構成タンパク質を分裂溝で特異的にリン酸化する酵素の同定**（103 ページ参照）
HeLa 細胞を Rho キナーゼ（ROCK1 および ROCK2）または AuroraB 特異的な siRNA（small interfering RNA）で処理．処理後の 72 時間で，ビメンチンの Ser71，または，Ser72 に対する抗リン酸化抗体で染色．緑が抗体，赤が propidium iodide による DNA の染色

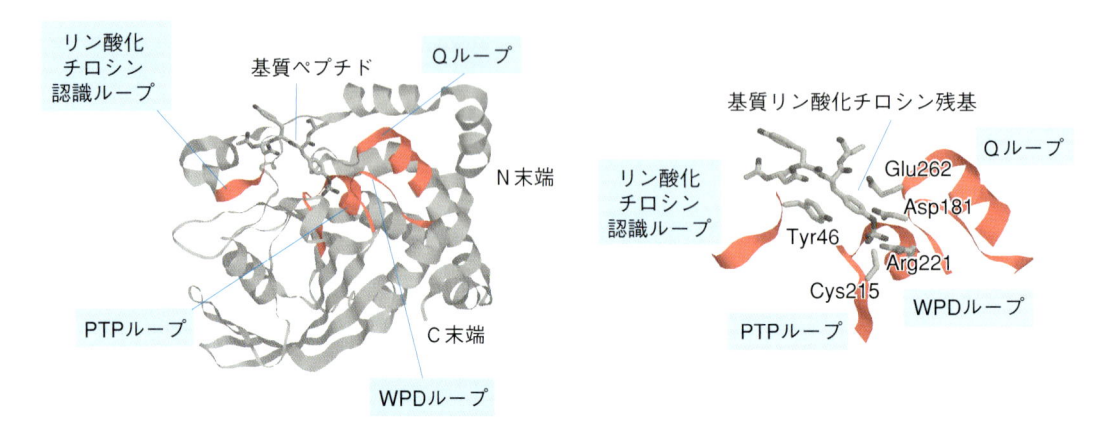

3 **ヒト PTP1B とチロシンリン酸化ペプチド複合体の三次元構造**（129 ページ参照）
左図：ヒト PTP1B と基質チロシンリン酸化ペプチド（インスリン受容体の自己リン酸化部位のアミノ酸配列にもとづいて合成したもの）の複合体結晶構造解析の結果（Salmeen et al, 2000）を模式的に示した．活性中心を形成する 4 つのモチーフ（PTP ループ，WPD ループ，Q ループ，リン酸化チロシン認識ループ）は赤で示した．右図：活性中心の構造を拡大したモデル．各ループ構造に含まれるアミノ酸残基の中で触媒に特に重要なものの構造と番号を示した．各モチーフの機能は 130 ページ図 3-22 を参照

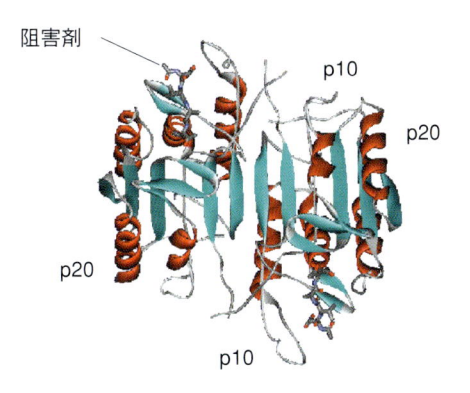

4 カスパーゼファミリーの構造と機能（242 ページ参照）
カスパーゼ-3/ペプチド阻害剤複合体の立体構造（PDB：1CP3）

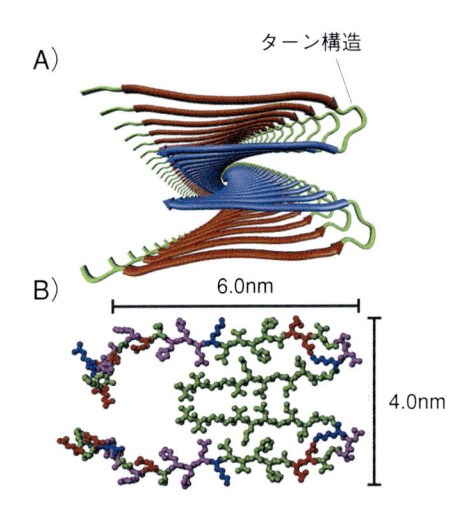

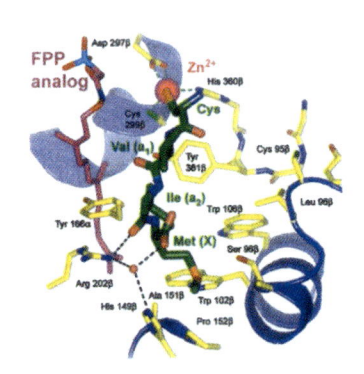

5 固体核磁気共鳴法を用いて決定された Aβ アミロイド線維の詳細構造（302 ページ参照）
A) Aβ の 9-40 残基のアミロイド線維構造リボン図．線維軸は手前から奥へ向かう方向．1 つの Aβ がターンを挟む 2 本のβストランド（赤と青）を形成し，二量体を 1 単位として全く同じ構造をもつ Aβ が連なっていく．B) アミロイド線維の構成単位である二量体の構造を原子レベルで表示したもの（Tycko, R1.: Biochemistry, 2003 より引用）

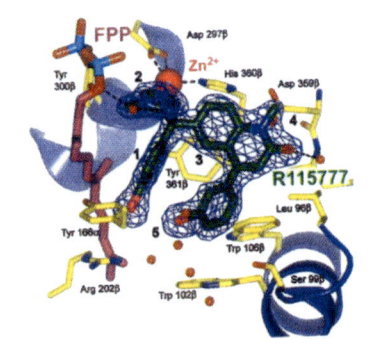

6 ファルネシル転移酵素の阻害薬および Ras 認識部位
（319 ページ参照）
CVIM と FTI の FT 結合の比較を結晶構造解析（326 ページ，文献 3 から引用）で示す

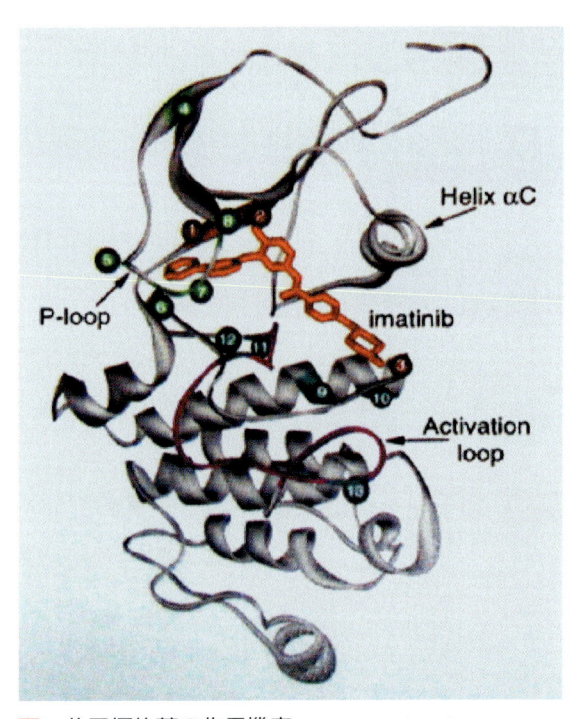

7 分子標的薬の作用機序（322 ページ参照）
imatinib と ABL TK の結晶構造（326 ページ，文献 4 より引用）

タンパク質科学イラストレイテッド

CONTENTS

序 　　　　　　　　　　　　　　　　　　　　　　　　　　　　　　　　　　　　竹縄忠臣

概論　生命活動とタンパク質 （竹縄忠臣）　　　　　　　　　　　　　　　　　13

- タンパク質の多様性と
  スプライシングバリアント　14
- タンパク質修飾　14
- 分子間相互作用とシグナルネットワーク網　17
- タンパク質の高次構造解析　18
- タンパク質の網羅的解析　18
- タンパク質の変異・動態異常と疾患　18
- おわりに　19

1章　タンパク質の基礎知識 （末次志郎）　　　　　　　　　　　　　　　　　21

- タンパク質とは何か？　22
- タンパク質はどのように作られ，分解されるか？　23
- タンパク質の作用の仕組み　30

2章　タンパク質動態の基本　　　　　　　　　　　　　　　　　　　　　　　33

1　タンパク質の合成 （姫野俵太）　　　　　　　　　　　　　　　　　　　　34
- 翻訳装置　35
- 情報分子と情報の変換　36
- 翻訳プロセス　36
- 変則的翻訳と翻訳レベルにおける遺伝子発現調節　42

2　タンパク質の構造 （神田大輔）　　　　　　　　　　　　　　　　　　　　45
- 一次構造　45
- 二次構造　46
- 超二次構造　47
- 高次構造　50
- 立体構造の分類　51
- ドメイン構造　53
- 立体構造決定法　54
- 相互作用解析　55

3　分子シャペロンとタンパク質のフォールディング （寺澤和哉，南 道子，南 康文）　57
- 分子シャペロンの果たす多元的な役割　57
- タンパク質のフォールディングに幅広くかかわる分子シャペロン　58
- 細胞内情報伝達分子のフォールディングにかかわる分子シャペロン　60
- タンパク質のフォールディングのために用意された揺りかご　62
- タンパク質の凝集に立ち向かう分子シャペロン　64

4　タンパク質分解 （八代田英樹，小松雅明）　　　　　　　　　　　　　　　67
- ユビキチン/プロテアソームシステム　68
- オートファジー　74

CONTENTS

5 タンパク質輸送と局在 （谷 佳津子, 多賀谷 光男） ... 80
- 局在化シグナル　　　　　　　　　80
- 核−細胞質間の輸送　　　　　　　82
- ミトコンドリアへの輸送　　　　　84
- ペルオキシソームへの輸送　　　　84
- 小胞体膜透過機構と細胞質への逆行輸送　86
- ゴルジ体　　　　　　　　　　　　87
- リソソームへの輸送　　　　　　　88
- 小胞輸送の仕組み　　　　　　　　90

3章　タンパク質修飾　　　　　　　　　93

1 セリン・スレオニンキナーゼ （後藤英仁, 稲垣昌樹） ... 94
- プロテインキナーゼ　　　　　　　95
- セリン・スレオニンキナーゼ　　　95
- Aキナーゼ　　　　　　　　　　　96
- Cキナーゼ　　　　　　　　　　　97
- MAPキナーゼカスケード　　　　　99
- サイクリン依存性プロテインキナーゼ　101
- 抗リン酸化（ペプチド）抗体による
  リン酸化反応の検出　　　　　　　102

2 チロシンキナーゼ （小谷武徳, 伊東文祥, 岡田雅人） ... 105
- 癌遺伝子研究とチロシンキナーゼ　106
- チロシンキナーゼと細胞内シグナル伝達　106
- 受容体型チロシンキナーゼ　　　　111
- 非受容体型チロシンキナーゼ　　　114
- チロシンキナーゼとインヒビター　118

3 哺乳動物細胞のプロテインセリン・スレオニンホスファターゼ
（田村眞理, 佐々木 雅人, 小林孝安） ... 119
- プロテインセリン・スレオニン
  ホスファターゼの分類　　　　　　119
- プロテインセリン・スレオニン
  ホスファターゼの構造解析　　　　120
- PP1　　　　　　　　　　　　　121
- PP2A　　　　　　　　　　　　　122
- PP2B　　　　　　　　　　　　　124
- PP2C　　　　　　　　　　　　　125

4 チロシンホスファターゼ （大西浩史, 的崎 尚） ... 127
- 触媒ドメインの共通構造と
  チロシン脱リン酸化のメカニズム　127
- 受容体型チロシンホスファターゼ　131
- 非受容体型チロシンホスファターゼ　135
- 二重特異性ホスファターゼ　　　　138

5 アセチル化, 脱アセチル化 （六代 範, 北林一生） ... 141
- ヒストンのアセチル化　　　　　　141
- ヒストンの脱アセチル化　　　　　147
- 転写因子のアセチル化　　　　　　147

6 タンパク質の脂質修飾 （内海俊彦） ... 150
- 脂質修飾タンパク質の構造と生合成　150
- 細胞情報伝達における
  タンパク質脂質修飾の役割　　　　154
- アシル化およびプレニル化タンパク質の
  膜結合とその制御　　　　　　　　155
- 脂質修飾タンパク質の
  ラフトへの局在化と細胞情報伝達　157
- 脂質修飾タンパク質の発現する
  多様な生理機能　　　　　　　　　158

7 ポリADP-リボシル化 （三輪正直, 金居正幸, 内田真啓, 花井修次） ... 160
- ポリADP-リボースの構造およびその合成　162
- ポリADP-リボシル化関連酵素の
  分子種と構造　　　　　　　　　　162
- ポリADP-リボシル化の生物学的役割　164
- PARP阻害剤を用いた研究　　　　166

CONTENTS

8 糖鎖修飾（佐野琴音, 小川温子） ... 168
- 糖タンパク質糖鎖の構造 　169
- タンパク質の糖鎖修飾メカニズム 　171
- 糖鎖修飾の生命機能 　173

4章 タンパク質機能 　181

1 細胞骨格タンパク質（馬渕一誠, 池辺光男, 伊藤知彦, 豊島陽子） ... 182
- アクチン細胞骨格 　182
- ミオシンスーパーファミリー 　188
- 微小管と結合タンパク質 　193
- 微小管系モータータンパク質 　196

2 受容体（橋本祐一, 芳賀達也） ... 200
- 受容体の働きと分類 　200
- イオンチャネル受容体 　201
- Gタンパク質共役受容体 　204
- タンパク質キナーゼ共役受容体 　208

3 情報伝達関連タンパク質（尾﨑惠一, 河野通明） ... 211
- チロシンキナーゼ型受容体を介した情報伝達とその制御機構 　212
- サイトカイン受容体を介した情報伝達とその制御機構 　218
- セリン/スレオニンキナーゼ型受容体を介した情報伝達とその制御機構 　220
- Gタンパク質共役型受容体を介した情報伝達とその制御機構 　222
- おわりに 　224

4 転写調節複合体（吉田 均, 北林一生） ... 225
- クロマチン構造と転写制御 　226
- 基本転写複合体と転写調節複合体の分類 　226
- 転写調節複合体の司令塔としてのアクチベーター 　227
- クロマチン構造の制御を行う転写調節複合体 　229
- メディエーター複合体による転写調節機構 　232
- FACT複合体による転写伸長制御機構 　234

5 アポトーシス関連タンパク質（高澤涼子, 酒井潤一, 須永 賢, 田沼靖一） ... 235
- デスリガンド/デスレセプター 　236
- Bcl-2ファミリー 　237
- IAPファミリー 　239
- カスパーゼファミリー 　241
- DNAエンドヌクレアーゼ 　242

6 細胞周期関連タンパク質（野島 博） ... 244
- 細胞周期とは何か 　245
- 細胞周期チェックポイント制御 　245
- 染色体分配と細胞分裂 　247
- 紡錘体形成チェックポイント 　251

5章 タンパク質分析法 　255

1 タンパク質の分離と精製（長野光司） ... 256
- ポストゲノム時代のタンパク質精製の重要性 　257
- 生体組織からのタンパク質の抽出 　258
- 分画法 　258
- タンパク質の分離法 　258
- 濃縮, 脱塩法 　263

2 マススペクトロメトリーとプロテオミクス解析 (長野光司) 266
- プロテオームとプロテオミクス解析　267
- マススペクトロメトリーの原理　268
- マススペクトロメトリーを用いた
  タンパク質の同定　271
- ショットガン法による大規定量解析法　272
- プロテオミクス解析の応用例　273

3 タンパク質の発現系 (本庄 栄二郎, 黒木良太) 276
- ポストゲノム時代における
  タンパク質発現系の重要性　277
- 原核細胞でのタンパク質発現　277
- 真核細胞（酵母，昆虫および動物細胞）
  でのタンパク質の発現　279
- 無細胞系でのタンパク質の発現　281
- タンパク質工学的な手法による
  タンパク質発現の改善　282

6章 タンパク質と疾患　285

1 タンパク質分解異常と疾患 －神経変性疾患を中心に－ (荒木陽一, 鈴木利治) 286
- アルツハイマー病　287
- プリオン病　290
- ハンチントン病　292
- まとめ　294

2 フォールディング異常と疾患 (大橋 祐美子, 内木宏延) 295
- フォールディング異常　296
- β_2-ミクログロブリン
  （透析関連アミロイドーシス）　298
- Aβ（アルツハイマー病，脳アミロイド血管症）　301
- おわりに　302

3 タンパク質変異と疾患 －癌にかかわるタンパク質－ (鎌田 徹) 304
- 癌の発生と仮説　305
- 膜受容体チロシンキナーゼからの
  シグナル伝達　308
- APCタンパク質によるシグナル伝達　309
- 癌抑制遺伝子 p16, Rb, p53 による
  シグナル伝達　310
- その他のタンパク質　311

4 癌治療の分子標的タンパク質 (丸 義朗) 314
- くすりと分子標的　315
- 細胞増殖の基本　315
- 病気を標的としない癌の標的分子　315
- 病気を標的とする癌の標的分子　321
- おわりに　325

索引　327

タンパク質科学イラストレイテッド

略語一覧

(本書にて使用される略語をアルファベット順に掲載した)

5HT ： 5-hydroxytryptamine
AAA ： ATPase associated with a variety of cellular activities
AD ： Alzheimer's disease
ADCC ： antibody-dependent cellular cytotoxicity (抗体依存性細胞傷害性)
APC/C ： anaphase promoting complex/cyclosome
APL ： acute promyelocytic leukemia (急性前骨髄球性白血病)
APP ： amyloid β-protein precursor
ARS ： aminoacyl-tRNA synthetaseARS
ATR ： ataxia telangiectasia- and Rad3-relasted
ATRA ： all-trans retinoic acid
BAG1 ： Bcl2-associated athanogene 1
Bcl-2 ： B cell lymphoma/leukemia-2 family
BH ： Bcl-2 homology
BIR ： baculoviral IAP repeat
BMP ： bone morphogenetic protein
BMP ： bone morphogenetic protein (骨形成因子)
BRCT ： BRCA1 C-terminal
BSE ： bovine spongiform encephalopathy (牛海綿状脳症, 狂牛病)
Bub3 ： budding uninhibited by benimidazole
CAD ： caspase activated DNase
CAK ： Cdk-activating kinase
caspase ： cysteinyl aspartic acid-protease
CBP ： CREB binding protein
Cbp ： Csk binding protein
CCT ： chaperonin containing TCP-1
Cdk ： cyclin-dependent protein kinase
CHIP ： carboxyl terminus of Hsc70 interacting protein
CID ： collision induced dissociation
CIS ： cytokine inducible SH2-protein
CJD ： Creutzfeldt-Jacob disease (ヒトクロイツフェルト・ヤコブ病)
CML ： chronic myeloid leukemia (慢性骨髄性白血病)
CP ： core particle
Csk ： C-terminal Src kinase
DEP-1 ： density enhanced phosphatase-1
DISC ： death inducing signaling complex
DUSP ： dual specificity phosphatase

EF ： elongation factor
EGF ： epidermal growth factor (上皮増殖因子)
ESI ： electrospray ionization (エレクトロスプレーイオン化法)
EVH ： Ena/VASP homology
ERK ： extracellular signal related kinase
FACT ： facilitates chromatin transcription
FADD ： Fas-associated death domain protein
FERM ： four point one (4.1) /ezrin/radixin/moesin homology
FGF ： fibrobkast growth factor (線維芽細胞増殖因子)
FPLC ： fast protein liquid chromatography (中圧クロマトグラフィー)
FRS2 ： FGF receptor substrate 2
GABA ： γ-amino butyric acid
GAP ： GTPase activating protein
GDI ： GDP dissociation inhibitor
GEF ： GDP/GTP exchange factor
GFAP ： glial fibrillary acidic protein (グリア線維性酸性タンパク質)
GGA ： Golgi-localizing, γ-adaptin ear homology domain, ARF-binding protein
GPCR ： G protein-coupled receptor
HAT ： histone acetyltransferase
HD ： huntington disease
HECT ： homologous to E6AP C-terminus
Hip ： Hsc70-interacting protein
HPLC ： high performance liquid chromatography (高圧クロマトグラフィー)
Hsp ： heat shock protein
Htt ： huntingtin
IAP ： inhibitor of apoptosis protein family
ICAD ： inhibitor of CAD
ICAM-1 ： intercellular adhesion molecule-1 (細胞間接着分子-1)
IF ： initiation factor
IFN ： interferon (インターフェロン)
IGF ： insulin-like growth factor (インスリン様増殖因子)
IL ： interleukin (インターロイキン)
IRES ： internal ribosome entry site
IRS ： insulin receptor substrate

Contracted word

IT MS：ion trap MS（イオントラップ型質量分離装置）
JAMM：Jab1/MPN domain metalloenzyme
LC：liquid chromatography
LPLC：low pressure liquid chromatography（低圧クロマトグラフィー）
Mad3：mitotic arrest defective
MALDI：matrix-assisted laser desorption/ionization（マトリクス支援レーザー脱離イオン化法）
MAPK：mitogen-activated protein kinase
MBV：multivesicular body
MEB：muscle-eye-brain
MPP：mitochondrial processing peptidase
MS：mass spectrometry（質量分析計）
MSF：mitochondrial import stimulation factor
MTOC：microtubular organizing center（微小管構造中心）
NGF：nerve growth factor（神経成長因子）
NSF：N-ethylmaleimide-sensitive factor
OTU：ovarian tumor
pADPRT：poly（ADP-ribose）transferase
PARG：poly（ADP-ribose）glycohydrolase
PARP：poly（ADP-ribose）polymerase
PARS：poly（ADP-ribose）synthetase
PAS：pre autophagosomal structure
PCAF：p300/CBP-associated factor
PDGF：platelet-derived growth factor（血小板由来増殖因子）
PH：pleckstrin-homology
PIC：pre-initiation complex
PKC：protein kinase C
PMF：peptide mass finger printing（ペプチドマスフィンガープリンティング法）
prion：proteinous infectous particle（プリオン）
PrP^C：cellular prion protein（正常型プリオン）
PrP^{SC}：scrapie prion protein（異常型プリオン）
PTB ドメイン：phosphotyrosine binding domain
PTEN：phosphatase and tensin homologue deleted on chromosome 10
PTK：protein tyrosine kinase
PTP：protein tyrosine phosphatase
PTS：peroxisome-targeting signal
Q MS：quadruple MS（四重極型質量分離装置）
RA：retinoic acid
RCC1：regulator of chromosome condensation 1
RF：release factor
RGS：regulator of G protein signaling
RhoGEF：Rho guanine nucleotide exchange factor
RRF：ribosome recycling factor
RSV：Rous sarcoma virus
SAP-1：stomach cancer-associated protein tyrosine phosphatase-1
SARA：Smad anchor for receptor activation
Scc：sister chromatid cohesion
SD：Shine-Dalgarno
SFK：Src family tyrosine kinase
SH：Src homology
Shc：Src homology and collagen
SHIP2：Src homology 2 domain-containing inositol 5-phosphatase 2
SMC：stability of minichromosomes
Smurf1/2：Smad ubiquitination regulatory factor-1/2
SNAP：soluble NSF attachment protein
SOCS：suppressor of cytokine signaling
SRP：signal recognition particle
STAT：signal transducer and activator of transcription
SUMO：small ubiquitin-related modifier
SWI2/SNF2：switch/sucrose non-farmenting
TAP：transporter associated with antigen presentation
TFⅡ：transcription factors for RNA polymerase Ⅱ
TGF：transforming growth factor（形質転換増殖因子）
TIM：translocase of inner membrane
TM：ataxia telangiectasia mutated
TNF：tumor necrosis factor（腫瘍壊死因子）
TOF MS：time-of-flight MS（飛行時間型質量分離装置）
TOM：translocase of outer membrane
TPR：tetratricopeptide repeat
TRAD：TNF receptor-associated death domain protein
TRAIL：TNF-related apoptosis-inducing ligand
TRiC：TCP-1 ring complex
TSE：transmissible spongiform encephalopathy（伝達性海綿状脳症）
UBA：ubiquitin-associated
UCH：Ub carboxy-terminal hydrase
UIM：ubiquitin interacting motif
USP/UBP：Ub-specific protease
VacA：vacuolating cytotoxin
VCAM-1：vascular cell adhesion molecule-1（血管細胞接着分子-1）

執筆者一覧 (五十音順)

荒木陽一 (Yoichi Araki)
北海道大学大学院薬学研究科ゲノム機能学講座・神経科学分野

池辺光男 (Mitsuo Ikebe)
マサチューセッツ大学医学部

伊藤知彦 (Tomohiko J. Itoh)
名古屋大学大学院理学研究科生命理学専攻

伊東文祥 (Bunsho Ito)
大阪大学微生物病研究所発癌制御研究分野

稲垣昌樹 (Masaki Inagaki)
愛知県がんセンター研究所発がん制御研究部

内田真啓 (Masahiro Uchida)
理化学研究所発生・再生科学総合センター細胞運命研究チーム

内海俊彦 (Toshihiko Utsumi)
山口大学農学部生物機能科学科生物機能化学講座

大西浩史 (Hiroshi Ohnishi)
群馬大学生体調節研究所バイオシグナル分野

大橋祐美子 (Yumiko Ohhashi)
福井大学医学部医学科病因病態医学講座分子病理学領域

岡田雅人 (Masato Okada)
大阪大学微生物病研究所発癌制御研究分野

小川温子 (Haruko Ogawa)
お茶の水女子大学大学院人間文化研究科 兼 糖鎖科学研究教育センター

尾﨑惠一 (Keiichi Ozaki)
長崎大学大学院医歯薬学総合研究科生命薬科学専攻細胞制御学研究室

金居正幸 (Masayuki Kanai)
シンシナティ大学医学部細胞生物学部

鎌田徹 (Tohru Kamata)
信州大学医学部分子細胞生化学講座

北林一生 (Issay Kitabayashi)
国立がんセンター研究所分子腫瘍学部

黒木良太 (Ryota Kuroki)
日本原子力研究開発機構中性子生命科学研究ユニット

神田大輔 (Daisuke Kohda)
九州大学生体防御医学研究所ワクチン開発構造生物学分野

河野通明 (Michiaki Kohno)
長崎大学大学院医歯薬学総合研究科生命薬科学専攻細胞制御学研究室

小谷武徳 (Takenori Kotani)
大阪大学微生物病研究所発癌制御研究分野

後藤英仁 (Hidemasa Goto)
愛知県がんセンター研究所発がん制御研究部

小林孝安 (Takayasu Kobayashi)
東北大学加齢医学研究所遺伝子情報研究分野

小松雅明 (Masaaki Komatsu)
順天堂大学医学部生化学第一

酒井潤一 (Junichi Sakai)
東京理科大学薬学部生化学

佐々木雅人 (Masato Sasaki)
秋田大学医学部構造機能医学講座分子医科学分野

佐野琴音 (Kotone Sano)
お茶の水女子大学大学院人間文化研究科

末次志郎 (Shiro Suetsugu)
東京大学医科学研究所腫瘍分子医学研究分野

鈴木利治 (Toshiharu Suzuki)
北海道大学大学院薬学研究科ゲノム機能学講座・神経科学分野

須永賢 (Satoshi Sunaga)
東京理科大学薬学部生化学

高澤涼子 (Ryoko Takasawa)
東京理科大学ゲノム創薬研究センター

多賀谷光男 (Mitsuo Tagaya)
東京薬科大学生命科学部分子細胞生物学研究室

竹縄忠臣 (Tadaomi Takenawa)
東京大学医科学研究所腫瘍分子医学研究分野

谷佳津子 (Katsuko Tani)
東京薬科大学生命科学部分子細胞生物学研究室

田沼靖一 (Sei-ichi Tanuma)
東京理科大学薬学部生化学, ゲノム創薬研究センター

田村眞理 (Shinri Tamura)
東北大学加齢医学研究所遺伝子情報研究分野

寺澤和哉 (Kazuya Terasawa)
東京大学大学院理学系研究科生物化学専攻・生物情報科学学部教育特別プログラム

豊島陽子 (Yoko Y. Toyoshima)
東京大学大学院総合文化研究科生命環境科学系

内木宏延 (Hironobu Naiki)
福井大学医学部医学科病因病態医学講座分子病理学領域

長野光司 (Kohji Nagano)
東京大学医科学研究所機能プロテオミクス共同研究ユニット

野島博 (Hiroshi Nojima)
大阪大学微生物病研究所環境応答研究部門分子遺伝分野

芳賀達也 (Tatsuya Haga)
学習院大学理学部生命分子科学研究所

橋本祐一 (Yuichi Hashimoto)
学習院大学理学部生命分子科学研究所

花井修次 (Shuji Hanai)
産業技術総合研究所生物機能工学研究部門生物時計研究グループ

姫野俵太 (Hyouta Himeno)
弘前大学農学生命科学部応用生命工学科生体情報工学講座

本庄栄二郎 (Eijiro Honjo)
日本原子力研究開発機構中性子生命科学研究ユニット

的崎尚 (Takashi Matozaki)
群馬大学生体調節研究所バイオシグナル分野

馬渕一誠 (Issei Mabuchi)
東京大学大学院総合文化研究科生命環境科学系

丸義朗 (Yoshiro Maru)
東京女子医科大学医学部薬理学講座

南道子 (Michiko Minami)
東京学芸大学教育学部生活科学科・東京大学大学院医学系研究科分子細胞生物学専攻 生化学分子生物学細胞情報部門

南康文 (Yasufumi Minami)
東京大学大学院理学系研究科生物化学専攻・生物情報科学学部教育特別プログラム

三輪正直 (Masanao Miwa)
長浜バイオ大学バイオサイエンス学部細胞生命科学コース

八代田英樹 (Hideki Yashiroda)
東京都臨床医学総合研究所基盤技術研究センター先端研究室

吉田均 (Hitoshi Yoshida)
国立がんセンター研究所分子腫瘍学部

六代範 (Susumu Rokudai)
国立がんセンター研究所分子腫瘍学部

概 論

生命活動とタンパク質

概論

生命活動とタンパク質

タンパク質は細胞，組織，器官を形成し，生命維持のための代謝活動を行い，高次機能にも携わり，それらの機能を制御する情報伝達システムをも構築する．つまりDNAという設計図に基づいて，実際の生命活動を行っている本体はタンパク質であるといえる．タンパク質は誰でも知っているように20個のアミノ酸より構成される鎖（一次構造）よりなり，部分的にαヘリックスやβシートという二次構造が組み合わさり，さらには二次構造鎖が折りたたまれ，三次構造をとる．タンパク質の最小機能単位はαヘリックスとβシートが複数個組み合わさってできるドメインである．このドメインが機能の最小単位として，さらに複数個集まって1つのタンパク質が生まれる．ポストゲノム時代に求められる最大のテーマは実際に細胞や組織を構築し生命機能を司るタンパク質の機能とその調節機序の解明である．

■ タンパク質の多様性とスプライシングバリアント

ヒトの遺伝子の数が32,000個なのに，存在するタンパク質の数が100,000個近くあるということは，いかに高等動物が1つの遺伝子から複数のタンパク質を構築し，高度に進化した生体を維持するため，膨大に増えた情報を遺伝子を増やさずに処理するシステムを作り上げてきたかを物語っている．スプライシングはタンパク質の最小機能単位，ドメインの組み合わせ方を変えることで，同じ遺伝子を使って，タンパク質の多様性を増し，高等生物の特殊に分化した組織での特殊な機能を担うシステムとなっている（第1章　タンパク質の基礎知識）．1個1個のスプライシングバリアントの機能や調節のされ方の違いを明らかにしていくことは，生物が多くのアイソフォームを作り出すことで，細胞，組織での機能特異性と多様性を獲得してきたことを理解するのに重要である．また生物は個々のアイソフォームの細胞内局在や組織分布を変えることで，同じ活性をもつ酵素だとしても，全く異なった機能にかかわれるようにして，同じ遺伝子で多様な機能へ対応できるようにした．これらのスプライシングによって生じたアイソフォームの局在，機能の特異性，調節の違いを知ることは，複雑な機能を統合的に理解するうえで，また特異性をもった薬剤開発のために重要である．図1に生物がいかにしてタンパク質の多様性を獲得してきたかを示した．

■ タンパク質修飾

われわれの体を形作り，生命体を維持し，高次な活動を効率よく行うためには，これらの機能を司るタンパク質の制御を行うシステム，情報伝達系が必要となる（第4章　タンパク質機能）．高等動物ともなり，免疫系，脳神経系などの高次機能を獲得すると，さらに膨大な情報処理が必要とされるようになった．まさに脳は情報センターとして情報処理を専門に行

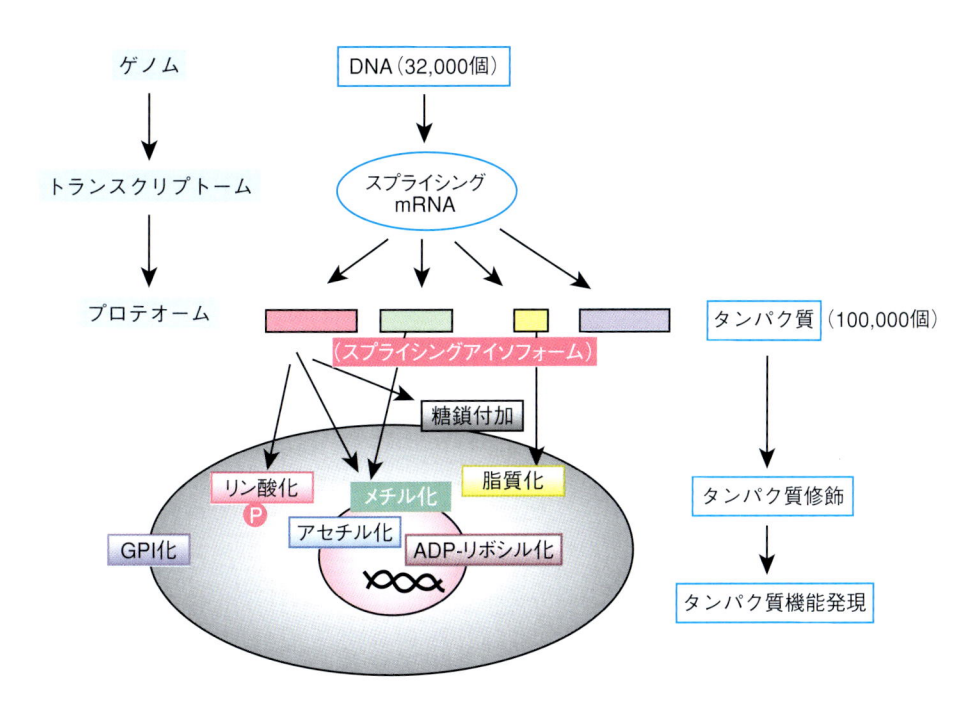

図1　タンパク質の多様性と機能調節
生物は遺伝子による直接的な支配とは別にタンパク質に多様性を与え，翻訳後修飾を行うことでフレキシブルな調節機序を生み出してきた．このような柔軟であいまいな機能制御が生物にはふさわしい

う器官として進化してきた．これら情報を伝達し機能をさまざまに調節する主な手段として，生物はタンパク質のリン酸化という方法をとった．つまりタンパク質リン酸化酵素（キナーゼ）を作り出し，標的タンパク質のセリンやスレオニンもしくはチロシン残基にリン酸を付加し構造変化をもたらし，機能を調節するというやり方である（図2）．この際，セリンやスレオニン残基をリン酸化するセリン/スレオニンキナーゼが原始的な生物ともいえる単細胞生物から出現し，主に標的タンパク質を直接リン酸化することで機能調節を引き起こすのに使われる．

　一方，チロシンキナーゼ系は主に多細胞生物になってより進化してきた情報伝達系で，さまざまな受容体が刺激を受けて活性化され，周辺のタンパク質の多くのチロシン残基をリン酸化する．そして，その部位にリン酸化チロシンを含む配列を認識するドメイン構造をもつシグナルタンパク質を集合（ドッキング）させ，受容体の周りに情報伝達発信の基地を作り，同時多発的に下流にシグナルを送るシグナル複合体形成を行う．よってチロシンキナーゼ系は多細胞生物特有の生命現象である分化や増殖のコントロール，形態形成，高次生命活動において重要な役割を果たす．

　生物はこのようにリン酸化というタンパク質修飾により機能調節手段を作り出したが，ゲノム情報からのみではどのようなタンパク質がどのようにリン酸化を受けて機能調節を受けているかは予測できない．ポストゲノム時代の最大のテーマの1つがキナーゼのターゲット，リン酸化部位の特定とリン酸化による機能変化を明らかにすることである．リン酸化による

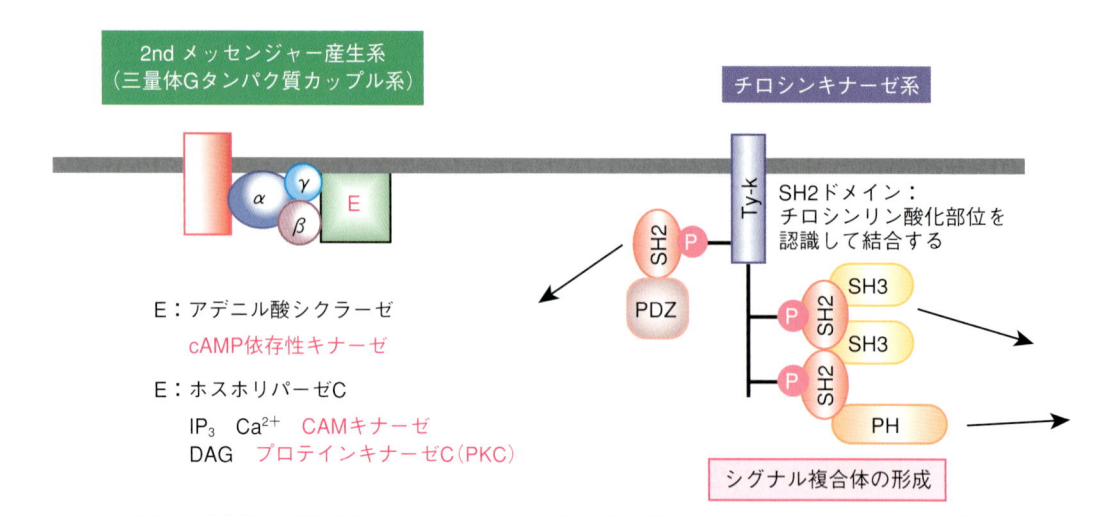

図2 生物はタンパク質リン酸化を情報伝達の手段とした

タンパク質リン酸化はセリン/スレオニンをリン酸化するセリン/スレオニンキナーゼとチロシンをリン酸化するチロシンキナーゼがある．セリン/スレオニンキナーゼは主に直接ターゲットであるタンパク質をリン酸化して構造変化を促し，直接機能調節を行うことが多いのに対し，チロシンキナーゼは受容体の周辺に存在するタンパク質をリン酸化し，そこにSH2ドメインなどチロシンリン酸化部位を認識するドメインをもつタンパク質を集め，複合体を作りシグナル発生の基地とし，同時多発的にシグナルを下流に送るシステムを構築することが多い

図3 さまざまなドメインがイノシトールリン脂質を認識する

高次構造上の類似性は認められないドメインがさまざまなイノシトールリン脂質を認識する．プレクストリン N-末端の PH ドメインは PI(4,5)P$_2$ と結合し（A），Epsin の ENTH ドメインも PI(4,5)P$_2$ と結合する（C）．EEA1 の FYVE ドメインは PI(3)P に結合し（B），p47 phox の PX ドメインは PI(3,4)P$_2$ と結合する（D）

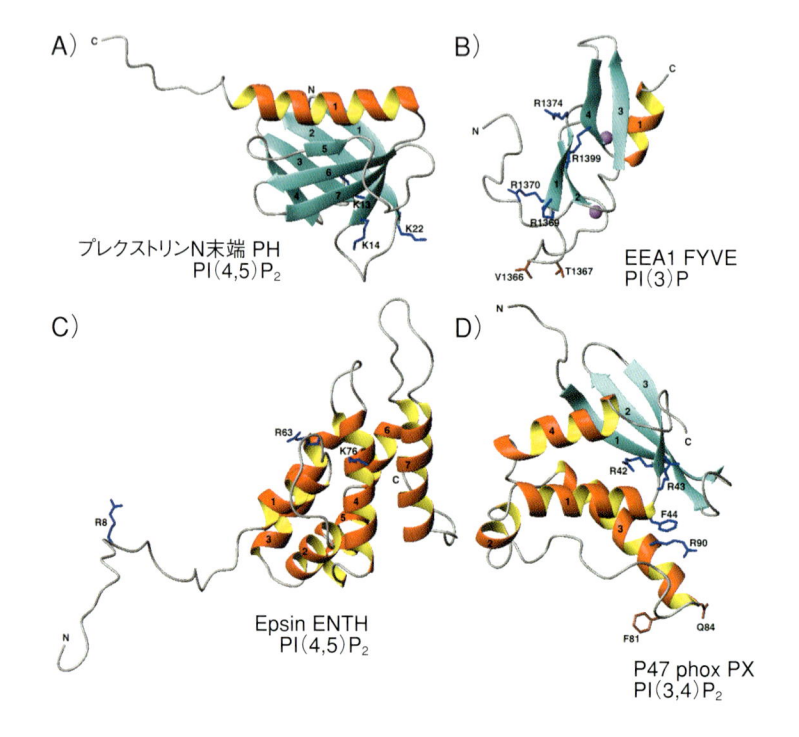

A) プレクストリンN末端 PH　PI(4,5)P$_2$

B) EEA1 FYVE　PI(3)P

C) Epsin ENTH　PI(4,5)P$_2$

D) P47 phox PX　PI(3,4)P$_2$

タンパク質機能調節は非常に広範に行われ，その異常は癌をはじめさまざまな疾病を引き起こすので，特異的なキナーゼの阻害剤の開発も注目を集めている．

さらに，タンパク質の修飾はリン酸化のほかにもアセチル化，メチル化，GPI化，ADPリボシル化，脂質付加や糖鎖の付加という形で行われ（図1），多くのタンパク質が修飾を受け，活性や局在が制御されている．これらタンパク質修飾の機序とその意義を明らかにすることは，一連のタンパク質が特殊な局在と制御を与えられ，特殊な機能を果たし，それが細胞や組織の特異的な機能に繋がっていることを理解するうえで重要である（**第3章　タンパク質修飾**）．

分子間相互作用とシグナルネットワーク網

タンパク質の多くは機能をもったドメインが複数個集まった形で構成されている（**第2章　タンパク質動態の基本**）．そのドメインは酵素活性を有するもののほか，タンパク質−タンパク質相互作用をするものや低分子化合物を認識し結合するものなどが存在する．これらの認識は多くの場合，高次構造をとるタンパク質ドメインが，タンパク質の3〜10程度のアミノ酸より構成されるペプチド配列や脂質，GTPなどを認識する高分子−低分子の認識機構をとることが多い．SH2ドメインはリン酸化チロシンを含む，4個のアミノ酸を認識し，SH3ドメインはプロリンに富む短いペプチドと結合し，PHドメインはさまざまなホスホイノシタイド（イノシトールポリリン脂質）を認識する（図3）．ドメインも同じような高次構造をもつが，認識部位の構造を少し変えることで，さまざまな分子種を認識できるように進化し，1つのドメインの出現で多様な分子に対応できるようになった．この代表例としてSH2ドメインやPHドメインがある．

一方で，同じ分子を認識するにもかかわらず，全く高次構造上の相同性がなく，異なったドメインが使われる場合（PHドメインとENTHドメイン）もある（図3）．通常，複数個のドメインをもったタンパク質が多く，生体内での機能にかかわっているが，これらのタンパク質は，1個1個のドメインまたはタンパク質が独立して機能しているのではなく，複数個のドメインやタンパク質が複雑に関与しあって機能している．強固に恒常的に複合体を形成し，機能ユニットとして存在している場合もあれば，刺激依存的に結合したり，離れたりして情報の伝達を行っている場合もある．

タンパク質がどのようなタンパク質と複合体を形成して情報ネットワークを形成しているのか，またそれらのネットワークのハブとなるタンパク質は何で，どのような分子とネットワークを作っているのかの詳細な地図作りが，求められる．このようなタンパク質相関地図作りは生体機能を明らかにするうえで必須であり，ポストゲノム時代の重要な仕事の1つである．分子生物学的手法での網羅的解析により，シグナルネットワーク地図は作られてきたが，非特異的な結合も多く，実際にタンパク質を用いての検証が必要である．

■ タンパク質の高次構造解析

　タンパク質の高次構造の決定は，より詳細なタンパク質機能の解明の決定的手段ともなり，インパクトの大きい研究である（第5章　タンパク質分析法）．しかし高等動物の分子量の大きいタンパク質の発現，精製は難しいものが多く，構造研究の対象にまで到達していない．現在のタンパク質発現系を用いていたのでは興味の対象になりうるタンパク質を大量に発現，精製することは不可能に近く，何らかの技術革新が求められる．とはいっても，かなりの機能ドメインやタンパク質の構造解析がすでに終了し，立体構造に基づいた活性機序の解明や病気の原因となるタンパク質変異と機能欠如機序との関係が明らかになり，薬剤開発の強力な手がかりを与えるようになった．

　もしさらに安定したタンパク質発現系が開発され，興味深いタンパク質の発現，精製を簡便に行うことができれば，構造研究も一気に進み，さらなる応用も広がるであろう．タンパク質の構造研究やプロテオーム研究を行っている研究室の多さに比較し，このようなタンパク質発現系をシステマチックに研究している研究室はきわめて少ない．タンパク質発現を効率よく，大規模にできるシステム作りが今後の構造解析やプロテオーム研究のブレークスルーには必要である．

■ タンパク質の網羅的解析

　タンパク質の網羅的解析，プロテオーム研究は一時期盛んに行われていたが，通常の方法による二次元電気泳動−マススペクトログラフィーによる解析は結局DNAチップなどに比べ，感度が悪く，検出されたものの多くは，細胞骨格系タンパク質など大量に発現しているタンパク質であったため，今ではそのままで行われることは稀になった．現在は解析前に1段階処理のステップを入れ，リン酸化されたタンパク質のみを解析するとか，抗体で免疫沈降した後に，複合体を形成しているタンパク質の解析を行うなど，感度を上げ，的を絞った状態で，解析するという方法が取られている．

■ タンパク質の変異・動態異常と疾患

　さまざまなタンパク質の発現上昇や減少または変異によってさまざまな疾病が生じる（第6章　タンパク質と疾患）．癌は癌遺伝子，癌抑制遺伝子などさまざまな遺伝子の変異により，異常増殖，アポトーシス抑制，浸潤，転移の亢進により起こると考えられている．癌の種類によって，さまざまなタンパク質の変異が生じ，それが癌の原因になっている．よってプロテオーム研究などで原因タンパク質を中心とするシグナルネットワーク地図がわかれば，自ずと分子ターゲットの候補が絞られ，個々の癌に対応した治療法の開発に繋がっていくであろう．またさまざまな疾病においても異常となっているタンパク質の相関地図があれば，さまざまな対策が立てやすくなるであろう．タンパク質が正常に機能するためにはタンパク質の構造がきちんとたたまれ，正常な三次構造をとる必要がある．その構造が乱れると，タン

パク質が正常の機能を発揮できず，さまざまな疾病をひき起こす．使い終え，いらなくなったタンパク質のすみやかな分解の異常もさまざまな病気の発生へと繋がる．

おわりに

　個々のタンパク質の機能を明らかにすることは当然として，どのような修飾を受け，どのように機能調節が行われているのかの解明と，タンパク質同士の相互作用を示す相関地図の作成はポストゲノム時代の最大の課題である．

第1章
タンパク質の基礎知識

タンパク質の基礎知識

DNAが担う遺伝情報が生命の設計図であるとすれば，タンパク質は実際の生命活動の大部分を担う．タンパク質は，細胞，組織，身体を構築している．さらに細胞が刺激に応答した細胞内シグナル伝達を行い，その下流で遺伝子の発現調節を行うのもタンパク質である．遺伝情報は一次元のアミノ酸配列を記録している．したがって，タンパク質は1本鎖のアミノ酸（ポリペプチド）からなる．しかしポリペプチドは折れたたまり，それぞれ固有の構造をとることで酵素活性やさまざまな機能を果たしている．結果としてできたタンパク質の立体構造がタンパク質の機能の基礎となっている．

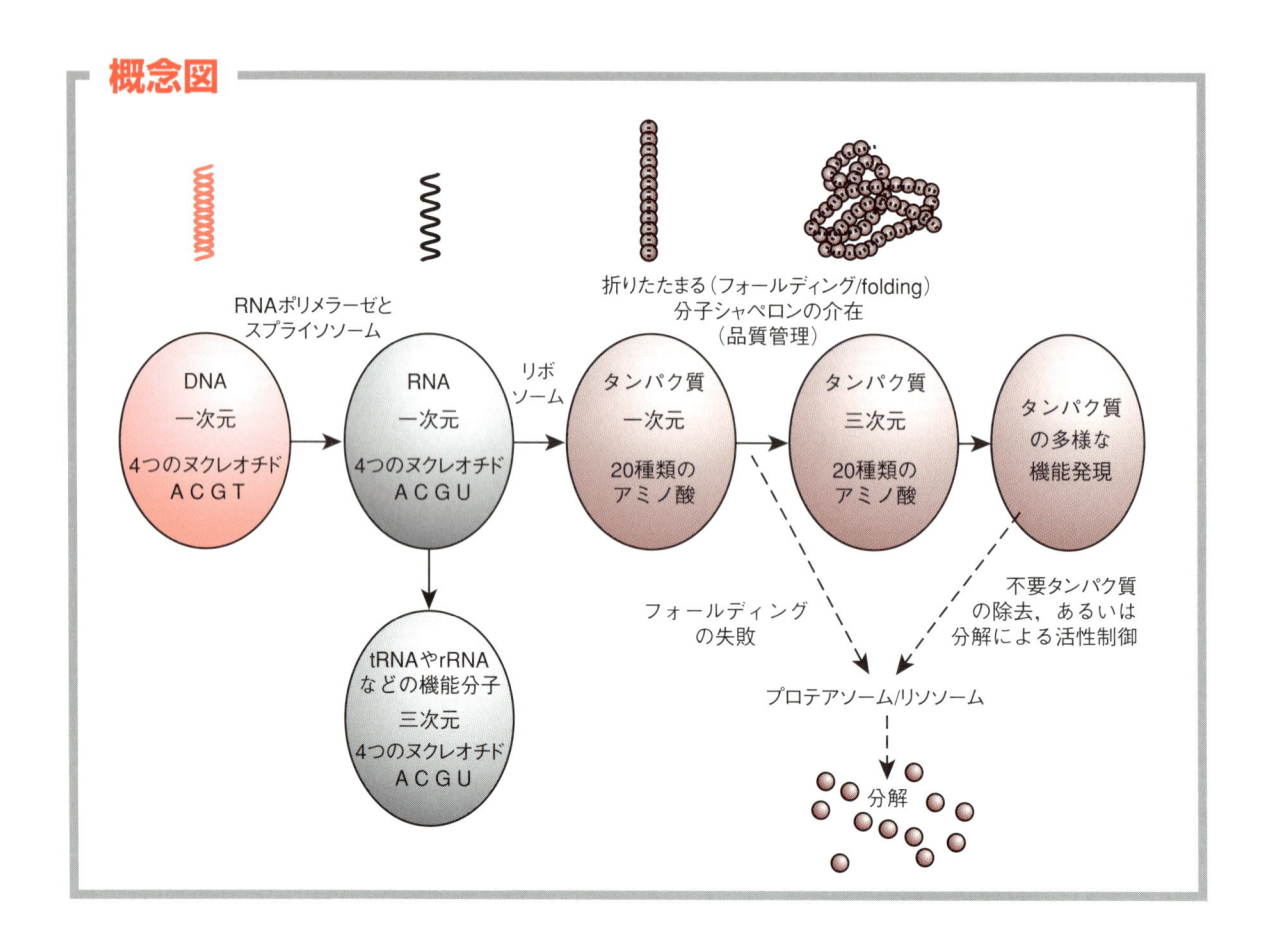

概念図

DNA 一次元 4つのヌクレオチド ACGT → （RNAポリメラーゼとスプライソソーム） → RNA 一次元 4つのヌクレオチド ACGU → （リボソーム） → タンパク質 一次元 20種類のアミノ酸 → 折りたたまる（フォールディング/folding）分子シャペロンの介在（品質管理）→ タンパク質 三次元 20種類のアミノ酸 → タンパク質の多様な機能発現

RNA → tRNAやrRNAなどの機能分子 三次元 4つのヌクレオチド ACGU

フォールディングの失敗 / 不要タンパク質の除去，あるいは分解による活性制御 → プロテアソーム/リソソーム → 分解

1　タンパク質とは何か？

細胞を構成する物質のほとんどは炭素，窒素，水素，酸素から構成される有機物である．細胞の重量のほとんどは水が占めるが，水を別とすれば，そのほとんどが炭素を含む炭素化

合物である．この有機化合物は糖，脂肪酸，核酸，タンパク質あるいはアミノ酸，の4つに大別できる．これらの物質は，生命活動を営むうえでそれぞれ大切な役割を果たしている．これらの物質は，生命活動の分子レベルでの実態そのものであり，それぞれについて，何万種類のバリエーションがある．代表的なそれぞれの物質の役割は以下のように考えられている．

> **メモ** アミノ酸：化学的には同一分子内にアミノ基とカルボキシル基をもつ化合物．タンパク質の材料として生体内で使われるアミノ酸は20種類に限定される．アミノ酸はタンパク質の材料となるほか，それ自体で神経伝達物質などのように特殊な生理作用をもつ場合もある．

> **メモ** タンパク質：アミノ酸が直鎖状に連結したもの．DNAのよって記録されている遺伝情報をもとに作られ，生命活動の大部分を担っている．DNAはヌクレオチドが連結したものであり，直鎖状の構造をとる．タンパク質はDNAと異なり直鎖が折れたたまった球状の構造をとることが多い．

　糖は主としてエネルギー源として重要である．しかしながら，タンパク質を修飾し，何らかの目印となる役割ももっている．脂肪酸はエネルギー源としても（栄養素として）重要である．しかし，細胞にとって最も重要なことは，大部分の脂肪酸は細胞膜や核膜などを構成し，細胞を形作り，また，細胞内を仕切るのに重要な役割を果たしている点にある．脂肪酸は細胞膜を構成することから，ある種の脂肪酸は修飾を受け，細胞の活動に重要なシグナルを伝えている．核酸は，遺伝子の物質的基盤であるDNA，RNAを作る．さらに，核酸の一種であるATPは細胞内のさまざまな反応にエネルギーを供給している．
　タンパク質は細胞の機能そのものを担っているといっても過言ではない．タンパク質以外の構成要素，糖，脂肪，核酸はすべてタンパク質によって合成されている．タンパク質は物質的には，アミノ酸が直鎖状（1本鎖）に結合したものある．すなわち，アミノ酸が結合してできたものがタンパク質である．しかし，アミノ酸が結合するだけではタンパク質が機能を発揮するには不完全で，タンパク質が機能するためにはアミノ酸の直鎖が正しく折りたたまって（フォールディング）正しい立体構造をとることが必要である．加熱したりすると立体構造が壊れ（変性），機能を失う．

> **メモ** タンパク質の立体構造：端的にいえば，タンパク質の折れたたまり方，つまり，形のこと．立体構造を決めることでアミノ酸の空間的な配置がわかり，タンパク質の作用機序が解明できることがある．

2　タンパク質はどのように作られ，分解されるか？

1）遺伝子，タンパク質，立体構造，フォールディング

　タンパク質はアミノ酸の直鎖が折りたたまって決まった立体構造をとったものであることは上述の通りである．このアミノ酸の並び方を記述しているのはそれぞれのタンパク質に対応した遺伝子であり，遺伝子の物質的な実態がDNAである．厳密にはDNAはビデオのテープやCDのような媒体であって，中身ではない．遺伝していく（伝わっていく）ものはDNA

を使って記述された情報であってDNAそのものが伝わっていくのではない．

遺伝子はアデニン（A），シトシン（C），グアニン（G），チミン（T），の4種類のデオキシヌクレオチドがつながった鎖であるDNAによって記述されている．つまりDNAという物質ではなく，A，T，G，Cの4種類の並び方が重要である．すなわちDNAは一次元の情報を記述するテープと考えることができる．重要なことは，DNAは2本鎖であるということである．DNA中では，AとT，GとCの組み合わせで必ずペアを組んでいるので，どちらか片方の鎖だけでも，もう片方を作ることができる．つまり情報（A，T，G，Cの並び方）の複製が可能であることである．

ある遺伝子がタンパク質を記述しているとする（RNAからなる機能分子を記述する場合もある）と，その遺伝子が規定するタンパク質は，転写，翻訳という2段階の過程を経て，アミノ酸の1本鎖になる．アミノ酸はA，T，G，Cのうちの3種類の組み合わせで決められている．A，T，G，Cのうち3個を並べる組み合わせは64種類あるので，1つのアミノ酸に対応するA，T，G，Cの組み合わせは何種類かあることが多い（**第2章-1**）．A，T，G，Cの並びで決められた通りにアミノ酸が連結され，タンパク質になる．しかしながら，DNAは直接アミノ酸合成を指令する訳ではない．これから作ろうとするタンパク質のアミノ酸の並びを決めるDNAはまず，RNAとして読み出される．ここでも，DNAの複製と同じように，AとT，GとCの組み合わせをもとにして，RNAが作られる．つまりDNAによって決められたアミノ酸の並びは正確にコピー（転写）される．このRNAでできたコピーを用いて，RNAによって指示された順でリボソームにおいてアミノ酸が連結され，1本鎖のアミノ酸鎖ができる（**翻訳**）（概念図参照）．

アミノ酸がつながっただけでは情報としては一次元のままである．これが折りたたまり（フォールディングして）三次元構造をとると機能するタンパク質となる．フォールディングは1つのタンパク質に対してほとんどの場合一通りであり，20種類のアミノ酸の並び方によって自然に決まったフォールディングになると基本的には考えられている．大抵の折りたたまったタンパク質の内部はアミノ酸の側鎖が密に詰まっている．しかし，その過程は複雑で，多くの分子シャペロンという，フォールディングを助けるタンパク質を必要とする場合や，タンパク質複合体を構成するそれぞれのタンパク質が同時に合成されなければ，正しいフォールディングをとらず機能しない場合など，色々である．多くの場合，熱などでタンパク質を1本鎖に戻してやると，元のフォールディングをとることはないので，フォールディングはさまざまな未知の過程を含んでいると考えられる．フォールディングに失敗したタンパク質や，不要になったタンパク質，古くなった（おそらくフォールディングが緩んだ）タンパク質は，分解すべきと認識され，プロテアーゼによって壊される（概念図参照）．

2）タンパク質は部分的な構造単位の集合体として全体の立体構造をとる

タンパク質はアミノ酸がつながった1本鎖のポリペプチド鎖である．アミノ酸の配列を一次構造ということがある．アミノ酸とは1個の中心となる炭素原子（α炭素）をもつ分子である（図1-1）．炭素原子には4つの原子が共有結合できる．その2つはカルボキシル基（--COOH）とアミノ基（--NH$_2$）である．カルボキシル基とアミノ基はアミノ酸同士が直鎖状

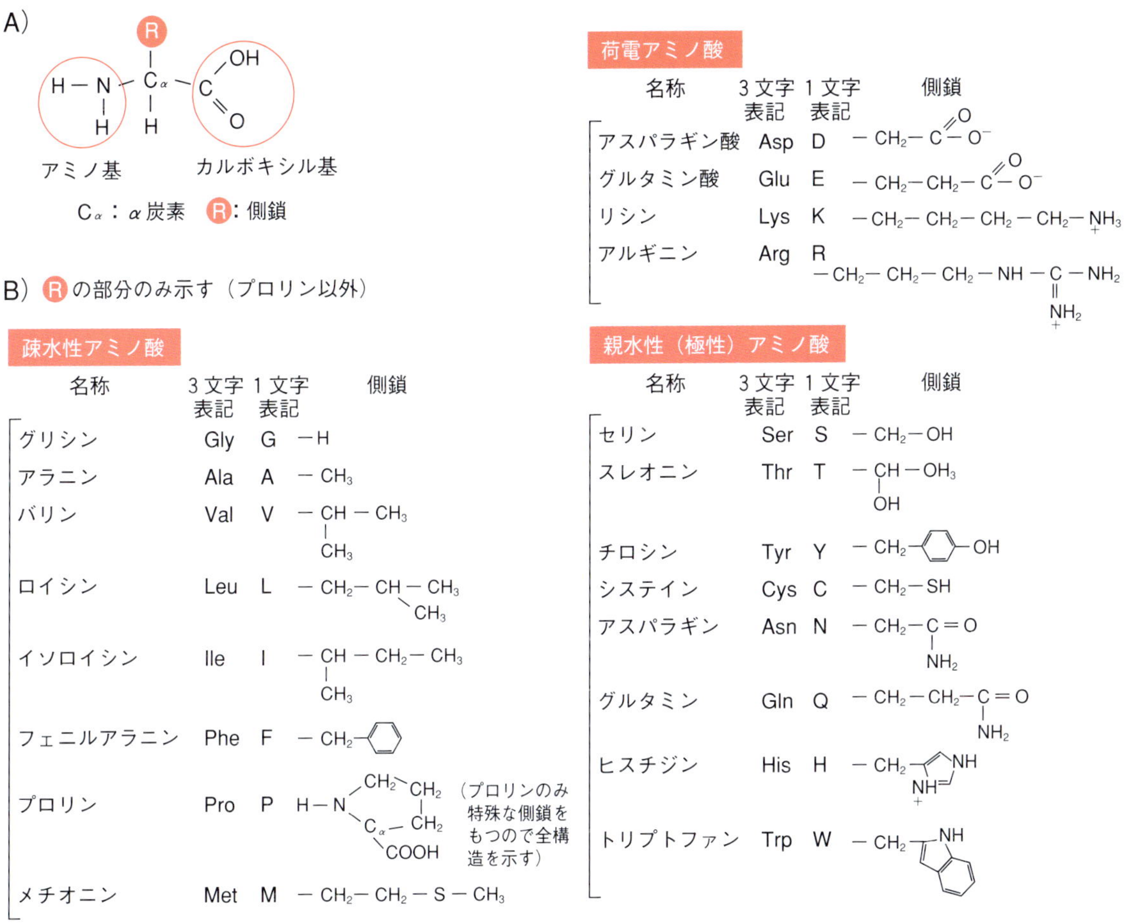

A)

アミノ基　カルボキシル基
$C_α$：α炭素　R：側鎖

B) Rの部分のみ示す（プロリン以外）

疎水性アミノ酸

名称	3文字表記	1文字表記	側鎖
グリシン	Gly	G	—H
アラニン	Ala	A	—CH₃
バリン	Val	V	—CH(CH₃)CH₃
ロイシン	Leu	L	—CH₂—CH(CH₃)—CH₃
イソロイシン	Ile	I	—CH(CH₃)—CH₂—CH₃
フェニルアラニン	Phe	F	—CH₂—C₆H₅
プロリン	Pro	P	（プロリンのみ特殊な側鎖をもつので全構造を示す）
メチオニン	Met	M	—CH₂—CH₂—S—CH₃

荷電アミノ酸

名称	3文字表記	1文字表記	側鎖
アスパラギン酸	Asp	D	—CH₂—COO⁻
グルタミン酸	Glu	E	—CH₂—CH₂—COO⁻
リシン	Lys	K	—CH₂—CH₂—CH₂—CH₂—NH₃⁺
アルギニン	Arg	R	—CH₂—CH₂—CH₂—NH—C(NH₂⁺)—NH₂

親水性（極性）アミノ酸

名称	3文字表記	1文字表記	側鎖
セリン	Ser	S	—CH₂—OH
スレオニン	Thr	T	—CH(OH)—CH₃
チロシン	Tyr	Y	—CH₂—C₆H₄—OH
システイン	Cys	C	—CH₂—SH
アスパラギン	Asn	N	—CH₂—C(=O)—NH₂
グルタミン	Gln	Q	—CH₂—CH₂—C(=O)—NH₂
ヒスチジン	His	H	—CH₂—（イミダゾール環）
トリプトファン	Trp	W	—CH₂—（インドール環）

図1-1　A) アミノ酸の基本骨格　B) アミノ酸の側鎖の種類

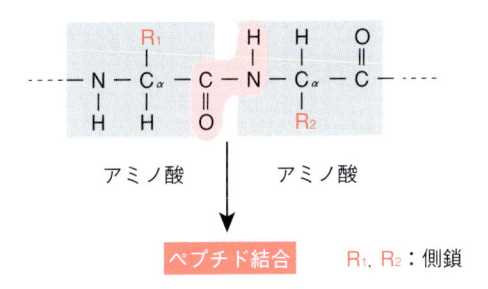

アミノ酸 ＋ アミノ酸 → ペプチド結合
R_1, R_2：側鎖

図1-2　ペプチド結合

に連結する役割を担っている．1つのアミノ酸のアミノ基ともう1つのアミノ酸のカルボキシル基が結合（–CO–NH–）し，アミノ酸の直鎖が形成される．この結合をペプチド結合と呼ぶ（図1-2）．α炭素には4つの原子が結合できるので，あと2つの原子が結合できる．1つは水素原子である．もう1つは多様なパターンの側鎖と呼ばれる原子団である．アミノ酸の

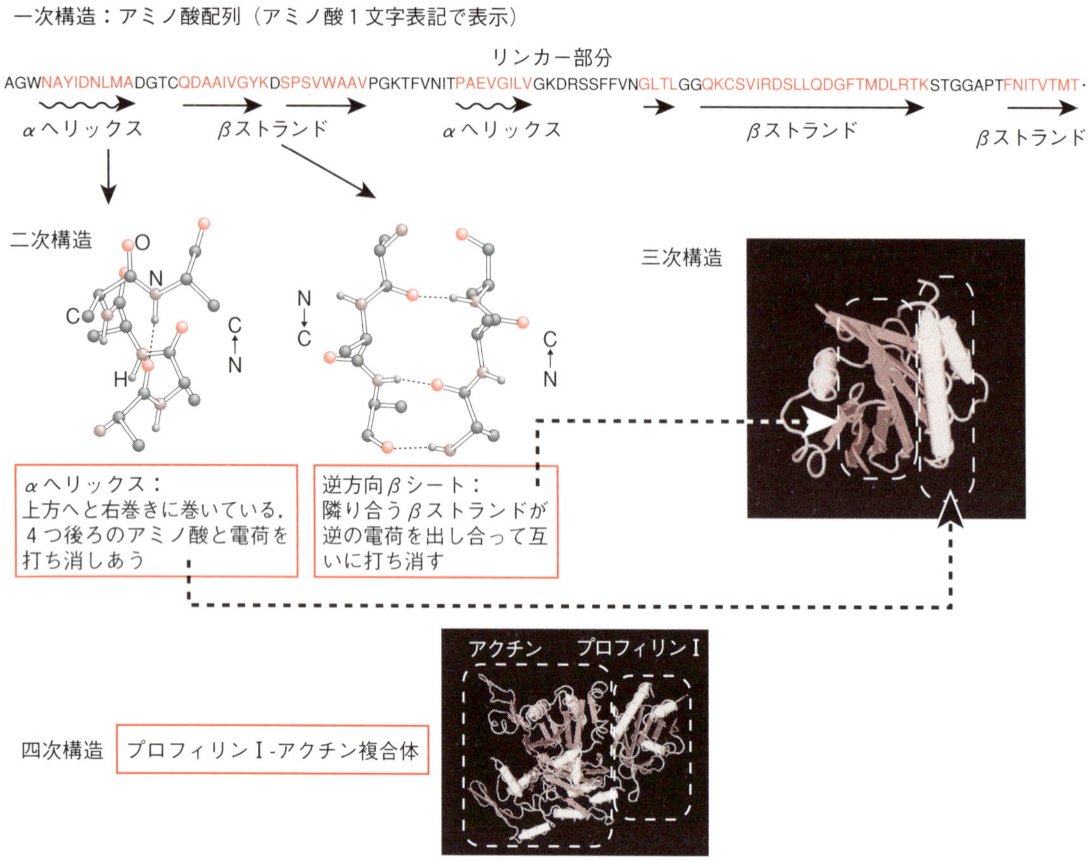

一次構造：アミノ酸配列（アミノ酸1文字表記で表示）

AGW NAYIDNLMA DGTC QDAAIVYGK DSPSVWAAV PGKTFVNIT PAEVGILV GKDRSSFFVN GLTLGG QKCSVIRDSLLQDGFTMDLRTK STGGAPT FNITVTMT…

αヘリックス　βストランド　αヘリックス　βストランド　βストランド

リンカー部分

二次構造

αヘリックス：
上方へと右巻きに巻いている．
4つ後ろのアミノ酸と電荷を
打ち消しあう

逆方向βシート：
隣り合うβストランドが
逆の電荷を出し合って互
いに打ち消す

三次構造

四次構造　プロフィリンⅠ-アクチン複合体

アクチン　プロフィリンⅠ

図1-3　タンパク質の階層構造

タンパク質の構造の階層性をプロフィリンⅠを例に示す．プロフィリンⅠ（単量体アクチン結合タンパク質）の例を示す．プロフィリンⅠは1つのドメインからなる．プロフィリンⅠアクチンの複合体の立体構造も示す．三次，四次構造の図はアミノ酸のペプチド結合のつながりを線で，αヘリックスを筒状の棒で，とβストランドを矢印で表示．側鎖は表示されていない．NCBI（http://www.ncbi.nlm.nih.gov/）の structure data base より Cn3D を用いて作成

種類はこの側鎖で決まっている．タンパク質を構成するアミノ酸は20種類である（図1-1）．すなわちタンパク質の性質は20種類の側鎖の多様性とその並び方によって決まっている．この側鎖の大きさや性質で立体構造が決まるといっていい．つまり，20種類のアミノ酸の結合様式で，細胞のもつ機能のほとんどすべてが実現されていることは驚くべきことである．このなかでシステインはペプチド結合以外にも，共有結合を作ることができる．システイン同士が三次元構造上近接している場合，酸化されて，ジスルフィド結合をとる．

タンパク質は多くの場合，水溶液中に存在する．このため，タンパク質の内部のアミノ酸はほとんど例外なく疎水性側鎖をもつ．疎水性側鎖はタンパク質内部に疎水性コアを作り，ほかの側鎖は親水性表面を作ることが水溶性タンパク質の立体構造形成の基本原理である．しかしながら，ペプチド結合の連なるポリペプチドのバックボーンはNH基とC=O基をもち，非常に極性に富んでいて，疎水性コアの障害となると思われるが，実際には，HとOは水素結合を作りさらに規則的な構造を形成することで安定化している．この規則的な構造はαへ

リックスと β シートと呼ばれている．α ヘリックスはらせん状の構造であり，β シートは β ストランドと呼ばれるポリペプチド鎖が平行または逆平行に並んだ形をしている．2 つの構造はタンパク質の立体構造の最も基本的な単位となる．多くのタンパク質は，複数の α ヘリックスと β シートとそれらをつなぐループからなっている（図 1-3）．

数個の α ヘリックスと β シートは特定の幾何学的配置をとることがあり，全体として特定の構造をとるドメインを形成する．ドメインは 1 つの機能と対応していることが多く，アミノ酸配列が相同であればほとんど必ず，同じ機能，構造をもつ．多くの場合，ドメインとは立体構造上ひとまとまりにみえるタンパク質の中の機能単位である．ほとんどのタンパク質はいくつかのドメインをもち，ドメインはいくつかのタンパク質で共通してみられる．このため，タンパク質の種類はドメインの組み合わせを変えることで増えてきたと考えることができる．

このドメインの構造，あるいは，複数のドメインをもつタンパク質全体の構造を三次構造あるいはタンパク質の立体構造と呼ぶ．

3）タンパク質のドメイン構造と機能の相関

ドメイン構造をもち機能ドメインを組み合わせることの利点は色々ある．大きなタンパク質が全体で 1 つの構造をとるのは大変であるが，小さいドメインがまず立体構造をとってそれが組み合わさった方が遥かに効率的である．実際にドメインはせいぜい数百アミノ酸までで，それ以上大きいものはほとんどないが，タンパク質には大きいものはいくらでもある．進化においても，新しい機能を獲得するために新しいドメインを新規に作るよりは，既存のドメインを変化させて特異性を変化させることや，ドメインを組み合わせて複合的に機能を発揮する方が，遥かに容易であると考えられる．ヘモグロビンのように単一のドメインからなるタンパク質には簡単な制御機構しかないが，キナーゼなどシグナル伝達にかかわるタンパク質は多くの場合多数のドメインからなり，分子間相互作用によって活性が巧妙に制御されている．例えば機能ドメイン（酵素活性を発揮するドメイン）に局在にかかわるドメインや機能制御にかかわるドメインを連結することで，酵素活性を発揮する場所や条件を巧妙に制御することが可能になる（図 1-4）．

ドメインは立体構造をとる．これに対し認識される側は基本的にはタンパク質中にある数個から数十個のアミノ酸配列または脂質などの低分子であり，アミノ酸配列の場合は特定の構造を必ずしもとるわけではない．この点は，特異性と多様性をもったタンパク質間相互作用の種類を増やすのに有利である．認識しあう分子同士がお互いに高分子で高次構造同士を認識しあうとすれば，非常に特異性の高い認識が可能である．しかし，進化の過程で一方のドメイン構造中に変異を生じた場合，これをうまく認識する新たなドメイン構造を作り出すことは難しい．それに対して，認識する相手が，短いアミノ酸配列の場合には，もし変異が生じて多少構造の変化が生じたとしても，認識するドメイン側もより簡単な変異で新たに変異した認識配列に対応することができると考えられる．

その典型的な例が，プロリンリッチドメインであると考えられる．プロリンリッチドメインは多くの場合 2 ～ 6 個のポリプロリン配列よりなる．プロリンリッチドメインは SH（Src

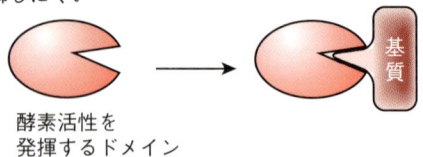

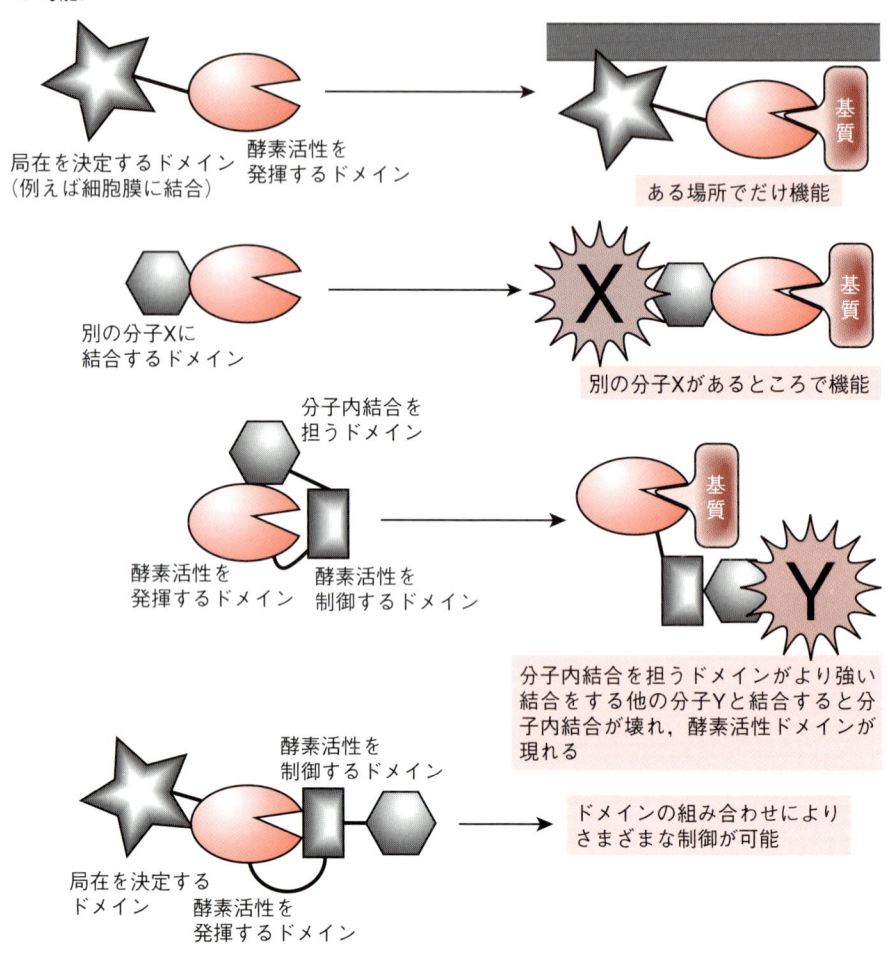

図1-4 機能ドメインの集合体としてのタンパク質
複数のドメインをもつタンパク質はドメインごとに異なる機能を相乗的に用いて機能する

homology) 3 ドメイン，EVH (Ena/VASP homology) 1 ドメイン，WW ドメインによって認識される．この認識の特異性の決定において重要なのは，ポリプロリン配列の前後の，アミノ酸である．このアミノ酸によって，プロリンリッチドメインとそれに相互作用するドメインの特異性が決定されている．

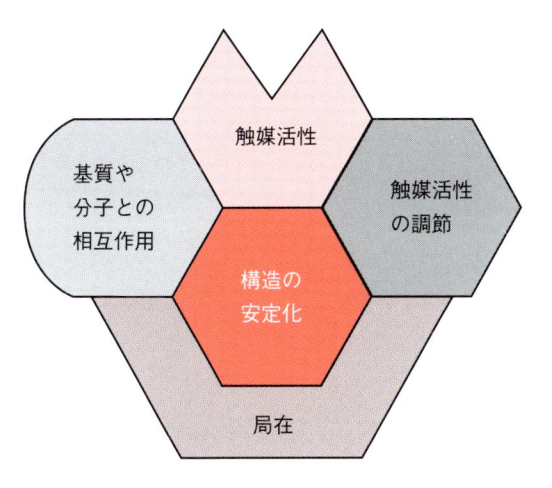

図1-5　複合体として機能するタンパク質
複合のサブユニットはさまざまな役割を分担している．考えられる機能の1例を示す

　また，リン脂質に結合するPHドメインと，リン酸化されたチロシンをもつタンパク質を認識するPTBドメイン，ポリプロリンに結合しタンパク質間結合にかかわるEVH1ドメインの立体構造が似通っている点も注目される．興味深いことに立体構造は似ているが，それぞれの標的であるリン脂質，リン酸化チロシン，ポリプロリンが結合する部位は異なる．つまり，1つのドメインが誕生した後，それぞれとの結合を強化する方向で進化した結果，3つの異なったドメインになったと考えることができる．

　つまり進化の過程で1つのドメイン構造が生み出されると，1つのドメインで認識できる相手を多数作り出すことができる．このようなドメイン構造を100個作り出せば，1つのドメインがドメイン内の変異によって10種くらいのバリエーションを認識できると考えると，1,000種のタンパク質をある程度特異性をもって認識できると考えられる．実際にタンパク質のファミリーあるいはドメインの総数は線虫では1,133種，ショウジョウバエでは1,177種，酵母では984種である．そのうち，3つの種で共通のものは744個である．単細胞生物と多細胞生物でタンパク質の総数はおよそ2から3倍になっているのに対してタンパク質のファミリーあるいはドメインの種類の総数はそれほど増加していない点が注目される．

4）タンパク質複合体

　多くのタンパク質は単量体で（単独で）機能せず，他のタンパク質と複合体を形成することで1つの機能単位として機能することができる．この複合体を構成するタンパク質のそれぞれをサブユニットと呼ぶ．サブユニットは他のサブユニットの機能を調整することもあれば，協調して働くこともある．また，複合体を構成することがタンパク質の安定性に重要である場合もある（図1-5）．例えば大腸菌のRNAポリメラーゼは5種類のサブユニットからなり，それぞれのサブユニットは別々の機能をもっている．しかし，RNAポリメラーゼとして働くにはすべてのサブユニットが必要である．このようなことからもタンパク質複合体の解明が，これからのタンパク質科学の目標の1つであると考えられる．

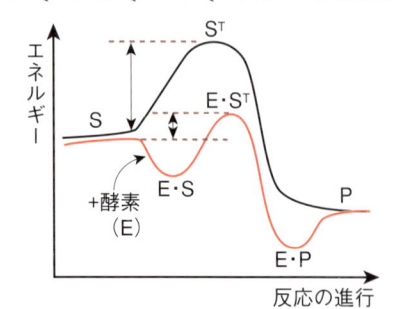

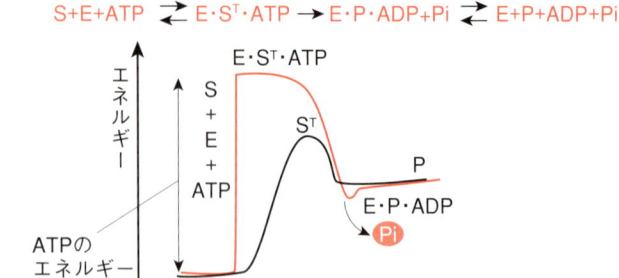

図1-6 タンパク質のリガンド（タンパク質の結合分子）との結合と触媒作用
タンパク質が触媒として働くとき，化学反応においてエネルギーの高い（自然にはなりにくい）中間体と結合することにより，中間体を生成しやすくする．ATPの加水分解のエネルギーを利用することもある．タンパク質自身は変化せず繰り返し機能できる

3 タンパク質の作用の仕組み

　タンパク質の化学的性質の大部分は表面に現れているアミノ酸の側鎖の種類によって決まる．表面のアミノ酸は別の分子と弱い相互作用を作る．アミノ酸1つで作ることができる相互作用は非常に弱いので，タンパク質が別の分子（リガンド）と相互作用するためには，両者の間で多数の弱い結合が形成されなければならない．したがって，タンパク質の表面のアミノ酸の分布がタンパク質とリガンドとの結合の特異性を決定する．タンパク質がリガンドと結合する部分は結合部位と呼ばれる．結合部位はタンパク質全体からすればごく一部に過ぎないが，表面のアミノ酸の側鎖の分布は立体構造によっているため，タンパク質全体の立体構造が，結合特異性を決定しているといえる．言い換えれば，タンパク質のリガンドとの結合にかかわらない部分はほとんど，結合部位を正しい形にするために働いているといえる．

　タンパク質の表面には多数のアミノ酸とその側鎖が存在する．このため隣りあったアミノ酸の性質が，タンパク質のリガンドとの結合の仕方に大きく影響する．例えば，負電荷をもつ側鎖があるタンパク質表面に固まって存在すると，その部位の陽イオンに対する親和性は非常に高まる．また，水素結合を通じて側鎖が互いに相互作用することで，通常は反応性のないセリンの水酸基が触媒作用の中心を担うことができるようになる．このように，タンパク質表面のアミノ酸の正確な配置がタンパク質の活性を規定している（第2章-2）．

1）触媒活性（酵素活性）

　タンパク質の重要な機能の1つに，酵素として化学反応を特異的に触媒することがある．触媒作用とは，1分子のタンパク質（酵素）が，タンパク質自身は変化せずに，多数の基質

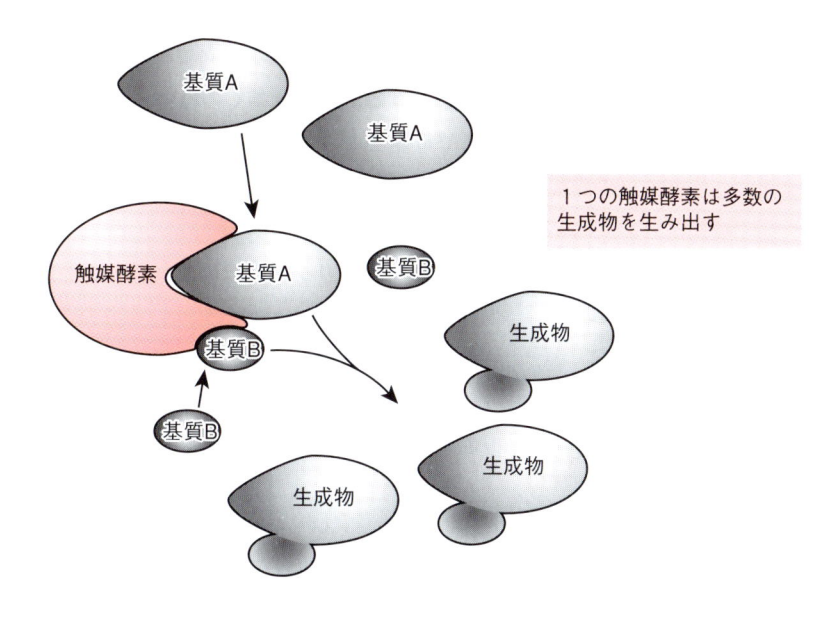

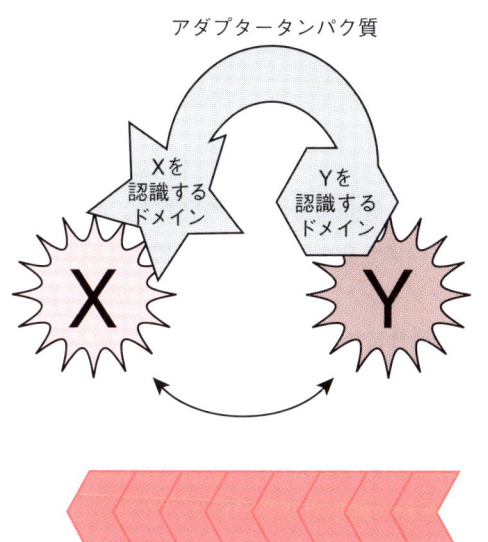

図1-7 タンパク質のさまざまな機能

触媒作用を行うタンパク質，アダプタータンパク質，構造物を作るタンパク質の作用の様子を模式的に示す．触媒作用では1つのタンパク質が多数の基質と反応し，その反応した数だけの生成物を得ることができる．アダプタータンパク質では，本来相互作用しない分子XとYを結びつけXがYに働きかけることができるようにする．構造物を作る場合は，構成単位となる同一のタンパク質が多くの場合会合してできる

（タンパク質に限らない）と反応し，基質に化学反応を起こさせて多数の生成物を生じる作用である．

この場合は，タンパク質表面の結合部位が化学反応の遷移状態（最もエネルギーが高く，不安定な中間状態）に親和性が高い形をしていることが多い．こうすることで，遷移状態に移るのに必要なエネルギーを低くし反応を触媒している（図1-6A）．

1 タンパク質の合成

遺伝暗号を辞書として核酸言語のポリマーからアミノ酸言語のポリマーへと情報の変換が行われるので，タンパク質を合成する過程は「翻訳」と呼ばれる．翻訳装置リボソームは少数のRNAと多数のタンパク質からなり，この装置の中をtRNAやタンパク質因子が次々と出入りすることで，mRNAの情報に従ってN末端からアミノ酸が1つ1つ重合されていく．tRNAは，一方の端でmRNAの情報を読みとり，もう一方の端でアミノ酸を提供する．リボソームRNA（rRNA）はmRNAの情報をtRNAに提示する一方，アミノ酸の重合を触媒する．

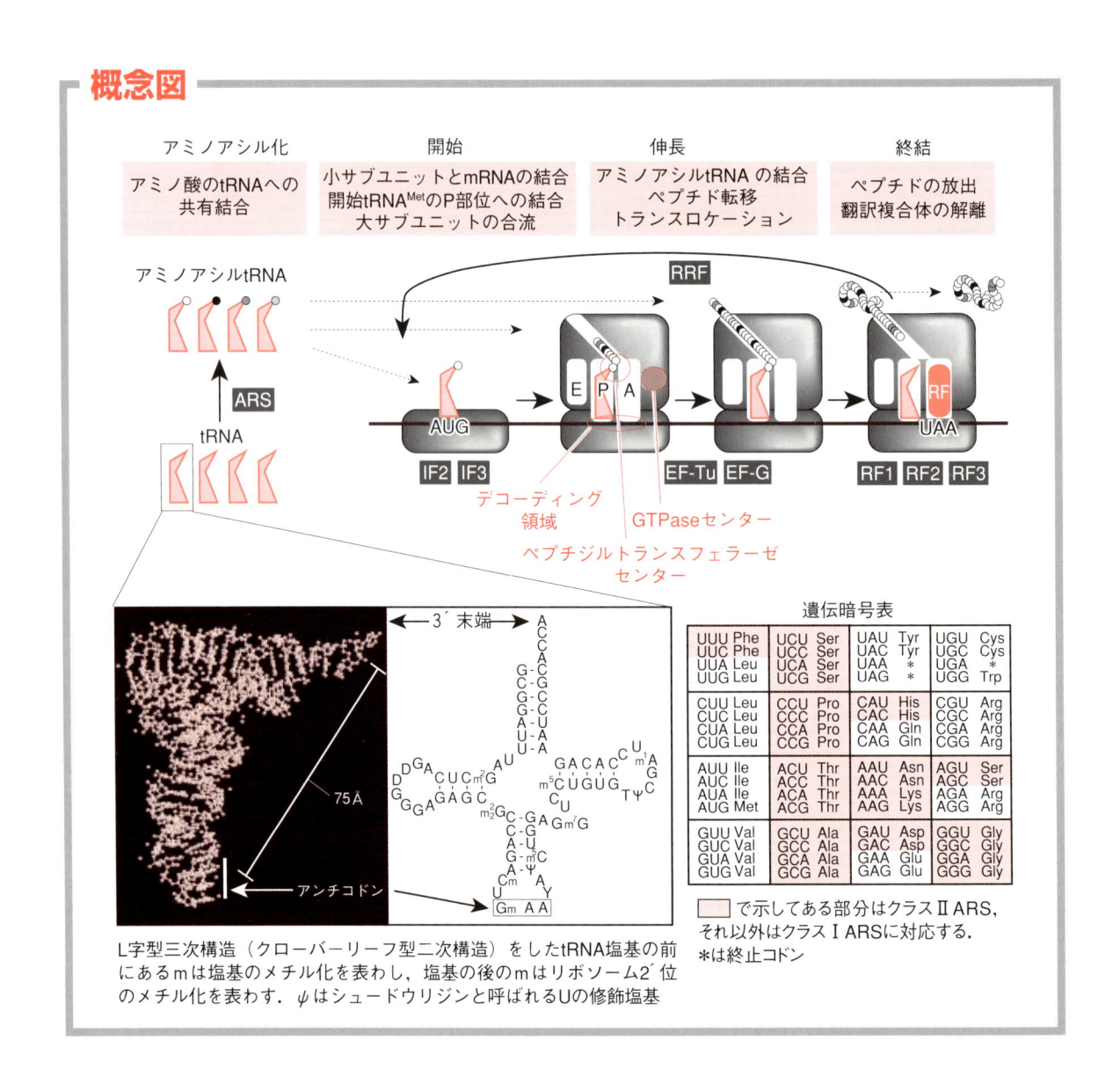

概念図

アミノアシル化	開始	伸長	終結
アミノ酸のtRNAへの共有結合	小サブユニットとmRNAの結合 開始tRNA^{Met}のP部位への結合 大サブユニットの合流	アミノアシルtRNAの結合 ペプチド転移 トランスロケーション	ペプチドの放出 翻訳複合体の解離

デコーディング領域
GTPaseセンター
ペプチジルトランスフェラーゼセンター

L字型三次構造（クローバーリーフ型二次構造）をしたtRNA塩基の前にあるmは塩基のメチル化を表わし，塩基の後のmはリボソーム2′位のメチル化を表わす．ψはシュードウリジンと呼ばれるUの修飾塩基

遺伝暗号表

UUU Phe	UCU Ser	UAU Tyr	UGU Cys
UUC Phe	UCC Ser	UAC Tyr	UGC Cys
UUA Leu	UCA Ser	UAA *	UGA *
UUG Leu	UCG Ser	UAG *	UGG Trp
CUU Leu	CCU Pro	CAU His	CGU Arg
CUC Leu	CCC Pro	CAC His	CGC Arg
CUA Leu	CCA Pro	CAA Gln	CGA Arg
CUG Leu	CCG Pro	CAG Gln	CGG Arg
AUU Ile	ACU Thr	AAU Asn	AGU Ser
AUC Ile	ACC Thr	AAC Asn	AGC Ser
AUA Ile	ACA Thr	AAA Lys	AGA Arg
AUG Met	ACG Thr	AAG Lys	AGG Arg
GUU Val	GCU Ala	GAU Asp	GGU Gly
GUC Val	GCC Ala	GAC Asp	GGC Gly
GUA Val	GCA Ala	GAA Glu	GGA Gly
GUG Val	GCG Ala	GAG Glu	GGG Gly

□で示してある部分はクラスⅡARS，それ以外はクラスⅠARSに対応する．
*は終止コドン

1 翻訳装置

1) リボソーム

　リボソームは，大・小2つのサブユニットからなり，どちらもRNAとタンパク質の複合体である．原核生物では大サブユニット（沈降定数50S：約160万Da）は2種類のRNA（23S rRNA，5S rRNA）および33種類のタンパク質からなり，小サブユニット（30S：約90万Da）は1種類のRNA（16S rRNA）および21種類のタンパク質からなる．真核生物では大サブユニット（60S）は3種類のRNA（28S，5.8S，5S rRNA）および49種類のタンパク質からなり，小サブユニット（40S）は1種類のRNA（18S rRNA）および33種類のタンパク質からなる．

　主要な機能部位としては，大サブユニット上のペプチジルトランスフェラーゼセンター（ペプチド転移反応の触媒部位）およびGTPaseセンター（翻訳因子IF2，EF-Tu，EF-G，RF3のGTP加水分解を活性化する共通の部位），小サブユニット上のデコーディング領域（コドン・アンチコドン対合が行われる部位），また両サブユニットをまたがるようにA部位（アミノアシルtRNAが位置する部位），P部位（ペプチジルtRNAが位置する部位），E部位（tRNAの出口）の3つのtRNA結合部位がある．また，ペプチジルトランスフェラーゼセンターから大サブユニットの外側に向けて，合成されつつあるペプチドが通過するトンネル（約40アミノ酸残基分を収納できる）が存在する．トンネルの出口には膜透過のための装置や立体構造形成のためのシャペロンが待ち受ける．ペプチジルトランスフェラーゼセンターやデコーディング領域に代表されるように，リボソームはその主要な機能のほとんどをRNAが担うRNAマシーンである．

2) tRNA

　tRNAは70～90塩基からなり，みな共通のクローバーリーフ型の二次構造，L字型の立体構造をとる（概念図）．それぞれのアミノ酸に対応するものが1～数種類，1細胞内に合計数10種類から100種類を超える程度存在する．塩基や糖に修飾が多いのが特徴で，それらは立体構造の形成や安定化，あるいは正確なコドン認識に関与する．3′末端はCCAで終わり，末端のリボースの水酸基にはアミノ酸が結合（アミノアシル化）する．L字型構造のもう一方の端（クローバーリーフ構造の中央）にはmRNA上のコドンと対合（水素結合）するアンチコドンが存在する．両端の間の距離（約75 Å）は，生物種間で不変である．

3) 翻訳因子

　アミノアシルtRNA合成酵素（aminoacyl-tRNA synthetase：ARS），開始因子（initiation factor：IF），伸長因子（elongation factor：EF），ペプチド解離因子（release factor：RF），リボソーム再生因子（ribosome recycling factor：RRF）が，タンパク質因子として翻訳の各ステップで働く．真核生物（eukaryote）では，IF，EF，RFはそれぞれeIF，eEF，eRFと表記する．

2 情報分子と情報の変換

1）mRNAと遺伝暗号

翻訳装置は遺伝暗号に基づいて，情報分子であるmRNA上の3個の連続した塩基の並びを1個のアミノ酸に置き換えていく（概念図）．この作業は，mRNAの5′末端から3′末端方向へと連続して行われ，N末端側からポリペプチドができあがっていく．開始はAUGによって，終結はUAA，UAG，UGAの3種類のいずれかによって指定される．遺伝暗号は生物界を問わず共通であるが，例外も存在する．特に，ミトコンドリアでは多くの例外がみられる．

2）翻訳の場

翻訳の活発なmRNA上では，リボソームが次々と結合して翻訳を開始するので，1本のmRNAに複数のリボソームが結合した状態（ポリソーム）が形成される．核が存在しない原核生物では，転写途中のmRNA上においてすでに翻訳が開始されている．真核生物では，転写が行われた直後のmRNA前駆体に5′末端へのキャップ構造（m^7Gppp）の付加，スプライシング，3′末端へのポリAの付加が行われ成熟mRNAとして核から細胞質に運搬される．そこでは成熟mRNAの頭と尾がポリA結合タンパク質（PABP）と翻訳開始因子eIF4Gとの相互作用を介して連結し，環状になって翻訳が行われる．

分泌タンパク質の合成は，膜（原核生物では細胞膜，真核生物では小胞体膜）上の細胞質側において，膜透過とカップルして行われる．タンパク質合成が活発な小胞体は電子顕微鏡下で粗面小胞体として観察される．

ミトコンドリアおよび葉緑体では細胞質のものとは独立した転写系および翻訳系が存在する．

3 翻訳プロセス

1）アミノアシル化

tRNAはリボソームに入る前に，まずアミノアシル化される．アミノアシル化はARSによって触媒される（図2-1）．ARSはアミノ酸ごとに，合計20種類存在する．反応は，「アミノ酸の活性化」と「アミノ酸とtRNAとの結合の形成」という2段階からなる．第1段階においてはアミノ酸とATPからアミノアシルAMP（aa-AMP）を形成し，第2段階においては対応する1〜数種類のtRNAを認識する．最終的にtRNAの末端リボースの2′または3′位の水酸基にアミノ酸がエステル結合する．ARSは，活性中心の構造にもとづいて2つのクラスに分類することができる（図2-1，下段）．この分類はtRNA認識における立体特異性とも密接に関係する．

mRNAの情報をアミノ酸の並び順に正しく反映させるために，ARSはアミノ酸とtRNAの両方を厳密に見分けなければならない．第2段階では，各ARSはみな同じような構造をした数十種類のtRNAの中から対応する数種類だけを，主にアンチコドンやアミノ酸受容ステムを中心とした塩基配列の違いにもとづいて，選択的に認識する．第1段階において構造の似

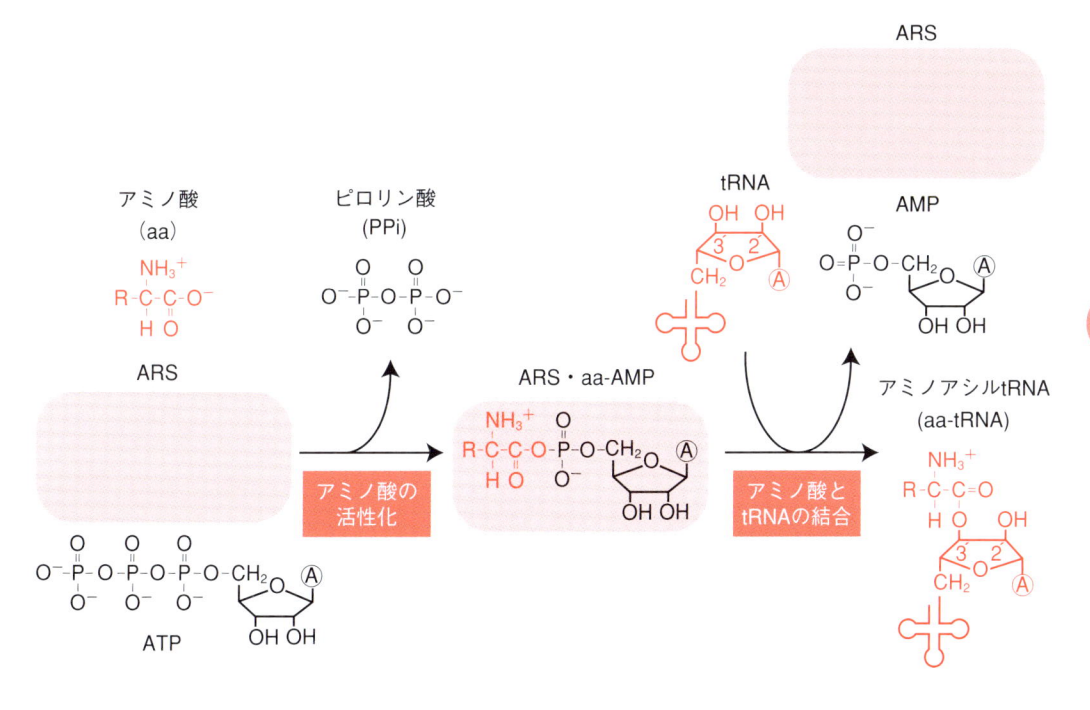

	クラスI ARS	クラスII ARS
サブユニット構成	a, a_2	a_2, a_4, $a_2\beta_2$
ATP結合にかかわる共通配列	HIGH, KMSKS	motif 1, 2, 3
アミノ酸を結合する末端リボースのOH基	2´-OH	3´-OH
tRNAが結合する方向	主溝 (major groove) 側	副溝 (minor groove) 側
対応するアミノ酸の種類	Arg, Cys, Gln, Glu, Ile, Leu, Met, Trp, Tyr, Val	Ala, Asn, Asp, Gly, His, Lys, Phe, Pro, Ser, Thr

図2-1 アミノアシル化
ARSは，2段階の反応を経てアミノ酸とtRNAの間の共有結合を形成する（上段）．ARSの分類とその特徴（下段）

ているアミノ酸を間違って認識してしまうことがあるが，その場合，間違ったアミノ酸を第2段階においてtRNAにいったん結合した後に加水分解することによって間違いを解消する校正機構が存在する．

ARSから放出されたアミノアシルtRNAは，GTPを結合した伸長因子EF-Tuと結合し，複合体としてリボソームへと運ばれる．EF-Tuは，アミノアシル化しているtRNAだけを選択的にリボソームへと運ぶ仲介役となる．ただし，アミノ酸種に対する選択性はない．

> **メモ** ARSによるアミノアシル化は，「アミノ酸の活性化」と「アミノ酸とtRNAとの結合の形成」という2段階の反応からなり，アミノ酸とtRNAの厳密な認識が行われている．

2) 開始

原核生物ではmRNA中のSD（Shine-Dalgarno）配列という配列から数塩基下流にある

AUGから翻訳が開始するのに対して，真核生物では5´末端に最も近いAUGから開始する．この違いを反映して，翻訳全体を通して原核生物と真核生物との相違はこの段階において最も顕著に現れる（図2-2）．まず，mRNAの認識は，原核生物では小サブユニット上の16S rRNA中のアンチSD配列によるmRNA上のSD配列の認識に始まるのに対して，真核生物では開始因子群によるmRNAの5´末端のキャップ構造の認識に始まり，小サブユニットでのAUGのスキャンへと続く．したがって，キャップ構造の認識やスキャンに必要なRNAヘリカーゼ類を含むeIF4群は真核生物に特有のものとなる．その後，開始AUGを規定するには，Met-tRNA^{Met}とIF2・GTP（eIF2・GTP）およびIF3（eIF3）の共同作業が必要となる．Met-tRNA^{Met}は，原核生物ではアミノ基がホルミル化（$NH_2- \rightarrow HCONH-$）されfMet-tRNA^{Met}としてIF2・GTPに認識されるが，真核生物ではそのままeIF2・GTPに認識される．こうして形成された開始複合体に大サブユニットが集合すると，IF2・GTPの加水分解によりIF類はリボソームから解離し，P部位に（f）Met-tRNA^{Met}が残る．これで伸長サイクルに入る準備が整う．

> **メモ** 翻訳の開始は，原核生物ではmRNA上のSD配列の認識に始まるのに対して，真核生物ではmRNAの5´末端のキャップ構造の認識に始まる．

3）伸長

このプロセスは原核生物と真核生物とであまり差がない（図2-3）．「A部位へのアミノアシルtRNAの結合」，「ペプチド転移」，「トランスロケーション」というサイクルを繰り返す．EF-Tu（eEF-1α）とEF-G（eEF-2）という2種類のGTPaseがかかわる（図2-4）．

「EF-Tu・GTPと複合体を形成していること」と「アンチコドンがコドンと安定に水素結合を形成すること」という2つの条件が満たされると，アミノアシルtRNA はA部位に結合する．コドン・アンチコドンの正しい結合がなされるとEF-Tu・GTPは加水分解し，A部位にアミノアシルtRNAを残してEF-Tu・GDPはリボソームから解離する．万が一，間違った（安定性の低い）コドン・アンチコドンの対合が行われたとしても，アミノアシルtRNAは，EF-Tu・GTPと複合体を形成したまま，あるいはEF-Tu・GTPの加水分解と同時に，リボソームから解離する校正機構が存在する．なお，リボソームから解離したEF-Tu上のGDPはEF-Ts（eEF1βγ）によってGTPに交換される．

A部位に残されたアミノアシルtRNAのアミノ酸部分のアミノ基の非共有電子対は，P部位のペプチジルtRNAのエステル結合を求核攻撃する．その結果，新しいペプチド結合が形成される（ペプチド転移）．この反応は，大サブユニットを構成する23S rRNAによって触媒される．反応後，A部位にはアミノ酸残基が1つ増えたペプチジルtRNAが，P部位にはペプチドを失ったtRNAが残る．

トランスロケーションはEF-G・GTPの加水分解によって推進される．A部位のペプチジルtRNAはmRNAとの対合を保ちながらP部位に移り，その結果mRNAは3塩基分進むことになる．ペプチドを失ったtRNAはmRNAとの対合から解放され，E部位を経てリボソームから解離する．

図 2-2 翻訳の開始

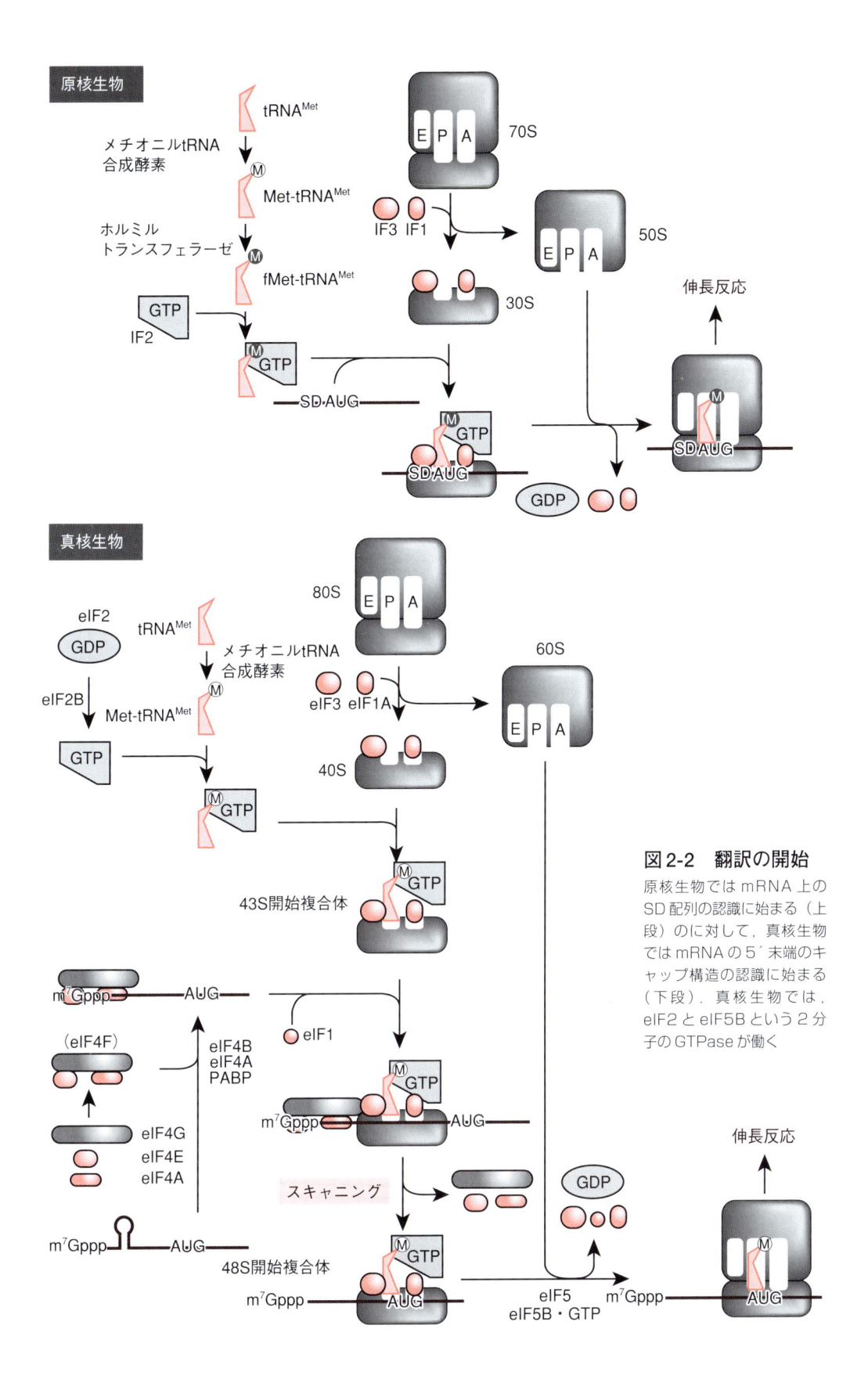

原核生物では mRNA 上の SD 配列の認識に始まる（上段）のに対して，真核生物では mRNA の 5′末端のキャップ構造の認識に始まる（下段）．真核生物では，eIF2 と eIF5B という 2 分子の GTPase が働く

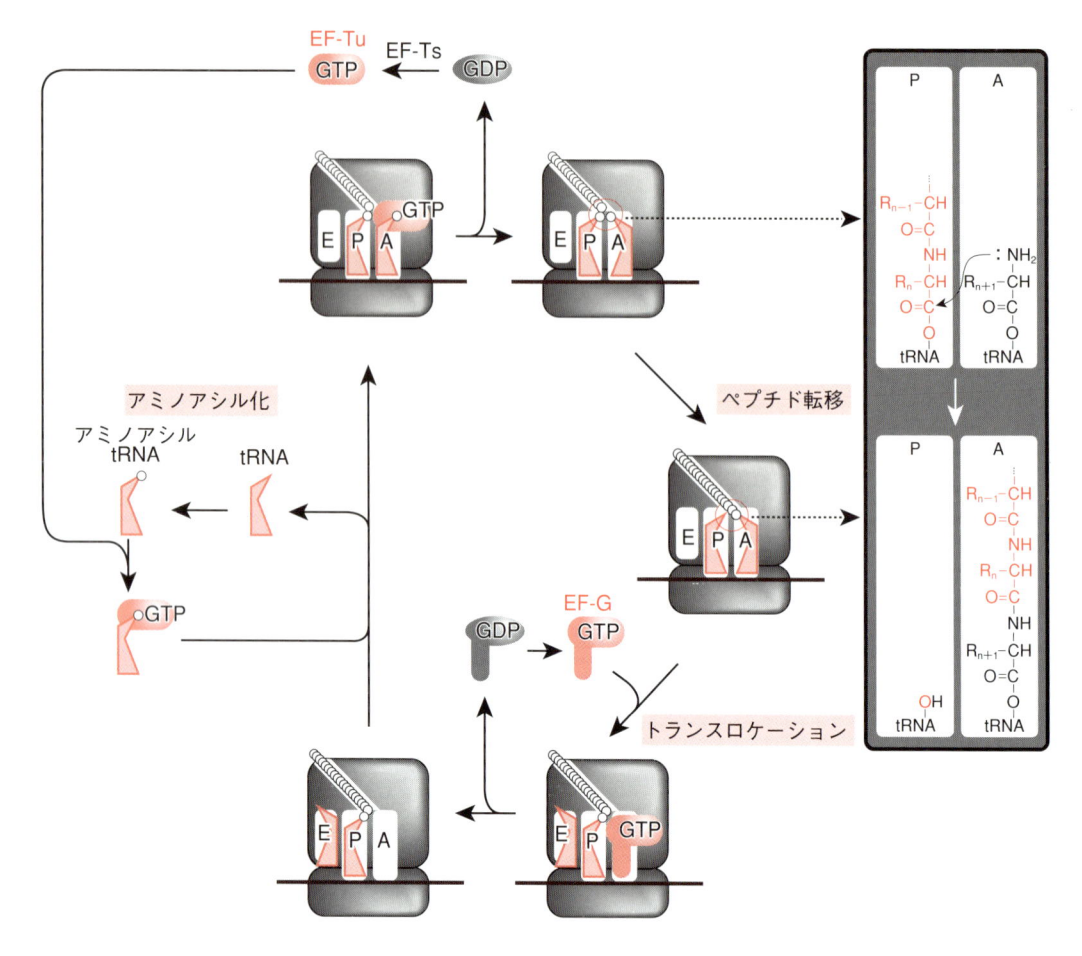

図 2-3　翻訳の伸長サイクル
右は，ペプチド転移反応

　上記のサイクルごとにアミノ酸がN末端から1つ1つ重合されていき，A部位に終止コドンが現れるまでサイクルが繰り返される．

> **メモ**　EF-TuとEF-Gという2つのGTPaseがサイクルを1回転させるごとに，コドン特異的に1つのペプチド結合が形成される．ペプチド結合の形成は，23S rRNAによって触媒される．

4）終結とリボソームのリサイクル

　A部位に終止コドンが現れると，それと対合するアンチコドンをもったtRNAが存在しないために，伸長サイクルを続けることができなくなる．代わりにペプチド解離因子RF1（またはRF2）が終止コドン（原核生物ではRF1がUAAとUAG，RF2がUAAとUGA，真核生物ではeRF1が3種類の終止コドンすべて）を認識し，A部位に入る（図2-5）．RFの一端はペプチジルトランスフェラーゼセンターに達し，そこではアミノ酸のかわりに水が提示され，P部位のペプチジルtRNAは加水分解を受ける．その結果，ペプチドはリボソームから放出

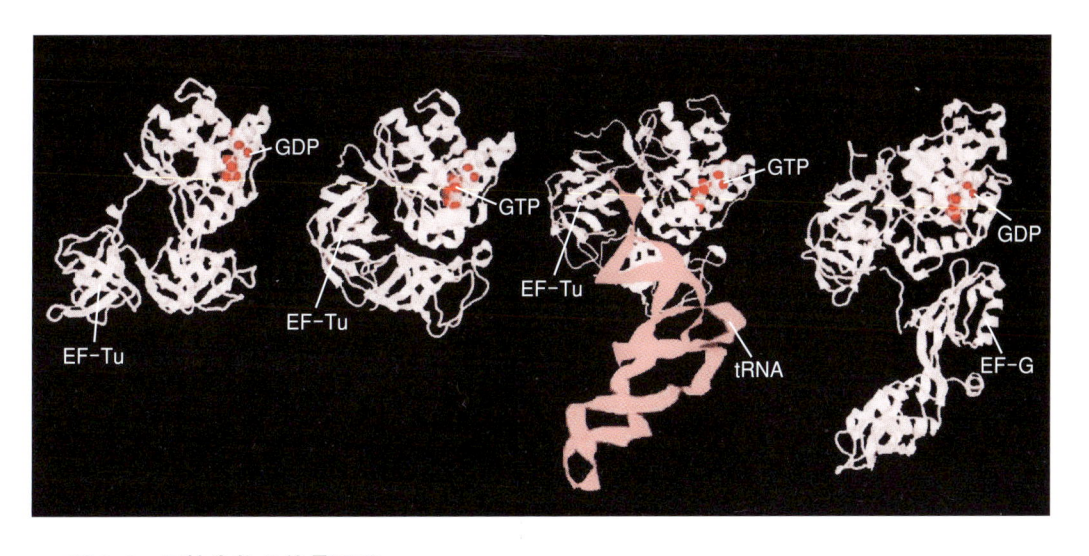

図 2-4 原核生物の伸長因子（巻頭カラー 1 参照）
（左から）EF-Tu·GDP，EF-Tu·GTP，EF-Tu·GTP·tRNA^{Cys}，EF-G·GDP の立体構造．EF-Tu は GTP の加水分解の前後で，立体構造が大きく変化している．また，EF-G は EF-Tu·GTP·tRNA 複合体とよく似た構造をしており，タンパク質が RNA を分子擬態していると捉えることもできる

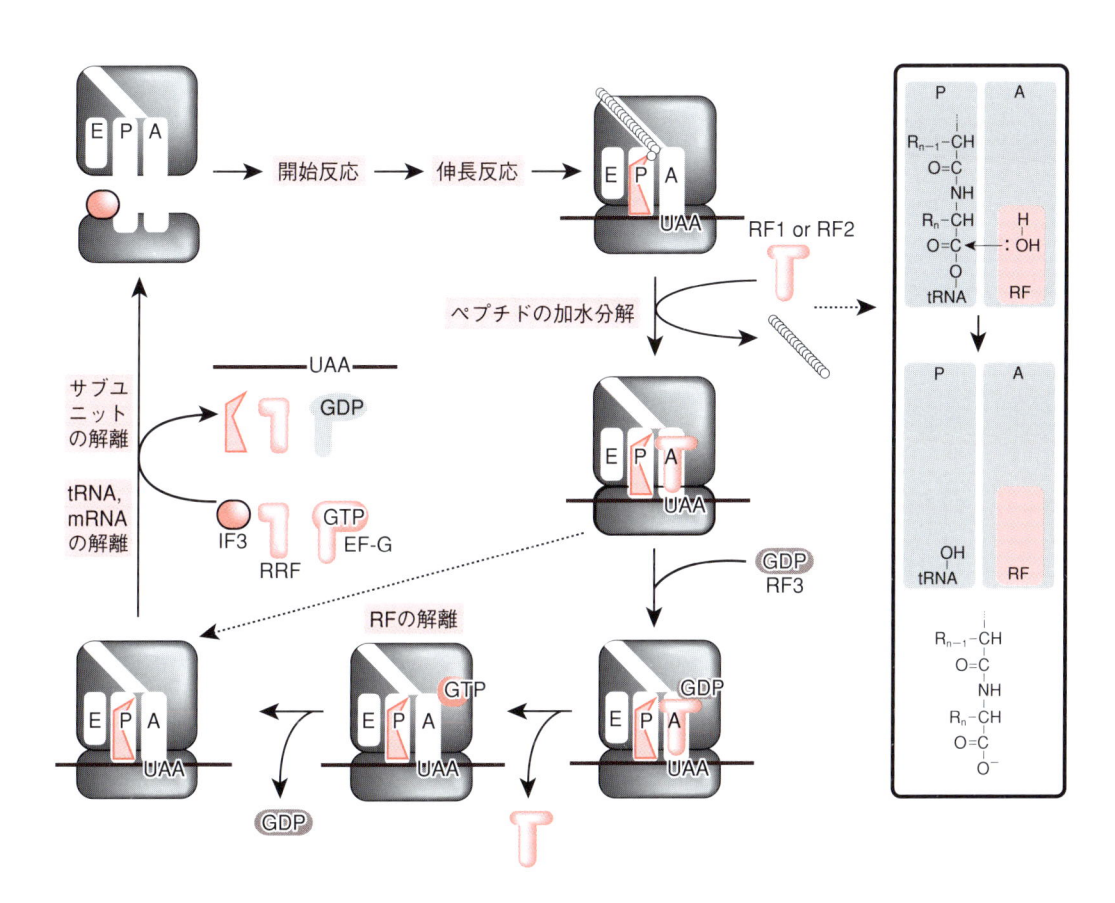

図 2-5 翻訳の終結とリボソームのリサイクル
右は，ペプチジル tRNA の加水分解反応．RF3 は細胞にとって必須ではなく，点線の経路の存在も想定されている

1 タンパク質の合成

され，P部位にはtRNAが，A部位にはRF1（またはRF2）が残る．A部位からのRF1（またはRF2）の解離はRF3によって促進される．

RF1（またはRF2）解離後のtRNAとmRNAのリボソームからの解離は，RRF，EF-G・GTPおよびIF3によってなされ，同時にサブユニットの解離も起こる．真核生物においてはRRFに相当するものは見つかっていない．

> **メモ** RF1（またはRF2）によるペプチドの解離後，RF1（またはRF2）はRF3によって，tRNAとmRNAはRRFによって，リボソームから解離する．

4 変則的翻訳と翻訳レベルにおける遺伝子発現調節

1）変則的翻訳

翻訳が，通常のルールからはずれて行われることがある（図2-6）．

本来3塩基ごとに区切られるはずのコドンが，＋あるいは−方向に1塩基分ずれることがある（フレームシフト）．ずれてもコドン・アンチコドンの対合が安定であることに加え，下流のシュードノット（RNAに特徴的な高次構造）がリボソームの入口でひっかかる，上流のSD配列様の配列がアンチSD配列にトラップされる，などの要因が重なった場合に起こる（図2-6A）．

稀に，mRNAの一部を飛び越して翻訳が行われることがある．リボソームジャンプと呼ばれるこの現象は，P部位のペプチジルtRNAが一時的にmRNAから離れ，mRNA上の安定なコドン・アンチコドン形成の可能な地点に着地することで起こる（図2-6B）．

トランストランスレーションは，2分子のRNAから1分子のキメラペプチドを作る変則的翻訳であり，これによりmRNAの切断等の原因により滞ってしまった翻訳が解消される．tmRNA（tRNAとmRNAの両方の機能・構造を持ち合わせたRNA）が関与する．途中で翻訳が滞ったリボソームに，アミノアシル化したtmRNAがアミノアシルtRNAの代わりに入り，その後，tmRNA上のmRNA部分がそれまでのmRNAに置き換わって翻訳を続ける（図2-6C）．

セレノシステインは特殊なステム・ループ構造の上流にあるUGA（通常は終止コドン）に

Column　「RNAエディティング」による発現調整

転写後にmRNAの塩基が変化を受けることがあり，この現象をRNAエディティングと呼ぶ．置換エディティングとしてよく知られるC→Uへの変化とA→I（イノシン）への変化は，いずれも塩基の脱アミノ反応によるもので，それぞれシチジンデアミナーゼ，アデノシンデアミナーゼによって触媒される．多くの場合，作られるタンパク質のアミノ酸配列に影響を与える．例えば，C→Uエディティングの有無により，肝臓と小腸では同じ遺伝子から異なったアミノ酸配列のアポリポタンパク質が作られる．C→Uエディティングは葉緑体mRNAにおいて頻繁に起こる．一方，A→IエディティングはmRNAが部分的に2本鎖になっている領域で起こり，脳内のグルタミン酸受容体やイオンチャンネルにみられる特殊なエディティングとして，mRNA上の塩基の挿入や欠失が起こるものがある．

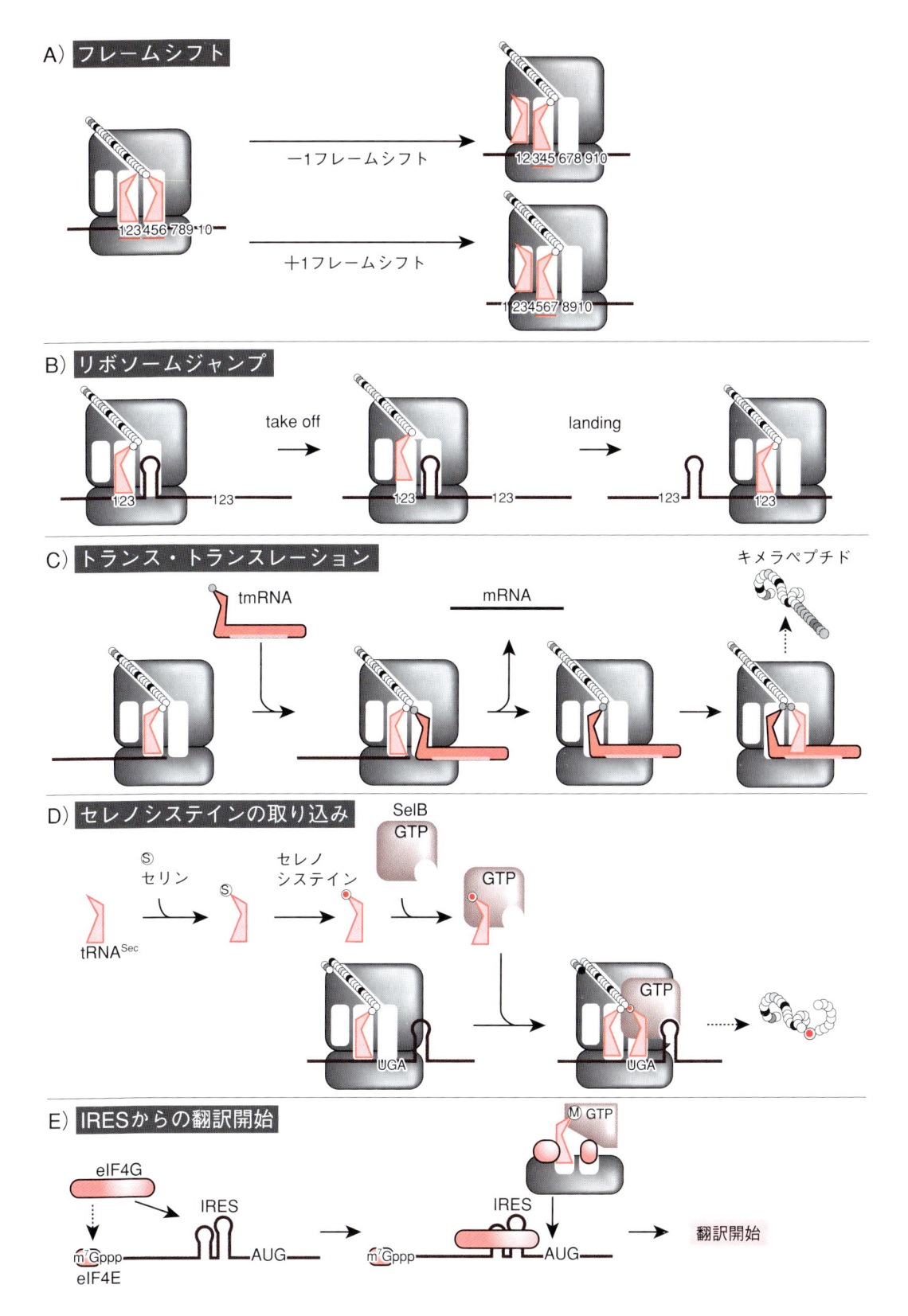

図2-6 変則的翻訳の代表例

A) フレームシフト，B) リボソームジャンプ，C) トランストランスレーション，D) セレノシステインの取り込み．tRNA^Sec は UGA を認識する一方，特異的伸長因子である SelB は UGA の下流のステム・ループ構造を認識する．E) IRES からの翻訳開始

A）アルマジロリピート構造　　　　　　　　B）TIMバレル構造

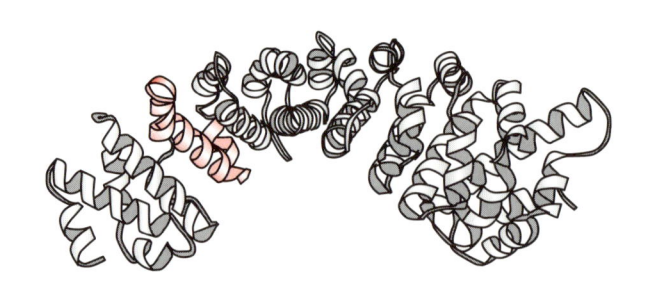

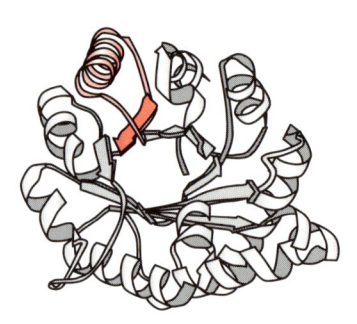

図2-12　超二次構造
A）超二次構造の例としてアルマジロリピートをあげる．酵母の核移行に関係するタンパク質のなかで，アルマジロリピートを多数回含む酵母のタンパク質の部分フラグメントの構造である．■で彩色した部分が40残基のアルマジロリピートユニットに対応し，3本のαヘリックスを形成している．PDB名1BK5．B）α－β構造が連続して組み合わさって，三次構造を作っている例．TIMバレルと呼ばれる．このフォールドは進化的に無関係なタンパク質で繰り返しみられるスーパーフォールドの例でもある．■で彩色した部分がα－β構造の1ユニットに対応している．PDB名1TIM

4　高次構造

1）三次構造

　タンパク質は自発的に折れたたまってコンパクトな立体構造をとる．これをタンパク質の三次構造（tertiary structure）と呼ぶ．三次構造はアミノ酸配列が決まると，自由エネルギー最小の熱力学の要請にもとづいて一意に決まる．三次構造は二次構造が組み合わさってできたと考えることができるが，二次構造と三次構造の区別はさほど厳密ではない．実際のタンパク質中ではαヘリックスは緩やかに曲がったり途中で折れ曲がったりし，βシートは少しずつねじれて全体では丸まった平面となっており，全体的にコンパクトな構造形成を可能にしている．三次構造形成には疎水性コアの形成が重要であるが，50残基以下の短いポリペプチド鎖では，ジスルフィド結合，金属イオンや補酵素の結合が安定化に必須であることが多い．

2）四次構造

　複数のポリペプチド鎖が一定の比率で会合して1つの集合体を作っている場合がある．この集合状態を指してタンパク質の四次構造（quaternary structure）という（図2-13）．四次構造形成は非共有結合を介して起こるのが基本であるが，ポリペプチド鎖間のジスルフィド結合や側鎖間の共有結合が形成される場合もある．ポリペプチド鎖の個数によって，二量体，三量体などという．五量体，七量体などの奇数も可能であって，たくさん集まるとリング（円筒形）をつくることが多い．また，二量体でも同種のポリペプチド鎖が集まる場合をホモ二量体，異種の場合をヘテロ二量体という．

　PQSサーバ（protein quaternary structure server，http://pqs.ebi.ac.uk）と呼ばれるサイトがある．結晶解析の結果，登録される座標情報は非対称単位（ASU）に対応し，結晶の対称性情報があれば結晶全体の座標を再現できる．しかし，これはタンパク質の四次構造すなわち溶液構造と必ずしも対応しない．ASU内の座標が①そのまま溶液構造に対応，②複数の溶

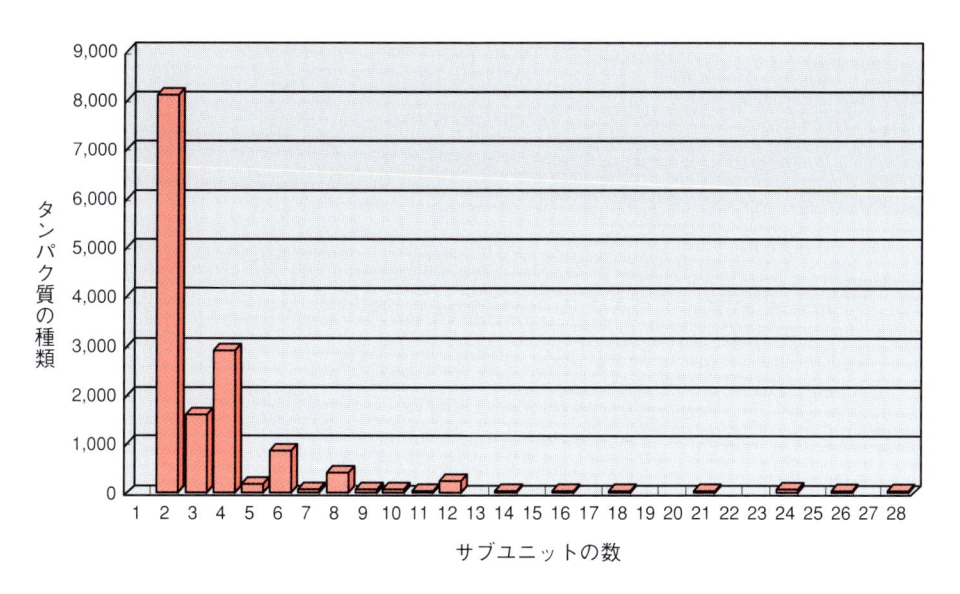

図2-13 サブユニットの個数でタンパク質を分類したヒストグラム

PQSサーバでの四次構造解析の結果をまとめた．http://msdlocal.ebi.ac.uk/docs/msd/pqs/pqs_types.txt から得た表をもとに作製した．現在の表は更新されているのでこの図と完全に同じではない．サブユニットの数で特に多いのは規則的に2, 3, 4, 6, 8, 12, 16, 24となっている．しかし，少ないながら11とか26なども存在する

液構造に対応，③対称操作をして溶液構造を再現，④②と③の組み合わせで溶液構造を再現，の4通りの場合がある．ASU座標に対して可能な対称操作を施して生じる分子間接触を接触表面積の大小で評価して溶液状態での四次構造を予測して，その結果をまとめたサイトである．

高次構造形成はタンパク質が機能を発現するための必須条件である．高次構造形成によりいくつかのアミノ酸側鎖の相対配置が空間的に固定されることで，他の分子と相互作用したり，酵素機能を発揮できる．最近，単独では高次構造を作れない（短い）タンパク質が多く見つかっている．これらは他のタンパク質に巻き付くように結合して四次構造を作っており，条件によって脱着可能な調節サブユニットと見なすことができる．

高次構造のデータベースとして，プロテインデータベース（protein database：PDB, http:www.rcsb.org/pdb/）がある．1971年米国で始まったが，2003年からは米国，ヨーロッパ，日本の3局で共同運営されている．主に，タンパク質の座標が登録されるが，他に実験データやモデル構造も登録されている．登録時には評価されるが無審査である．登録が論文投稿の必須条件になっているので事実上すべての立体構造情報が集められている．プロテインデータベースはすべての人に対して無料で公開されていて，人類全体の共通財産である．なお，立体構造自体は特許の対象にならないことが確定している．

5 立体構造の分類

タンパク質の二次構造の種類と相対位置関係およびそれらの間の連結の仕方を指して，フォールドと呼ぶ．このとき，側鎖の違いや多少の長さの不一致は無視する．主鎖のトポロジ

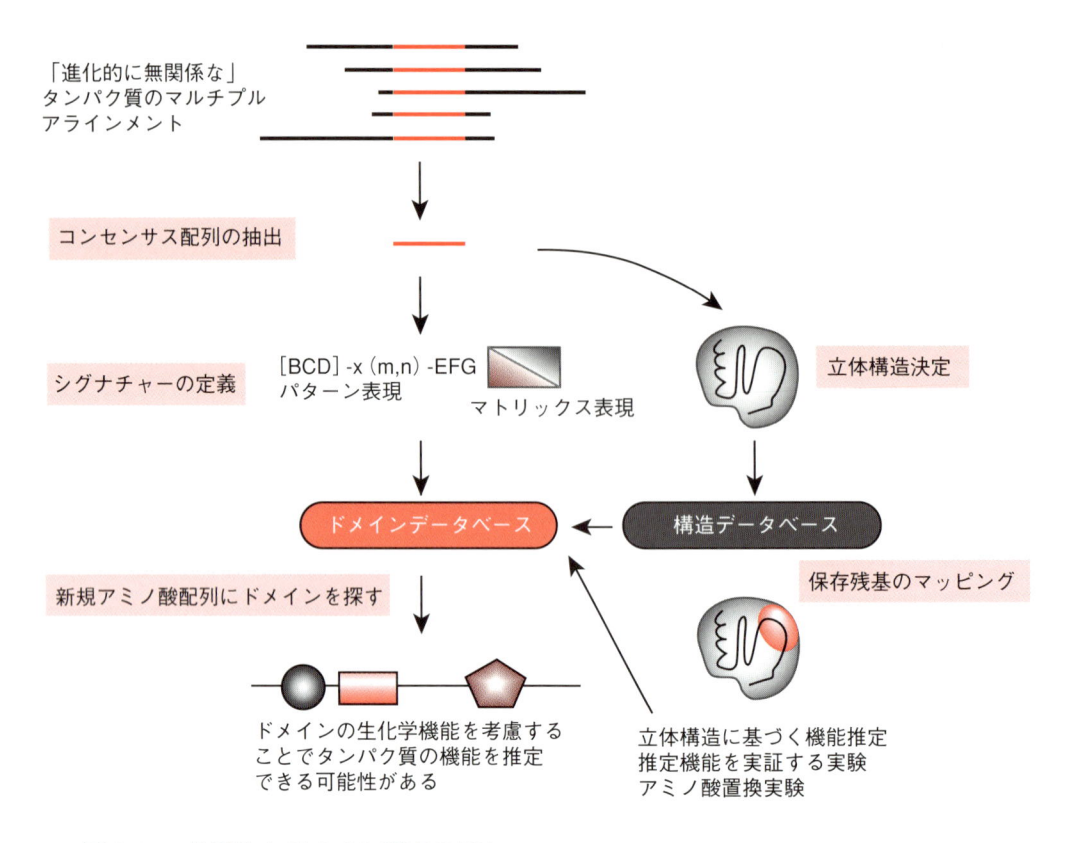

図2-14 典型的なドメイン研究の流れ

1. マルチプルアラインメントなどを用いて，相同アミノ酸配列を進化的に無関係なタンパク質の間に見つけて，ドメインと見なして名前をつける．2. ドメインを単独で大腸菌などをホストとして発現，調製し，立体構造を決定する．一群の配列集団の共通特徴を最大限もらさずに，かつ，余分な配列を含まないように定義するための表現をシグナチャーと呼ぶ．シグナチャーを定義するのに，一次元のパターン（図の例では，1字目はB，C，Dのいずれか，その後にm個からn個の間の任意のアミノ酸配列があり，さらにE-F-Gという3文字が続く）や，二次元マトリクス（これにはいろいろな定義の手法がある）が用いられる．3. マルチプルアラインメントにおける保存残基を立体構造上にマップする．ここで内部にある保存残基のクラスターは疎水性コアを形成している．表面にある保存残基のパッチは他の分子との相互作用部位である可能性がある．表面のくぼみや溝があればこれも他の分子との相互作用部位であると推定できる．このとき，表面の静電ポテンシャルを考慮する．結晶構造の場合はクリスタルパッキングによる接触部位（面積＞400 Å^2）も他の分子との相互作用部位である可能性がある．結晶構造での低分子，イオン，水分子の位置も参考になる．4. 立体構造に基づいて重要と思われるアミノ酸を推定し，アミノ酸置換実験を行って検証する

ーあるいはアーキテクチャーということもある．フォールドに基づいてタンパク質の三次構造を分類でき，それを集めたデータベースが存在する（CATH：http://www.biochem.ucl.ac.uk/bsm/cath/cath.html，SCOP：http://scop.mrc-lmb.cam.ac.uk/scop/）．ただし，2つのタンパク質が同一のフォールドをもつか否かをきちんと定義することはそれほど簡単ではなく，人間の主観が入るような問題である．

　基本的に進化的に関連したタンパク質は同一のフォールドをもつ．そこで，新規構造を決めたときにこれに類似した構造を探して，その構造がもつ機能から新規構造の機能を推定することが可能である．ただし，明らかに進化的に無関係であると思われるのに，同一のフォールドをもつ場合がいくつか知られている．これらのフォールドをスーパーフォールドと呼ぶ．新たに構造決定したタンパク質がスーパーフォールドをもつ場合は，何らかの付加情報

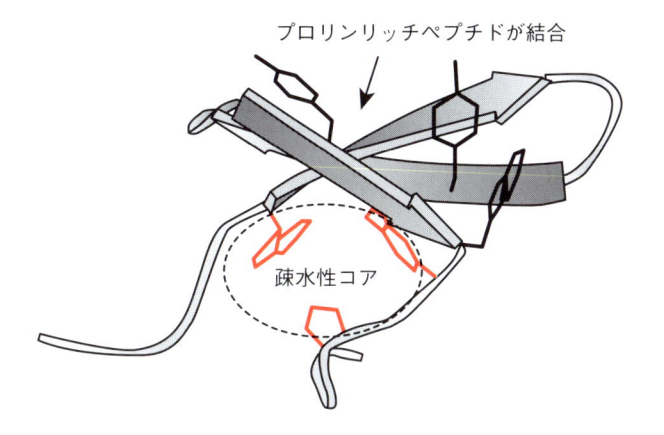

図2-15 ドメインの疎水性コアと分子表面の疎水性パッチの例
疎水性コアをもつ最短のアミノ酸配列はWWドメインで約30残基である．疎水性コアを形成するアミノ酸残基を━で，分子表面の疎水性パッチを構成する疎水性側鎖を━で示した．この疎水性パッチはプロリンに富んだペプチドと相互作用する．図はラットのformin binding protein由来のWWドメイン．PDB名1E0L

がなければ機能を推定することはできない．

　統計学的な推定に基づいて，自然界の存在するフォールドの総数は1,000から多くても数千であると予想されている．構造ゲノミクスはこの基本フォールドをすべて網羅的に決めてしまうことを目指すプロジェクトであり，多数のタンパク質の三次構造を工場的に決めていくことを目指している．

6 ドメイン構造

　DNA配列情報が蓄積されてくると，進化的に無関係と推定される多くのタンパク質に50〜200残基程度の長さのよく似たアミノ酸配列が共通して見出されるケースが急増した．この相同アミノ酸配列を配列ドメイン，あるいは単にドメイン（domain）という．アミノ酸配列の保存性はそれほど高くなく，アミノ酸配列相同性が25％以下のトワイライトゾーンと呼ばれるような低い相同性がほとんどである．

　注意すべきは「進化的に無関係な」複数のタンパク質に繰り返し見つかるという記述である．進化的関係を曖昧なく定義するのは困難ではあるが，共通の機能で特徴づけられる「進化的に共通な祖先をもつ」タンパク質ファミリー内に見つかるのでは不十分である．このような場合はタンパク質の全長にわたって相同的がみられることが多い．これに対して，真のドメインではドメインの外側の領域にはアミノ酸配列の相同性は全くみられない．

　ドメインは切り出してきて単独で発現させると一定の立体構造を形成することが多い．また，機能（他のタンパク質に結合したり，低分子を結合する）も保持していることが多い．したがって，ドメインはタンパク質の構造・機能・進化の単位といえる．それゆえ，タンパク質研究の単位としても有用である（図2-14, 2-15）．ドメインを検出するための定義パターンのデータベースやドメインの構造と機能のデータベースが多数作られている．複数のド

表2-1 タンパク質の立体構造決定手法の比較

方法	原理	試料の状態	特徴	短所
X線単結晶解析	X線の回折	三次元単結晶	方法論の確立, 高分解能, 分子置換	結晶化が必要
溶液NMR	核磁気共鳴現象による分光	水溶液	結晶化が不要, 運動性や弱い相互作用の検出	分子量の上限（3万以下）
電子顕微鏡による二次元結晶解析	電子線の回折	二次元結晶, 非晶氷包埋	膜タンパク質に有効	結晶化が必要
電子顕微鏡による単粒子像解析	画像処理	単分散状態の負染色または非晶氷包埋	大きな複合体の概観, 対称性の情報, 試料量が少量でよい.	分解能が低い, 方法論が発展途上

メインをブロックとして組み立てられる構造体としてタンパク質を理解することで, タンパク質の機能を個々のドメインの生化学的な機能の組み合わせとして推定することができる.

7 立体構造決定法

タンパク質の立体構造を決定するには4種類の方法がある. X線単結晶解析, 溶液NMR, 電子顕微鏡による二次元結晶解析, 電子顕微鏡による単粒子像解析である（表2-1）. 単粒子像解析以外は原子分解能の立体構造を得ることができる. このほかに, 固体NMRや中性子線結晶回折などの方法が期待されている.

X線結晶解析は対象となる分子に制限がもっとも少なく, 低分子からウイルス粒子まで立体構造決定が可能である. 解析において分子置換法が使えるのが大きな利点である. 大きなタンパク質複合体を解析する場合に, その部分構造, たとえばあるサブユニットだけを単独で結晶化して構造解析を行い, その結果を用いて, 全体の結晶構造を分子置換法で決定できる. 溶液NMRの最大の利点は, 結晶操作が不要で溶液中の構造であることである. 立体構造の情報とともに構造の動的な情報も得ることができる. 最近では水素結合の直接検出が可能となった. 電子線二次元結晶解析は電子線を使った結晶解析であり, X線結晶解析では困難な膜タンパク質の解析に有利であると期待されている. 単粒子像解析は, タンパク質の巨大会合体の全体的な大まかな形を見るのに適している. 必要な試料量が少ないこと, 結晶化操作が不要な点が利点である.

逆にそれぞれの弱点をあげると, X線結晶解析と電子線二次元結晶解析ではタンパク質の結晶を得る必要があり, これがボトルネックである. 結晶内ではタンパク質分子同士は接触している. この接触をパッキングと呼ぶが, これが生物学的に意味のある相互作用なのか, 単に結晶をつくるために起こった相互作用なのかを見分けることが難しい. 溶液NMRでは対象となるタンパク質の分子量に上限が存在する. ただし, これを緩和する新しい測定法も提案されている. 分子置換法に相当する方法がないのも欠点である. 電子顕微鏡単粒子像解

表2-2 タンパク質と他の分子との相互作用の分類

	強い相互作用		弱い相互作用	
解離定数*	1 pM〜10μM		100μM〜10mM	
結合解離速度*	遅い		速い	
複合体を	単離できる		単離できない	
接触表面積	広い		狭い	
研究手法	多様		限定的	
得られる情報	豊富		限定的	
リガンド単独のコンフォメーション	一定	不定	一定	不定
特異性	非常に高い	非常に高い	高い	広い

タンパク質とリガンド（他のタンパク質，ペプチド，低分子など）との相互作用を結合の強さで分けると，複合体を単離できるかどうかで「強い相互作用」と「弱い相互作用」に分けられる．弱い相互作用では研究手法や得られる情報にかなりの制限がつく．相互作用はリガンドのコンフォメーションが一定か不定かで分けられる．特異性の観点でみると，強い相互作用は非常に高い特異性をもつ．弱い相互作用では高い場合と広い場合がある．広い特異性とは一群のリガンドに対しそれなりの特異性をもっている場合をいう．何でも結合してしまう低い特異性とは区別すべきである．例をあげると，タンパク質が細胞の色々な部分へ輸送されるときに，それを指定するのがタンパク質自身にアミノ酸配列の形で書き込まれている標的シグナルである．多くの場合，標的シグナルはアミノ酸配列としてコンセンサス配列が定義できないような多様なアミノ酸配列の集合体である．これを認識する受容体との相互作用は弱くて広い相互作用（ゆるい相互作用）の典型である．＊解離定数（結合の強さ）と結合解離の速度は本来独立なパラメータである．そこで，結合が強くて結合解離が速いようなケースやその逆のケースがありえる．この表は一般的な傾向を述べている．

析は1つ1つの像が不鮮明なため，多数の像の平均をとる必要がある．色々な方向から見た像があるので，平均化操作の前にどの方向から見たものかを分類する必要があるが，これが難しい．安易に行うと誤った結論に至る可能性がある．また，像だけで判断するので試料の純度はかなり高い必要がある．いまのところ，低分解能（15Å程度）にとどまっている．

8 相互作用解析

構造決定が終わると機能解析を行う．昔は機能といえば酵素活性測定であったが，最近では他の分子との相互作用を解析することが多い．一口に相互作用解析といってもその方法や内容は多様である（表2-2）．相互作用の強さ，相互作用の特異性の程度，結合と解離の速度，

熱力学的な数値，pHなどの外部条件による影響，アミノ酸置換の影響などを調べることになる．観測パラメータは結合に伴って変化するものなら何でも使うことができる．分子量，並進拡散速度，回転拡散速度，可視吸収，紫外吸収，蛍光強度，蛍光の偏光度，CDスペクトル，NMRスペクトル，熱の出入りなどである．

タンパク質，核酸，糖，脂質二重膜，低分子など多様なリガンドがある．相互作用相手の種類によって最適な手法が異なる．自分自身と相互作用する場合は自己会合と呼ぶ．

相互作用が強いとき（解離定数で1 pM～10 μM）は，ゲル濾過などで複合体を単離することができる．接触面積は広く，特異性が厳密である．複合体の構造決定を行えば相互作用の詳細を知ることができる．これに対して，相互作用が弱いとき（解離定数で100 μM～100 mM）は複合体を単離することはできない．接触面積は狭い．弱い相互作用はリガンドの立体構造の特徴でさらに分けることができる．リガンドが一定の立体構造をもっている場合と，単独では一定の立体構造を保持できない場合である．前者ではタンパク質がリガンドであり，リガンド濃度を十分に上げることができれば強い相互作用と同様な方法で解析できる[8]．特異性もそれなりに高いと考えられる．後者のフレキシブルなリガンドの場合はどんなに濃度を上げても，強い相互作用と同じ手法では十分なデータが得られない．リガンドがランダム構造と結合コンフォメーションの平衡にあるためである．この場合，特異性は低いのではなく，広いと考えられる．広い特異性とは一群の異なるリガンドを広く結合するが，それ以外のリガンドはほとんど結合しないことを指す．これに対し，低い特異性とは何でも結合してしまう状態を指す．低い特異性は生物にとってあまり意味がないと思われる．

> **メモ** 広い特異性をもつ弱い相互作用を「ゆるい相互作用」と呼ぶことを提唱する．研究手法が限られ，得られる結果の質や量にも限界がある．しかし，こうした「ゆるい相互作用」は生物が生きている色々な場面で必要である．構造ゲノミクス時代に突入してルーチン的に構造が決定できる時代にあって，「ゆるい相互作用解析」は「膜タンパク質の構造決定」や「超分子複合体の構造決定」とならび，これからの構造生物学の重要課題である．

■文献

1) ブランドン，C. トゥーズ，J./著，勝部幸輝 ほか/訳 "タンパク質の構造入門（第2版）"：ニュートンプレス，2000
2) "タンパク質のかたちと物性"（中村春木 ほか/編），シリーズ・ニューバイオフィジックス1：共立出版，1997
3) 濱口浩三/著 "改訂タンパク質機能の分子論"：学界出版センター，1990
4) "分子生物学 第3章"（柳田充弘 ほか/編）：東京化学同人，1999
5) "タンパク質がわかる"（竹縄忠臣/編），わかる実験医学シリーズ，基本編‐第6章 ドメイン構造：羊土社，2003
6) "タンパク質の一生"（中野明彦 遠藤斗志 ほか/編），シリーズ・バイオサイエンスの新世紀，2：共立出版，2000
7) "タンパク質の分子設計"（後藤祐児 谷澤克行/編），シリーズ・バイオサイエンスの新世紀，3：共立出版，2000
8) Vaynberg, J. et al.: Structure of a Ultraweak Protein-Protein Complex and its Crucial Role in Regulation of Cell Morphology and Motility. Mol. Cell, 17：513-523, 2005

3 分子シャペロンとタンパク質のフォールディング

　分子シャペロンは，細胞の中にあるタンパク質のフォールディングや複合体形成を手助けするばかりか，ストレスによりタンパク質のコンフォメーションが損なわれると，凝集するのを未然に防いだり，いったん，凝集したものを元に戻したりもする．細胞が生きていくには色々なタンパク質のバラエティに富んだ機能が必要であるが，タンパク質の機能を保証しているのは，ほかならぬそれ自身のコンフォメーションである．したがって，細胞にとって分子シャペロンが大切であるのはいうまでもない．

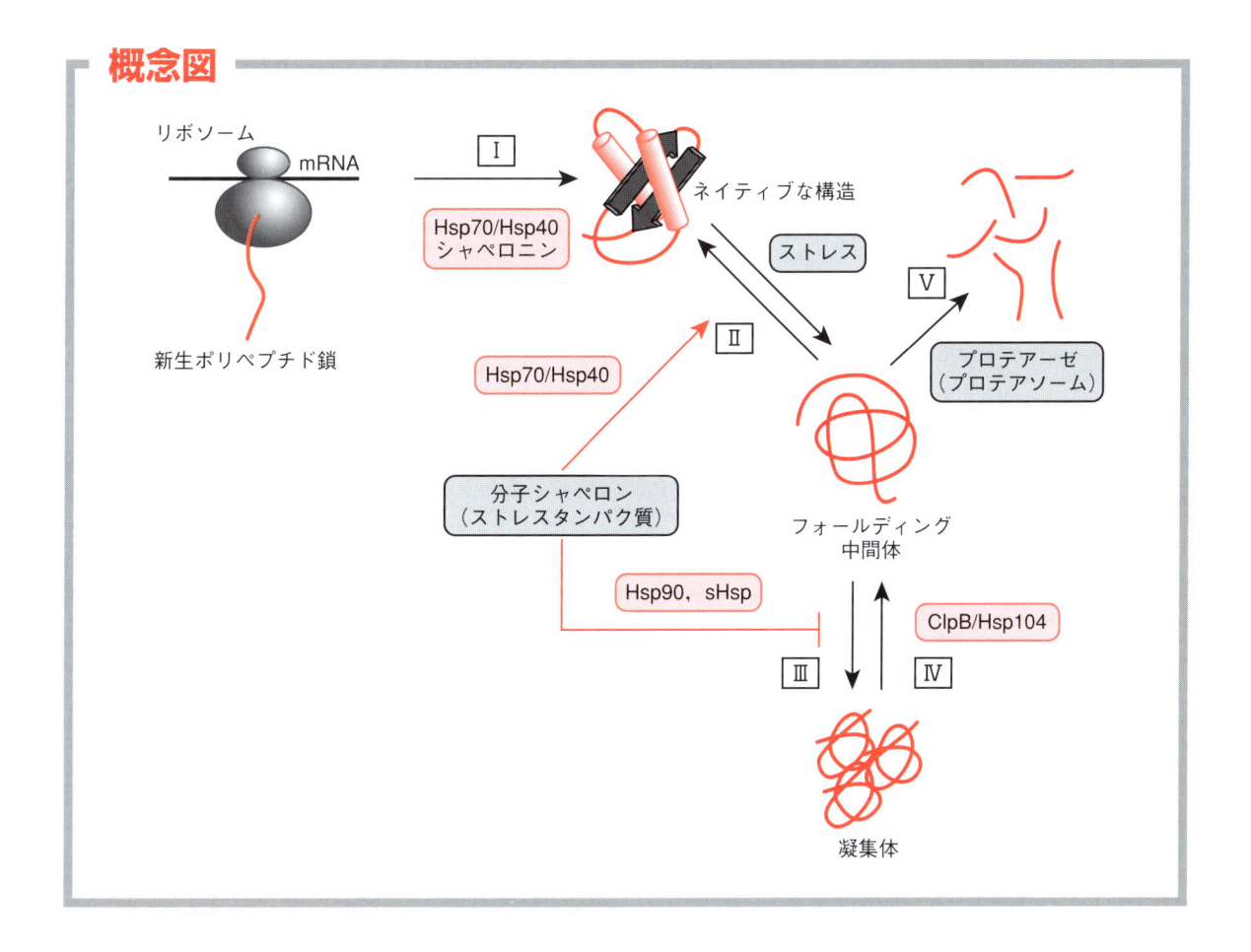

概念図

リボソーム / mRNA / 新生ポリペプチド鎖
I　Hsp70/Hsp40 シャペロニン → ネイティブな構造
ストレス
II　Hsp70/Hsp40
分子シャペロン（ストレスタンパク質）
Hsp90, sHsp
III / IV　ClpB/Hsp104
フォールディング中間体
V　プロテアーゼ（プロテアソーム）
凝集体

1 分子シャペロンの果たす多元的な役割

　生物は，アミノ酸配列をDNAに記録し，RNAを介してタンパク質に翻訳することにより，遺伝情報を「生命」という形で表現している（第2章-2）．RNAが初期生命であったとすれ

ば，さまざまなコンフォメーションを取りえるRNAが触媒機能の幅を広げ，環境に対する適応能力を高めるためにタンパク質（＝アミノ酸のポリマー）を手に入れ，一方，その多様化した能力を個体レベルでは安定に維持し，種のレベルでは確実に後世に伝えるためにDNAを獲得したといえる．したがって，タンパク質のコンフォメーションがアミノ酸配列により一義的に決まるという前提は，生命にとって肝心であるし，その前提があればこそDNAという遺伝情報が絶対的意味をもつ．

ところが，その前提が成り立ちにくいのが現実である．タンパク質は必ずN末端から順番にアミノ酸が繋がるから，でき上がった部分は合成が完了するまでフォールディングを始められず，最終的には分子内部に埋もれるべき疎水性領域が露出したままになり，周りの分子と結合する危険がある[1]．

> **メモ** フォールディング（中間体）：タンパク質がアミノ酸配列により一義的に決められたコンフォメーションになる過程をフォールディングという．ネイティブな構造を完成品とすると，未完成品は程度の違いによらずフォールディング中間体と呼ばれる．ネイティブな構造と違うコンフォメーションになることをミスフォールディングといい，ネイティブな構造が損なわれてできるフォールディング中間体が元に戻ることをリフォールディングという．

そこで，コンフォメーションに必要な長さ（50〜300残基）のポリペプチド鎖ができるまで，危険性の高い領域をマスクしてミスフォールディングを防ぎ，フォールディングの成功率を上げているのが分子シャペロンである（概念図，I）．しかし，フォールディングが完了してからも，ストレスによってコンフォメーションの維持が脅かされる場合がある．ストレスにより出現するフォールディング中間体（Iのフォールディング途中にも出現する：図では省略）のリフォールディング（概念図，II）や凝集体形成の抑制（概念図，III），さらにはできてしまった凝集体の可溶化（概念図，IV）も分子シャペロンの役目である．しかし，これほど手を尽くしてもどうにもならない場合はプロテアソーム（第2章-4）などにより分解される（概念図，V）．

> **メモ** （新生）ポリペプチド鎖：ペプチド結合したアミノ酸のポリマーをポリペプチドというが，厳密な定義はないもののそれが二次構造を含むくらいの長さであればポリペプチド鎖と呼び，タンパク質と同義の場合もある．新生ポリペプチド鎖は合成途中や直後のポリペプチド鎖のことであり，フォールディングが完了していないことを暗に示している．

2　タンパク質のフォールディングに幅広くかかわる分子シャペロン

Hsp70（heat shock protein 70）は，大腸菌から真核生物までよく保存された分子量7万のタンパク質である[1]〜[4]．ATP結合部位（44kDa）と基質結合部位（27kDa）からなり（図2-16A），真核生物では細胞質以外にオルガネラ（細胞小器官）にもパラログが存在する．

Hsp70（大腸菌のDnaK）はリボソームから伸長してきた新生ポリペプチド鎖の疎水性領域に結合して凝集を防ぎ，タンパク質（全タンパク質の30〜40％）のフォールディングを助け

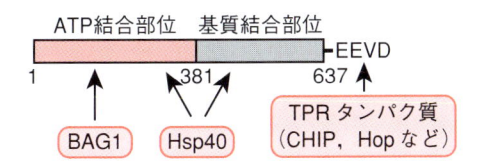

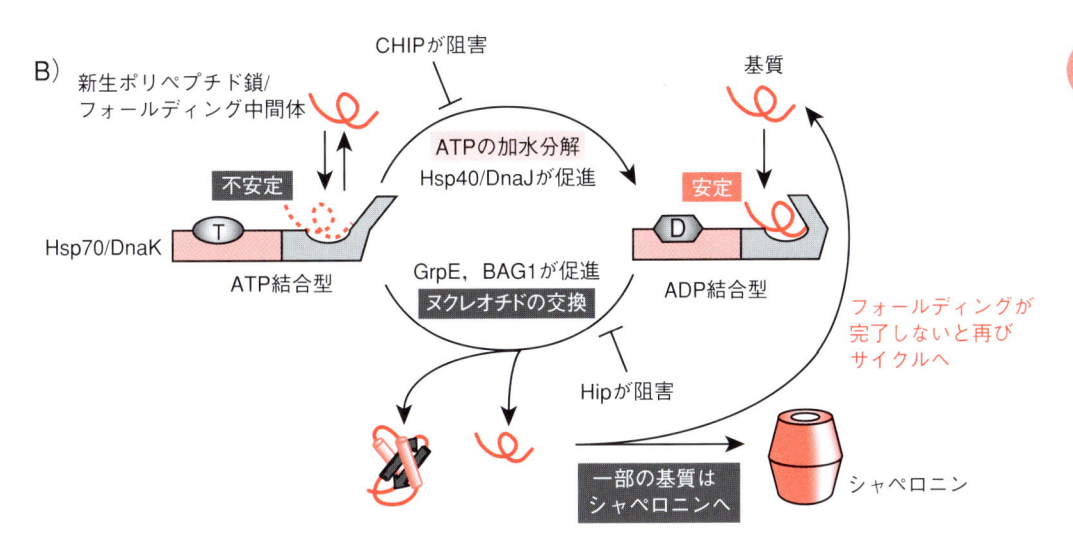

図2-16 Hsp70の構造とシャペロンサイクル

A) N末端側にATP結合部位があり，C末端側に基質結合部位がある．真核生物の細胞質性HspP70のC末端にはEEVD配列があり，TPRタンパク質が結合する．数字はヒトHsp70のアミノ酸番号．B) Hsp70/DnaKは，さまざまなコシャペロンの力を借りて基質結合能の低いATP結合型と高いADP結合型の変換を行い，結合・解離を繰り返して基質（新生ポリペプチド鎖やフォールディング中間体）のフォールディングを助けている．未完成の基質はHsp70のサイクルに再び入ったり，シャペロニンに渡されたりしてフォールディングを完了する．Ⓣ とⒹ はそれぞれATPとADPを示す

ている（概念図，Ⅰ）．Hsp70には，熱ショックなどのストレスにより変性し疎水性領域があらわになったタンパク質（＝フォールディング中間体）に結合し，そのリフォールディングを助ける働きもある（概念図，Ⅱ）．

　Hsp70はATP依存的に基質との結合と解離を繰り返す（図2-16B）．ATP結合型は基質と結合も解離もしやすいため安定な結合ができない．一方，ADP結合型は挟み込むようにして基質を捕まえるが，Hsp70自身のATPase活性が低いためにATP加水分解と連動した基質結合部位の構造変化が遅くうまく捕まえられない．そこで，Hsp70のコシャペロンHsp40（大腸菌のDnaJ）がHsp70のATPase活性を高めている（図2-16B）．Hsp40ファミリーに共通する約70残基のJドメインがHsp70のATP結合部位に結合して加水分解能を増大させている（図2-16A）．さらに，Hsp40もタンパク質の疎水性領域を認識し結合できるので，Hsp40はJドメインとは別の領域でもってHsp70の基質結合部位と結合し（図2-16A），基質を渡している．

> **メモ** コシャペロン，コシャペロニン：分子シャペロンの機能を助けたり，調節したりする因子をまとめてコシャペロンと呼ぶ．Hsp40はそれ自身が分子シャペロンであるが，同時にHsp70の密接なパートナーでもあるからHsp70のコシャペロンと呼ぶ．シャペロニンの場合はコシャペロニンと呼ぶこともあり，GroESはGroELのコシャペロニンである．

大腸菌では，ヌクレオチド交換因子GrpEがDnaKのADPをはがすとATPが新たに結合し，基質が遊離する（図2-16B）．真核生物の場合，ミトコンドリア以外にはGrpEホモログは存在せず，BAG1（Bcl2-associated athanogene 1）がHsp70のヌクレオチド交換能を高めると報告されているが，基質や発現する組織において限定的である．真核生物Hsp70のヌクレオチド交換能はDnaKに比べ高く，むしろそれを抑えてADP結合型を安定化するコシャペロンHip（Hsc70-interacting protein）がある（図2-16B）．

真核生物の細胞質Hsp70のC末端にはEEVD配列（Hsp90にもある）があり，そこに結合するTPR（tetratricopeptide repeat）モチーフをもつコシャペロンCHIP（carboxyl terminus of Hsc70 interacting protein）とHop（Hsp70/Hsp90 organizing protein）がある（図2-16A）．CHIPはHsp70のATPase活性を抑え，基質結合能も低下させるが（図2-16B），生理的意義は不明である．CHIPはユビキチンリガーゼ活性をもち，Hsp70やHsp90に結合した変性タンパク質（＝フォールディング中間体）をユビキチン化し，プロテアソームによる分解に導くと報告されている（概念図，V）．

> **メモ** TPRモチーフ：保存性の低い34個のアミノ酸からなる繰り返し配列をTPRモチーフと呼ぶ．TPRモチーフはさまざまなタンパク質に存在し，タンパク質間相互作用に関与する．真核生物のHsp70とHsp90のコシャペロンの多くにみられ，Hsp70とHsp90のC末端にあるEEVD（正確にはHsp70のGPTIEEVDとHsp90のMEEVD）配列に特異的に結合する．

真核生物のHsp70はタンパク質のオルガネラへの輸送やクラスリンの小胞からの解離など多様な細胞機能にかかわっている[2]．それは，真核生物のHsp40が多彩であり（酵母では22種類），Hsp70の局在性や基質特異性を多様にしているからこそである．

3 細胞内情報伝達分子のフォールディングにかかわる分子シャペロン

Hsp90は，Hsp70と並び多量に存在するタンパク質であり，進化的によく保存されている[3]〜[5]．N，M，Cの3つの領域があり，真核生物の細胞質Hsp90のC末端にはTPRタンパク質の結合するMEEVD配列がある（図2-17A）．Hsp90はN領域にATP結合部位をもち，C領域を介してダイマーになっている（図2-17A, B）．抗癌剤であるHsp90特異的阻害剤ゲルダナマイシンは，ATP結合部位に結合してHsp90の機能を阻害する．

Hsp90は触媒部位が2つの領域に分かれたスプリット型と呼ばれるATPaseであり，DNAジャイレースBなどとともにGHKLファミリーを構成する．ATPがN領域に結合すると構造変化が生じ，γ位のリン酸基がM領域にある触媒ループに接近するとともにN領域同士が会

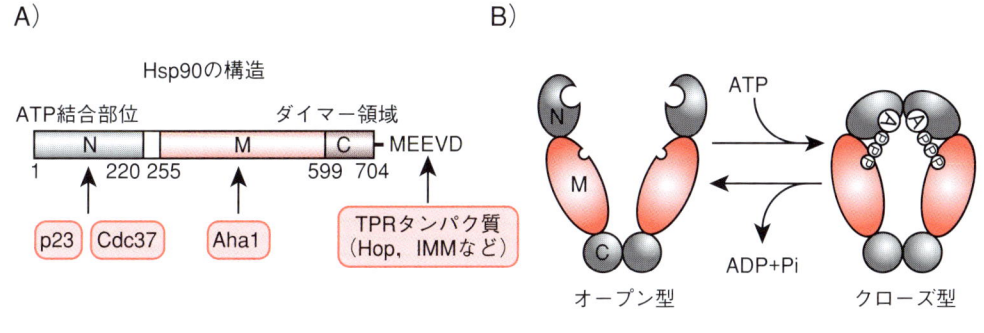

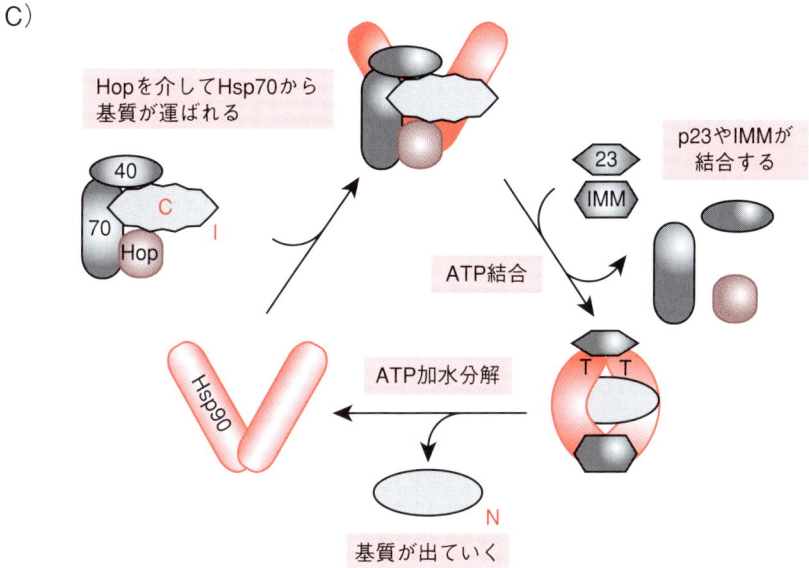

図2-17 Hsp90の構造とシャペロンサイクル

A) N, M, Cの3つの領域に分けられ, N領域にATP結合部位があり, C領域でダイマーを形成する. 数字はヒトHsp90αのアミノ酸番号. B) Hsp90のクランプ構造. Hsp90はATPが結合していないとN領域が離れたオープン型である. ATPが結合するとN領域がM領域に近づき, γ位のリン酸基がM領域に結合すると同時にN領域同士が会合してクローズ型になり, ATPの加水分解によりオープン型に戻る. C) Hsp70/Hsp40に結合したフォールディング中間体 (I) の基質 (C) がHopを介してオープン型のHsp90に運ばれる. ATP (T) およびp23とイムノフィリン (IMM) の結合によりHsp90はクローズ型になる. ATP加水分解によりHsp90が再びオープン型になると, ネイティブな構造 (N) の基質が遊離する

合しオープン型からクローズ型になり, クランプのように基質を捕まえる. ATPが加水分解されると, Hsp90はオープン型に戻って基質を遊離する (図2-17B)[3)〜5)].

> **メモ** GHKLファミリー: Bergeratフォールドと呼ばれる新規のATP結合ドメイン構造が, DNAジャイレースB (GyrB), Hsp90, ヒスチジンキナーゼ, DNAミスマッチ修復酵素 (MutL) に共通して見つかり, これらをGHKLファミリーと名付けた.

Hsp70やシャペロニンがフォールディングの初期にかかわるのと異なり (概念図, I), Hsp90はフォールディングがほぼ完了した基質の構造的に不安定な部分の保持に関与する.

Hsp90の基質には，ステロイドホルモン受容体などの転写因子やプロテインキナーゼなどの細胞内情報伝達因子が多くある（**第4章-2，3**）[3)〜5)]．これらは，特異的なシグナルによる構造変化を経て初めて活性化されるが，それまではスタンバイの状態，つまりリガンド結合部位などをフレキシブルな構造に保つ必要がある．しかし，それは反面では不安定な構造でもあり，Hsp90による安定化を要するのである．

　ステロイドホルモン受容体（**図2-17C, I**）にはまず（合成途中に）Hsp70，Hsp40とHopが結合する[3)〜5)]．HopにはTPRモチーフがありHsp70とHsp90のEEVD配列に結合するので，受容体はHopを介してオープン型のHsp90に運ばれる．HopはHsp90のN領域にも結合し（図では省略）ATP加水分解に必要なN領域同士の会合を阻止し，オープン型を持続させて基質の結合を促す．Hopに代わりp23とイムノフィリン（FK506結合タンパク質FKBP51やサイクロフィリン）が結合するとクローズ型になる．p23はATP（**図2-17C, T**）を結合したN領域同士の会合を促進し，一方でATPase活性を抑制するのでクローズ型が安定になる．イムノフィリンはHsp90のATP加水分解能を高めるのでオープン型への変換を促すかも知れないが，最近，Aha1がM領域に結合してATP加水分解を促進することがわかり（**図2-17A**），その役目はむしろAha1が担っているだろう．ATPが加水分解されるとオープン型になり受容体は遊離するが，その瞬間にうまくリガンドを結合できないとシャペロンサイクルに再び入る（**図2-17C**）．

　プロテインキナーゼの場合，HopではなくCdc37がHsp90に運ぶ．また，プロテインキナーゼにはHsp90のM領域に結合するものがあるが，Hsp90がタンパク質の凝集を抑える際には（**概念図，Ⅲ**），基質はN領域やC領域に結合する[3)〜5)]．

4　タンパク質のフォールディングのために用意された揺りかご

　シャペロニン（＝Hsp60）は中側が空洞になったダブルリング構造をしており，原核生物やミトコンドリアなどのオルガネラにあるグループⅠと，古細菌や真核生物の細胞質にあるグループⅡに分けられ（**図2-18A**），**図2-16B**のようにHsp70の助けだけではフォールディングできなかった基質（全タンパク質の15％）を手助けしている[1) 6)]．大腸菌のシャペロニンであるGroELの基質には複数のαヘリックスとβシートからなる$\alpha\beta$構造をもつものが多く，大腸菌のタンパク質にしてはフォールディングの難易度が高い部類に入る[1)]．

　グループⅠシャペロニンのGroELは，分子量6万のサブユニット7個のリングが背中合わせに2つ重なったダブルリング構造（ホモ14量体）をしている（**図2-18A**）．基質（ある程度，完成したフォールディング中間体：Ⅰ）がリングの入口に結合すると，トランス側（基質と反対の側）のコシャペロニンGroES（分子量1万のサブユニット7個からなるドーム状構造）が離れ，次いで7個のATPとGroESがシス側（基質と同じ側）のリングに結合して蓋をする（**図2-18B**）．それと連動してGroELの構造が変化し，空洞の容積が2倍以上になり（分子量6万までの分子を収納可能），基質がそこに放たれる（**図2-18B**）．基質は，シャペロニンが外界との接触を遮断して作った空間を揺りかごのようにして安心してフォールデ

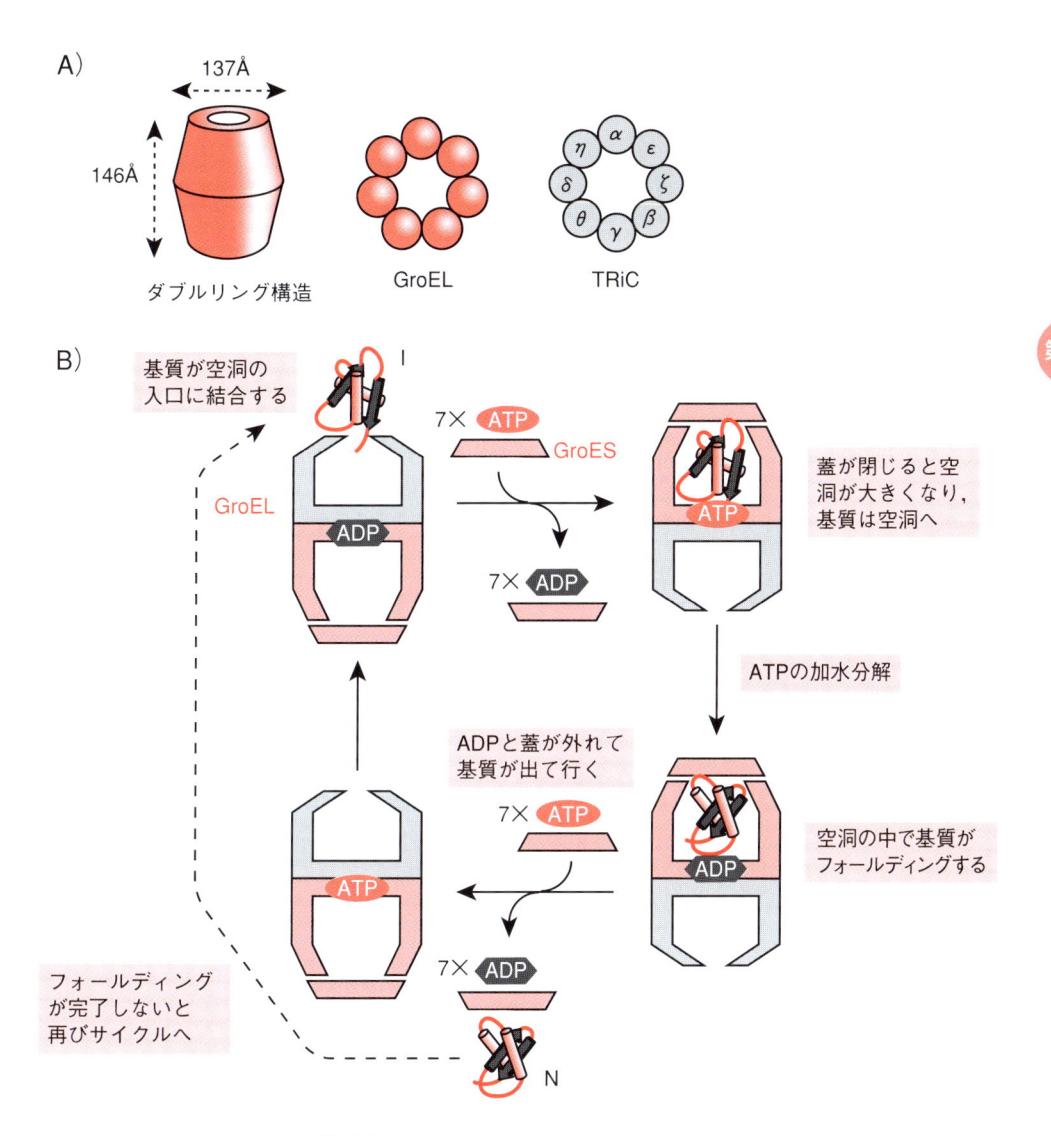

図2-18 シャペロニンの構造とシャペロンサイクル
A) オリゴマーからなる2つのリングが背中合わせになったダブルリング構造（左）．リングは大腸菌のGroELではホモ七量体（中央），真核生物のTRiCではヘテロ八量体（サブユニットの配置も決まっている）（右）．B) フォールディング中間体の基質（I）がリングの入口に結合するとトランス側のGroESが離れ，次いでシス側のリングにATP（7個）とGroESが結合し，基質は空洞へと放たれる．ATP加水分解の間（10～15秒）に基質はフォールディングする．トランス側のリングにATPとGroESが結合するとシス側のGroESがはずれ，ネイティブな構造の基質（N）は外に出ていく．フォールディングが完了していなければ，再びサイクルを始める

ィングに専念できる．ATPが加水分解された後，トランス側にATPとGroESが結合すると，シス側のGroESが外れフォールディングを完了した基質（N）も出ていく（図2-18B）．

　グループⅡシャペロニンのTRiC〔TCP-1 ring complex：CCT（chaperonin containing TCP-1）とも呼ぶ〕もダブルリング構造をしているが，GroELとは違い8個の異なるサブユニットからなるヘテロ16量体である（図2-18A）．GroESに当たるコシャペロニンは存在せず，蓋の役目をするビルトイン型の構造をTRiC自身がもっている．これまでアクチンとチ

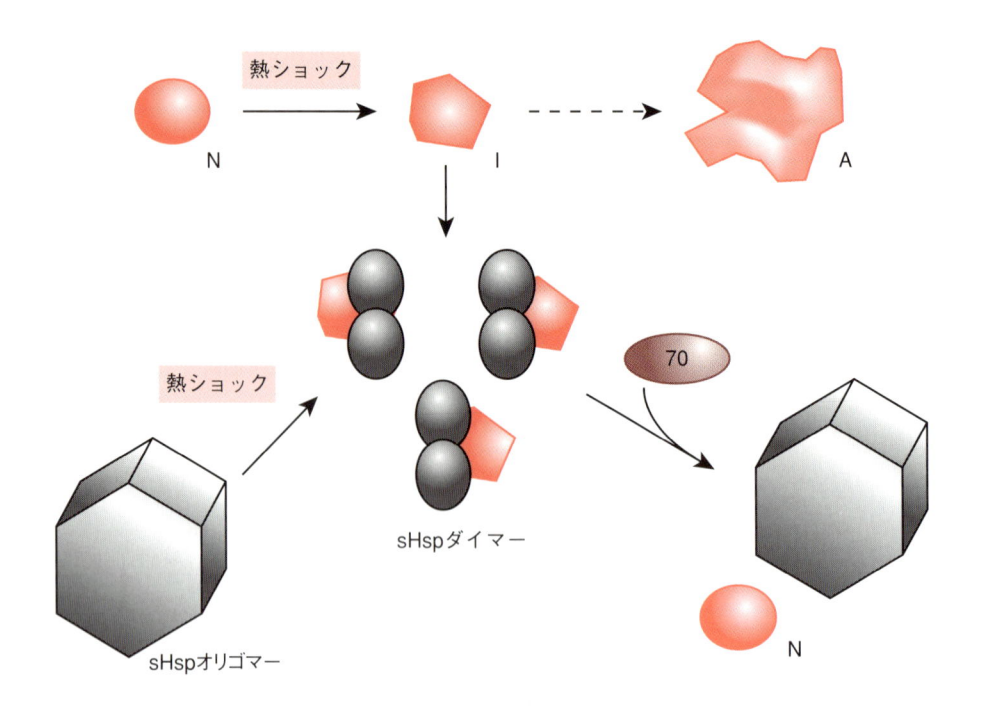

図 2-19　sHsp によるタンパク質凝集の抑制
sHsp は不活性型のオリゴマーとして存在し，熱ショックによりダイマーに解離すると基質を結合する．熱変性によりできたフォールディング中間体（I）は sHsp ダイマーに結合して凝集体（A）の形成を免れ，リフォールディング可能な状態に保持され，Hsp70/DnaK（70）など他の分子シャペロンによりネイティブな構造（N）に戻る

ューブリンが基質として知られていたが，プロテオーム解析によりさまざまな基質が同定され，複合体を構成するサブユニットやWDリピートドメインからなるβプロペラ構造をもつものが見つかった[6]．サブユニット会合のインターフェースは会合前には構造的に不安定であるし，βプロペラ構造はいくつものβシートを正確に配置しなければならず，いずれもシャペロニンの必要性が肯ける．

TRiC の基質認識機構の理解は十分でないが，特定のサブユニットが基質と結合することから，サブユニット特異的な基質認識が推定される．TRiC の基質には空洞に収まらない大きさのものもあり，フォールディングの難しい部分だけが収納されるのだろう．また，TRiC の基質には大腸菌のタンパク質にはみられない構造があり，新しい構造（と機能）を獲得したタンパク質がシャペロニンとともに進化したことがうかがえる．

5　タンパク質の凝集に立ち向かう分子シャペロン

タンパク質の凝集は細胞にとって致命的である．そこで，生物は，凝集を未然に防ぐ方策と凝集体を可溶化しリフォールディングさせる方策を編み出した（概念図，ⅢとⅣ）．それが低分子量 Hsp（small Hsp：sHsp）と ClpB/Hsp104 である．

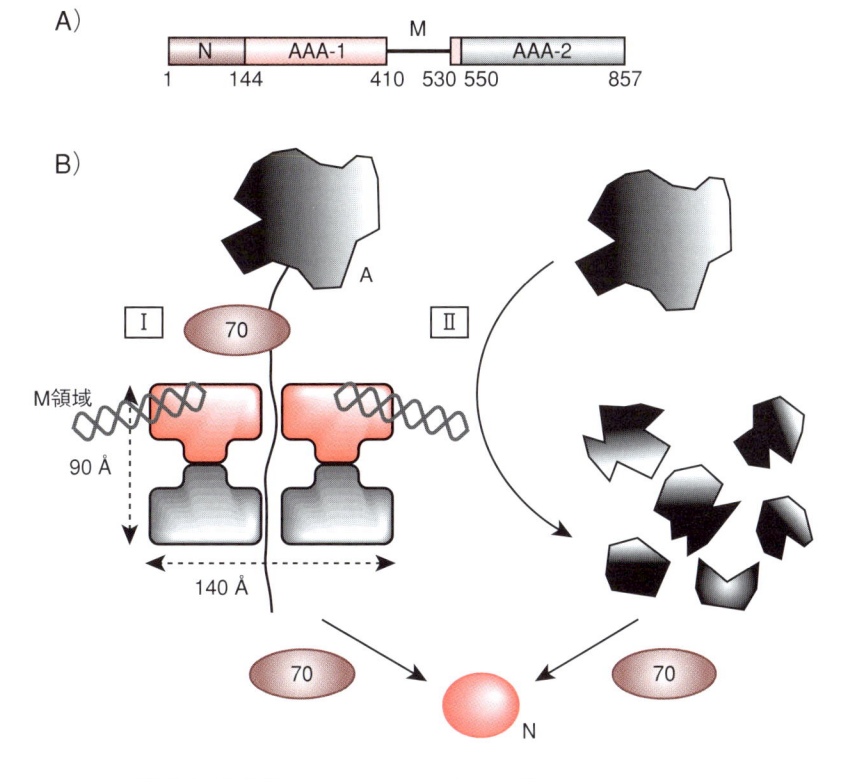

図 2-20　ClpB の構造と凝集体のリフォールディング
A) ClpB は N, AAA-1, M (一次構造上は AAA-1 領域の中にある), AAA-2 の 4 つの領域からなる. 数字はアミノ酸番号. B) ClpB/Hsp104 は凝集体 (A) に働いて, Hsp70/DnaK (70) など他の分子シャペロンとの連携により凝集したタンパク質をネイティブな構造 (N) に戻す (ⅠとⅡのモデルがある：本文参照)

　sHsp ファミリーは相同性が低く分子量にも幅 (12～42kDa) があるが, C 末端側に 100 残基の α クリスタリンドメインをもち, オリゴマー (9～42 個のサブユニット) を形成する点が共通する[7]. sHsp はあらゆる種に存在し, 植物では細胞質やオルガネラに 30 種ものパラログが存在する. sHsp は熱ショックにより不活性型のオリゴマーから機能単位であるダイマーに分かれて基質を捕まえ, 凝集を防いでいる (図 2-19). sHsp の役目は基質をリフォールディング可能な状態に留めることであり, リフォールディングには Hsp70/DnaK など他の分子シャペロンが必要である (図 2-19). Hsp90 にも sHsp と同じ働きがあり, 熱ショック時の緊急避難的役割と考えられる (概念図, Ⅲ).

　Lindquist らが発見した酵母の Hsp104 は, 凝集体形成を未然に防ぐ代わりに, 凝集体を可溶化し Hsp70 と連携してネイティブな構造に戻すことがわかった. Hsp104 は AAA+ ファミリー〔AAA (ATPase associated with a variety of cellular activities) タンパク質と Clp/Hsp100 タンパク質〕に属し, バクテリア, 植物, 真核生物のミトコンドリアにホモログ (ClpB, Hsp101, Hsp78) がある. ClpB/Hsp104 は N, AAA-1, M, AAA-2 の 4 つの領域からなる (図 2-20A)[8]. ClpB は直径 140 Å, 高さ 90 Å のリング構造 (六量体) をしており, AAA-1 領域と AAA-2 領域の 2 層になっている (図 2-20). 中央には伸びたポリペプチド鎖

が通過できる直径16Åの穴が開いている（図2-20B）．coiled-coil構造のM領域はプロペラの羽根のように突き出している（図2-20B）．

ClpB/Hsp104の機能発現のメカニズムには2つのモデルがあるが，2つは相反するものではなく，両立し連続して起こっているかも知れない（図2-20B）[8]．1つは，凝集したタンパク質がClpBの穴を通過して解けるという考えであり，Hsp70/DnaKが凝集体表面にあるタンパク質に作用しClpBがアクセスしやすくする（図2-20B, I）．もう1つは，M領域がバールの働きをして凝集体を小さく砕くというものである（図2-20B, II）．いずれの場合もリフォールディングはHsp70/DnaKなど他の分子シャペロンが担っている．バクテリアや酵母は，ストレス後の細胞機能を回復するために凝集体を分解・除去するのではなく可溶化して再利用する道を選んだが，真核生物の細胞質にはClpB/Hsp104のホモログは見つかっていない．

線虫のsHspはタンパク質凝集を抑える活性をもち寿命と密接に関連しているし，Hsp104は酵母プリオンのオリゴマー断片化と伝播にかかわっており，タンパク質凝集と関連するアルツハイマー病などの病因を探るうえで興味深い（第6章-2）．

■文献

1) Hartl, F. U. & Hayer-Hartl, M.：Molecular chaperones in the cytosol：from nascent chain to folded protein. Science, 295,：1852-1858, 2002
2) Young, J. C. et al.：More than folding: localized functions of cytosolic chaperones. Trends Biochem. Sci., 28：541-547, 2003
3) Young, J. C. et al.：Pathways of chaperone-mediated protein folding in the cytosol. Nat. Rev. Mol. Cell Biol., 5：781-791, 2005
4) Wegele, H. et al.,：Hsp70 and Hsp90 – a relay team for protein folding. Rev. Physiol. Biochem. Pharmacol., 151：1-44, 2004
5) Terasawa, K. et al.：Constantly updated knowledge of Hsp90. J. Biochem., 137：443-447, 2005
6) Spiess, C. et al.：Mechanism of the eukaryotic chaperonin: protein folding in the chamber of secrets. Trends Cell Biol., 14：598-604, 2004
7) Haslbeck, M.：sHsps and their role in the chaperone network. Cell. Mol. life Sci., 59：1649-1675, 2002
8) Shorter, J. & Lindquist, S.：Navigating the ClpB channel to solution. Nat. Struct. Mol. Biol., 12：4-6, 2005

4 タンパク質分解

細胞内のタンパク質はプロテアソームかリソソームで分解されていると考えられている．プロテアソームは主にポリユビキチン鎖がついたタンパク質を認識することによって，選択的な分解を行っている．リソソームではエンドサイトーシスやオートファジーによって運ばれてきたタンパク質を非特異的に分解していると考えられている．ただし，ユビキチン化は膜タンパク質がエンドサイトーシスされる引き金となり，またオートファジーの欠損でユビキチン化タンパク質が蓄積するなど，この2つの分解系は完全に独立して存在しているわけではない．

概念図

ユビキチンはEGFレセプターのような膜タンパク質の分解にもかかわっている．ユビキチン化されたレセプターはエンドサイトーシスされてリソソームで分解される．

26Sプロテアソームはユビキチンが4つ以上ついたユビキチン化タンパク質を認識してペプチドに分解する．

PA28γとPA200は主に核内に存在する20Sプロテアソーム活性化因子である．ともにPA700とのハイブリッドプロテアソームを形成して働いていると考えられる．

オートファジーは細胞質や細胞内小器官を非選択的に二重膜で取り囲みリソソームや液胞（酵母や植物）と融合して分解してしまう仕組みである．二重膜（オートファゴソーム）の形成にはユビキチン様タンパク質Atg8とAtg12がかかわっている．

IFN-γで20Sプロテアソームの触媒サブユニットは免疫型に置き換わり抗原ペプチド産生に適した活性をもつようになる．また，活性化因子PA28α/βもIFN-γで誘導されPA700とのハイブリッドプロテアソームを形成してαリングを開くことでペプチド排出を促進していると考えられている．

- ● ユビキチン
- ○ Atg12
- PA700
- PA28γ
- 20Sプロテアソーム
- 抗原ペプチド
- ● Atg8
- PA28α/β
- PA200
- 20Sプロテアソーム（免疫型）
- 基質タンパク質

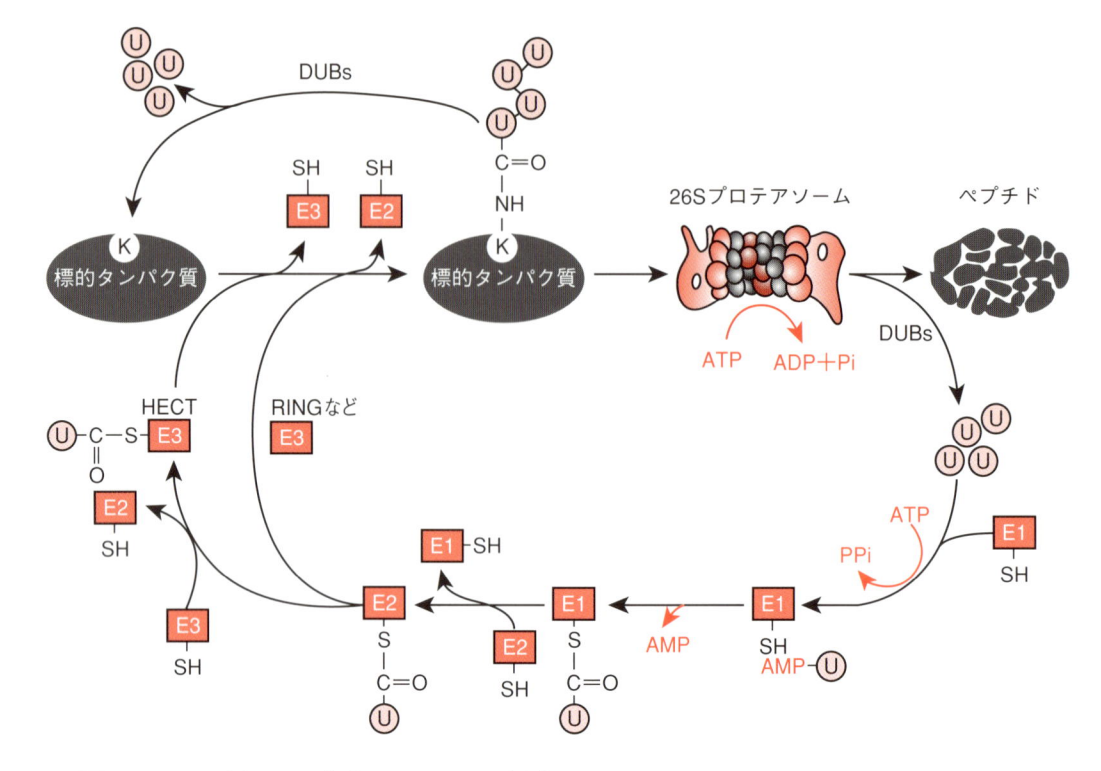

図 2-21　ユビキチン／プロテアソーム経路
ユビキチンは ATP 依存的に E1 によって活性化され E2，E3 を経て標的タンパク質に付加される．26S プロテアソームは，触媒機能を司る 20S プロテアソームの両端に U 字型の調節ユニット（PA700）が会合した大きなダンベル型粒子である．26S プロテアソームによるタンパク質分解にはユビキチン化反応と同じく ATP が必要である．U：ユビキチン，E1：ユビキチン活性化酵素，E2：ユビキチン結合酵素，E3：ユビキチン連結酵素，DUBs：脱ユビキチン化酵素．K：リジン

1　ユビキチン/プロテアソームシステム

プロテアソームは主にポリユビキチン化タンパク質を選択的に分解する酵素である．分解される標的タンパク質のユビキチン化には E1，E2，E3 の 3 種類の酵素が必要である．プロテアソームによるタンパク質分解にも標的タンパク質をユビキチン化する反応にも ATP が必要で，分解反応のような発エルゴン反応にエネルギーは不要であるという概念を覆した（図2-21）

1）ユビキチン化経路の構成因子

① ユビキチン

ユビキチンは真核生物に高度に保存された 76 アミノ酸からなる小さなタンパク質で，C 末端のグリシンがもつカルボキシル基と標的タンパク質内のリジンがもつアミノ基とで共有結合を形成する．ユビキチンをコードする遺伝子には 2 タイプあり 1 つはリボソームタンパク質の N 末端にユビキチンが 1 コピー融合する形で存在している．もう 1 つはユビキチン遺伝子が数コピー（ヒトの場合は 3 もしくは 9 コピー，出芽酵母は 5 コピー）タンデムにつながったポリユビキチン遺伝子である．ポリユビキチン遺伝子は熱ショックや栄養飢餓状態など

表2-3　出芽酵母のE2とその機能

E2	別名	機能
Ubc1		胞子から発芽して栄養増殖に入るときに機能する．Hrd1（E3）と結合しER内のミスフォールドタンパク質の分解（ERAD）に関与
Ubc2	Rad6	Rad18（E3）のE2としてDNA修復に関与，Ubr1（E3）のN末端則経路のE2，Bre1（E3）とヒストンH2Bのユビキチン化
Ubc3	Cdc34	SCFユビキチンリガーゼのE2で細胞周期の進行に必須
Ubc4		Ubc5とともに短寿命タンパク質や異常タンパク質のバルク分解を行う
Ubc5		Ubc4と95％同一のアミノ酸配列
Ubc6	Doa2	C末端に膜貫通領域をもちER膜に存在する．Ubc7，Ssm4/Doa10（E3）と複合体を形成しERADに関与
Ubc7	Qri8	Ubc6と細胞質側で複合体を形成しERADに関与．Ubc1と同じくHrd1のE2としても働く
Ubc8	Gid3	培地の炭素源がガラクトースからグルコースになったときのフルクトース1,6ビスホスフェートの分解に関与
Ubc10	Pex4	ペルオキシソームの形成に必要
Ubc11		胞子形成と非発酵性の炭素源培地での増殖に関与
Ubc13		E2様タンパク質のMms2と複合体を形成してRad6-Rad18と相互作用しDNA修復に関与．このとき，Rad5（E3）を仲介役とする．PCNAのユビキチン化

番号の抜けているUbc9はSUMO1のE2で，Ubc12はRub1/NEDD8のE2である．SUMO1もRub1/NEDD8もユビキチン様タンパク質でユビキチン経路と同じような反応を経て標的タンパク質に付加される．N末端則経路：N末端に塩基性アミノ酸もしくは疎水性アミノ酸をもつタンパク質を他のアミノ酸をもつタンパク質よりも素早く分解へ導く経路

のストレス下で発現する．

② ユビキチン活性化酵素（E1）

ATP依存的にユビキチンをアデニル化し，活性残基のシステインでユビキチンと高エネルギーチオエステル結合を形成する．この反応はアミノ酸がアミノアシルtRNA合成酵素で活性化される反応と類似している．

③ ユビキチン結合酵素（E2）

E1から活性化されたユビキチンを受け取り，E1と同じく活性残基のシステインで高エネルギーチオエステル結合を形成する．ゲノム中にE1が1種類しかないのに対して，E2は複数存在し，出芽酵母では11種類存在する（表2-3）．

④ ユビキチン連結酵素（E3）

E3はユビキチン化するタンパク質を選別しユビキチン化を行う酵素であるが，活性の特性上2つのタイプに分類できる（図2-22）．1つはE1，E2と同じく活性残基のシステインで高エネルギーチオエステル結合を形成し，E2からいったんユビキチンを受け取って標的タンパク質へ付加するタイプである．このタイプのE3活性を触媒するドメイン構造には最初に同定されたE6APタンパク質に由来してHECT（homologous to E6AP C-terminus）domainという名前がついている．もう1つのタイプはE2と標的タンパク質基質（基質）との三者複合体を形成しE2が標的タンパク質へユビキチンを付加しやすくする働きを担っている．このタイプのE3にはRING finger，もしくはRING fingerと似た配列（U-box，PHDドメイン）をもつタンパク質が見つかっている．

A） HECT型E3

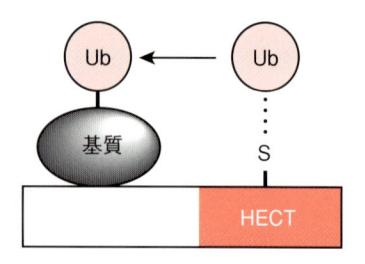

B） RING型E3

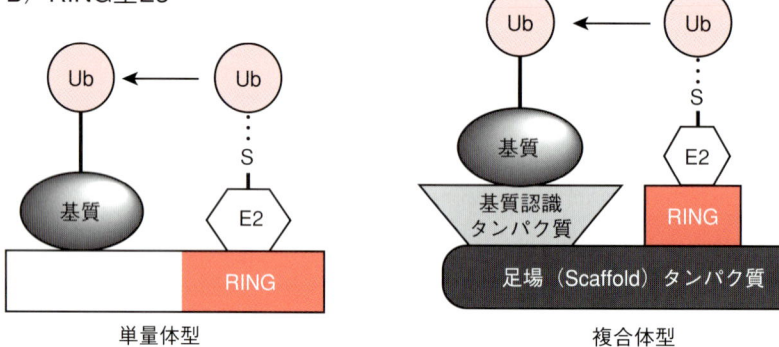

単量体型　　　　　　　　　　　複合体型

図2-22　2つのタイプのユビキチン連結酵素
A） HECT型E3は，ユビキチン-E2からユビキチンを受け取り，ユビキチンとチオエステル結合を形成することができる．HECT（homology to E6-AP C-terminus）の由来となったE6APや出芽酵母のRsp5がHECT型E3の代表である．B） RING fingerドメインはE2のリクルートに関与すると推定されている．RING型E3は，単量体で働く場合と複合体内の1つのサブユニットとして働く場合がある．Mdm2やParkinが単量体型の例である．複合体型の例としては細胞周期の進行に働くSCFユビキチンリガーゼやAPC/C複合体がある

⑤　ユビキチン鎖伸長酵素（E4）

　最近，E3単独では進まないユビキチン鎖の伸長がE4によって効率よく進む例が見つかっている（表2-4）．ただし，CHIPはシャペロンと複合体を作って変性タンパク質を認識しユビキチン化するE3としても機能する．U-boxタンパク質は状況によってE3となったりE4となったりするのかもしれない．

⑥　脱ユビキチン化酵素（DUB：de-ubiquitinating enzyme）

　ユビキチンは，前述したようにリボソームとの融合タンパク質，もしくはユビキチンが数コピータンデムにつながったポリユビキチンとして合成される．脱ユビキチン化酵素は，これらの融合タンパク質からユビキチンを単量体の形で切り出してくる．また，ユビキチン化タンパク質からユビキチン鎖を切断し，単量体ユビキチンへ戻す役割も果たしている（図2-23）．現在，DUBはシステイン/ヒスチジン/アスパラギン酸をDUB活性に必須な保存された残基としてもつUCH（Ub carboxy-terminal hydrase），USP/UBP（Ub-specific protease），OTU（ovarian tumor）の3タイプとJAMM（Jab1/MPN domain metalloenzyme）ドメインをもつRpn11のタイプの4種類に分類されている．

表2-4 E4酵素とその分類

E4	生物種	E3	基質
U-boxタイプ			
UFD2	酵母	UFD4, RSP5 (HECT E3s)	UFD（ユビキチンをN末端に付けた人工基質）SPT23（転写因子）
UFD2a	マウス	未同定	Ataxin-3（マシャドジョセフ病にかかわるタンパク質，ジョセフィンドメインとUIMをもつ）
CHIP	ヒト	Parkin (RING E3)	Pael受容体
U-box以外			
p300	ヒト	MDM2 (RING E3)	p53
BUL1-BUL2	酵母	RSP5	GAP1（アミノ酸透過酵素）
E3-E4複合体			
UFD-2-CHN-1複合体	線虫	UFD-2-CHN-1 (U-box E3s)	UNC-45（ミオシンに働くシャペロン）

UFD-2とCHN-1はそれぞれ単独でUNC-45にユビキチンを1個から3個付加することができるが，両者が複合体を形成するとUNC-45をポリユビキチン化するようになる

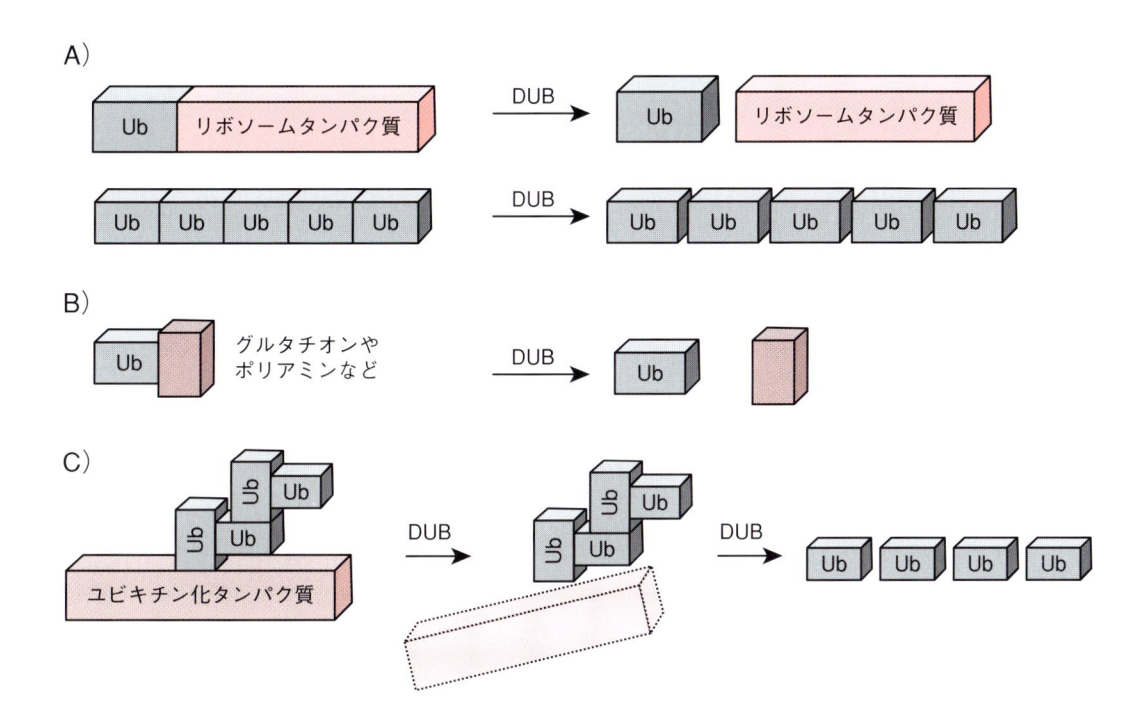

図2-23 脱ユビキチン化酵素の働き

A）ユビキチンはリボソームタンパク質との融合タンパク質として，もしくはポリユビキチンとして合成される．これらの前駆体タンパク質からユビキチンを切り離し，ユビキチンとして機能できるようにする働きをもつ．B）ユビキチンとグルタチオンやポリアミンのような細胞内の求核物質との結合体からユビキチンを解離させる．C）タンパク質に付加されたユビキチンはDUBによってタンパク質から切り離されて再び利用される

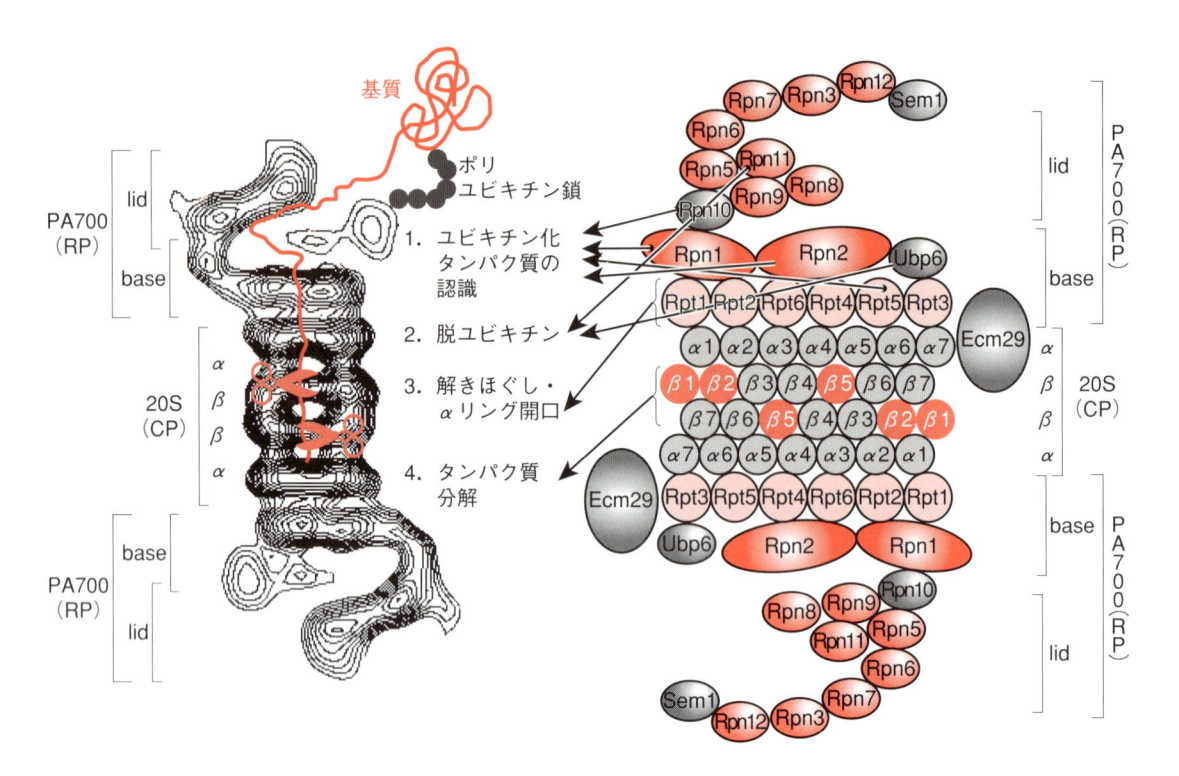

図2-24 26Sプロテアソームの分子構造
左図：26Sプロテアソーム（20SプロテアソームとPA700の複合体）の電子顕微鏡解析による分子形状．右図：サブユニットの構成モデル．20Sプロテアソームはα/βリングが$\alpha\beta\beta\alpha$の順に会合した円柱状粒子である．βサブユニットのうち赤色をつけた$\beta1$, $\beta2$, $\beta5$が触媒サブユニットでありそれぞれカスパーゼ、トリプシン、キモトリプシン様の活性を示す．PA700はさらにlid（蓋部）とbase（基底部）に分けられる．新たに見つかったRpn13, Rpn14, Hul5はPA200内での存在場所が明らかになっていない．Ecm29は20SプロテアソームとPA200とをつなぎ止める役割があるとされている

2）プロテアソームの構成因子

プロテアソームとは，触媒サブユニットをもつ20Sプロテアソーム（CP：core particleとも呼ばれる）と活性化因子からなる巨大なプロテアーゼである．

① 20Sプロテアソーム

20Sプロテアソームはそれぞれ相同な7つのαサブユニットとβサブユニットがリングを形成し$\alpha7\beta7\beta7\alpha7$の順に積み重なった樽上の構造をもっている（図2-24）．触媒サブユニットは$\beta1$, $\beta2$, $\beta5$でそれぞれカスパーゼ様，トリプシン様，キモトリプシン様活性をもつ．分解されるタンパク質の出入り口となるαリングは制御因子が結合しないと閉じた状態にあり，20Sプロテアソーム単独では不活性な状態にあると考えられている．

② PA700 (proteasome activator 700)

PA700（19S複合体もしくはRP：regulatory particleとも呼ばれる）と20Sプロテアソームの複合体は26Sプロテアソームと呼ばれ，現在のところPA700をもつプロテアソームのみがユビキチン化タンパク質を認識して分解することができる（図2-24）．PA700は6つのAAA-ATPase（Rpt1-6）サブユニットと少なくとも11種のnon-ATPase（Rpn）サブユニットから形成され，さらにRpt1～6, Rpn1, 2からなるbase複合体とRpn3, 5～9, 11, 12から

なるlid複合体とに分けられる．baseのATPase群はATP加水分解のエネルギーを用いて，①αリングを開き，②標的タンパク質の立体構造を壊して，③20Sプロテアソーム内腔へ標的タンパク質を送り込む働きをもつと考えられている．Rpn10はbaseとlidをつなぐ役割をしていると考えられている．また，分子内にもつUIM（ubiquitin interacting motif）でポリユビキチン鎖と結合し，プロテアソームで分解すべきタンパク質の認識に働いている．baseに存在するRpt5もポリユビキチン鎖と結合することが知られ，またRpn1, 2はポリユビキチン鎖結合タンパク質（Rad23やDsk2）と結合することで，結果的にプロテアソームのポリユビキチン化タンパク質認識に働いている．Rpn11はユビキチン化タンパク質からポリユビキチン鎖を外す活性をもっている．また，出芽酵母Rpn6, 7の変異株ではlidの構成因子が欠けたプロテアソームができてくるのでRpn6, 7はlidの形成/維持にかかわっていると考えられている．

③ PA28と免疫プロテアソーム

20SプロテアソームはIFN-γによって触媒サブユニット$\beta 1$，$\beta 2$，$\beta 5$が免疫型$\beta 1i$，$\beta 2i$，$\beta 5i$に置き換わることが知られている．この置き換えによって生じた免疫プロテアソームは，ペプチダーゼ活性が抗原ペプチド産生に適した活性に変化する．また第2の活性化因子PA28 α/βヘテロ七量体は，IFN γによって強く誘導される活性化因子である．片方にPA700が結合した20Sプロテアソームのもう片方に結合してαリングを開くことによって20Sプロテアソーム内で生成されたペプチドを排出しやすくしていると考えられている．PA28 α/βが細胞質に存在するのに対し，もう1つのPA28複合体であるPA28 γホモ七量体は核に存在する．こちらはMHC（主要組織適合複合体）をもたない節足動物から保存されている．PA28 γのノックアウトマウスは体が小さく，PA28 $\gamma^{-/-}$の胎児線維芽細胞はG1期の細胞が多くなる．このことからPA28 γは，細胞増殖の制御にかかわっていると考えられている．また，アポトーシスする細胞が増えるということからアポトーシスとの関連が示唆されている．

④ PA200

第3の活性化因子PA200は2002年に報告された新しい活性化因子である．約200kDaの分子量をもち，他の活性化因子とは異なり単体で20Sプロテアソームに結合する．20Sプロテアソームのペプチダーゼ活性を上昇させる因子として単離された．ユビキチン化タンパク質の分解を促進させる活性はない．出芽酵母の相同遺伝子*BLM3*がDNA損傷試薬であるブレオマイシン感受性変異株を相補する遺伝子として単離されたため，DNA修復に関係していると考えられている．しかし，Blm3は20Sプロテアソームの形成/成熟にかかわるという活性化因子とは全く異なる機能をもつ因子としても報告されており，機能はまだ不明である．

> **メモ** 出芽酵母ではFLAGタグやMycタグを用いたプロテアソームのアフィニティー精製で最近，新たなプロテアソーム結合因子が次々同定されている．Rpn13, Rpn14, Sem1, Ecm29, Ubp6, Hul5などである．

3）ユビキチン/プロテアソームシステムのさまざまな機能

① ユビキチン非依存性のプロテアソームによるタンパク質分解

ポリユビキチン鎖が付加されなくてもプロテアソームによって分解されるタンパク質もある．オルニチン脱炭素酵素（ODC）は，ODC自身の反応生成物であるポリアミンによって誘導されるアンチザイムと結合することでプロテアソームに分解されるようになる．また，p21，αシヌクレインなどドメイン構造をもたないタンパク質はユビキチン化を必要とせず20Sプロテアソームによって直接分解される場合がある．

② プロテアソームにおける限定分解

プロテアソームは基本的にタンパク質を小さなペプチドにまで分解してしまう酵素であるが，いくつかのタンパク質はプロテアソームをプロセシング酵素として用いている．NFκBの50kDaのサブユニットは105kDaの前駆体のC末端が部分分解されて作られるがこの部分分解はユビキチン/プロテアソーム系によって行われている．また，出芽酵母のSpt23（とSpt23に相同なMga2も）という転写因子は120kDaの前駆体がER膜にアンカーされて不活性な状態にあるが，HECT型E3であるRsp5によってユビキチン化され，26Sプロテアソームによってプロセシングされる．このプロセシングによりSpt23は90kDaの転写活性化能があるドメインだけが膜から切り離され，核へ移行し転写因子として機能できるようになる．

③ エンドサイトーシス

EGFレセプターなどの膜タンパク質の分解にはユビキチン化が必要でありながら，プロテアソームは必要ではなくリソソームが必要である．これはユビキチン化がエンドサイトーシスされるためのシグナルとして機能しているためである．また，エンドサイトーシスされるためにはポリユビキチン化は必要ではなくモノユビキチン化で十分である．ユビキチン化された膜タンパク質はUIMをもつEpsinやUBA（ubiquitin-associated）ドメインをもつEde1によって認識されエンドサイトーシスされる．

2 オートファジー

ユビキチン・プロテアソーム系が選択的分解であるに対し，オートファジーは一般に非選択的なタンパク質分解経路であると考えられる．栄養飢餓などの刺激により，隔離膜が伸長しオルガネラを含む細胞質成分を取り囲んだ，脂質二重膜構造体・オートファゴソームが形成される．オートファゴソームはすみやかにリソソーム・液胞と融合し，その内容物はリソソーム・液胞内プロテアーゼによりアミノ酸にまで分解され，再利用される（図2-25）．最近，遺伝子改変モデル生物の解析から，オートファジーは単に飢餓時の栄養源確保だけにとどまらず，細胞内クリアランス，侵入細菌除去，抗原提示など多彩な機能をもつことが明らかにされつつある．

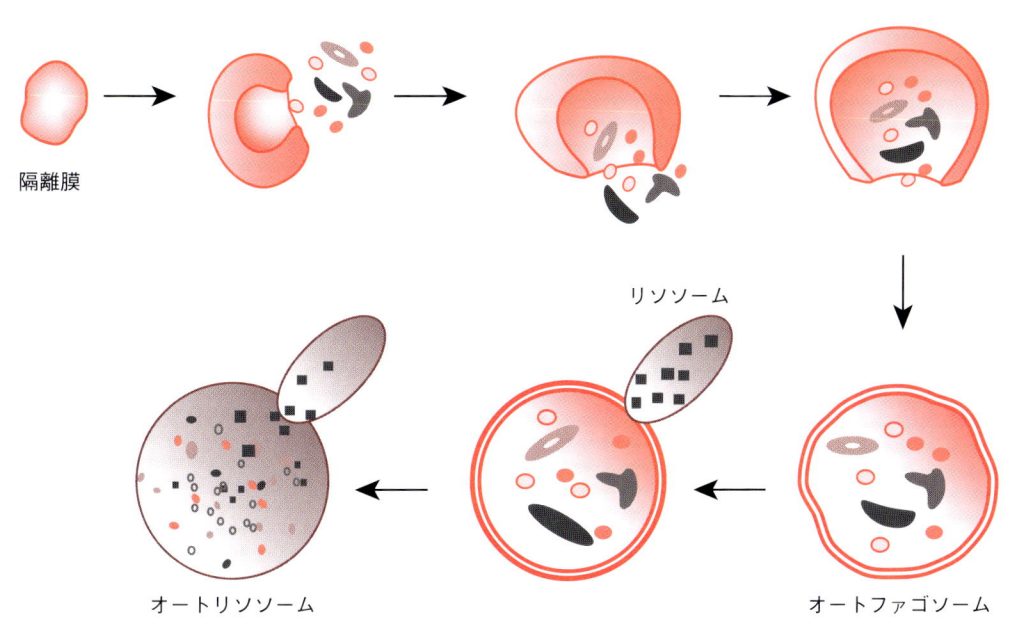

図2-25 オートファジー経路
栄養飢餓やグルカゴンなどホルモンの刺激により，隔離膜と呼ばれる単膜構造体が伸長しオルガネラを含む細胞質成分を取り囲んだ脂質二重膜構造体オートファゴソームが形成される．オートファゴソームはすみやかにリソソーム・液胞と融合しオートリソソームとなり，その内容物はリソソーム・液胞内加水分解酵素によりアミノ酸にまで分解される

1）*ATG*遺伝子

　現在までに，オートファゴソーム形成に必須な遺伝子群が出芽酵母において16種類同定されている（図2-26）．特筆すべきことは，この約半数が，2つのユビキチン様反応系（Atg8およびAtg12結合反応系）を形成することである．ユビキチン様分子Atg12は，E1様酵素Atg7によりATP依存的に活性化され，E2様酵素Atg10に転移され，Atg5にイソペプチド結合される．Atg12-5結合体はAtg16と複合体を形成して隔離膜に局在し，隔離膜の伸長に必須である．Atg8は，Atg12反応系と共通のE1様酵素Atg7により活性化され，E2様酵素Atg3に転移され，フォスファチジルエタノールアミン（PE）にアミド結合されるユニークなユビキチン様分子である．Atg12-5結合体形成は，Atg8の効率の良いPE化やAtg8のオートファゴソームへの局在に必須であり，2つの反応系は関連していると考えられる．隔離膜の伸長とともにAtg12-5結合体は膜から解離するが，Atg8やその高等動物ホモログLC3はオートファゴソームに存在することからオートファゴソームマーカーとして使用される．この2つの反応系のほかに，PI3キナーゼ複合体，Atg1キナーゼ複合体，機能未知のAtg複合体のクラスがオートファゴソーム形成に必須である．Atgタンパク質群がどのように連携してオートファゴソーム膜形成を行うのかはまだ不明であるが，出芽酵母において，Atgタンパク質の多くは細胞内に1個から数個存在するPAS（pre autophagosomal structure）に集積することが明らかにされている．PI3キナーゼ複合体は，PASの形成に必

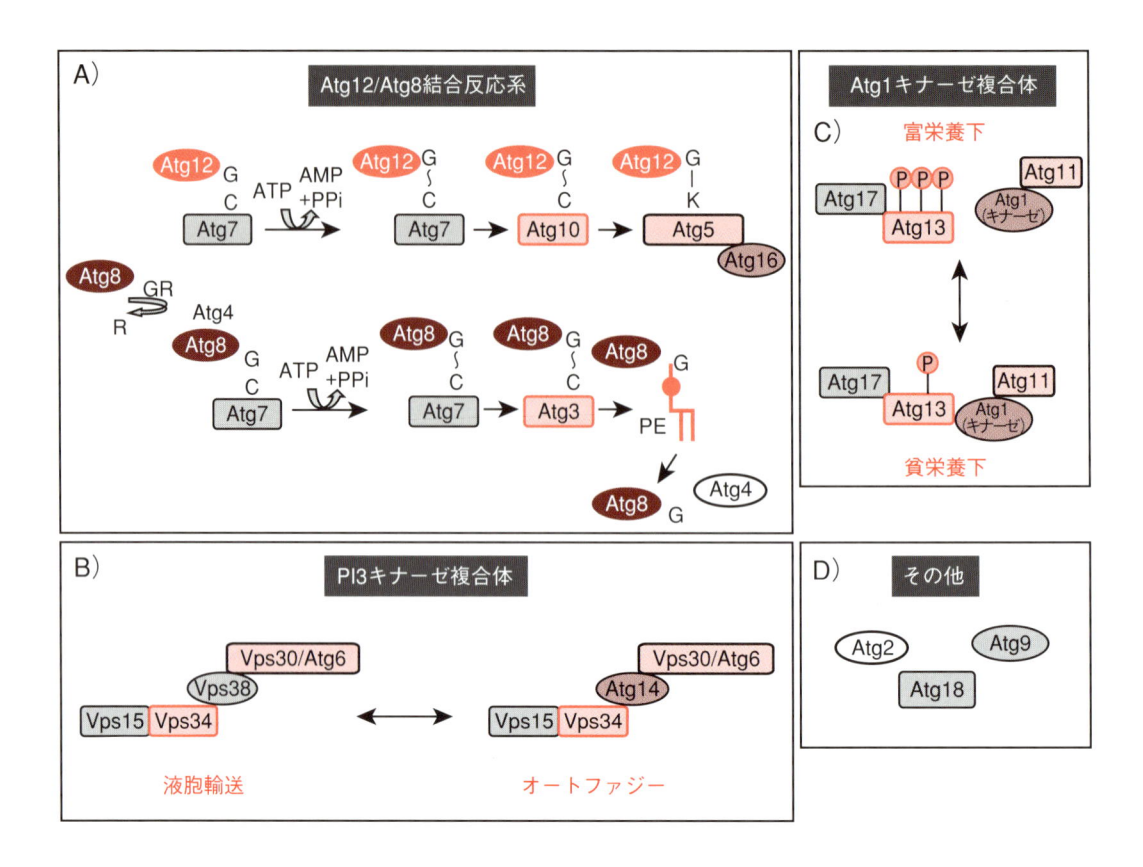

図2-26 オートファゴソーム形成に必須なAtgタンパク質群
A) Atg12, Atg8結合反応系 B) PI3キナーゼ複合体. 富栄養化では, Vps38を介した複合体を形成し液胞輸送に働く. 貧栄養下では, Atg14を介した複合体を形成しオートファジーに働く. C) Atg1キナーゼ複合体. 富栄養化では, TOR (target of rapamycin) 依存的にAtg13が高度リン酸化されている. 貧栄養下では, Atg13は脱リン酸化されAtg1と複合体を形成する. D) その他, 複合体を形成するAtgタンパク質

須であり, オートファゴソーム形成の上流に位置すると考えられる. Atg1の変異株において, Atg12-5, Atg8-PE結合体形成およびPASへの局在化が確認されることから, Atg1キナーゼ複合体はPASからのオートファゴソーム形成に働いていると考えられる. *ATG*遺伝子群は, 真核生物に広く保存され, いくつかは進化とともに多様性を獲得している. このことは, 進化の過程でオートファジーが多彩な機能を獲得していることを示唆する.

> **メモ** *ATG*遺伝子は, オートファジーに必要な因子だけでなく, オートファジーと分子メカニズムの多くを共有するCvt経路やPexophagyにかかわる因子も含まれる. 液胞輸送やCOPⅡ小胞形成に必須ないくつかの因子や膜融合にかかわる因子も, オートファジーに必須である.

2) オートファジーの制御機構

オートファジーは, アミノ酸レベルもしくはインスリンやグルカゴンなどのホルモン, インターロイキン3などのサイトカインにより制御される. 個体レベルでは, 血漿中のアミノ酸濃度の変化は小さいことから, 主にホルモンにより制御されると考えられる. しかしなが

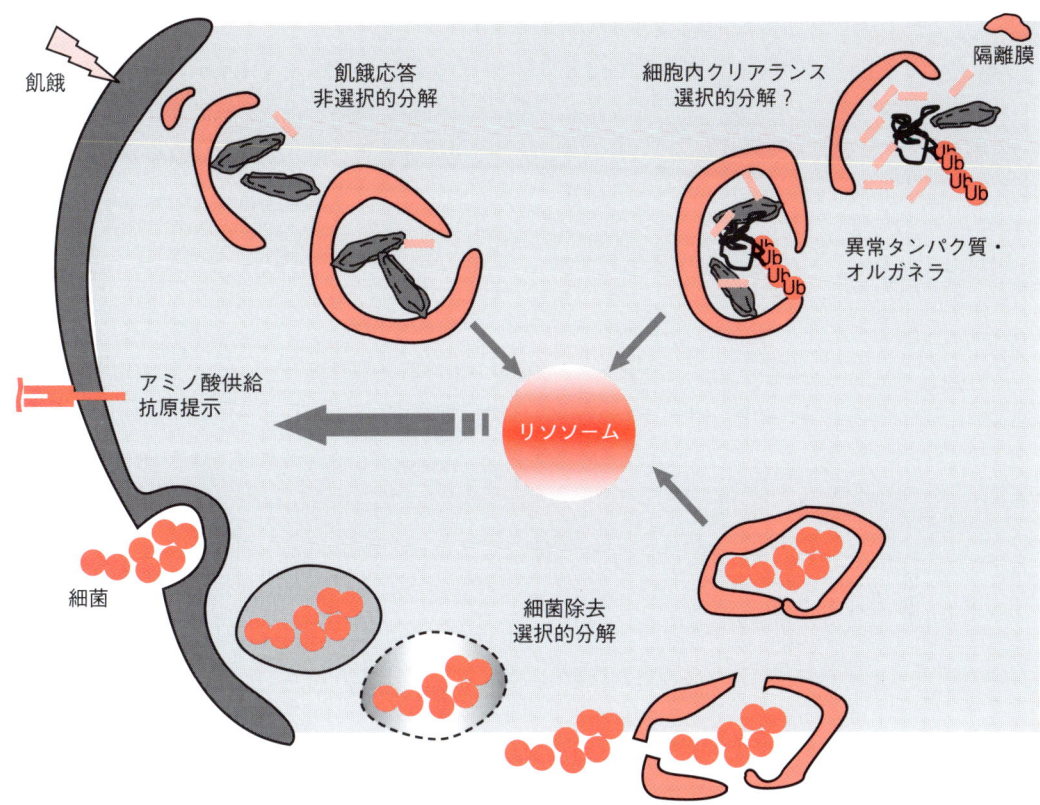

図 2-27　オートファジーの生理機能
オートファジーは飢餓応答としての非選択的なタンパク質分解以外にもさまざまな生命現象にかかわっている．常に一定レベル起きているオートファジーはタンパク質の品質管理に関与しているらしい．また，細胞質中の細菌除去や抗原提示などにも働いていることが明らかになってきた

ら，オルガネラが余剰になった場合や細胞内に細菌が侵入した場合にも，オートファジーは誘導されるため，未だ明らかではない別の制御機構の存在も示唆される．

> **メモ**
> オートファジーの制御機構は，ショウジョウバエの遺伝学的解析からインスリンシグナルが最も明らかにされている．インスリンは，オートファジーを負に制御するが，そのシグナルの最下流に存在するのが TOR（target of rapamycin）である．オートファゴソーム形成には，Atg1 キナーゼ複合体の形成が必須であるが，Atg1 － Atg13 の相互作用は TOR 依存的に解除され，オートファジーが抑制される．逆に，TOR の阻害剤であるラパマイシン処理によりオートファジーは誘導される．

3）オートファジーの生理的意義

出芽酵母において同定された Atg タンパク質の多くが真核生物に広く保存されていたことから，さまざまなモデル生物においてノックアウト体が作製された．それらの解析から，オートファジーが多彩な機能をもつことが明らかにされつつある（図2-27）．

① 飢餓適応

オートファジーの最も重要な生理機能は，飢餓応答である．出芽酵母のオートファジー不

能変異株は，栄養源飢餓に抵抗性がない．出芽酵母の胞子形成，細胞粘性菌のアメーバから子実体形成，線虫の耐性幼虫化，ハエの変態など飢餓が伴う現象に，オートファジーは必須である．胎盤からの栄養供給が遮断される出生に伴う新生児飢餓時にも，オートファジーによる自己分解からのアミノ酸供給が新生児のエネルギー恒常性に重要である．絶食時に起こる肝臓タンパク質の減少もオートファジーによって説明される．飢餓に応答したオートファジーは，非選択的な大規模なタンパク質分解と考えられる．

② 細胞内品質管理

オートファジーは飢餓時のみならず摂食下においてもあるレベルで起こっている．この基底レベルのオートファジーは，細胞内タンパク質およびオルガネラの代謝回転を担うと考えられる．実際，オートファジー欠損肝細胞において，ユビキチン化されたタンパク質や異常オルガネラの蓄積が確認される．この現象は活発に分裂するマウス胎児線維芽細胞では観察されないことから，静止期の細胞においてユビキチン・プロテアソーム系とならんでタンパク質品質管理を担うと考えられる．また，余剰なペルオキシソームや脱分極したミトコンドリアなども，オートファジーによって排除される．また，複数の神経変性疾患や筋疾患において，形態学的なオートファゴソームの異常が確認されることや，それら病態は細胞内に多数のユビキチン陽性封入体をもつことを特徴とすることから，オートファジーと病態発症の関連が注目されている．

③ 自然免疫

細胞内にエンドサイトーシスより入り込んだA群連鎖球菌は，ストレプトリシンOによりエンドソームを破り細胞質中に侵入する．細胞質中に現れた菌は，通常の大きさの数倍のオートファゴソームにより選択的に取り込まれリソソーム内にて分解される．また，ファゴサイトーシスにより侵入した結核菌もオートファジーにより殺菌される．驚くべきことに，この自然免疫機構では，細菌が選択的に巨大なオートファゴソームに取り込まれる．今後，細菌の選択的認識機構，オートファゴソームの拡大化のメカニズムの解明が期待される．

④ 獲得免疫

オートファジーは，自然免疫のみならず獲得免疫にもかかわる．最近，Epstein-Barrウイルスの核抗原（EBNA1）が，オートファジーにより分解され，そのペプチドがMHCクラスⅡによって提示されることが明らかにされた．一般に，細胞内抗原はプロテアソームによりペプチドに分解され，TAP（transporter associated with antigen presentation）を介し小胞

Column

プロテアーゼに分類される酵素は1つ1つ書ききれないほど多種多様である．細胞内ではアポトーシスに関係するカスパーゼ，糖尿病や筋ジストロフィーとの関連があるカルパイン，プロホルモンなどを成熟型にするKEX2/Furin，細胞膜上においてはアルツハイマー病に関係するγセクレターゼ，細胞外では血液凝固系に関与するトロンビンなど，分解ではなく特定の場所を切断するさまざまなプロテアーゼが存在する．またトリプシンのような消化酵素やコラゲナーゼのようなマトリックスを分解する酵素もすべてプロテアーゼである．プロテアーゼは国際生化学分子生物学連合（IUBMB）でEC3.4群に分類されているのでご覧いただきたい．

体内に取り込まれ，MHCクラスIによって提示される．しかしながら，内在性抗原はMHCクラスIIにも提示されることが知られている．MHCクラスIIによって提示される内在性抗原は，オートファジーを介してペプチドへ分解されると考えられる．

⑤ 細胞死

　カスパーゼ非依存的であり，過剰なオートファゴソーム形成を伴う細胞死（2型細胞死）が存在する．アポトーシス耐性細胞Bax，Bakダブルノックアウト細胞をエトポシドなどのアポトーシス誘導剤で処理すると，オートファジー依存的に細胞死を引き起こす．一方で，Bax，Bakダブルノックアウト細胞は，増殖因子除去による細胞死をオートファジーにより回避している．このようにオートファジーは，細胞死促進にも抑制にも作用するようである．この使い分けの詳細は，不明である．

■文献■

1) Glickman, M. H. & Ciechanover, A. : The Ubiquitin-Proteasome Proteolytic Pathway : Destruction for the Sake of Construction. Physiol. Rev., 82 : 373-428, 2002
2) Pickart, C. M. : Back to the Future with Ubiquitin. Cell, 116 : 181-190, 2004
3) Rechsteiner, M. & Hill, C. P. : Mobilizing the proteolytic machine : cell biological roles of proteasome activator and inhibitor. Trends Cell Biol., 15 : 27-33, 2005
4) Hoppe, T. : Multiubiquitylation by E4 enzymes : 'one size' doesn't fit all. Trends Biochem. Sci., 30, 183-187, 2005
5) Klionsky, D. J. : The molecular machinery of autophagy : unanswered questions. J. Cell Sci., 118 : 7-18, 2005
6) Shintani, T. & Klionsky, D. J. : Autophagy in health and disease : a double-edged sword. Science, 306 : 990-995, 2004
7) "ユビキチンがわかる"（田中啓二／編），わかる実験医学シリーズ：羊土社，2004

5 タンパク質輸送と局在

　タンパク質がその機能を発揮するためには「適材適所」に存在する必要がある．そのためタンパク質は局在化（ターゲティング）シグナルをもっており，選別装置によって認識されて目的地へと運ばれる．最初の選別はリボソーム上で行われ，核などへ輸送されるタンパク質は遊離リボソームで，分泌系タンパク質はリボソームが小胞体に移動して合成される（概念図）．遊離リボソームで合成されるタンパク質の輸送にはシグナル結合タンパク質やシャペロンが関与する．一方，分泌系タンパク質は合成とともに小胞体内腔へ入り，その後は小胞輸送によって最終目的地へと運ばれる．小胞輸送は，エンドサイトーシスによって外部から細胞内に取り込んだタンパク質の輸送にもかかわっている．

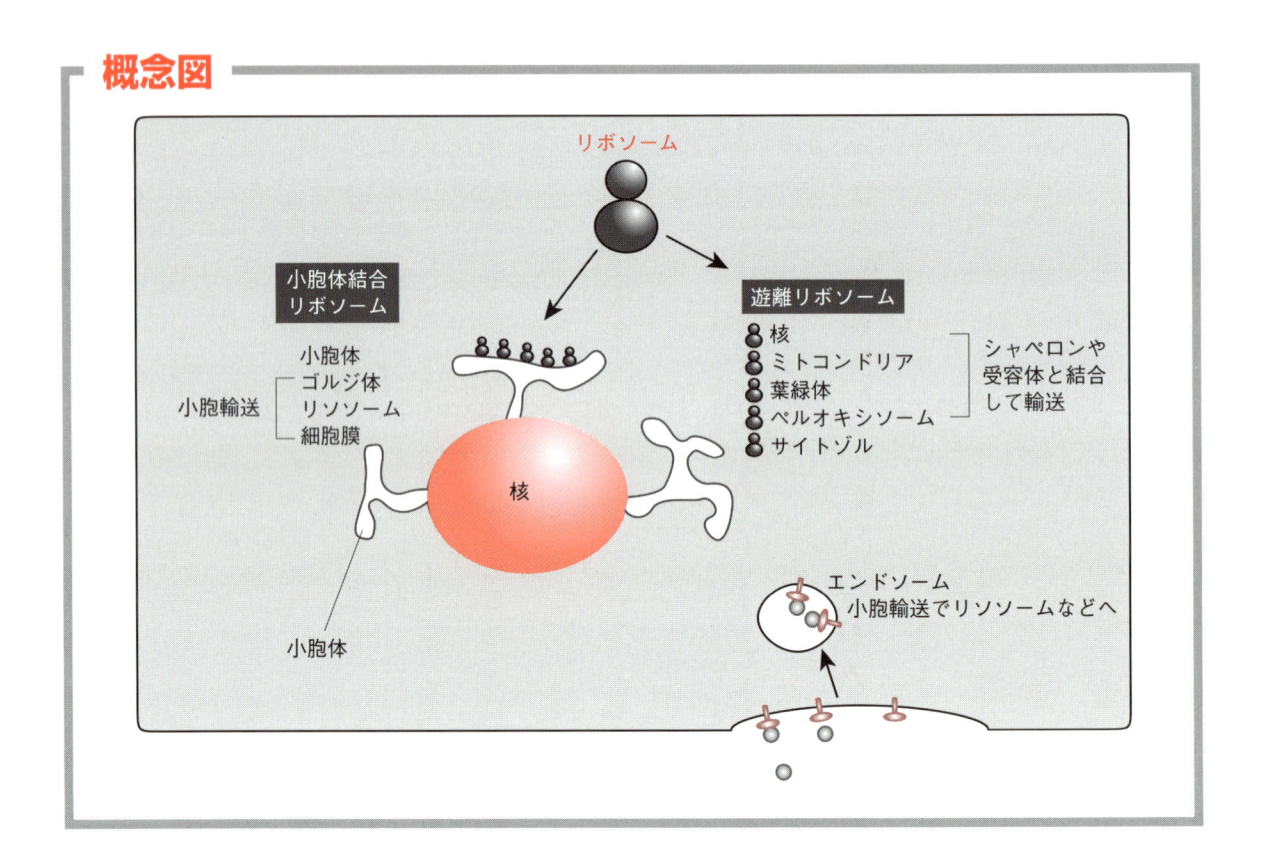

概念図

- 小胞体結合リボソーム
  - 小胞輸送：小胞体，ゴルジ体，リソソーム，細胞膜
- 遊離リボソーム
  - 核
  - ミトコンドリア
  - 葉緑体
  - ペルオキシソーム
  - サイトゾル
  - シャペロンや受容体と結合して輸送
- エンドソーム　小胞輸送でリソソームなどへ
- 小胞体

1　局在化シグナル

1）シグナル配列

　表2-5に代表的なシグナル配列を示す．シグナル配列の多くは3〜60アミノ酸からなり，ターゲティングの機能を果たした後にシグナルペプチダーゼで切断されるタイプ（ミトコン

表2-5 シグナル配列

小胞体への輸送
アルブミン（ラット）： H$_2$N–Met–Lys-Trp-Val-Thr-Phe-Leu-Leu-Leu-Leu-Phe-Ile-Ser-Gly-Ser-Ala-Phe-Ser-
カテプシンD（ヒト）： H$_2$N–Met–Gln–Pro–Ser–Ser-Leu-Leu-Pro-Leu-Ala-Leu-Cys-Leu-Leu-Ala-Ala-Pro-Ala-Ser-Ala-
ミトコンドリアへの輸送
F$_1$-ATPase βサブユニット（酵母）：H$_2$N–Met–Val–Leu–Pro-Arg-Leu–Tyr–Thr–Ala–Thr–Ser-Arg- 　　　　　　　　　　　　　　　　　　Ala–Ala–Phe-Lys-Ala–Ala-Lys-Gln–Ser–Ala–Pro–Leu–Leu-
核局在化シグナル
p53（ヒト）：-Pro–Gln–Pro-Lys-Lys-Lys-Pro-
核外移行シグナル
MAPキナーゼキナーゼ2（ヒトなど）：-Leu-Gln–Lys–Lys-Leu-Glu–Glu-Leu-Glu-Leu-Glu-
ペルオキシソームへの輸送
アシルCoA酸化酵素（ヒト）：-Lys–Ser–Leu–Gln-Ser-Lys-Leu-COOH
3-ケトアシルCoAチオラーゼ（ラット）：H$_2$N–Met–His-Arg-Leu–Gln–Val–Val–Leu–Gly-His-Leu–Ala–Gly- 　　　　　　　　　　　　　　　　　　Arg–Ser-Glu-Ser–Ser–Ser–Ala–Leu–Gln–Ala–Ala–Pro–Cys-
エンドソームへの輸送
LDL受容体（ヒトなど）：-Ile–Asn-Phe-Asp-Asn-Pro-Val-Tyr-Gln–Lys-

色文字はシグナルとして重要なアミノ酸

ドリアタンパク質や分泌経路に入るタンパク質）と，切断されないタイプ（核タンパク質やエンドサイトーシス経路に入るタンパク質）がある．切断されるタイプのシグナルは，通常タンパク質のN末端に位置している．ペルオキシソームへの輸送では，両方のタイプのシグナルが使われている．

　核タンパク質のいくつかは核のみに存在するのではなく，核局在化シグナルと核外移行シグナルを使って細胞質と核の間をシャトルしている．シグナルの機能はリン酸化－脱リン酸化などによって調節されており，核－細胞質間をシャトルしているタンパク質の分布は細胞外刺激に応じて変化する．

2）翻訳後修飾によるシグナルの付加

　タンパク質のなかには，共有結合による修飾によってターゲティングシグナルが付加されるものもある．そのような例としては，アシル化（ミリストイル化，パルミトイル化），プレニル化（ファルネシル化，ゲラニルゲラニル化），グリコシルホスファチジルイノシトール（GPI）アンカーの付加，SUMO（small ubiquitin-related modifier）化，モノユビキチン化などである（**第3章**）．

　アシル化やプレニル化は細胞膜やゴルジ膜への結合，GPIアンカーの付加はラフトやカベオレと呼ばれるコレステロールとスフィンゴ脂質に富んだ膜のミクロドメインへの局在化，SUMO化は核膜（例：RanGAP）や核内構造体（例：PMLボディ）への局在化のためのシグナルとして働く．モノユビキチン化は，細胞膜からリソソームへの輸送経路における中間

構造体である多胞体（multivesicular body：MBV）の内腔に存在する小胞への局在化シグナルとなる．後述するように，タンパク質結合糖鎖中のマンノースのリン酸化が輸送シグナルとして働く場合もある．

2 核－細胞質間の輸送

1）核の構造

核は外膜と内膜の二重の膜で囲まれており，2つの膜は核膜孔でつながっている．核膜孔には800〜1,000個のタンパク質から構成される核膜孔複合体（分子量約1.25億）が存在し，分子量2〜3万程度までの分子は自由に通過させるが，それ以上のものに対してはバリアーとして働く．

2）輸送機構

高分子量分子の核内移行はインポーチン，核外移行はエキスポーチンというタンパク質によって仲介されており，これらのタンパク質の機能は低分子量GTPaseであるRanのGTP-GDPサイクルによって調節されている（図2-28）．RanのGEF（guanine nucleotide exchange factor）はRCC1（regulator of chromosome condensation 1），GTPase活性を促進するGAP（GTPase-activating protein）はRanGAPである．RCC1は核内，RanGAPは細胞質（核膜孔）に存在しており，この2つのRan調節因子の分布の違いによって，Ranは核内ではGTP型，細胞質ではGDP型となっている．

インポーチンはαとβの2つのサブユニットからなり，αは核局在化シグナル（正電荷アミノ酸のクラスター）を認識し，βは核膜孔のタンパク質と相互作用して積み荷（核タンパク質）を核内まで輸送する．哺乳類ではαは少なくとも6種類，βは20種類以上存在し，それぞれが異なる役割を担うことで核－細胞質間のタンパク質の分布を決定している．

インポーチン−核タンパク質複合体が核内へ輸送されると，GTP型Ranがβに結合して複合体は分解する．核タンパク質は核内に定着し，GTP型Ranを結合したβは核外へ，αはGTP型Ranと結合したCASによって核外へと運ばれる．CASはαを核外へ輸送する働きをもつエキスポーチンの一種である．また，βはそれ自身で核外へ移行するので，エキスポーチンとしての活性をもつことになる．事実，多くのエキスポーチンはインポーチンβファミリーのタンパク質である．エキスポーチンのなかにはRNAの核外輸送に関与するものもある．エキスポーチンのなかで最もよく研究されているのはCRM1（インポーチンβファミリータンパク質の一種）である．このタンパク質は，ロイシンに富む配列をもつタンパク質の核外移行を仲介する．CRM1の機能はレプトマイシンBによって選択的に阻害される．

近年，SUMOがタンパク質の核膜局在化や核内局在化のシグナルとなっていることが明らかとなりつつある．SUMOはユビキチンに類似したタンパク質で，RanGAPが核膜孔にターゲティングするために必要な因子として同定された．その後の研究で，核内のPMLボディ

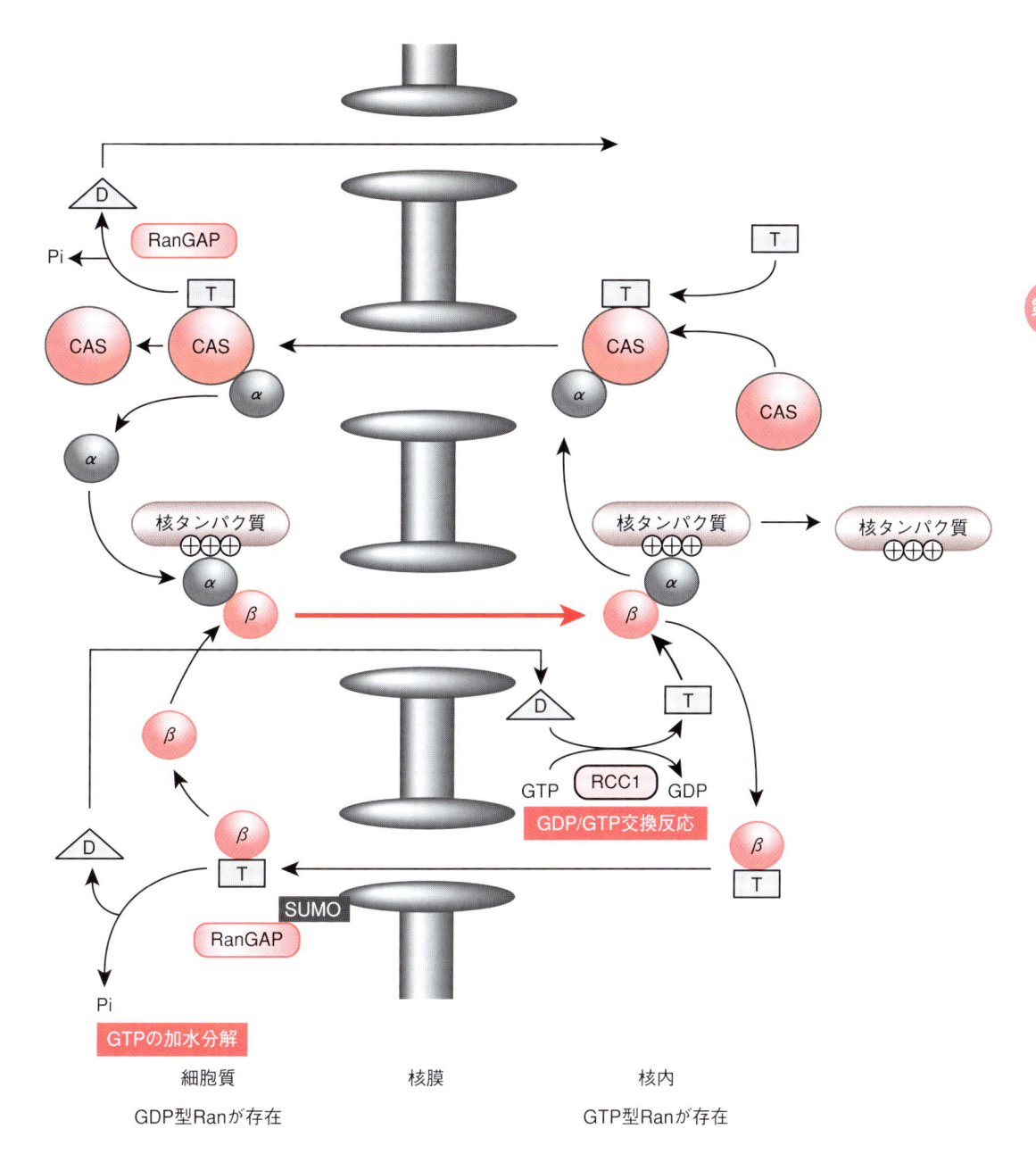

図 2-28 インポーチンによる核への移行機構
核タンパク質はインポーチン（α，β）と結合して核内へ運ばれる（図の中央）．αはCAS（エキスポーチン）と結合して核外へ移行し（図上部），βは単独で核外へ出る（図下部）．△DはGDP型，□TはGTP型のRanを示す

（promyelocytic leukemia body）への局在化にも関与していることが明らかとなっている．SUMO化は局在化のシグナルとして働くだけではなく，転写因子の活性調節，染色体の分離，DNAの複製や修復など，細胞内のさまざまな過程に関与することが示されている．

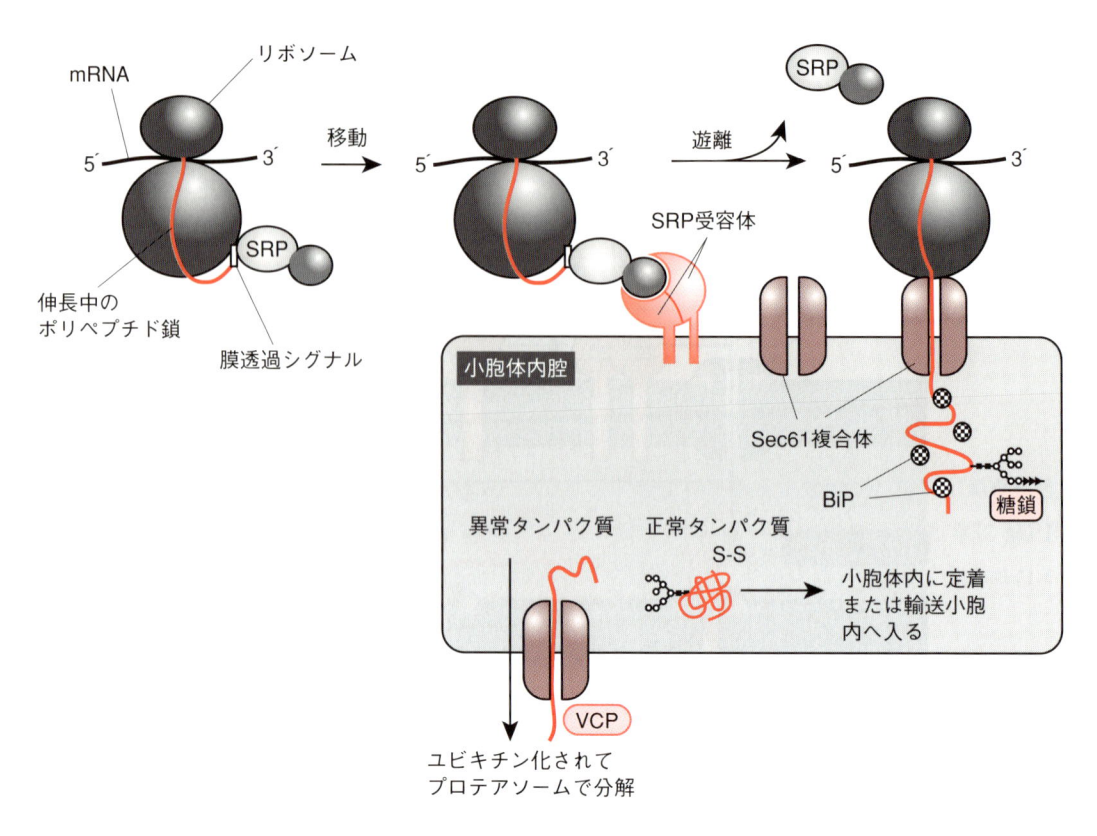

図 2-31　小胞体膜透過と細胞質への逆行輸送

5　小胞体膜透過機構と細胞質への逆行輸送

　小胞体膜透過シグナルをもつタンパク質の合成（第2章-1）も他のタンパク質と同様に，最初は遊離リボソーム上で始まる．しかしながら，合成されたシグナル部分がリボソームから露出すると，それにシグナル認識粒子（signal recognition particle：SRP）が結合して翻訳が一時停止する（図2-31）．SRPは6つのタンパク質サブユニットと7S RNAからなる複合体であり，54 kDaサブユニット（GTP結合タンパク質）にシグナルが結合する．

　SRPとリボソームの複合体は小胞体膜上に移動し，それぞれの受容体に結合すると翻訳が再開される．SRP受容体はαとβサブユニットからなり，ともにGTP結合タンパク質である．リボソーム受容体であるSec61複合体（α，β，γのサブユニットからなる）は，膜透過チャネル（トランスロコン）となっており，そのチャネルを通ってポリペプチド鎖は小胞体内腔に入る．立体構造の形成を促進する機能をもつBiPは，内腔に入ってきたペプチド鎖に結合して膜透過を促進する．シグナル配列は小胞体内腔に入ると同時にシグナルペプチダーゼに切断される．糖タンパク質の場合は，特定のアスパラギンにオリゴ糖（GlcNAc$_2$-Man$_9$-Glc$_3$）が付加する（第3章-8）．膜透過したタンパク質はBiPの働きで立体構造形成が促進され，タンパク質ジスルフィドイソメラーゼ（PDI）の働きによって正しい

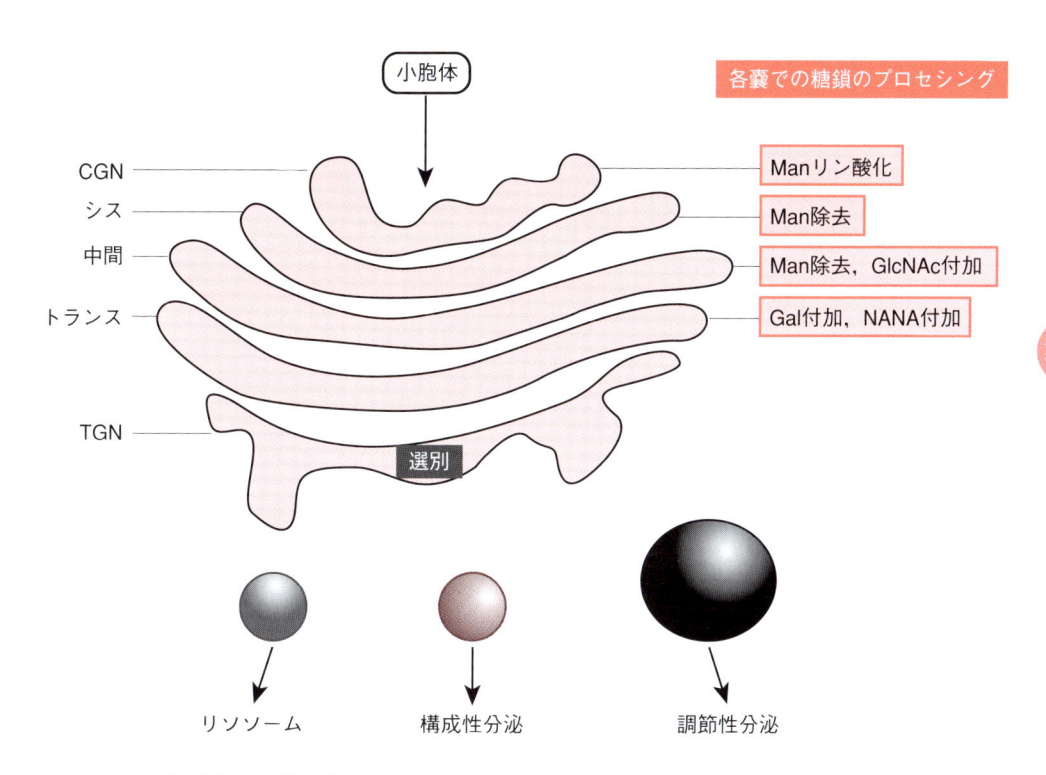

図 2-32 ゴルジ体の構造と TGN での選別
各囊にはアスパラギン結合型糖鎖のプロセシング酵素が局在しており，マンノース（Man）のリン酸化や除去，N-アセチルグルコサミン（GlcNAc），ガラクトース（Gal），N-アセチルノイラミン酸（NANA）の付加などが起こる

S-S結合が形成される．そして，正しい立体構造の形成された分泌系タンパク質は輸送小胞に取り込まれてゴルジ体へと輸送される．

一方，変異タンパク質の場合のように，正しい立体構造を形成できなかったタンパク質は，Sec61複合体のチャネル内を逆行輸送されて小胞体外へと放出される．この逆行輸送にはVCP/p97（ATPase）が関与し，タンパク質はユビキチン化されてプロテアソームで分解される．

6 ゴルジ体

1）ゴルジ体の構造

ゴルジ体はいくつかの囊が集まった構造（層板構造）をもつ（図2-32）．各囊は小胞体に近い方から，シス，中間，トランス，トランスゴルジ・ネットワーク（TGN）と呼ばれる．シスゴルジより小胞体側の膜構造をシスゴルジ・ネットワーク（CGN）と呼ぶこともある．ゴルジ体の各囊には糖鎖のプロセシング酵素が局在しており，アスパラギン結合型糖鎖の切断や付加が起こる．プロセシング酵素の局在化には酵素の膜貫通ドメイン（TMD）が重要であり，TMDだけで十分な場合と，さらに内腔側の領域も必要とされる場合がある．ゴルジ

体に存在する酵素のTMDの長さは比較的短いので，これが細胞膜と比べてより薄いゴルジ膜とフィットするために保持されるという説と，酵素が会合して不溶性のオリゴマーを形成することで輸送小胞へと取り込まれなくなるためにゴルジ体に保持されるという説がある．

2）TGNにおける選別

TGNまで輸送されたタンパク質は選別され，リソソームへの輸送経路，構成性分泌経路，調節性分泌経路へと入る（図2-32）．構成性分泌経路とはタンパク質を恒常的に細胞膜へ輸送する経路で，アルブミンなどはこの経路で運ばれる．一方，調節性分泌経路とはインスリンのように刺激に応じて分泌されるタンパク質を輸送する経路で，タンパク質はTGNで高度に濃縮されて小胞（分泌顆粒）内に入る．TGN（およびTGN由来の分泌小胞）には前駆体タンパク質のプロセシング酵素が存在し，プロインスリンなどは切断されて成熟体となる．

リソソームへの輸送のためのシグナルとしてはマンノース6-リン酸（Man6-P）が知られている．ゴルジ体のCGNにおいて，アスパラギン結合型糖鎖のマンノースの6位にリン酸基が付加すると，その糖鎖はプロセシングされずにTGNへと運ばれ，そこでMan6-P受容体と結合する．この受容体はAP-1（後述）と結合し，クラスリン被覆小胞によって後期エンドソームへと輸送され，さらにリソソームへと運ばれる．

7　リソソームへの輸送

1）輸送経路の種類

リソソームへの輸送には主に3つの経路がある．第1は生合成経路であり，上述したようにMan 6-P受容体がこの経路に関与する．第2はエンドサイトーシス経路である．細胞外に存在する低密度リポタンパク質（LDL）や上皮成長因子（EGF）は，この経路でリソソームへ運ばれて分解される．第3の経路はオートファジーである．

2）エンドサイトーシス

受容体を介したエンドサイトーシスは，細胞膜の被覆ピットと呼ばれるクラスリンで裏打ちされた領域で起こる．血液中のLDLが細胞膜に存在するLDL受容体に結合すると，受容体の細胞質領域にAP-2（後述）や他のアクセサリータンパク質（Dab2やARHなど）が結合し，さらにクラスリンが結合して被覆小胞が出芽する（図2-33）．出芽した小胞はダイナミン（GTPase）によって膜がくびり切られて完全な小胞となる．LDLと受容体の複合体は初期エンドソームへ輸送され，そこで複合体は解離する．この解離は初期エンドソームが弱酸性（pH=～6）であるために起こる．LDLはリソソームへ送られ，そこで分解されてコレステロールが遊離する．一方，LDL受容体は細胞膜へ返送されて再利用される．

EGFのエンドサイトーシスの場合は，EGFと受容体の複合体が解離せずに，後期エンドソームを経てリソソームへと輸送される．後期エンドソームは膜の内部に小胞や陥入した構造があり，それゆえ多胞体（MVB）とも呼ばれる（すべての後期エンドソームがMVB構造を

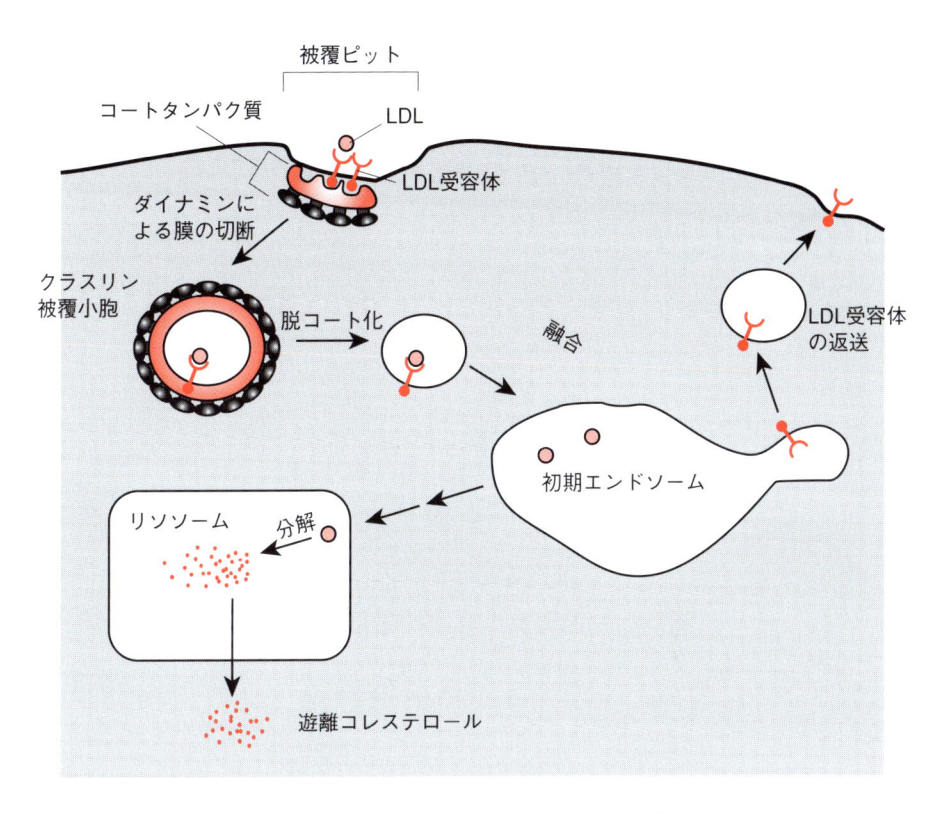

図2-33　LDLのエンドサイトーシス機構

もつかどうかは不明）．EGF受容体のエンドサイトーシスとMVB内小胞への移行のためのシグナルは，ユビキチンである．タンパク質分解においては多数のユビキチンが標的タンパク質に結合するが，この場合は受容体がモノユビキチン化される．モノユビキチン化された受容体は最終的にリソソームへと輸送され，そこで分解される．EGF受容体のエンドサイトーシスは受容体がEGFと結合した時にのみ起こる．それゆえEGF刺激が与えられると，一時的に受容体数は減少し，EGFに対する感度は低下する（ダウンレギュレーション）．

　エンドサイトーシスは被覆ピットのみならず，カベオラでも起こることが知られている．カベオラはスフィンゴ脂質とコレステロールに富んだ細胞膜のマイクロドメインで，ウイルス（SV40）やコレラ毒素の取り込みに関与するが，その分子機構はよくわかっていない．

3）オートファジー

　オートファジーは，不用になったオルガネラなどを分解するための仕組みであり，栄養飢餓によっても誘発される．酵母を使った実験からオートファジーに関与する遺伝子群〔Atg (autophagy-related gene)〕が同定され，Atg12とAtg5のタンパク質間共有結合体の形成や，Atg8のホスファチジルエタノールアミンとの結合などの反応が起こることによって，分解のための膜構造（オートファゴソーム）が形成される．オートファゴソームはリソソームと融合し，オートファゴリソソームとなって分解が起こる（**第2章-4**）．

表2-6　主な小胞の種類と関与する輸送経路

小胞の種類	低分子量Gタンパク質	コートタンパク質	関与する輸送経路
COP I 小胞	ARF1	コートマー（α, β, β', γ, δ, ε, ζ）	ゴルジ体から小胞体（逆行輸送） 小胞体からゴルジ体（順行輸送） ゴルジ体内輸送
COP II 小胞	Sar1p	Sec23p-Sec24p, Sec13p-Sec31p	小胞体からゴルジ体
クラスリン小胞	ARF1	AP-1（γ, β1, μ1, σ1）, クラスリン	TGNからエンドソーム
	−	AP-2（α, β2, μ2, σ2）, クラスリン	細胞膜からエンドソーム
	ARF1	AP-3（δ, β3, μ3, σ3）, クラスリン（?）	TGNおよびエンドソームからリソソーム

8　小胞輸送の仕組み

タンパク質の小胞体からゴルジ体や細胞膜への輸送，および細胞膜からのタンパク質のエンドサイトーシスは小胞によって媒介されている．今のところ，3種の被覆小胞（COP I，COP II，クラスリン）の存在が知られている（表2-6）．

1）カーゴの選別

小胞の成分であるコートタンパク質は，膜を変形させる役割と同時にカーゴの選別機能をもつ．クラスリン被覆小胞の主要成分であるアダプタータンパク質（アダプチン：AP）は，YXXΦ（XとΦはそれぞれ任意および比較的大きな疎水性側鎖をもつアミノ酸）や（E/D）XXXLLを認識して結合する．APとは異なったアダプターとしてTGNとエンドソームに局在してDXXLLモチーフを認識するGGA（Golgi-localizing, γ-adaptin ear homology domain, ARF-binding protein），エンドソームに存在してユビキチン化タンパク質の多胞体への選別に関与するHrs，細胞膜においてLDL受容体のFXNPXYモチーフに結合するDab2やARHなどがある．COP I コートはKKXXやKXKXXモチーフ，COP II コートはFFやDXEといったモチーフを認識する．

2）GTP結合タンパク質の役割

コートタンパク質の膜への結合は低分子量Gタンパク質によって調節されている．小胞が形成される膜上にはGEFが存在し，低分子量Gタンパク質はGTP型となって他のコートタンパク質を膜へとリクルートする．COP I，クラスリン−AP（AP-1とAP-3），GGAの膜への結合はいずれもARF1に依存している．一方，COP II の膜結合にはSar1pが関与する．COP II の成分の1つであるSec23pはSar1pに対してGAP活性を有しており，コートとして小胞形成に関与した後は脱コート化のためのスイッチとして働く．COP I の場合は，コートマーの1つのサブユニットがARF1に対するGAPをリクルートする．Sar1pおよびARF1はGDP型になると膜から遊離し，それに伴って他のコートタンパク質も膜から脱離（脱コート化）する．

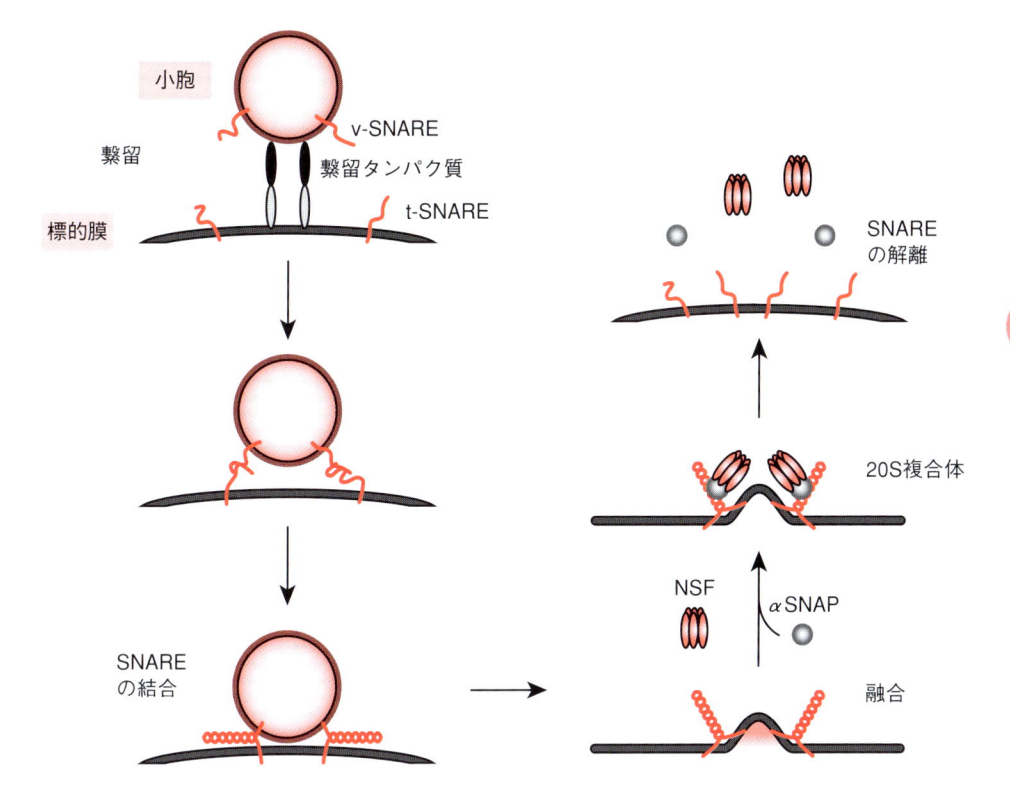

図2-34 小胞の繋留とSNAREによる膜融合機構
小胞は繋留タンパク質の働きで標的膜に繋がれ，SNAREによって融合が引き起こされる．SNARE複合体の分解によってSNAREは再利用される．繋留後の段階を示した図では繋留タンパク質は略

　近年，Cdc42などのアクチン骨格を制御するタンパク質の小胞輸送への関与も明らかとなっている．Rabタンパク質も輸送に関与する低分子量Gタンパク質であり，小胞形成，細胞骨格との相互作用，小胞融合など，輸送経路ごとに異なる働きをする．三量体Gタンパク質も内膜系に存在して小胞輸送を制御している証拠があるが，その機構はわかっていない．

3) 小胞の繋留と膜融合

　脱コート化した小胞は標的膜に結合した後に融合のプロセスに進む．小胞と標的膜の結合は「繋留タンパク質」によって仲介されている（図2-34）．繋留に関与するタンパク質は輸送経路によって大きく異なっている．一方，膜融合は構造的に類似したタンパク質ファミリー（SNARE）によって媒介されている．SNAREはSNAP receptorの略で，より合わせコイル構造をもつ．SNAREには小胞側のSNARE（v-SNARE）であるVAMPファミリーと，標的膜側のSNARE（t-SNARE）であるsyntaxinファミリー，SNAP-25ファミリーがある．小胞側から1本，標的膜側から3本のより合わせコイル構造が供給され，これらがからみ合うことで膜が接近し，融合が引き起こされると考えられている．膜融合後のSNARE複合体に α-SNAP（soluble NSF attachment protein）を介してATPaseであるNSF

（N-ethylmaleimide-sensitive factor）が結合し，ATPの加水分解と共役してSNARE複合体が解離する．

4）細胞骨格の関与

小胞の移動には，中心体から放射状に広がっている微小管が中心的な役割を担っている．ゴルジ体は中心体付近にあるので，小胞体からゴルジ体への輸送は＋端から－端への輸送，ゴルジ体から細胞膜への輸送はその逆となる．エンドサイトーシスは＋端から－端への輸送である．＋端から－端への輸送にはダイニン，－端から＋端への輸送にはキネシンが関与している．近年，アクチン骨格およびそのモータータンパク質のミオシンも小胞輸送に関与する証拠が多数得られている．

■文献■

1) Alberts, B. ほか/著, "細胞の分子生物学（第四版）"：ニュートンプレス，2004
2) "細胞内輸送"，中野明彦　ほか/編，実験医学，21-14：羊土社，2003
3) 多賀谷光男 /著, "分子細胞生物学"：朝倉書店，2002
4) Pemberton, L. F. & Paschal, B. M.：Mechanisms of receptor-mediated nuclear import and nuclear export. Traffic, 6：187-198, 2005
5) Rehling, P. et al.：Mitochondrial import and the twin-pore translocase. Nature Rev. Mol. Cell Biol., 5：519-530, 2004
6) Eckert, J. H. & Erdmann, R.：Peroxisome biogenesis. Rev. Physiol. Biochem. Pharmacol., 147：75-121, 2003
7) Egea, P. F. et al.：Targeting proteins to membranes：structure of the signal recognition particle. Curr. Opin. struct. Biol., 15：213-220, 2005
8) Rapoport, T. et al.：Membrane-protein integration and the role of the translocation channel. Trends Cell Biol., 14：568-575, 2004
9) Bonifacino, J. S. & Glick, B. S.：The mechanisms of vesicle budding and fusion. Cell, 116：153-166, 2004
10) Bonifacino, J. S. & Traub, L. M.：Signals for sorting of transmembrane proteins to endosomes and lysosomes. Annu. Rev. Biochem., 72：395-447, 2003

第3章
タンパク質修飾

1	セリン・スレオニンキナーゼ	94
2	チロシンキナーゼ	105
3	哺乳動物細胞のプロテインセリン・スレオニンホスファターゼ	119
4	チロシンホスファターゼ	127
5	アセチル化，脱アセチル化	141
6	タンパク質の脂質修飾	150
7	ポリ ADP-リボシル化	160
8	糖鎖修飾	168

1 セリン・スレオニンキナーゼ

細胞は，環境のすばやい変化に対応する際に，比較的時間の費やす新規のタンパク質の合成よりも，既存のタンパク質を修飾または分解することによって，機能を変化させ，環境に適応している．このタンパク質の翻訳後修飾の代表的なものがリン酸化反応であり，それを担うのがタンパク質リン酸化酵素（プロテインキナーゼ）である．本稿では，プロテインキナーゼのうち，セリンおよびスレオニンの水酸基にリン酸基を転移するセリン・スレオニンキナーゼについて，概説する．

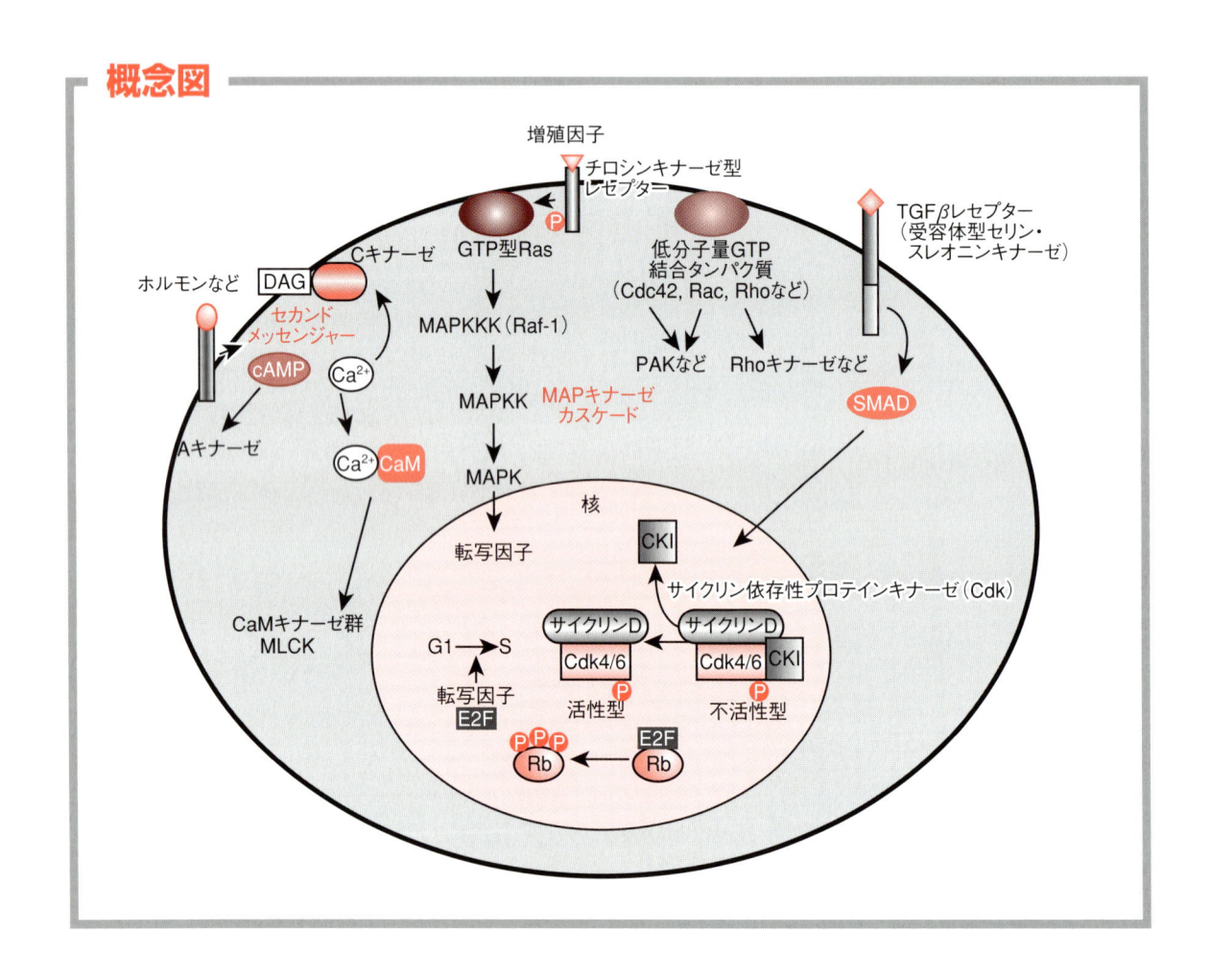

概念図

増殖因子
チロシンキナーゼ型レセプター
TGFβレセプター（受容体型セリン・スレオニンキナーゼ）
ホルモンなど
Cキナーゼ
GTP型Ras
低分子量GTP結合タンパク質（Cdc42, Rac, Rhoなど）
DAG
セカンドメッセンジャー
MAPKKK（Raf-1）
PAKなど　Rhoキナーゼなど
cAMP　Ca²⁺
MAPKK
MAPキナーゼカスケード
Aキナーゼ
Ca²⁺ CaM
MAPK
SMAD
CaMキナーゼ群 MLCK
核
転写因子
CKI
サイクリン依存性プロテインキナーゼ（Cdk）
G1→S
サイクリンD Cdk4/6　サイクリンD Cdk4/6 CKI
転写因子 E2F
活性型　　不活性型
P P P Rb ← E2F Rb

1 プロテインキナーゼ

　リン酸化反応とは，ATP（またはGTP）のγ位のリン酸基をタンパク質のセリン，スレオニンあるいはチロシン残基の水酸基へ移行する反応であり，これを触媒する酵素がタンパク質リン酸化酵素（プロテインキナーゼ）である．真核細胞生物においてきわめて多種類のプロテインキナーゼが報告されており，ヒトゲノムから類推されるプロテインキナーゼは500種類（ヒトゲノムの全遺伝子中，約1〜2％）程度存在することが知られている[1]．この数は，リン酸化タンパク質を脱リン酸化するタンパク質脱リン酸化酵素（プロテインホスファターゼ）よりも圧倒的に多く，真核生物がそれぞれの状況に応じ，異なる種類のプロテインキナーゼを活性化し，細胞機能を変化させていると考えられる．実際，各プロテインキナーゼは，プロテインホスファターゼより基質特異性が高く，また，リン酸化される部位の周辺のアミノ酸のコンセンサスもプロテインキナーゼ間で異なることが多い．さらに，リン酸化反応が細胞内情報伝達機構を含めた多彩な細胞の機能を制御していることが数々の知見より判明し，それぞれの細胞現象で活性化されるプロテインキナーゼに対する関心がますます高まってきている（概念図）．

　プロテインキナーゼは，基質タンパク質においてリン酸化されるアミノ酸残基によって，セリン・スレオニンキナーゼ，チロシンキナーゼの2つに大別される．いずれも，ATPと結合しγ位のリン酸基を標的とするアミノ酸に付加するため必須な，250〜300アミノ酸からなるキナーゼドメインをもち，その構造は進化的に保存されている．このドメインはさらにI〜XIのサブドメインに分けることができるが，セリン・スレオニンキナーゼとチロシンキナーゼの間で一次構造上大きく異なるサブドメインはVIおよびVIIIである．一方，一次構造上セリン・スレオニンキナーゼに分類されるものの，実際にはセリン・スレオニンだけでなくチロシンもリン酸化することのできるMAPキナーゼキナーゼのような新規の分子も同定されており，近年では上記の2つの分類に加え，セリン・スレオニン・チロシンキナーゼ（dual specificity kinase）と呼ばれる新しいタイプのキナーゼファミリーが存在することも知られている[1]．

　この章では，すべてのプロテインキナーゼの約9割を占めるセリン・スレオニンキナーゼについていくつかの例を示しながら，概説する．

2 セリン・スレオニンキナーゼ

　セリン・スレオニンキナーゼは，セカンドメッセンジャー（細胞内情報伝達物質）に依存性か非依存性かによって，大きく2種類に分類される．細胞外刺激によって細胞内に産生されるセカンドメッセンジャーであるサイクリックAMP（cAMP），cGMP，ジアシルグリセロール（DAG），カルシウムイオン（Ca^{2+}）は，それぞれcAMP依存性プロテインキナーゼ（Aキナーゼ），cGMP依存性プロテインキナーゼ（Gキナーゼ），Cキナーゼ，カルシウム・カルモジュリン依存性キナーゼ（CaMキナーゼ：Ca^{2+}・calmodulin-dependent kinase）群

を活性化している（概念図）．

　もう1つは，セカンドメッセンジャー非依存性プロテインキナーゼであり，昔は，カゼインキナーゼⅠ，Ⅱ，S6キナーゼなど，リン酸化する基質の名前から命名されたものが多かった．しかし，これらセカンドメッセンジャー非依存性プロテインキナーゼは多種多様なものが存在しており，命名法もまちまちである．例えば，Raf，Mosなどのように，当初オンコジーン（癌遺伝子）として同定されたが，その遺伝子産物がプロテインキナーゼそのものであり，正常細胞においても重要な役割を担っていることが明らかになったものも存在する．また，①細胞増殖刺激を核内に伝達する際にはMAPキナーゼ（mitogen-activated protein kinase）を中心としたキナーゼカスケード[2)3)]が，②細胞周期の進行にはサイクリン依存性プロテインキナーゼ群[4)]が，③DNA傷害および複製チェックポイントではATM（ataxia telangiectasia mutated）/ATR（ataxia telangiectasia- and Rad3-relasted）からChk1/Chk2に引き続くキナーゼカスケードが，④分裂期の進行には，サイクリン依存性プロテインキナーゼの1つであるCdk1（Cyclin-dependent kinase 1）に加え，ショウジョウバエのAurora，Poloなどのオルソログである分裂期キナーゼ群[5)]が，⑤分裂期におけるスピンドルチェックポイント（spindle assembly checkpoint）ではBub1，BubR1[5)]などが，それぞれ中心的な役割を担っている．これらに加え，低分子量GTP結合タンパク質などに結合して活性化されるセリン・スレオニンキナーゼ[6)]や，チロシンキナーゼと同様に，受容体型のセリン・スレオニンキナーゼも知られている（概念図）．このように，細胞は，各々の環境変化に適応したセリン・スレオニンキナーゼを活性化することによって，それぞれ特異的な基質タンパク質のリン酸化反応を引き起こし，細胞の形態および機能を変化させている．

> **メモ**
> 最近，キナーゼドメインのアミノ酸の一次構造の類似性をもとに網羅的にプロテインキナーゼを分類しようする試みがあり，その情報はWebサイトでも公開されている[1)]．また，各々のプロテインキナーゼの基質タンパク質のリン酸化部位の解析や，リン酸化部位に由来する合成ペプチドのリン酸化能の解析から，各プロテインキナーゼの基質認識配列が提唱されている．これらの情報をもとに，未知のプロテインキナーゼの基質検索に役立てようとする試みも行われてきている．しかし，キナーゼドメインのアミノ酸の一次構造が類似していても基質認識配列が変化する場合もあり，また，キナーゼドメイン以外の調節により基質が選択されている場合も多いため，現在のところ，得られた情報を*in vitro*の系などで検証する必要がある．

3　Aキナーゼ

　Aキナーゼ〔A kinase，または，サイクリックAMP依存性プロテインキナーゼ：cyclic AMP（cAMP）-dependent protein kinase〕は，1968年E. G. Krebsらにより家兎骨格筋より抽出されたタンパク質リン酸化酵素で，サイクリックAMP（cAMP）依存性にホスホリラーゼbキナーゼをリン酸化し，その活性化を引き起こすことが'70年代初頭に証明された．これらの発見はホルモンの作用機構におけるcAMPのセカンドメッセンジャーとしての機能を確立した点で，生化学史上偉大な発見の1つといえる．

　プロテインキナーゼAは構造的には調節サブユニット（R）と触媒サブユニット（C）がそ

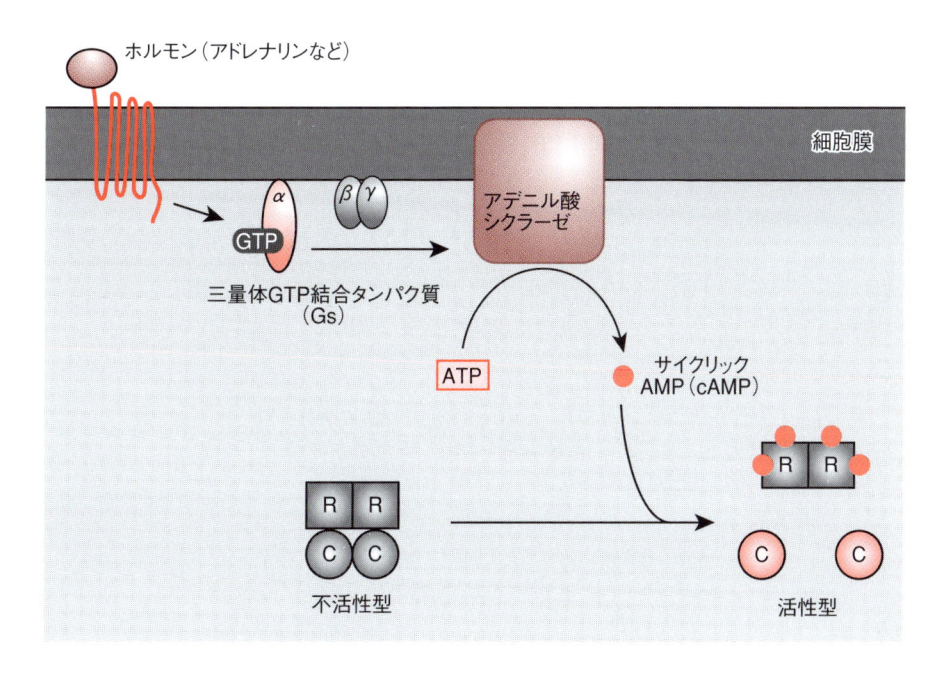

図3-1　Aキナーゼの活性化機構
ホルモン刺激などにより，細胞内の三量体GTP結合タンパク質（Gs）が活性化される．その後，Gsによって，アデニル酸シクラーゼが活性化され，細胞内のATPよりサイクリックAMP（cAMP）が合成される．このcAMPはAキナーゼの調節サブユニット（R）に結合する．それにより，調節サブユニット（R）のコンフォメーションの変化を引き起こし，調節サブユニット（R）と触媒サブユニット（C）は解離する．その結果，触媒サブユニット（C）は解離した状態になって活性をもつようになる

れぞれ2分子ずつからなり，ホロ酵素はR2C2の四量体からなる．このホロ酵素においては活性がなく，活性化はcAMPが調節サブユニットに結合し，触媒サブユニットが調節サブユニットから解離することにより生じる（図3-1）．

リン酸化アミノ酸はセリンおよびスレオニンで，一次構造上リン酸化アミノ酸残基よりN末端側1～3アミノ酸上流にアルギニン/リジン（Arg/Lys）などの塩基性アミノ酸がある配列を好んでリン酸化する．最も好んでリン酸化される一次構造はArg-［Arg/Lys］-X-［Ser/Thr］の配列である．

4　Cキナーゼ

Cキナーゼ〔C kinase，または，プロテインキナーゼC：protein kinase C（PKC）〕とは，カルシウムイオン（Ca^{2+}），リン脂質，ジアシルグリセロール（DAG）に依存性のセリン・スレオニンキナーゼである．'77年西塚らのグループによって，最初プロテアーゼによって活性化されるcAMP非依存性プロテインキナーゼ（Mキナーゼ）のプロ酵素（酵素前駆体）として見出された．その後活性化因子としてCa^{2+}，DAGが見出されたことにより，セカンドメッセンジャー依存性プロテインキナーゼの仲間入りをした．当初，1種類の分子種からなると考えられていたが，遺伝子クローニングの結果，数種類の分子種からなるアイソザイムフ

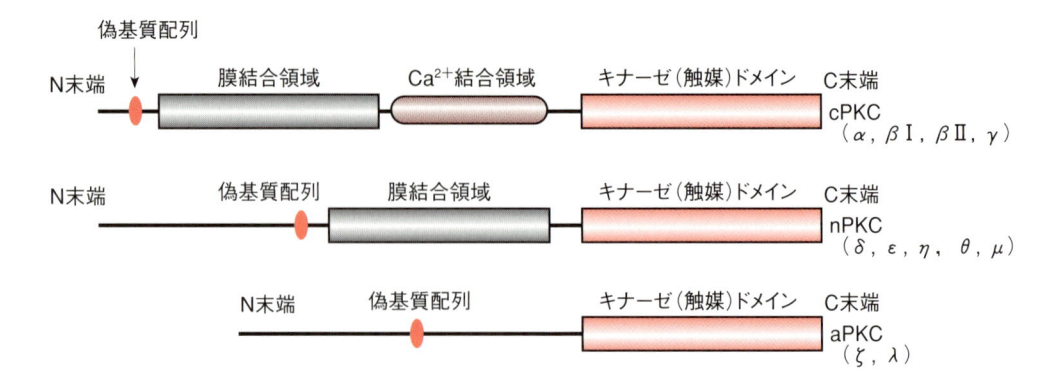

図 3-2　Cキナーゼの構造

cPKC（conventional PKC），nPKC（novel PKC），aPKC（atypical PKC）の構造模式図．PKC β には，スプライスバリアントが存在する（Ⅰ，Ⅱ）．いずれの分子種においてもC末端側にキナーゼ（触媒）ドメインをもつ．脂質膜結合部位はシステインに富む構造の2回の繰り返しにより形成されているが，これが1回しかないのがaPKCで，この部位はジアシルグリセロール（DAG）やホルボールエステル（PMA）などとの結合能力をもたない．PKC μ を除くすべての分子種において偽基質配列と呼ばれる部分が存在し，この部分が分子内でキナーゼ（触媒）ドメインと結合することにより，キナーゼの活性化を阻止していると考えられている

ァミリー（機能は同じだが，分子構造が異なる酵素群）を形成していることが判明した．

　構造的にみると，膜結合部位である調節領域，Ca^{2+} 結合領域，ATPおよび基質タンパク質に結合能力をもった活性領域の3領域からなる，活性化に Ca^{2+} を必要とするアイソザイムと，新たに見出された Ca^{2+} 結合領域を欠き，活性化に Ca^{2+} を必要としないアイソザイムがある．前者には α，β Ⅰ，β Ⅱ，γ の4種類（conventional PKC：cPKC），後者には δ，ε，η，θ，μ の5種類（novel PKC：nPKC）が知られている．近年，これらいずれにも属さない ζ，λ といったアイソザイム（atypical PKC：aPKC）も同定されている（図3-2）．

　Cキナーゼの活性化は，Ca^{2+} やリン脂質およびジアシルグリセロール（DAG）に依存している．しかし，Ca^{2+}・リン脂質のみでは，活性化にmM近くの高濃度の Ca^{2+} 濃度を必要とする．一方，ジアシルグリセロールがごく微量存在すれば生理的な Ca^{2+} 濃度でも十分に活性化されることから，ジアシルグリセロールは細胞内におけるCキナーゼの活性化調節因子として位置づけられている．一番代表的なCキナーゼ活性化に至るシグナル伝経路を図3-3に示す．ホルモンや増殖因子などの刺激により，受容体から三量体GTP結合タンパク質が活性化され，膜のホスホリパーゼC（PLC）が活性化する．PLCは細胞膜に存在するホスファチジルイノシトール4,5二リン酸（PIP2）を加水分解し，イノシトール1,4,5三リン酸（IP_3）とDAGを産生する．IP_3 は細胞質内を拡散し，小胞体の IP_3 受容体に結合し，小胞体から Ca^{2+} を放出させる．この放出された Ca^{2+} はカルモジュリンなどのカルシウム結合タンパク質に結合することが知られており，形成されたカルシウム・カルモジュリンはCaMキナーゼ（Ca^{2+}・calmodulin-dependet kinase）群やMLCK（myosin light chain kinase）などを活性化させる．一方，DAGは（Ca^{2+} と相乗的に）細胞膜でCキナーゼを活性化する[7]．

　現在までに，MAPキナーゼカスケードをPKC α，β Ⅰ，δ，ε，ζ，η が活性化すること，アポトーシス誘導時にPKC δ が活性化されること，逆に，アポトーシス抑制時にはPKC ζ の活性化が重要なことなどが報告されており，Cキナーゼが細胞の増殖・分化およびアポトーシスのシグナル伝達機構に深く関与していると考えられている．さらに，強力な発癌プ

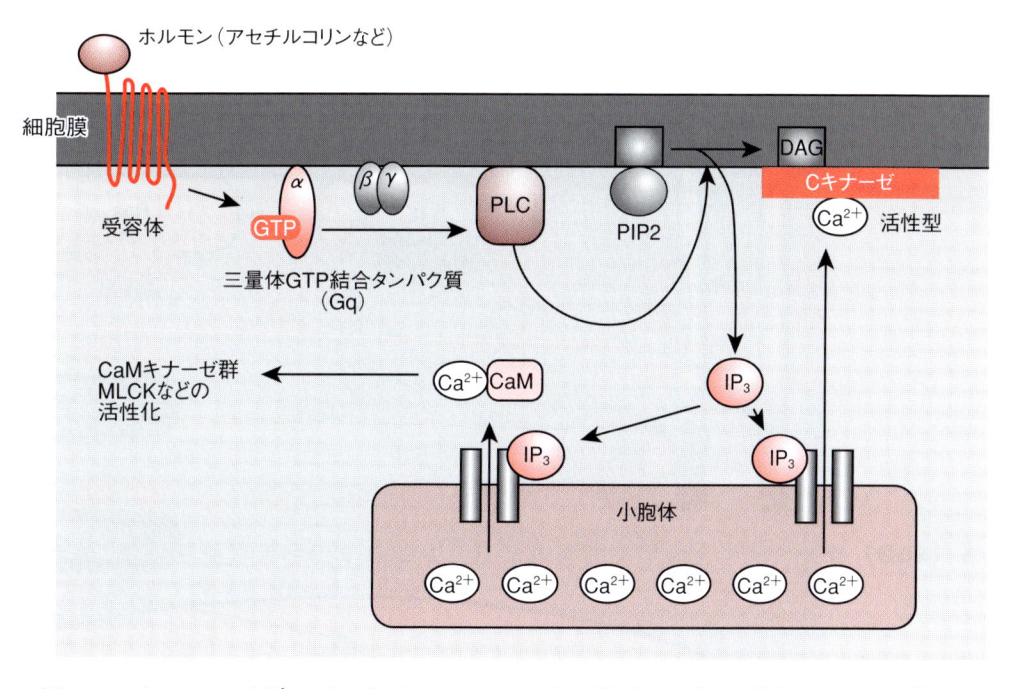

図3-3 ホスファチジルイノシトール4,5二リン酸（PIP2）の分解によるシグナル伝達経路

詳細は本文参照

ロモーターの1つであるホルボールエステル（PMA：TPAなど）がジアシルグリセロールと同様の作用機序によって，Cキナーゼを直接活性化することが見出され，癌化におけるCキナーゼの役割も注目されている．Cキナーゼのコンセンサス配列は［Ser/Thr］-X-Arg-Lysとされているが，必ずしも明確でない．

5 MAPキナーゼカスケード

　MAPキナーゼ（mitogen-activated protein kinase：MAPK，または，extracellular signal related kinase：ERK）は，'87年に，増殖因子刺激で活性化されるセリン・スレオニンキナーゼとして，同定された．MAPキナーゼの活性化は，キナーゼサブドメインのⅦとⅧの間にあるThr-Glu-Tyr（TEY）モチーフのThrおよびTyrの二重リン酸化反応によって引き起こされるが，この反応を遂行するのが，MAPキナーゼキナーゼ（MAP kinase kinase：MAPKK）である．このMAPKKの活性化にも，キナーゼサブドメインのⅦとⅧの間にある2つのセリン残基のリン酸化反応が必須で，このリン酸化反応を遂行する上流のセリン・スレオニンキナーゼをMAPキナーゼキナーゼキナーゼ（MAP kinase kinase kinase：MAPKKK）と総称され，MAPKKKの1つとしてRaf-1が最初に同定された．このMAPKKK→MAPKK→MAPKのリン酸化反応によるシグナル伝達経路は，MAPキナーゼカスケードと総称される（概念図，図3-4）．

もつドメイン構造として知られていたが，まもなく細胞内シグナル伝達に関与する多くのタンパク質に共通して認められる構造であることが明らかとなった．SH2ドメインをもつタンパク質にはc-Src，PLCγ，Sykのような酵素活性をもつものから，酵素活性はもたないがシグナル伝達にかかわるタンパク質同士を結びつける役割をもつアダプタータンパク質Grb2，Nck，CrkLなどがある．SH2ドメインは図3-10に示すように2つのポケット状の構造をもっており，これによってリン酸化チロシンを含む4アミノ酸残基（pYXXψモチーフ，Xは任意のアミノ酸）を特異的に認識している．

　リン酸化チロシン残基を特異的に認識するドメイン構造には，他にもホスホチロシン結合ドメイン（phosphotyrosine binding domain：PTBドメイン）と呼ばれるものが知られている．例えばmDab1やIRS1などはこのPTBドメインをもつ．PTBドメインはSH2ドメインと構造上全く異なっているが，リン酸化チロシン残基を含む4アミノ酸（NPXpYモチーフ，Xは任意のアミノ酸）を認識して結合する（図3-10）．

　以上にあげたSH2ドメインやPTBドメインはリン酸化チロシン残基を特異的に認識するドメイン構造であるが，細胞内シグナル伝達に関与するタンパク質には他にもSrcホモロジー3ドメイン（Src homology 3 domain：SH3ドメイン）をもつものも多くみられる．このSH3ドメインはプロリンに富む配列を特異的に認識することでタンパク質間の相互作用を行っている（図3-10）．

> **メモ**
> SH2ドメイン…リン酸化チロシン残基を含む配列（pYXXφ）を認識して結合する．
> PTBドメイン…リン酸化チロシン残基（NPXpY）を含む配列を認識して結合する．
> SH3ドメイン…プロリンリッチな配列を認識して結合する．

　このように，細胞内シグナル伝達に関与するタンパク質は，タンパク質-タンパク質間の相互作用を担うドメインを有しているものが数多くみられる．特にSH2ドメインやPTBドメインはリン酸化されたチロシン残基を特異的に認識することから，チロシンキナーゼによる基質タンパク質のチロシンリン酸化の本質は，基質タンパク質と，さらに下流タンパク質のタンパク質間相互作用を制御していることにあると言い換えることもできる．

> **メモ**
> チロシンリン酸化依存的なタンパク質間の結合は，細胞内シグナル伝達をスタートさせるために必須の過程である．

3）チロシンリン酸化から他のシグナル伝達経路へ

　チロシンリン酸化反応によって引き起こされるタンパク質間相互作用には，前述したようにSH2ドメインやPTBドメインをもったタンパク質をチロシンリン酸化タンパク質へとリクルートすることでタンパク質の細胞内局在を変える役割や，タンパク質の構造変化を導く役割がある．このような役割によってシグナル伝達複合体を形成するタンパク質は活性化され，いくつもの細胞内シグナル伝達経路へと分岐することがこれまでの研究により明らかとなっている（図3-11）．

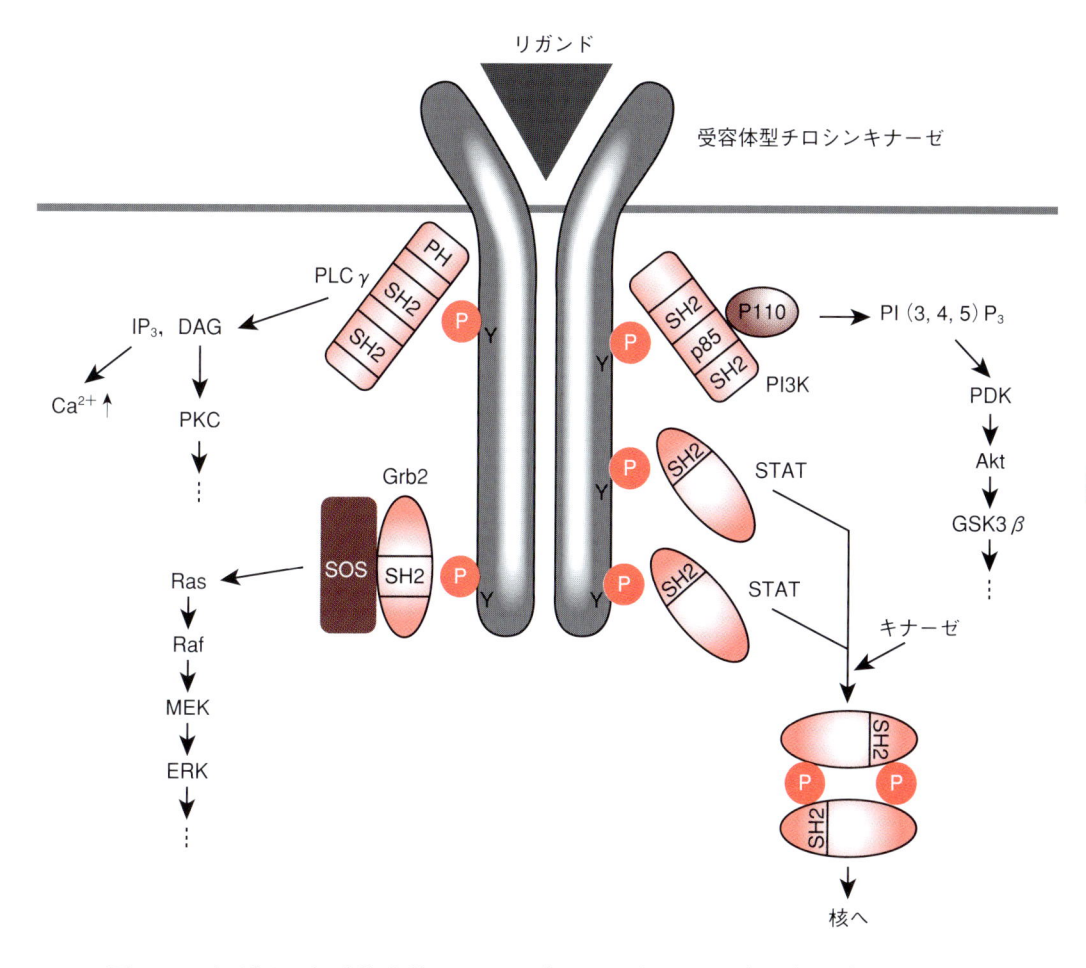

図3-11　シグナル伝達複合体からのシグナル伝達の分岐（モデル図）
チロシンキナーゼによってリン酸化を受けたタンパク質（チロシンキナーゼ自身も含む）にはさまざまな酵素やアダプタータンパク質が集結し，シグナル伝達複合体を形成する．このシグナル伝達複合体から多くのシグナル伝達経路が活性化される

3　受容体型チロシンキナーゼ

1）増殖因子と受容体型チロシンキナーゼ

　われわれの皮膚，爪，毛髪，腸管などを構成する細胞は，常に増殖を繰り返すことで新しい細胞に入れ替わっており，それぞれの器官を維持している．これらの細胞増殖は適度に制御されており，この制御が破綻すると，いわゆる'癌'という状態に陥ってしまう場合もある．
　このような細胞の増殖制御は，'60～'70年代に次々と発見された増殖因子と呼ばれる細胞外タンパク質によって制御されている．増殖因子には上皮増殖因子（epidermal growth factor：EGF），血小板由来増殖因子（platelet-derived growth factor：PDGF），インスリン様増殖因子（insulin-like growth factor：IGF），神経成長因子（nerve growth factor：NGF），線維芽細胞増殖因子（fibrobkast growth factor：FGF）など，これ以外にも多くのものが知られている．

増殖因子は生体内では可溶性リガンドとして存在しており，それぞれには前述したように特異的に結合する受容体が存在している．また，リガンドはここであげた増殖因子だけでなく，エフィリンのような膜貫通型リガンドやサイトカインなどもある．

受容体のなかでも特にチロシンキナーゼ活性をもつものを受容体型チロシンキナーゼと呼ぶ．受容体型チロシンキナーゼには細胞外の情報をリガンドとして受け取ると，細胞内のタンパク質にチロシンリン酸化シグナルへと変換する，情報の変換装置としての役割があることが知られている．

> **メモ** 受容体型チロシンキナーゼはリガンドを受け取ると活性化し，細胞外のリガンドの情報を細胞内へチロシン残基リン酸化反応という形で伝える情報変換装置としての役割がある．

2) 受容体型チロシンキナーゼの構造と活性化機構

図3-12に示すように受容体型チロシンキナーゼは増殖因子と同様に構造上，多様な膜貫通型タンパク質のサブファミリー〔EGF受容体サブファミリー（EGFR），PDGF受容体サブファミリー（PDGFR），インスリン受容体サブファミリー（INSR）など〕が存在している．細胞外ドメインにはかなりの多様性が認められるが，3つの機能の異なるドメインを有することが共通する点としてあげられる．そのドメインとは，①可溶性リガンドや膜貫通型リガンドと結合する細胞外ドメイン，②1回膜貫通型の疎水性膜貫通ドメイン，③細胞内のキナーゼ活性をもつキナーゼドメインである．

受容体型チロシンキナーゼや後述する非受容体型チロシンキナーゼは，細胞外の情報を歯切れ良く細胞内に伝えるためにきわめて精巧なスイッチON-OFF機構を備えていることを特徴とする．受容体型チロシンキナーゼは一般にリガンド結合によって二量体化するという特徴をもっており，この二量体化が活性化の引き金となっている（図3-13）[6]．二量体化にはさまざまな方法があり，EGF受容体の場合には，単量体リガンドであるEGFが結合すると細胞外ドメインのコンフォメーションが変化することでEGFと結合した受容体同士が二量体化する．PDGF受容体の場合には，リガンドであるPDGF自体が二量体リガンドであるためにPDGFが受容体を架橋することによって受容体を二量体化させている．一方，インスリン受容体は元々二量体であるが，活性化のためにはリガンドであるインスリンが結合し，分子内のコンフォメーション変化を必要とするようである[7]．

二量体化することで受容体型チロシンキナーゼ同士が近接すると，そのキナーゼ活性によって他方の受容体型チロシンキナーゼをチロシンリン酸化する，いわゆるトランスアクティベーションが起こる．このようにしてチロシンリン酸化された受容体型チロシンキナーゼは活性化状態になっており，シグナル伝達を担うCrkやShcのようなアダプタータンパク質，c-SrcやSykのような他のチロシンキナーゼ，さらにPLCγやGAPのようなチロシンキナーゼ以外の酵素がSH2ドメイン，SH3ドメイン，PTBドメインなどを介して集積することで，細胞膜付近にシグナル伝達複合体を形成する．

このようにして形成されたシグナル伝達複合体では前述したように，受容体型チロシンキナーゼや他のチロシンキナーゼによるチロシンリン酸化，さらにシグナルの変換（例えば

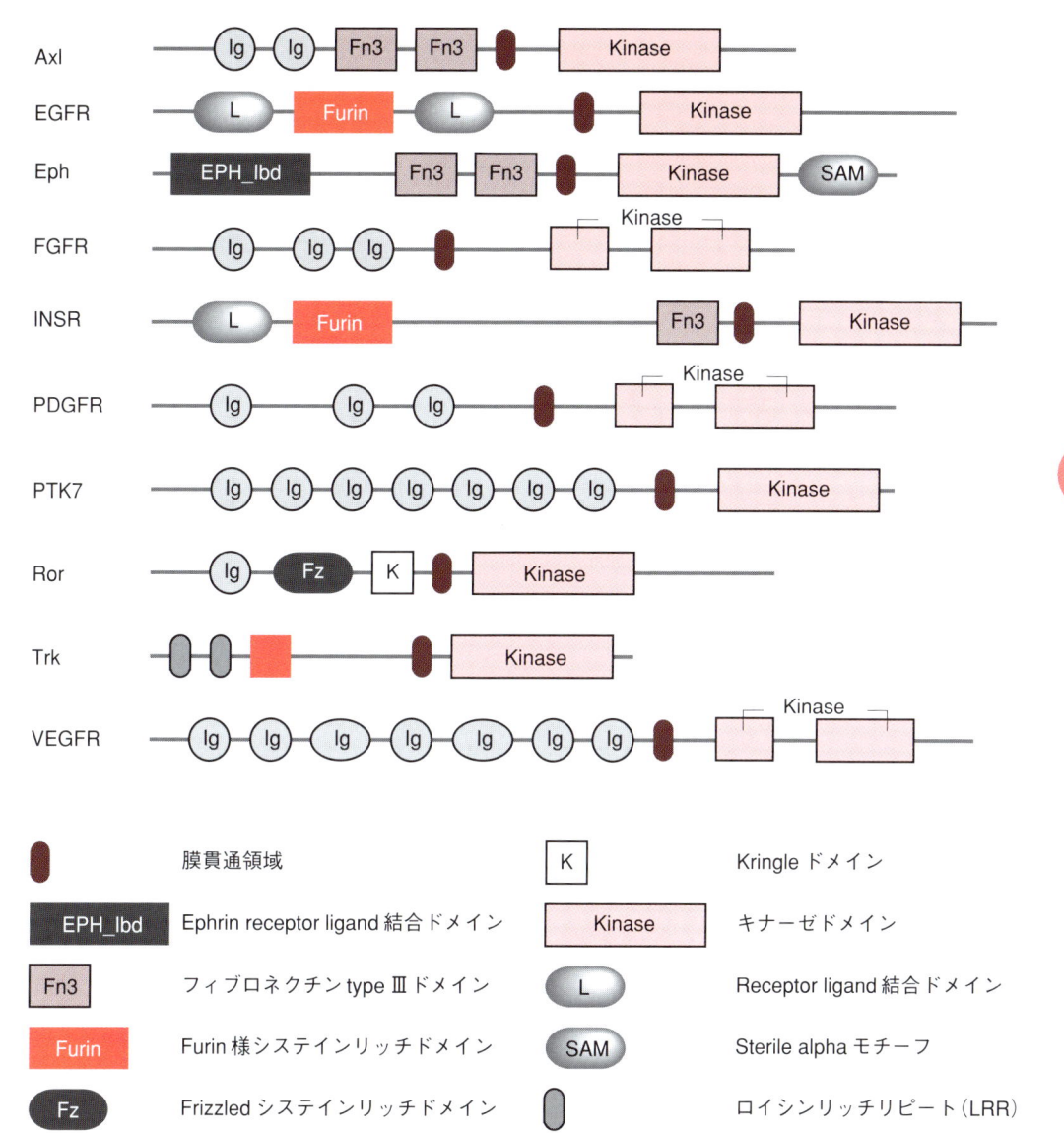

図3-12 受容体型チロシンキナーゼのドメイン構造[1)]
受容体型チロシンキナーゼの細胞外ドメインは，リガンドの数と比例してかなりの多様性が認められるものの，1回膜貫通型の疎水性膜貫通ドメインをもつことや細胞内にキナーゼドメインをもつことは共通している

PLCγによるDAGとIP$_3$の生産）が行われ，下流分子へと細胞内シグナルが伝達される．活性化された受容体型チロシンキナーゼとその複合体は，主にチロシンホスファターゼによるリン酸化チロシン残基の脱リン酸化，受容体型チロシンキナーゼの被覆ピット（coated pit）による細胞内への取り込み，分解によって細胞内シグナル伝達を終了させる．

> **メモ** 受容体型チロシンキナーゼの活性化には二量体化が必要条件．

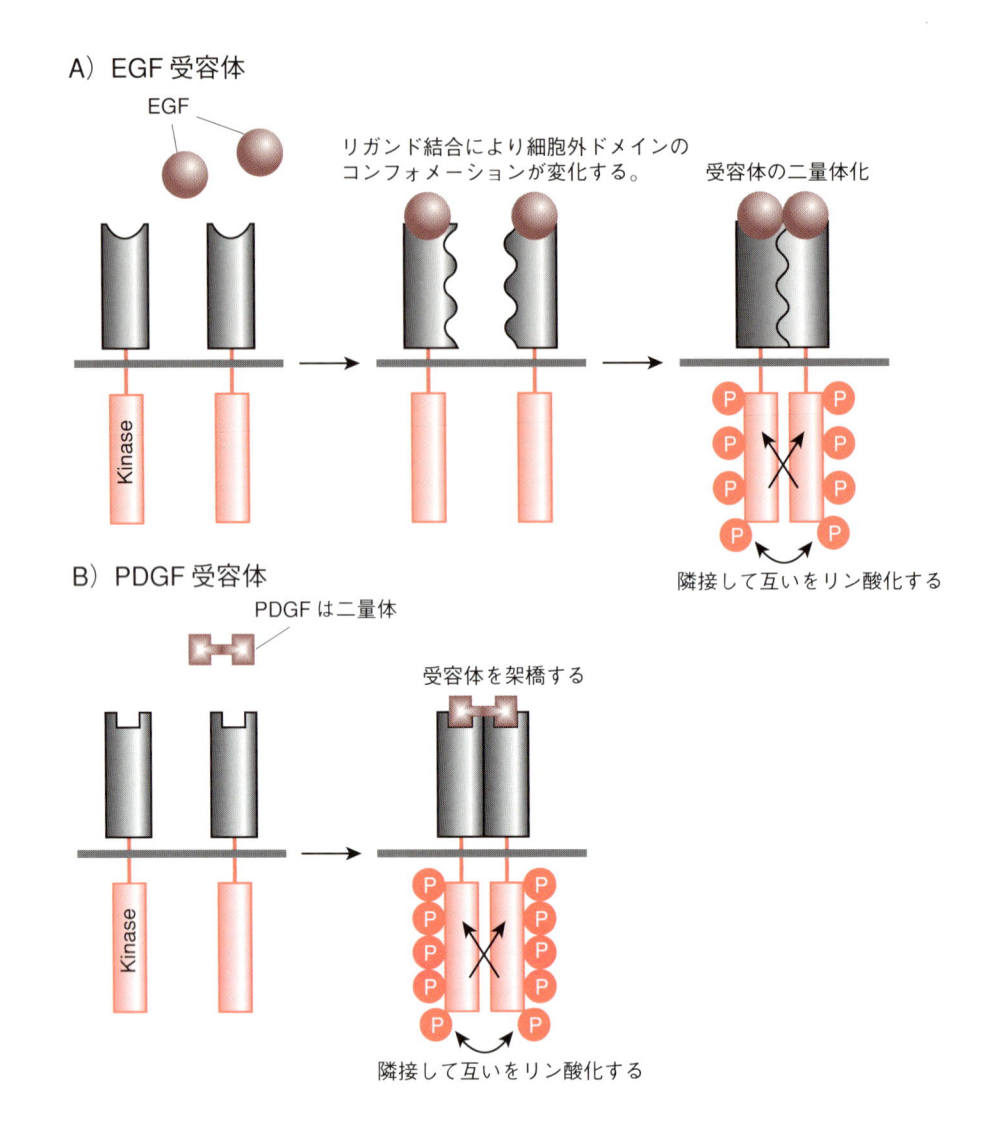

図3-13 受容体型チロシンキナーゼの活性化機構
A) EGF受容体．B) PDGF受容体．受容体型チロシンキナーゼが活性化するためには，二量体化することでキナーゼドメイン同士が近づき，互いをチロシンリン酸化する必要がある．しかし，実際の活性化はここに示すよりももっと複雑であり，例えばインスリン受容体は元々二量体であるにもかかわらずその活性化にはリガンドの結合を必要とすることからも，リガンドの結合により，細胞内ドメインの構造変化も必要とするようだ

4 非受容体型チロシンキナーゼ

1）細胞内シグナル伝達における非受容体型チロシンキナーゼの役割

　細胞表面に発現する受容体のなかには，リガンドが結合すると細胞内タンパク質のチロシンリン酸化反応を引き起こすものの，受容体自身にチロシンキナーゼ活性のないものが存在している．このようなチロシンキナーゼ活性をもたない受容体は，非受容体型チロシンキナーゼという細胞質に存在するキナーゼと連携することで細胞外の情報を細胞内へと伝達している．

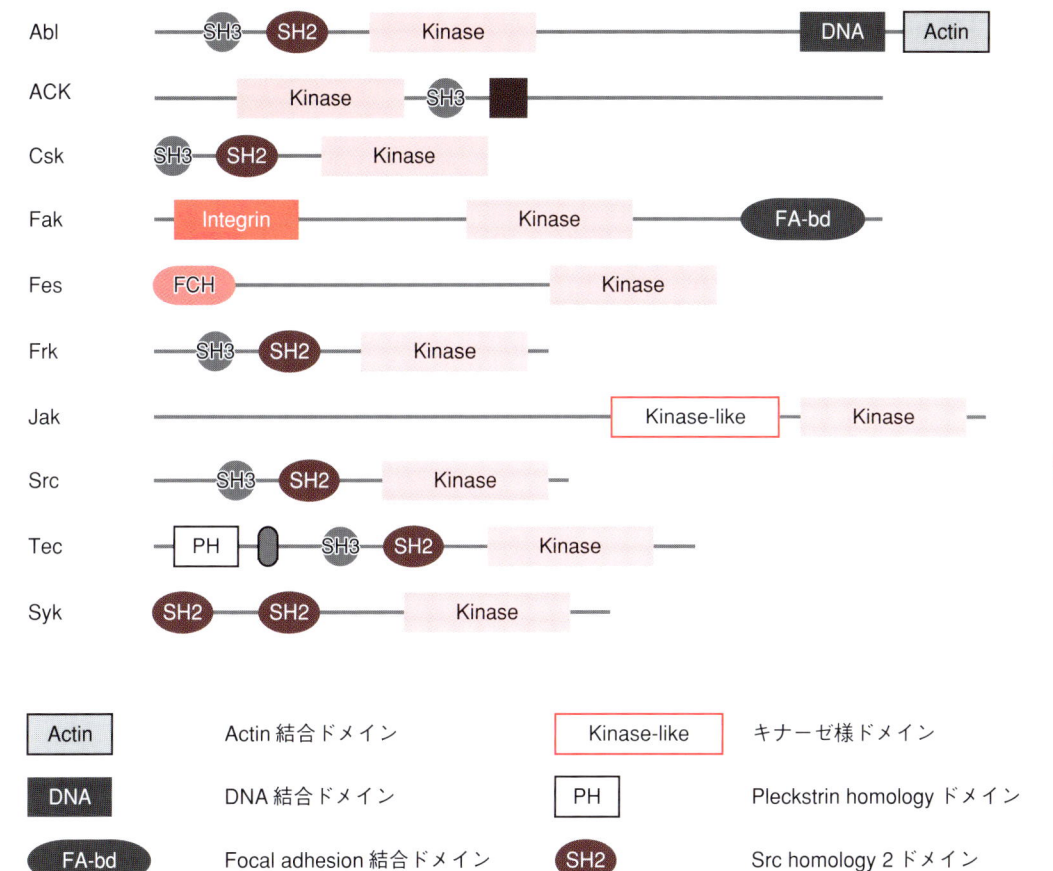

図3-14 非受容体型チロシンキナーゼのドメイン構造[1)]
非受容体型チロシンキナーゼは膜貫通領域をもたず，主に細胞質に存在している．ここに示すようにSH2ドメインやSH3ドメインをもつものが多い

　非受容体型チロシンキナーゼは図3-14に示すように膜貫通領域をもたない構造をとっており，他の分子と相互作用するドメイン（SH2，SH3ドメインなど）をもっている場合が多い．
　非受容体型チロシンキナーゼは細胞応答のさまざまな場面で活躍していることが知られているが，特によく理解が進んでいるLckによるT細胞活性化シグナル，Fakによる細胞接着シグナル，Jakによる転写因子の活性化シグナルについて図3-15に示した．図3-15に示すようにそれぞれの受容体が細胞外のリガンドを受け取ると，その下流にあたる非受容体型チロシンキナーゼは活性化し，さらに下流の分子へと細胞内シグナルを伝達する．各非受容体型チロシンキナーゼによって活性化機構はさまざまであると考えられているが，Jakなどは

ドメインやSH3ドメインに他のタンパク質が結合することで，コンフォメーションをオープンな状態にする必要があると考えられている．しかし，現在までのところSFK活性化に関するコンセンサスは得られていない．

一方，活性型SFKを不活性化するメカニズムについてはよく研究が進んでいる（図3-16）．SFKのC末端チロシン残基はCsk（C-terminal Src kinase）と呼ばれる非受容体型チロシンキナーゼによってリン酸化を受けることが知られているが，SFKが存在する細胞膜へとCskをリクルートするために，SFKは活性時にCbp（Csk binding protein）をチロシンリン酸化する．Cbpのチロシンリン酸化された領域にCskのSH2ドメインが結合することで，Cskは効率的にSFKを不活性化するのである[9]．近年の研究ではCbp以外にも，FAK，LIME，Dok-RなどといったSFKの基質となるタンパク質がCskと結合することが予想されている．

5 チロシンキナーゼとインヒビター

以上述べてきたようにチロシンキナーゼは，細胞内シグナル伝達経路においてきわめて重要な場所に位置している．それだけにチロシンキナーゼ活性制御の破綻は細胞の挙動を制御不能な状態へと導き，さまざまな疾患，特に癌を誘発することが知られている．近年，チロシンキナーゼに対するさまざまなインヒビターの開発が行われており，肺癌治療薬であるイレッサ（EGF受容体のインヒビター）のように実際に臨床において用いられているものもいくつか存在している．これらのインヒビターの多くはキナーゼドメインをターゲットとしているが，その他にもSH2ドメインや受容体型チロシンキナーゼの細胞外ドメインをターゲットとしているものもある[10]．しかしながら，これらのインヒビターは正常な細胞に存在するチロシンキナーゼの活性も阻害してしまう場合が多いようだ．今後，より良い治療薬の開発のためにもチロシンキナーゼの本質的な役割を理解することはきわめて重要な研究課題であるといえよう．

■文献

1) Robinson, D. R. et al.: The protein kinase family of the human genome. Oncogene, 19：5548-5557, 2000
2) Martin G.S.: The road to Src. Oncogene, 23：7910-7917, 2004
3) King, N. et al.: Evolution of Key Cell Signaling and Adhesion Protein Families Predates animal Origins. Science, 301：361-363, 2003
4) "分子生物学イラストレイティッド 改訂第2版"（田村隆明 山本 雅/編）：羊土社，2003
5) Machida K. et al.: The SH2 domain：versatile signaling module and pharmaceutical target. Trend Cell Biol., 11：504-511, 2001
6) Fiorini M. et al.: Negative regulation of receptor tyrosine kinase signals. FEBS Letter, 490：132-141, 2001
7) 上代淑人/訳 "シグナル伝達〜生命システムの情報ネットワーク〜"：MEDSi，2004
8) Rawlings, J. S.: The JAK/STAT signaling pathway. J. Cell Sci., 117：1281-1283, 2004
9) Matsuoka H. et al.: Mechanism of Csk-mediated down-regulation of Src family tyrosine kinases in epidermal growth factor signaling. J. Biol. Chem., 279：5975-5983, 2004
10) Al-Obeidi F. A. et al.: Development of inhibitors for protein tyrosine kinases. Oncogene., 19：5690-5701, 2000

3 哺乳動物細胞のプロテインセリン・スレオニンホスファターゼ

哺乳動物細胞の主要なプロテインセリン・スレオニンホスファターゼは4種類（PP1，2A，2Bおよび2C）に分類される．PP1には触媒サブユニットに結合するタンパク質が50種類以上見出されている．PP2Aは足場タンパク質に触媒サブユニットと調節サブユニットが結合した三量体が主要な機能単位であり，調節サブユニットに多数の分子種が存在する．PP2Bは触媒サブユニットと調節サブユニットから構成される二量体酵素で，Ca^{2+}/カルモジュリンによって活性化される．PP2Cは単量体酵素であり，少なくとも12種類の異なった遺伝子産物が存在する．これらのホスファターゼは，それぞれが固有の基質特異性を発揮して，細胞の高次機能の調節にかかわっている．

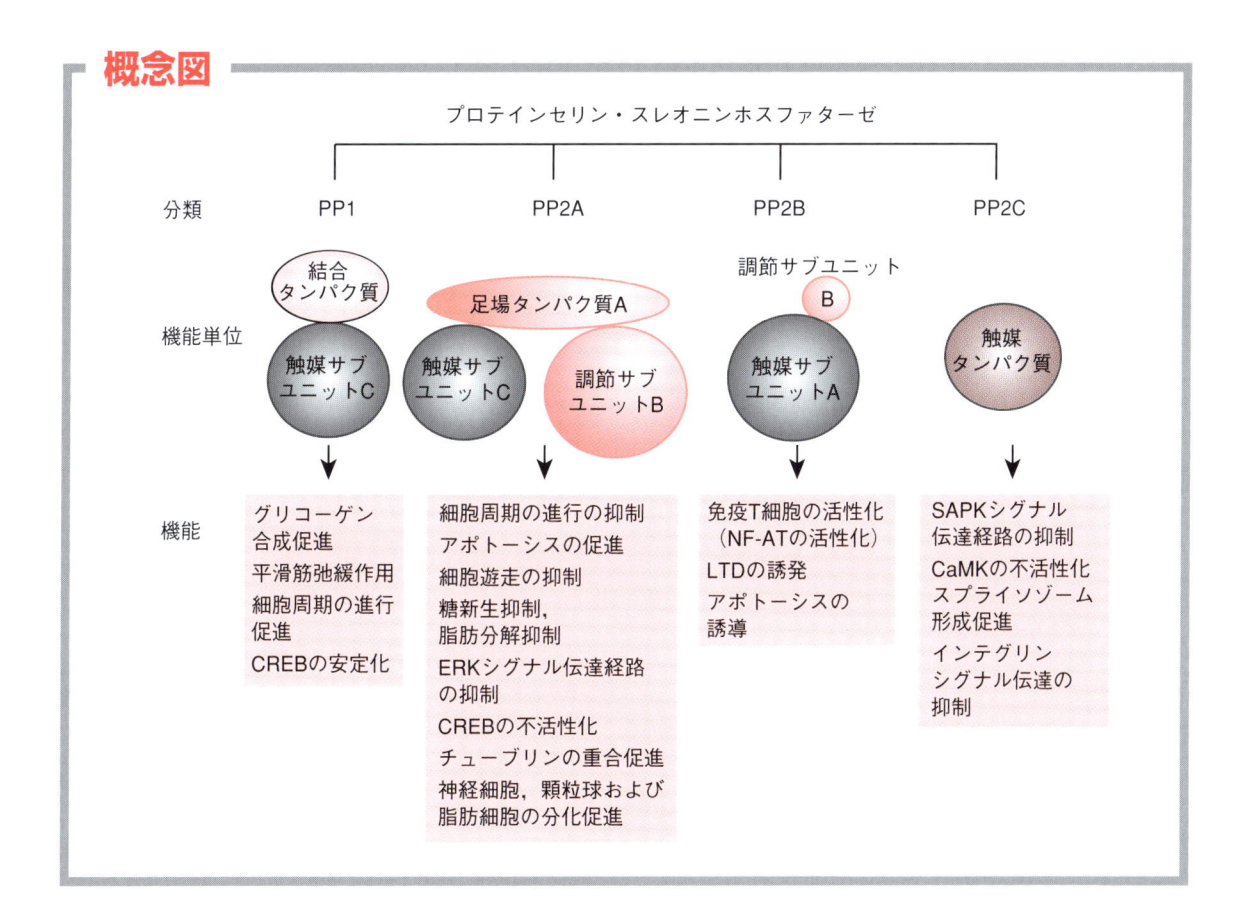

概念図

プロテインセリン・スレオニンホスファターゼ

分類	PP1	PP2A	PP2B	PP2C
機能単位	結合タンパク質＋触媒サブユニットC	足場タンパク質A＋触媒サブユニットC＋調節サブユニットB	調節サブユニットB＋触媒サブユニットA	触媒タンパク質
機能	グリコーゲン合成促進 / 平滑筋弛緩作用 / 細胞周期の進行促進 / CREBの安定化	細胞周期の進行の抑制 / アポトーシスの促進 / 細胞遊走の抑制 / 糖新生抑制，脂肪分解抑制 / ERKシグナル伝達経路の抑制 / CREBの不活性化 / チューブリンの重合促進 / 神経細胞，顆粒球および脂肪細胞の分化促進	免疫T細胞の活性化（NF-ATの活性化）/ LTDの誘発 / アポトーシスの誘導	SAPKシグナル伝達経路の抑制 / CaMKの不活性化 / スプライソゾーム形成促進 / インテグリンシグナル伝達の抑制

1 プロテインセリン・スレオニンホスファターゼの分類

プロテインセリン・スレオニンホスファターゼ（PP）は，タンパク質のリン酸化されたセリンおよびスレオニン残基の脱リン酸化反応を触媒する酵素である．現在，一般的に知られ

表3-1　プロテインセリン・スレオニンホスファターゼの分類

	PP1	PP2A	PP2B	PP2C
ホスホリラーゼキナーゼの α および β サブユニットに対する基質特異性	β	α	α	α
タンパク質性インヒビター（I-1, I-2）に対する感受性	有	無	無	無
2価イオン要求性	無	無	Ca^{2+}	Mg^{2+}/Mn^{2+}

表3-2　オカダ酸クラス化合物によるPP1とPP2Aの活性阻害

	PP1 IC_{50} (nM)	PP2A IC_{50} (nM)
オカダ酸	3.4	0.07
カリキュリンA	0.3	0.13
ミクロシスチンLR	0.1	0.10
トウトマイシン	0.7	0.65
トウトマイセチン	1.6	62

これらの化合物に対し，PP2Bの感受性はきわめて低く，PP2Cは非感受性である．IC_{50}：最大阻害度の50％の阻害度を示す濃度

ている主要な4種類のPP（PP1，2A，2Bおよび2C）の分類は，哺乳動物細胞粗抽出液より単離，精製されたホスファターゼの酵素学的性質の違いに基づいている（表3-1）[1)2)]．これらのホスファターゼ分子種は，後に開発されたオカダ酸などの低分子のホスファターゼ阻害剤に対する感受性も異なっている（表3-2）．また，PP1や2Aと類縁の新規のPP（PP4，5，6および7）の存在も明らかにされ，PPの研究領域は近年さらに広がりを見せている[1)2)]．

> **メモ**　タンパク質脱リン酸化反応は，プロテインキナーゼによって触媒されるリン酸化反応によって形成された，セリン・スレオニンのアルコール性OHやチロシンのフェノール性OHのリン酸エステル結合を加水分解する反応である．

2 プロテインセリン・スレオニンホスファターゼの構造解析

　PP1，2Bおよび2Cの触媒タンパク質の結晶構造解析の結果が相次いで報告された[3)]．これまで，一次構造の比較から，PP1，2Aおよび2Bは，分子進化上同一の遺伝子に帰属（PPPグループ）するが，PP2Cは全く別のグループ（PPMグループ）に属することが明らかにされてきた．しかしながら，結晶構造解析の結果，PP1，2Bおよび2Cはいずれも，活性部位を構成するβシートのサンドイッチが1対のαヘリックスに挟まれた構造をもち，さらに，活性部位には，1分子あたり2分子の金属イオンが結合することが判明した．また，反応機構についても，金属イオンによって活性化された水分子が，求核分子あるいは一般酸として触媒反応に関与するという共通のメカニズムが提唱されるに至った．

表3-3 PPのサブユニット構成

	触媒サブユニット	調節サブユニット
PP1	$C\alpha$, $C\beta$, $C\gamma$	G_L, G_M, MYPTなど多数
PP2A	$C\alpha$, $C\beta$	$A\alpha$, $A\beta$ （足場タンパク質） B：PR55α, β, γ, B'：PR61α, β, γ, σ, ε B"：PR72, 130, 59, 48 B'"：PR110, 93 α_4
PP2B	$A\alpha$, $A\beta$, $A\gamma$	$B\alpha$, $B\beta$
PP2C	α, β, γ, σ, ε, ζ, η, Wip1, CaMKP, NERPP-2C, CaMKP-N, PHLPP	

3 PP1

1) PP1の構造〜PP1のホロ酵素

細胞内でPP1の触媒サブユニット（Cサブユニット，35〜38kDa）が単量体で存在する例は，これまで報告されておらず，さまざまなタンパク質との会合体が基本的な機能単位であると考えられている（表3-3，図3-17）[4)5)]．

2) PP1の機能

概念図に示したPP1の機能のうち代表的な2例について解説する．

① グリコーゲン代謝

細胞内のグリコーゲンのレベルは，合成を司るグリコーゲン合成酵素と分解反応を触媒するグリコーゲンホスホリラーゼによって調節されており，それらはいずれも，リン酸化/脱リン酸化により活性が調節される．PP1のCサブユニットとGサブユニット（G_L, G_Mなど）の複合体がグリコーゲン顆粒と会合し，グリコーゲン合成酵素を脱リン酸により活性化する．骨格筋では，エピネフリンによってグリコーゲンの分解が誘導されるが，その際，cAMPを介してAキナーゼが活性化される．活性型Aキナーゼはホスホリラーゼキナーゼのリン酸化を介して，グリコーゲンホスホリラーゼを活性化させ，グリコーゲンの分解を誘導するのみならず，GサブユニットのSer67をリン酸化して，PP1をGサブユニットから解離させて不活性化し，グリコーゲン分解を促進する．

> メモ　G_L, G_MやMYPTなどPP1のCサブユニット結合タンパク質の多くは，[R/K][V/I]xF配列（xは不特定アミノ酸）を共有していて，この配列を介してCサブユニットに結合する．

② 平滑筋の収縮と弛緩

平滑筋の収縮・弛緩はミオシン軽鎖のリン酸化・脱リン酸化により調節されている．ミオシン軽鎖のリン酸化を担うプロテインキナーゼとしては，ミオシン軽鎖キナーゼ，Rhoキナ

細胞骨格
AKAP220
AKAP450
Neurabin I
NF-L
Spinophilin

核
AKAP149
HCF
Hox11
NIPP1
PNUTS
Rb

セントロゾーム
NEK2

グリコーゲン顆粒
G_L
G_M
R5, 6

ミトコンドリア
Bcl-2
Bcl-x_L
Bcl-w

C (α, β, γ)

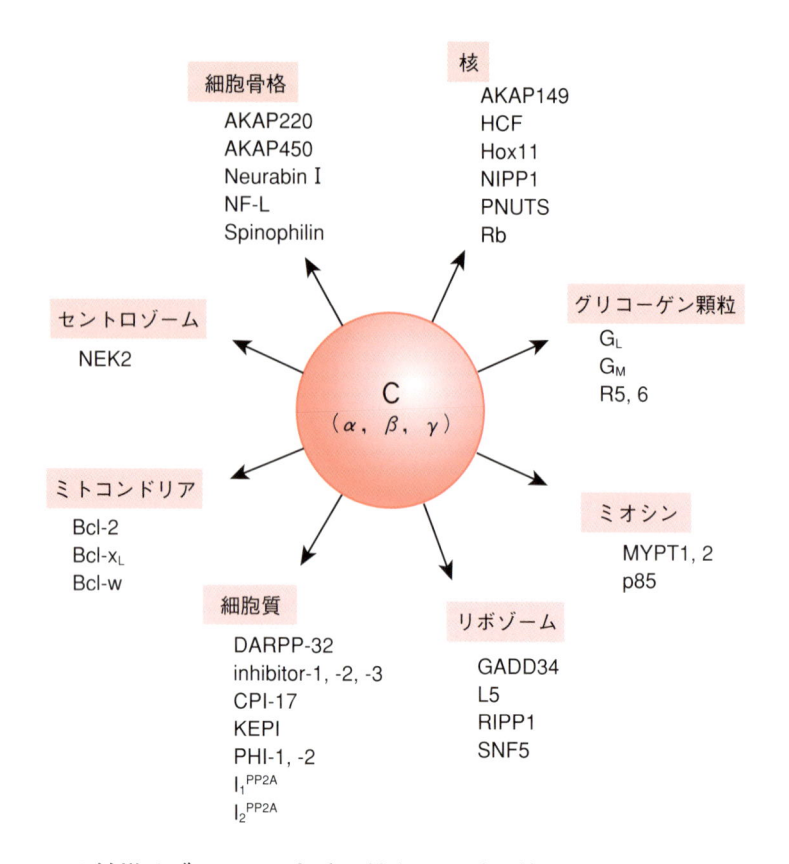

ミオシン
MYPT1, 2
p85

細胞質
DARPP-32
inhibitor-1, -2, -3
CPI-17
KEPI
PHI-1, -2
I_1^{PP2A}
I_2^{PP2A}

リボゾーム
GADD34
L5
RIPP1
SNF5

図3-17　PP1の触媒サブユニットとその結合タンパク質
哺乳動物細胞のPP1の触媒サブユニット（Cサブユニット，35〜38kDa）には3種類の異なった遺伝子産物（Cα，Cβ/δおよびCγ）が存在し，さらに，Cγのpre-mRNAの選択的スプライシングの産物が2種類（Cγ1およびCγ2）知られている．これらのうち精巣に特異的に発現しているCγ2以外のアイソフォームはすべて，さまざまな臓器で普遍的に発現している．PP1の触媒サブユニットに結合するタンパク質は，これまでに，約50種類が報告されている（http://pp1signature.pasteur.fr/を参照）．それらは触媒サブユニットの阻害剤として作用したり，ホロ酵素の基質特異性や細胞内局在の決定にかかわっている

　ーゼなど10数種類以上が報告されていて，それぞれがCa^{2+}シグナルなど多様なシグナルに対応して活性化され，ミオシン軽鎖をリン酸化し平滑筋を収縮させる．
　これに対してミオシン軽鎖を脱リン酸化して弛緩させるホスファターゼは，PP1のCβ，MYPTおよびM20からなる三量体タンパク質である．CβはMYPTのN末領域に結合し，特異的にミオシン軽鎖を脱リン酸化する．MYPTの中央部分にはPIMと呼ばれる領域があり，ミオシン軽鎖のリン酸化を担うキナーゼのうち幾種類かは，PIM領域のリン酸化を介してミオシン軽鎖ホスファターゼ活性を抑制することが知られている．

4　PP2A

1) PP2Aの構造〜PP2Aのホロ酵素

　PP2Aはオリゴメリック酵素であり，36kDaの触媒サブユニット（Cサブユニット）と65kDa

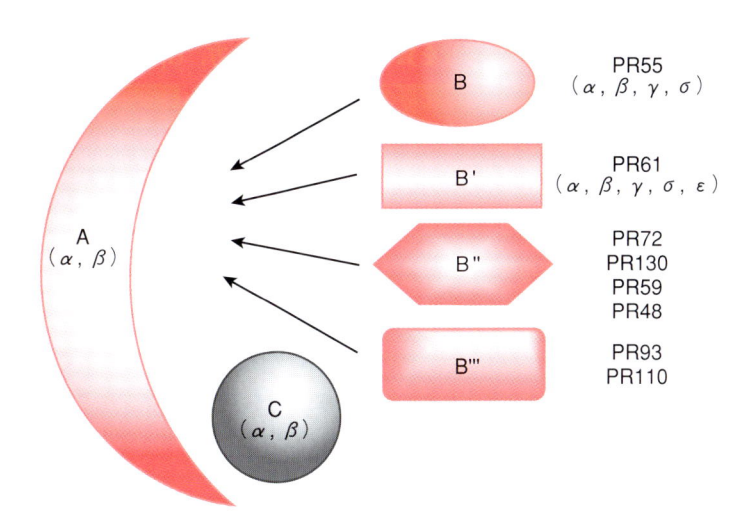

図 3-18　PP2A のサブユニット構成

触媒サブユニット（C サブユニット）には，アミノ酸配列の相同性が 97％の 2 種類のアイソフォーム（α および β）が存在するが，これらは異なった遺伝子産物である．いずれのアイソフォームも，各種臓器に普遍的に発現している．足場タンパク質（A サブユニット）には，異なった遺伝子産物である 2 種類のアイソフォーム（α および β）が存在し，両者のアミノ酸配列の相同性は 86％である．A サブユニットは，39 アミノ酸よりなる HEAT モチーフが 15 回タンデムに繰り返した構造をもっており，触媒サブユニットと B サブユニットの両方と結合する足場タンパク質としての機能をもっている．調節サブユニット（B サブユニット）は 4 つのファミリー（B，B′，B″，および B‴）に分けられる．B ファミリーは 55kDa のサブユニットで，4 つの異なった遺伝子産物（PR55α，β，γ および δ）が存在し，それらは臓器特異的な発現パターンを示す．B サブユニットは構造上 WD40 と呼ばれるモチーフの繰り返し構造をもつことが特徴である．B′ファミリーは 61kDa の分子サイズで，少なくとも 5 つの異なった遺伝子産物（PR61α，β，γ，δ および ε）より構成される．ヒト RP61β および RP61γ には，それぞれ 2 種類（β1 および β2）および 3 種類（γ1，γ2 および γ3）のスプライシングバリアントが存在する．B″ファミリーメンバーには，PR72，PR130，PR59 および PR48 の 4 種類の分子が存在するが，これらのうち PR72 と PR130 はスプライシングバリアントである．B‴ファミリーには striatin（PR110）と SG2NA（PR93）の 2 種類の遺伝子産物の存在が知られている．これら両者は B ファミリーと同様 WD40 繰り返し構造をもつ．また，いずれも Ca^{2+} 依存性にカルモジュリンと結合するという特徴をもつ．PP2A のホロ酵素として，これら以外に，α_4 タンパク質と C サブユニットの複合体の存在も知られている

の足場タンパク質（A サブユニット，PR65）の二量体がコア酵素を構築し，これに調節サブユニット（B サブユニット）が会合した三量体が主要なホロ酵素である（表 3-3，図 3-18）．

2) PP2A の機能

概念図に示した PP2A の機能のうち代表的な 2 例について解説する[6) 7)]．

① 細胞周期の調節

細胞周期の G_2 期から M 期への移行にはプロテインキナーゼ Cdc2 の活性化が必要である．G_2 期には Cdc2 は CyclinB と会合し，Thr14，Tyr15 および Thr161 の 3 カ所がリン酸化された不活性な状態で存在する．M 期への移行に際し，二重特異性プロテインホスファターゼ Cdc25 によって Thr14 と Tyr15 が脱リン酸化されることにより，Cdc が活性型に変換されるが，その場合でも，Thr161 がリン酸化されていることが活性発現に必要である．Thr161 のリン酸化は CAK（Cak-activating kinase）が担っているが，三量体 PP2A（B サブユニット，PR55α）が CAK の活性化を抑制することにより Thr161 のリン酸化レベルを低下させ，G_2 期

おいて重要な役割を果たす多機能シグナル伝達路である．SAPKシステムはMKKK，MKKおよびMAPK（JNKおよびp38）による3段階の連続したリン酸化反応を基本骨格としており，活性化されたMAPKが核内タンパク質のリン酸化を介して転写制御を行い，多様な細胞応答を引き起こすことが知られている．これら3段階の連続したリン酸化のステップはいずれも，プロテインホスファターゼによる負の制御の作用点となっていて，これまでに，PP2Cファミリーメンバーのうち4種類（2Cα，2Cβ，2CεおよびWip1）が，SAPKシステムの負の制御因子としての役割を担うことが示された．

② Ca^{2+}シグナル伝達路の制御

Ca^{2+}／カルモジュリン依存性キナーゼ（CaMK）は，細胞増殖制御や神経細胞でのCa^{2+}依存性シグナル伝達などにおいて重要な役割を果たすプロテインキナーゼファミリーで，CaMK I，CaMK IIおよびCaMK IVの3種類が知られている．CaMK IIはCa^{2+}／カルモジュリン依存性のThr286の自己リン酸化により，また，CaMK IおよびCaMK IVは，上流のCaMKKによって，活性化ループ内のThr177およびThr196が，それぞれリン酸化されて活性化される．CaMK IIのThr286を脱リン酸化する酵素としてPP2CαおよびCaMK phosphatase（CaMKP）が報告された．細胞内でCaMKPを過剰発現させると，CaMK II依存性のビメンチンのリン酸化の抑制が観察された．

一方，CaMKPと78％の相同性をもつ分子種も存在し，これが核に局在することから，CaMKP-Nと名付けられた．CaMKP-NもCaMKを特異的に脱リン酸化した．基質特異性，細胞内局在や臓器特異性などを勘案すると，CaMKPが細胞質においてCaMK Iと細胞質局在性のCaMK IIを，また，CaMKP-Nが核内でCaMK IVをそれぞれ脱リン酸化することにより，それらの機能制御にかかわると考えられる．

■文献■

1) "プロテインホスファターゼの構造と機能"（田村眞理 ほか／編），蛋白質核酸酵素，6月増刊号：共立出版，2000
2) "解明が進むプロテインホスファターゼ－その新機能から疾患への関わりまで"（的崎尚／監），細胞工学，23：秀潤社，2004
3) Barford, D.：Molecular mechanisms of the protein serine/threonine phosphatases. Trends Biochem. Sci. 21：407-412, 1996
4) Dombradi, V. et al.：Protein phosphatase 1, in Topics in current genetics, Protein phosphatases,（Arino, J. & Alexander, D. ed.）, Springer-Verlag, Heidelberg, pp21-44, 2004
5) Ceulemans, H. & Bollen, M.：Functional diversity of protein phosphatase-1, a cellular economizer and reset button. Physiol. Rev., 84：1-39, 2004
6) Janssens, V. & Goris, J. Protein phosphatase 2A：a highly regulated family of serine/threonine phosphatases implicated in cell growth and signaling. Biochem. J. 353：417-439, 2001
7) Mumby, M.C.：Protein phosphatase 2A：A multifunctional regulator of cell signaling. in Topics in current genetics, Protein phosphatases,（Arino, J. & Alexander, D. ed.）：Springer-Verlag, Heidelberg, pp45-72, 2004
8) Im, S-H. & Rao, A.：Activation and deactivation of gene expression by Ca2+/calcineurin-NFA T-mediated signaling. Mol. Cells, 18：1-9, 2004
9) Tamura, S. et al.：Roles of mammalian protein phosphatase 2C family members in the regulation of cellular functions. in Topics in current genetics, Protein phosphatases,（Arino, J. & Alexander, D. ed.）：Springer-Verlag, Heidelberg, pp91-106, 2004
10) 田村眞理ほか：哺乳動物細胞プロテインホスファターゼ2Cファミリーメンバーによる細胞機能の調節，化学と生物，43：378-386, 2005

4 チロシンホスファターゼ

タンパク質チロシン脱リン酸化を触媒するチロシンホスファターゼの一次構造中には，共通のモチーフ（HCxxGxxR）が認められる．チロシンホスファターゼファミリーは大きく分けて，リン酸化チロシン残基のみを基質とする古典的チロシンホスファターゼと，リン酸化チロシン以外にリン酸化スレオニン，リン酸化セリンなども基質とする二重特異性ホスファターゼに分類される．さらにイノシトールリン脂質などを脱リン酸化する脂質ホスファターゼの一部も二重特異性ホスファターゼに分類される（概念図）．チロシンホスファターゼファミリー分子はそれぞれに固有の構造と機能をもち，多様な細胞機能の制御にかかわっている．

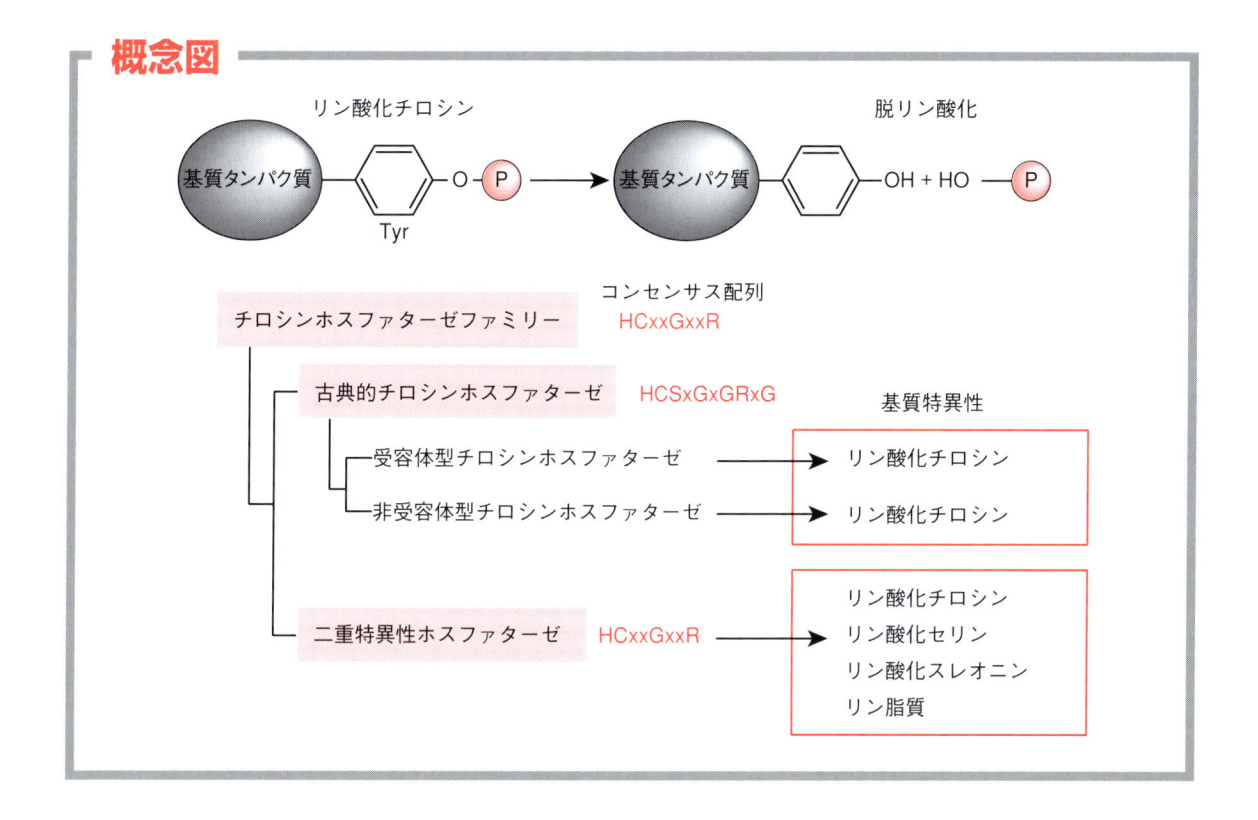

概念図

- チロシンホスファターゼファミリー — コンセンサス配列 **HCxxGxxR**
  - 古典的チロシンホスファターゼ **HCSxGxGRxG** — 基質特異性
    - 受容体型チロシンホスファターゼ → リン酸化チロシン
    - 非受容体型チロシンホスファターゼ → リン酸化チロシン
  - 二重特異性ホスファターゼ **HCxxGxxR** → リン酸化チロシン／リン酸化セリン／リン酸化スレオニン／リン脂質

1 触媒ドメインの共通構造とチロシン脱リン酸化のメカニズム

まず，チロシンホスファターゼファミリーのなかで，リン酸化チロシン残基だけを基質とする古典的チロシンホスファターゼの構造と機能について述べる．個々のチロシンホスファターゼは多様性に富んだ構造をもっているが（図3-20），そのなかで，約280アミノ酸で構成されるチロシンホスファターゼドメイン（PTPドメイン）のアミノ酸配列は相同性が高く，

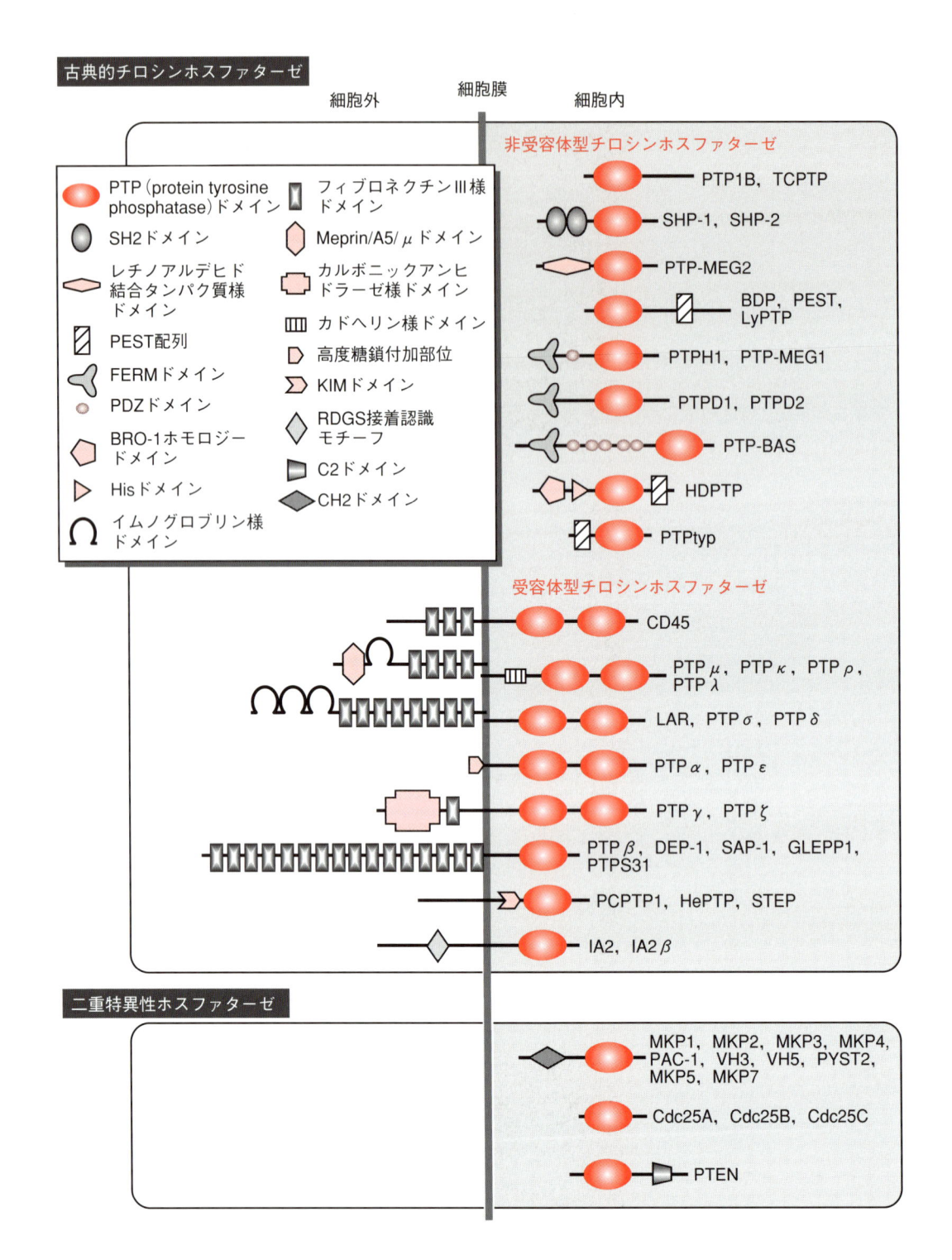

図3-20 チロシンホスファターゼファミリーの分類

チロシンホスファターゼファミリーのなかで，非受容体型チロシンホスファターゼと受容体型チロシンホスファターゼは構造の類似性によってそれぞれ9つと8つのグループに分類される．代表的な二重特異的ホスファターゼの構造も示した

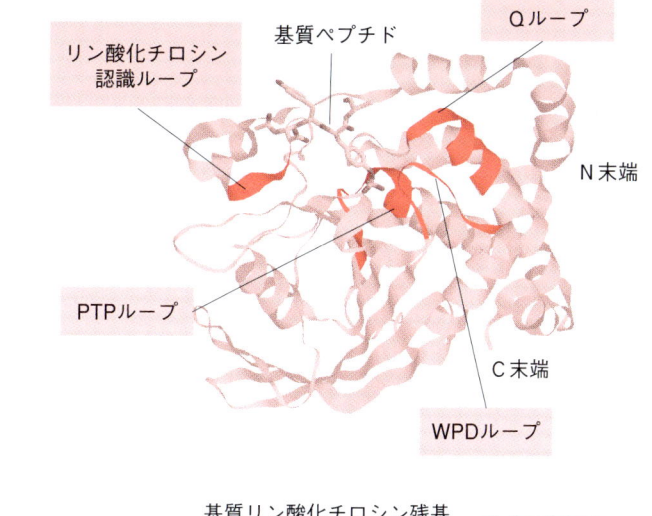

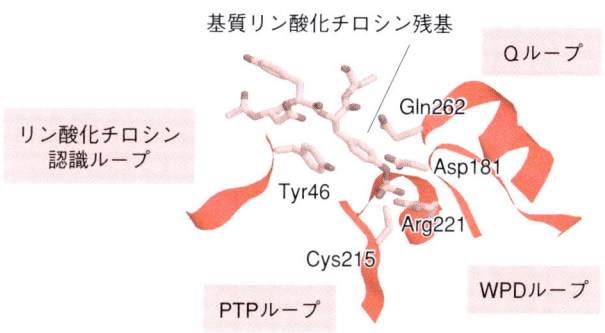

図 3-21　ヒト PTP1B とチロシンリン酸化ペプチド複合体の三次元構造（巻頭カラー 3 参照）
上図：ヒト PTP1B と基質チロシンリン酸化ペプチド（インスリン受容体の自己リン酸化部位のアミノ酸配列に基づいて合成したもの）の複合体結晶構造解析の結果（Salmeen et al., 2000）を模式的に示した．活性中心を形成する 4 つのモチーフ（PTP ループ，WPD ループ，Q ループ，リン酸化チロシン認識ループ）は■で示した．下図：活性中心の構造を拡大したモデル．各ループ構造に含まれるアミノ酸残基の中で触媒に特に重要なものの構造と番号を示した．各モチーフの機能は図 3-22 を参照

特に触媒活性に重要な役割を果たす構造モチーフが分子進化上高度に保存されている．ヒト PTP1B について，触媒活性に特に重要な 4 つのモチーフ（PTP ループ，WPD ループ，Q ループ，リン酸化チロシン認識ループ）の三次元構造を図 3-21 に示す．これらの共通モチーフの働きにより，チロシンホスファターゼはリン酸化チロシンを認識し加水分解する．触媒反応のメカニズムと各モチーフの役割を図 3-22 に示す．

> **メモ**
> PTP ループのシステイン残基（Cys215）は求核基として働き，WPD ループのアスパラギン酸残基（Asp181）は一般酸触媒として機能する．これらのシステインや，アスパラギン酸残基に変異（Cys215→Ser，Asp181→Ala）を導入すると，ホスファターゼ活性はほぼ完全に失われる．これらの変異型酵素は基質であるチロシンリン酸化タンパク質との結合能は保っており，酵素－基質複合体の結晶構造解析や基質分子を同定するためのプローブとして利用される．一般的に Asp181→Ala 変異型酵素は Cys215→Ser 変異型酵素よりも，より安定な酵素－基質複合体を形成することが知られている．

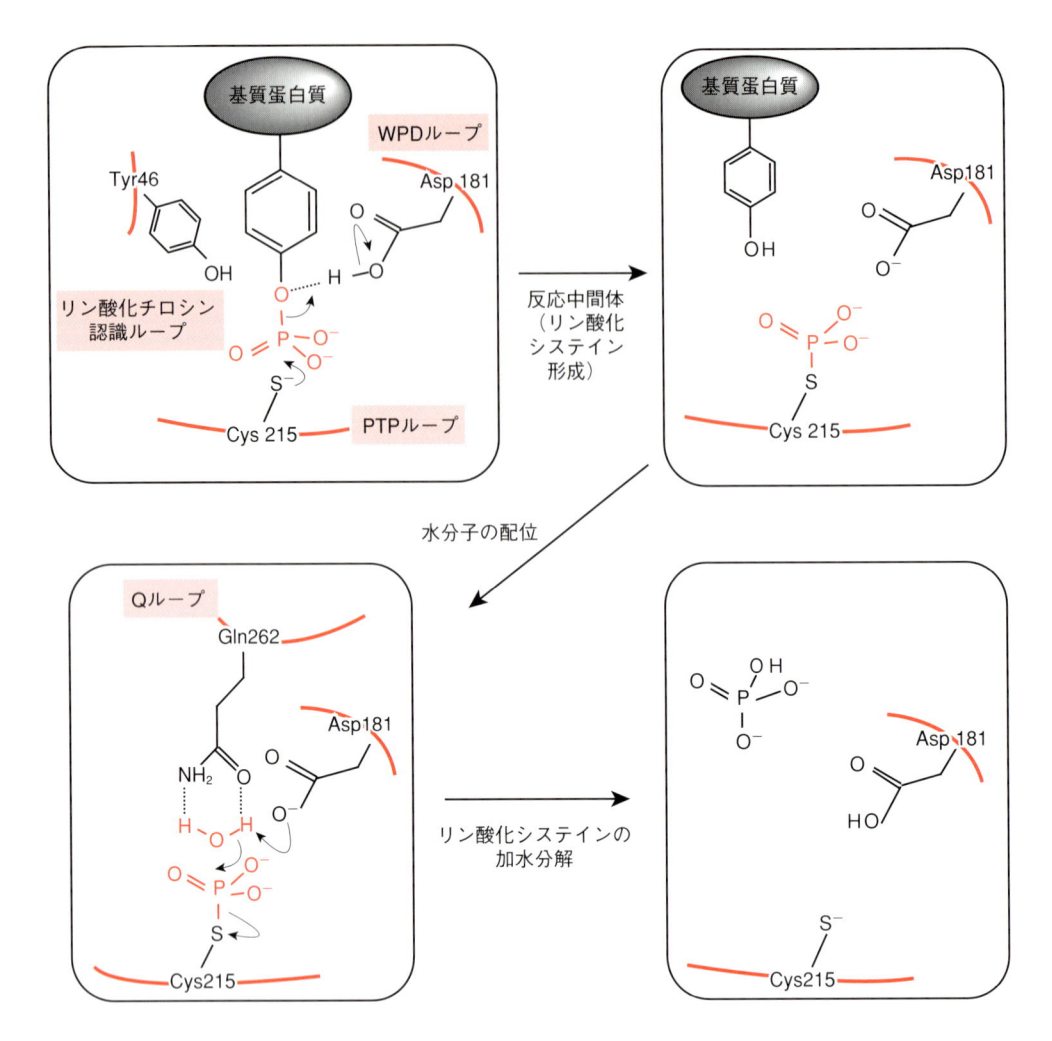

図3-22　チロシン脱リン酸化反応のメカニズム

チロシンホスファターゼによるチロシン脱リン酸化のメカニズムを模式的に示す．反応過程と4つのモチーフ（PTPループ，WPDループ，Qループ，リン酸化チロシン認識ループ）の機能を以下に述べる．（アミノ酸の番号はヒトPTP1Bのアミノ酸配列に基づく．）図上段：基質の認識とリン酸化システインの形成．PTP（protein tyrosine phosphatase）ループ（アミノ酸：213-223，コンセンサス配列：[I/V]HCxxGxxR[S/T]G）はホスファターゼの触媒ポケット底面に位置し，基質リン酸基の結合サイトを構成している．活性中心であるシステイン残基（Cys215）は，加水分解を受けたリン酸基の一時的な受容基としても機能する．またリン酸化チロシン認識ループ（アミノ酸：43-46，コンセンサス配列：KNRY）は，リン酸化セリン，スレオニンより大きな構造をもつリン酸化チロシンとの相互作用に適した触媒部位を形成するのに重要で，特に46番目のチロシン残基がリン酸化チロシンの認識に重要な役割を果たしている．リン酸化チロシンを含む基質ペプチドがPTPループに結合すると，WPDループ（アミノ酸：179-187，コンセンサス配列：WP[D/E]xGxP）が大きく動き，ループ中のアスパラギン酸（Asp181）が基質であるリン酸化チロシンの酸素原子にプロトンを供給する．この反応でリン酸基は基質のチロシンから酵素のシステインに受け渡され，反応中間体であるリン酸化システインが形成される．図下段：水分子の配位とリン酸化システインの加水分解．引き続きリン酸基の遊離と活性中心の再生が行われる．Qループ（アミノ酸：262-269，コンセンサス配列：QTxxQYxF）中のグルタミン（Gln262）は，この最終ステップにおいて，反応中間体であるリン酸化システインの加水分解を行うための水分子の活性化を担っている．活性化した水分子はリン酸化システインを加水分解し，システインからリン酸基が遊離する．WPDループのAsp181は1個のプロトンを受け取り加水分解反応が完了する

一方，個々のチロシンホスファターゼはそれぞれに特有の基質特異性を示す．この基質特異性は，酵素間で保存されていない構造，特に活性中心近傍の構造の違いによって生み出されていると考えられる．例えばPTP1Bは，インスリン受容体の自己リン酸化部位のように隣接する2つのリン酸化チロシン残基を含むペプチドと高い親和性を示すが，これは触媒部位の近傍に2つ目のリン酸化チロシン結合部位が存在するためであると考えられる．また，後述するように各々の酵素の基質特異性にはチロシンホスファターゼドメイン以外の機能ドメインによる制御も重要な役割を果たしている．

2 受容体型チロシンホスファターゼ

　各々のチロシンホスファターゼには，共通の触媒ドメイン以外にさまざまな機能を付加するドメイン構造が存在する（図3-20）．これらのドメイン構造のうち，細胞膜貫通領域の有無により古典的チロシンホスファターゼは受容体型チロシンホスファターゼと非受容体型チロシンホスファターゼとに分類される．膜貫通領域をもつ受容体型チロシンホスファターゼは細胞内領域に1あるいは2個のチロシンホスファターゼドメインをもち，細胞外領域には，フィブロネクチンIII様ドメイン，イムノグロブリン様ドメイン，カルボニックアンヒドラーゼ様ドメインなど多様な構造を有する．受容体型チロシンホスファターゼの細胞外領域はそれぞれに特異的リガンドと結合すると考えられるが，多くのリガンドは同定されていない．さらに，リガンドが同定されている酵素においてもリガンド結合の生理的意義は不明な点が多い．受容体型チロシンホスファターゼの多くは細胞内に直列に並ぶ2つのチロシンホスファターゼドメインをもつが，これらは細胞膜に近い側からD1ドメイン，D2ドメインと呼ばれている（図3-23）．2つのうちホスファターゼ活性をもつのはD1ドメインのみであり，D2ドメインは触媒残基のアミノ酸置換により触媒活性をもたない．このD2ドメインは，分子内相互作用によりD1ドメインの触媒活性を調節したり，分子間相互作用を介してホスファターゼの基質特異性を決定する機能があると考えられる．

　PTPαやCD45について，触媒ドメインの結晶構造解析やリコンビナントタンパク質，さらに遺伝子改変マウスを用いた解析が行われ，2分子の受容体型チロシンホスファターゼは，片方の分子の活性中心を他方の"wedge"と呼ばれる構造がふさぐ形でダイマーを形成し，この相互作用によりホスファターゼ活性が抑制されるというモデルが考えられている（図3-23）．このことから，リガンド結合は受容体型チロシンホスファターゼの二量体化によりチロシンホスファターゼ活性を抑制するという可能性が考えられる．しかし一方で，LARやCD45についてD1，D2両ドメインを含むタンパク質断片の結晶構造解析が行われ，wedgeを介したダイマー形成と活性抑制は立体構造上ありえないという報告もされており，このモデルの評価については今後の解析が待たれる．

　以下にいくつかの受容体型チロシンホスファターゼについて構造と機能を紹介する．

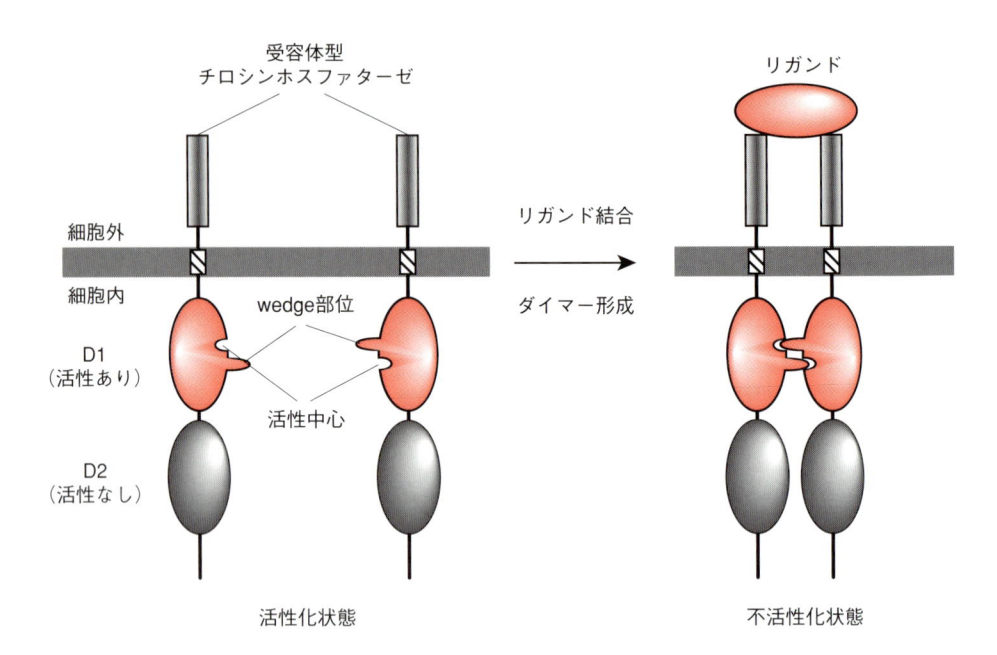

図3-23 ダイマー形成による受容体型チロシンホスファターゼ活性の抑制モデル

受容体型チロシンホスファターゼの多くは細胞内に2つのチロシンホスファターゼドメイン（D1，D2ドメイン）をもつ．D2ドメインには触媒活性がない．2分子の受容体型チロシンホスファターゼは，片方の分子の活性中心を他方の"wedge"と呼ばれる構造がふさぐ形でダイマーを形成し，この相互作用によりホスファターゼ活性が抑制されると考えられる．このことから，リガンド結合はダイマー形成によりチロシンホスファターゼ活性を抑制するという可能性が考えられる．しかし一方で，D1，D2両ドメインを含むタンパク質断片の構造解析からこのモデルに対する反論もなされている

1) CD45

① 構造

CD45の細胞外領域には3つのフィブロネクチンⅢ様ドメインが，細胞内領域には2つのチロシンホスファターゼドメイン（D1，D2ドメイン）が存在する．

② 機能

CD45は免疫系に必須のホスファターゼであり，CD45ノックアウトマウスのT細胞，B細胞は正常な成熟や，抗原受容体刺激に対する正常な応答が損なわれている．これらの免疫系細胞において，CD45はSrcファミリーに属するLckやLynの活性化にかかわる自己リン酸化部位，あるいは抑制的制御にかかわるC末端リン酸化部位を基質として脱リン酸化することが示されており，CD45は脱リン酸化によりこれらのチロシンキナーゼの活性調節を担っていると考えられる．CD45の細胞外領域に対するリガンド候補としてCD22やガレクチンが報告されているが詳細は明らかではない．ヒトCD45遺伝子の異常は，重症複合免疫不全や多発性硬化症などの疾患との関連が報告されている（表3-4）．

2) PTP μ

① 構造

PTP μは1本のペプチド鎖として合成された後，糖鎖修飾を受け，さらにプロテアーゼに

表3-4 ヒト疾患との関連が報告されている
チロシンホスファターゼファミリー

ホスファターゼ	疾患
CD45	重症複合免疫不全（Kung *et al.*, 2000）
	多発性硬化症（Jacobsen *et al.*, 2000）
PTP1B	インスリン抵抗性，肥満（Andersen *et al.*, 2004）
SHP-1	セザリー症候群（Leon *et al.*, 2002）
SHP-2	ヌーナン症候群（Tartaglia *et al.*, 2001）
	若年性骨髄単球性白血病（Tartaglia *et al.*, 2003）
PTP-MEG 2	自閉症（Smith *et al.*, 2000）
LyPTP	I型糖尿病（一塩基遺伝子多型）（Bottini *et al.*, 2004）
PTEN	がん（脳腫瘍，乳がん，前立腺がん）（Li *et al.*, 1997）
	Bannayan-Zonana症候群（Marsh *et al.*, 1997）
	Cowden症候群（Liaw *et al.*, 1997）

よって膜貫通領域のN末端側が切断を受けて2つのサブユニット（E-サブユニットとP-サブユニット）に分けられる．細胞外領域にあたるE-サブユニットは，1つのMAM（Meprin/A5/μ）ドメイン，1つのイムノグロブリン様ドメイン，4つのフィブロネクチンIII様ドメインからなる．P-サブユニットは短い細胞外領域と膜貫通領域があり，細胞内には2つのチロシンホスファターゼドメイン（D1，D2ドメイン）がある．2つのサブユニットは非共有結合で相互作用している．

② 機能

PTP μの細胞外領域に含まれるMAMドメインはいくつかの細胞接着分子にみられる構造であり，実際PTP μはホモフィリック（自分と同じ分子と接着すること：同種親和性）な結合を示す．この結合活性により，PTP μは隣接する細胞間の相互作用部位に局在し，細胞接着部位に特異的なシグナルを制御すると考えられる．さらにPTP μは，細胞接着に重要なカドヘリン−カテニン複合体と，細胞内領域を介して相互作用することが示されており，PTP μによりカドヘリン−カテニン系による細胞接着が制御される可能性が考えられている．

3) LAR

① 構造

LARもPTP μと同様に，翻訳後プロテアーゼによる切断を受け，2つのサブユニット（E-サブユニットとP-サブユニット）に分けられる．細胞外領域にあたるE-サブユニットは，3つのイムノグロブリン様ドメイン，8つのフィブロネクチンIII様ドメインからなる（ショウジョウバエのLAR/Dlarではフィブロネクチン III 様ドメインは9つ）．P-サブユニットの細胞内には2つのチロシンホスファターゼドメイン（D1，D2ドメイン）があり，膜貫通領域と短い細胞外領域を含む．2つのサブユニットは非共有結合で相互作用している．

② 機能

LAR遺伝子に変異を起こしたショウジョウバエでは，運動神経や光受容細胞の軸索が正しい標的へ投射されないことから，ショウジョウバエのLAR（Dlar）は神経軸索ガイダンスに

重要であることが示されている．Dlar は細胞内領域で，チロシンキナーゼ Abl，アクチン重合制御タンパク質 Ena と相互作用することが示されており，神経細胞成長円錐において，Abl と Dlar によって Ena のチロシンリン酸化と脱リン酸化が制御されることが，軸索ガイダンスに重要であると考えられている．ショウジョウバエに比べて，哺乳類 LAR の神経突起伸長における機能は不明な点が多い．しかし哺乳類では，LAR と Rac，Rho の調節因子である Trio との相互作用が報告されている（Trio との相互作用は Dlar でも確認されている）．Rac，Rho はアクチン重合を制御する低分子量 G タンパク質であることから，LAR は Trio を介した経路によってアクチン重合を制御する可能性が考えられる．また LAR ノックアウトマウスではコリン作動性神経細胞の大きさや数と投射に異常がみられる．さらに LAR ファミリーチロシンホスファターゼである PTPσ のノックアウトマウスでは視床下部－下垂体経路の形成異常が認められ，同じく LAR ファミリーに属する PTPδ のノックアウトマウスでは長期増強現象の促進と学習能力の低下が認められている．これらのことから哺乳類においても LAR ファミリーは神経回路網形成を制御する可能性が考えられている．LAR の細胞外リガンドは不明である．

4）PTPζ

① 構造

PTPζ の細胞外領域にはカルボニックアンヒドラーゼ様ドメイン，フィブロネクチンIII様ドメインがあり，細胞内には2つのチロシンホスファターゼドメイン（D1，D2ドメイン）がある．PTPζ は中枢神経系に強く発現し，脳ではコンドロイチン硫酸プロテオグリカンとして存在する．

② 機能

PTPζ の細胞外領域は，コンタクチンなどの細胞接着分子，プレイオトロフィン，ミッドカインなどの成長因子，テネイシンなどの細胞外マトリックス分子など，さまざまな分子と結合することが知られている．また PTPζ の細胞外領域は，胃潰瘍，胃癌の原因菌と考えられるヘリコバクターピロリ（Helicobacter pylori）から分泌される細胞空胞化毒素（vacuolating cytotoxin：VacA）の受容体であることが明らかにされている．実際，野生型マウスに VacA を経口投与すると胃潰瘍を発症するが，PTPζ ノックアウトマウスでは胃粘膜の障害が認められない．一方で，PTPζ は細胞接着性や細胞骨格形成を制御する因子の1つである Git1 を基質として脱リン酸化することが明らかにされており，この PTPζ による Git1 のチロシンリン酸化レベルの制御が，VacA による胃潰瘍の発症機構にかかわる可能性も考えられる．

5）DEP-1，SAP-1

① 構造

これら2つのホスファターゼは，どちらも細胞内に1つのチロシンホスファターゼドメインをもつ受容体型チロシンホスファターゼである．細胞外には8つのフィブロネクチンIII様ドメインをもつ．

② **機能**

　DEP-1（density enhanced phosphatase-1）は培養細胞の密度が高まるにつれて発現が増すチロシンホスファターゼとして同定された．培養細胞を用いた解析により，DEP-1の機能としては，T細胞受容体シグナルの抑制的制御，細胞増殖因子による細胞移動の抑制と接着の促進，甲状腺癌細胞の増殖抑制，増殖する血管内皮細胞における接触阻害などの機能が明らかにされており，癌細胞の増殖阻害作用をもつチロシンホスファターゼであると考えられる．実際，DEP-1の遺伝子は結腸癌感受性に関与するマウスssc1遺伝子座の責任遺伝子であることが明らかになった．さらにヒトの癌においてもしばしば欠損が認められることから，DEP-1は癌抑制遺伝子として機能する可能性が考えられる．一方で，DEP-1ノックアウトマウスを用いた解析から，DEP-1が血管内皮細胞の増殖や接着を制御し，発生初期の血管網形成に重要であることが示されている．

　SAP-1（stomach cancer-associated protein tyrosine phosphatase-1）は膵臓癌や結腸直腸癌由来の組織や培養細胞に強く発現しており，細胞癌化との関連が考えられる．またSAP-1は Jurkat T細胞（ヒトT細胞性白血病由来の株化細胞）においてチロシンキナーゼLckと相互作用し，T細胞受容体シグナルを抑制的に制御している可能性が示されている．

3 非受容体型チロシンホスファターゼ

　非受容体型チロシンホスファターゼは通常1個のPTPドメインをもち，これに加えてSrcホモロジー2（SH2）ドメイン，PDZドメイン，FERMドメイン，PEST配列など多様な機能修飾ドメインを備えたものが多い（図3-20）．これら機能修飾ドメインの多くはタンパク質-タンパク質相互作用やリン脂質との結合といった機能をもっており，非受容体型チロシンキナーゼ（第3章-1）の細胞内における局在を制御することで，それぞれの酵素の特異的な機能発現に関与すると考えられる．

> **メモ**
> 多くの非受容体型チロシンホスファターゼがホスファターゼドメイン以外の機能ドメインをその分子内に備えていることは，ホスファターゼドメインが機能ドメインとヘテロオリゴマーを形成するセリン・スレオニンホスファターゼの場合と対照的である．細胞内ではチロシンリン酸化に比べて，より多くのタンパク質がセリン・スレオニンリン酸化を受けている．多種にわたる基質タンパク質を脱リン酸化するために，セリン・スレオニンホスファターゼはヘテロオリゴマーを形成することで機能に多様性をもたせていると考えられる（第3章-3参照）．一方，チロシンホスファターゼでは機能ドメインとホスファターゼドメインを同一分子中に備えた多様なファミリー分子が存在し，それぞれに特異的な機能を担っている．

　以下にいくつかの非受容体型チロシンホスファターゼについて，構造と機能を紹介する．

1）PTP1B

① **構造**

　チロシンホスファターゼの触媒ドメインと疎水性領域を含むC末端領域からなる．このC末端領域は，細胞内局在や活性調節に機能をもつと考えられる．

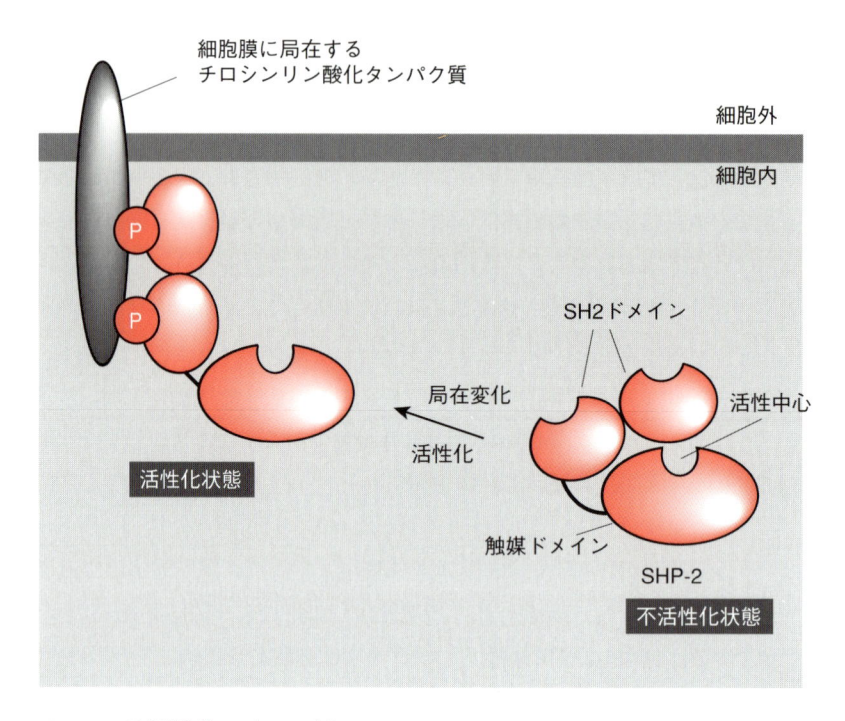

図3-24 SHP-2の活性化メカニズム
増殖因子や細胞接着刺激によりチロシンリン酸化を受けたタンパク質（図では細胞膜に局在するタンパク質）に，細胞質にあるSHP-2がSH2ドメインを介して結合し，SHP-2の細胞内局在変化が起こる．さらにこのとき，SH2ドメインの配位が変化して触媒部位が露出し，SHP-2は強く活性化する

② 機能

　PTP1Bは初めて生化学的に同定されたチロシンホスファターゼである．PTP1Bはインスリン受容体の自己リン酸化部位をよい基質とし，PTP1Bノックアウトマウスでは筋肉や肝臓におけるインスリン受容体の自己リン酸化が増強し，結果としてインスリン感受性が増強している．これらの結果から，PTP1Bはインスリン受容体を脱リン酸化することでインスリンシグナルを抑制的に制御すると考えられる．さらに，PTP1Bノックアウトマウスは高脂肪食負荷による肥満に対して抵抗性が高いことや，ヒトPTP1B遺伝子の異常が糖尿病と関連していることが示されており（表3-4），肥満や糖尿病に対する創薬ターゲットとして注目されている．糖尿病に関連しては，他グループのチロシンホスファターゼであるLyPTP遺伝子の一塩基遺伝子多型（SNP）とI型糖尿病の遺伝的連鎖も報告されている（表3-4）．

2) SHP-1, SHP-2

① 構造

　SHP-1, SHP-2は，どちらも触媒ドメインのN末端側にリン酸化チロシンと特異的に相互作用するSH2ドメインを2つもつ．これらのSH2ドメインがチロシンリン酸化タンパク質と相互作用することで，細胞内局在が規定され基質近傍にリクルートされると考えられる．さらにSHP-2の構造解析の結果から，これらのSH2ドメインのうちN末端側のSH2ドメインは，チロシンリン酸化タンパク質と相互作用のない状態ではチロシンホスファターゼの触媒部位

をブロックするように配置し，触媒活性を抑制している．チロシンリン酸化タンパク質との相互作用によりSH2ドメインの配位が変化し，触媒部位が露出することでチロシンホスファターゼ活性は数百倍に活性化する．つまり，SHP-1，SHP-2のSH2ドメインは細胞内でホスファターゼを基質近傍に移動させると同時に，酵素活性を制御する役割を果たしていると考えられる（図3-24）．

② 機能

SHP-1は血球系細胞に特異的に発現しており，SHP-2は組織普遍的に発現する．SHP-1とSHP-2は多くのサイトカイン，細胞増殖因子や，細胞接着などの刺激により，細胞増殖因子受容体やアダプタータンパク質のチロシンリン酸化部位と相互作用して活性化する．例えば，SHP-1はエリスロポエチン受容体と相互作用しエリスロポエチンシグナルを抑制的に制御する．また，SHP-1遺伝子欠損マウスであるmotheatenマウスでは，免疫不全，自己免疫疾患様の症状を示すことから，SHP-1は免疫系細胞の発生，分化，活性化の過程と密接に関与すると考えられる．またSHP-1は，マクロファージの貪食作用においてマクロファージに発現する膜タンパク質SHPS-1のチロシンリン酸化部位に結合し，Fcγ受容体シグナルを抑制することで貪食を負に制御している．

一方，SHP-2はインスリン，IGF-1，FGF，PDGFなどの下流で，アダプタータンパク質や細胞増殖因子受容体と相互作用して活性化し，Ras/MAPK（mitogen-activated protein kinase）シグナル活性化を正に制御する．また，SHP-2は細胞運動やインテグリンを介した細胞の伸展，MAPK活性化を正に制御することがわかっている．これらの反応における重要なシグナル経路の1つとして，膜タンパク質SHPS-1とSHP-2の相互作用が示されている．一方，ヒトの胃潰瘍や胃癌との関連が示されているヘリコバクターピロリの生産する遺伝子産物CagAタンパク質が，リン酸化を受けてSHP-2と相互作用し，これを強く活性化することが明らかになった．このCagAによるSHP-2の異常な活性化が，細胞内チロシンリン酸化シグナルを乱し細胞を癌化へ誘導すると考えられる．

以上の知見から，SHP-1は主として抑制的シグナルを伝え，SHP-2は促進的シグナルを伝達するという対照的な機能をもつと考えられる．最近，ヒトのヌーナン症候群（症状：顔貌の異常，低身長，心臓奇形，骨格奇形，軽度の精神発達遅滞など）や若年性骨髄単球性白血病の原因として，恒常的に活性化した変異型SHP-2を発現する遺伝子変異が報告されている．またSHP-1については，皮膚T細胞リンパ腫の白血病期にあたるセザリー症候群でSHP-1の発現低下が報告されている（表3-4）．

3) PTP-MEG2

① 構造

PTP-MEG2は触媒ドメインのN末端側にレチノアルデヒド結合タンパク質様ドメイン（Sec14pホモロジードメイン）をもつ．このドメインは，ホスファチジルイノシトールと相互作用する酵母のSec14pなど，多くの脂質結合，脂質輸送タンパク質にみられる．PTP-MEG2のレチノアルデヒド結合タンパク質様ドメインは膜に存在するホスファチジルイノシトールと結合することで，PTP-MEG2を分泌小胞やファゴソームに局在させると同時に，

チロシンホスファターゼ活性の活性化を担っていると考えられる．

② 機能

Jurkat T細胞やRBL（rat basophilic leukemia）マスト細胞（ラット好塩基球性白血病由来の株化細胞）では，PTP-MEG2の過剰発現により分泌小胞の肥大が起こり，逆にホスファターゼ活性を失ったドミナントネガティブ変異型のPTP-MEG2を発現させるとサイズの小さい分泌小胞が増えることが報告されている．また，PTP-MEG2は小胞融合に重要な役割を果たすNSF（N-ethylmaleimide-sensitive factor）を基質として脱リン酸化し，その機能を制御する．

これらのことからPTP-MEG2は，小胞の形成過程を制御するチロシンホスファターゼであると考えられる．ヒト疾患との関連について，染色体欠失に伴う自閉症患者の染色体欠損領域にPTP-MEG2遺伝子が含まれるという報告がある（表3-4）．

4) PTPH1

① 構造

PTPH1は触媒ドメインのN末端側にFERMドメイン〔four point one（4.1）/ezrin/radixin/moesin homology domain〕をもつ．FERMドメインは多くの細胞骨格タンパク質（第4章-1）にみられる構造で，細胞膜と細胞骨格を機能的に結びつける役割を果たすと考えられる．

② 機能

PTPH1の基質としてVCP/p97が知られている．VCPはATP加水分解活性をもつAAA（ATPase associated with different cellular activities）ファミリーの1つで，小胞体膜の融合を制御するタンパク質である．VCPの機能はチロシンリン酸化による制御を受けており，PTPH1はVCPの脱リン酸化を介して小胞体膜のダイナミクスを制御すると考えられる．

4 二重特異性ホスファターゼ

二重特異性ホスファターゼはチロシンホスファターゼファミリーに特徴的なPTPモチーフをもつが，リン酸化チロシン以外にリン酸化スレオニン，リン酸化セリンなども基質とする．またリン脂質などを脱リン酸化する脂質ホスファターゼの一部も二重特異性ホスファターゼに分類される．古典的チロシンホスファターゼのPTPモチーフに共通のアミノ酸配列（HCSxGxGRxG）のうち，いくつかのグリシン残基は二重特異性ホスファターゼでは保存されていない（HCxxGxxR）．

以下に主要な二重特異性ホスファターゼとして，MKPとPTENについて構造と機能を紹介する．

1) MKP（MAPKホスファターゼ）

① 構造

MAPKの脱リン酸化を触媒するMKPとして多数の分子が知られている（図3-20）．MKP

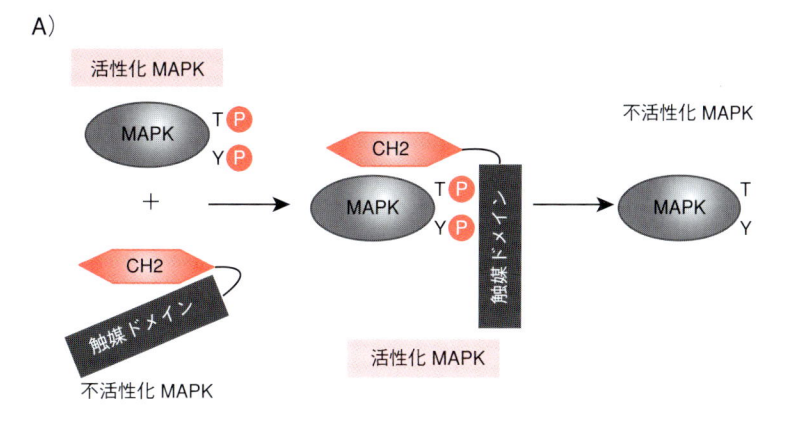

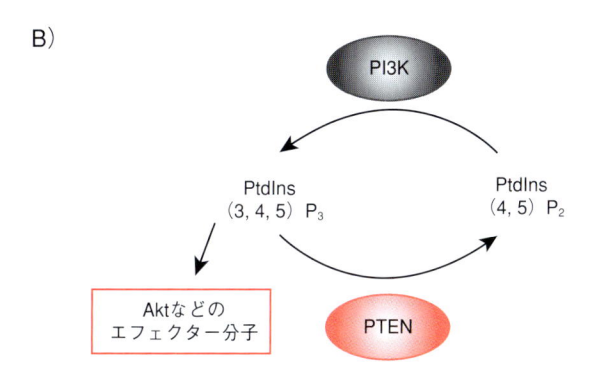

図3-25 二重特異性ホスファターゼ
A) 多くのMKPはN末端側のCH2ドメインを介して基質であるMAPKと相互作用し，また，この相互作用によりMKPは活性化する．MKPはMAPKの活性化に重要なリン酸化配列pTxpYを認識して脱リン酸化しMAPKを不活性化してMAPKシグナルを抑制する．B) PTENはホスファチジルイノシトール（3, 4, 5）三リン酸〔PtdInt(3,4,5)P_3〕を脱リン酸化し，ホスファチジルイノシトール（4, 5）二リン酸〔PtdInt（4, 5）P_2〕にすることで，ホスファチジルイノシトール3キナーゼ（PI3K）シグナルを負に制御する

の多くはチロシンホスファターゼ触媒ドメインのN末端側にCH2（Cdc25 homology region 2）ドメインをもつ．

② 機能

　MKPはMAPKの触媒部位にある活性化ループと呼ばれる構造中のリン酸化配列pTxpY（pT：リン酸化スレオニン，pY：リン酸化チロシン）を認識して脱リン酸化する（図3-25）．pTxpYはMAPKファミリーに共通のリン酸化配列で，この部位のリン酸化によってMAPKは活性化する．MKPはpTxpYを脱リン酸化することでMAPKシグナルを抑制的に制御する．

　一方，MKPの発現はMAPK活性により制御を受ける．例えばMAPKの活性化によりMKP遺伝子の転写誘導が起こることが知られている．またMKPはMAPKによりリン酸化を受け，このリン酸化によりMKPは細胞内で安定化することが報告されている．さらに酵母において，MAPKによりリン酸化を受け活性化するRNA結合タンパク質Rnc1が，MKPのmRNAを安定化するという報告がなされている．これらはMKPを介してMAPKシグナルが抑制性のフィードバック制御を受けることを示している．

MKPに共通のCH2ドメインについては，MAPKとの相互作用に重要な機能ドメインであることがわかっている．CH2ドメインとMAPKの相互作用は分子の構造変化を介してMKPの活性化を誘導すると考えられる（図3-25）．MAPKファミリーはErk，JNK，p38などの多様な分子を含むが，各々のMKPは，これらMAPKファミリー分子に対して異なる基質特異性を示す．MKPはMAPKファミリーによって制御される細胞増殖，分化，ストレス応答，細胞死の制御など，多彩な細胞機能の制御に重要な役割を果たすと考えられる．

2) PTEN

① 構造

PTENはチロシンホスファターゼ触媒ドメインのC末端側にC2ドメインをもつ．C2ドメインはPKC（protein kinase C）など多くの分子にみられる機能ドメインでリン脂質との結合活性をもつ．

② 機能

PTENは癌抑制遺伝子として単離され，多くの悪性腫瘍（脳腫瘍，乳癌，前立腺癌など）で，その遺伝子の欠損や変異が認められている．実際，組織特異的PTENノックアウトマウスでは各組織において種々の腫瘍形成が認められる．当初PTENはその構造からタンパク質チロシンホスファターゼと考えられたが，その後の解析により，リン脂質を基質とする脂質ホスファターゼであることが明らかにされた．PTENは主に，ホスファチジルイノシトール（3, 4, 5）三リン酸の3位のリン酸基を基質として，ホスファチジルイノシトール（4, 5）二リン酸に脱リン酸化する．この機能によりPTENは，ホスファチジルイノシトール3キナーゼシグナルを負に制御すると考えられる（図3-25）．PTENノックアウトマウスは胎性致死であることから，PTENは発生過程においても重要な機能を果たすと考えられる．さらに脳特異的PTENノックアウトマウスでは神経幹細胞増殖の亢進や，神経細胞のサイズの増大も報告されている．ヒトPTEN遺伝子の異常は，Bannayan-Zonana症候群やCowden症候群などの過誤腫性のポリープ症との関連も報告されている（表3-4）．

■ 文献

1) Alonso, A. et al.：Protein tyrosine phosphatases in the human genome. Cell, 117：699-711, 2004
2) Andersen, J. N. et al.：Structural and evolutionary relationship among protein tyrosine phosphatase domains. Mol. Cell. Biol., 21：7117-7136, 2001
3) Andersen, J. N. et al.：A Genomic perspective on protein tyrosine phosphatases：gene structure, pseudogenes, and genetic disease linkage. FASEB J., 18：8-30, 2004
4) Farooq, A. et al.：Structure and regulation of MAPK phosphatases. Cell. Signal., 16：769-779, 2004
5) Leslie, N. R. et al.：PTEN function：how normal cells control it and tumour cells lose it. Biochem. J., 382：1-11, 2004
6) Neel, B. G. et al.：The 'Shp' ing news：SH2 domain-containing tyrosine phosphatases in cell signaling. Trends Biochem. Sci., 28：284-293, 2003
7) Tonks, N. K. & Neel, B. G.：Combinatorial control of the specificity of protein tyrosine phosphatases. Curr. Opin. Cell Biol., 13：182-195, 2001
8) Tonks, N. K. PTP1B：From the sidelines to the front lines! FEBS Lett., 546：140-148, 2003
9) "プロテインホスファターゼの構造と機能"（田村眞理ほか/編）蛋白質核酸酵素，6月増刊号，923-1216，：共立出版，1998
10) "解明が進むプロテインホスファターゼその新機能から疾患への関わりまで"（的崎尚/監）細胞工学，23，秀潤社，2004

5 アセチル化，脱アセチル化

タンパク質はさまざまな修飾を受けその機能や活性を制御することで，細胞内シグナル伝達や細胞周期進行の過程において生体機能に重要な役割を果たしている．タンパク質の翻訳後修飾にはアセチル化をはじめメチル化，リン酸化などが知られているが，なかでもアセチル化によるタンパク質の活性制御はヒストンや転写因子を中心に解明が進み，その生理的意義が明らかになりつつある．ここではアセチル化，脱アセチル化によるヒストンや転写因子の機能制御について概説する（概念図）．

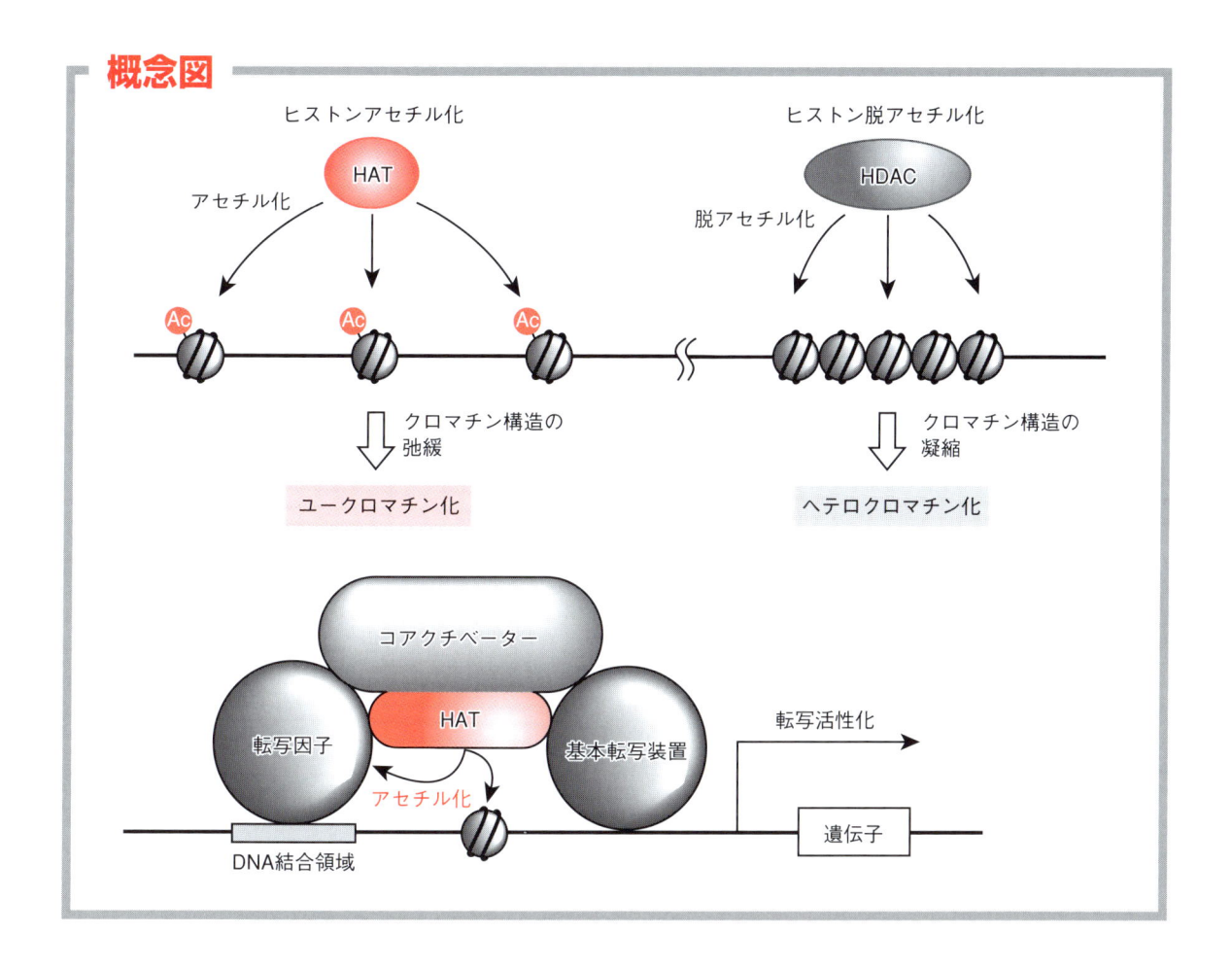

概念図

ヒストンアセチル化 — HAT — アセチル化 → クロマチン構造の弛緩 → ユークロマチン化

ヒストン脱アセチル化 — HDAC — 脱アセチル化 → クロマチン構造の凝縮 → ヘテロクロマチン化

コアクチベーター，転写因子，HAT，基本転写装置，アセチル化，DNA結合領域，遺伝子，転写活性化

1 ヒストンのアセチル化

真核生物のDNAは，ヒストンおよび非ヒストンタンパク質により高度に折りたたまれたクロマチン構造を形成している．クロマチン構造は転写に対して抑制的に働くため，遺伝子の

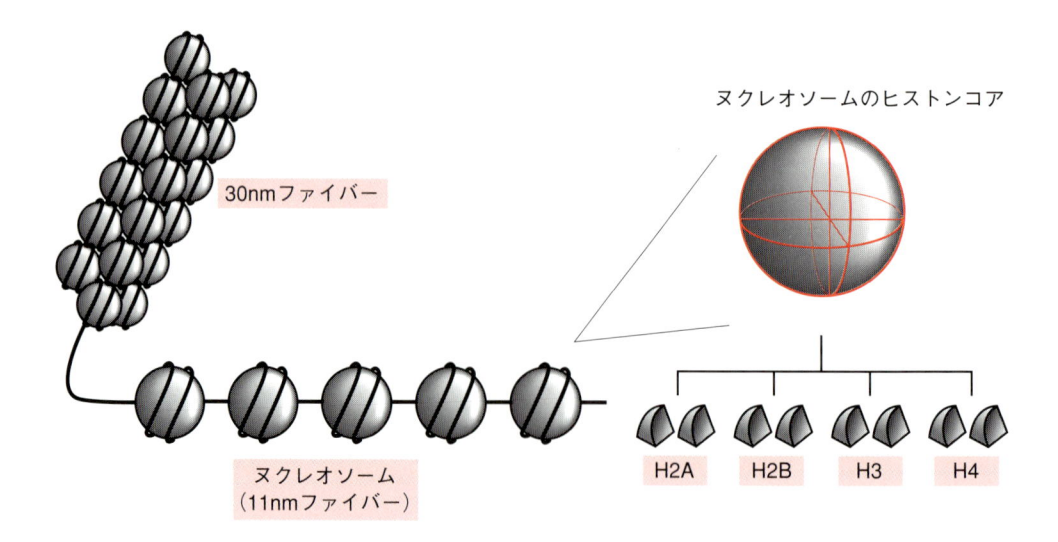

図3-26　ヌクレオソーム構造
クロマチンの基本構造単位は，ヒストンH2A，H2B，H3，H4各2分子ずつから構成されるヒストン八量体に146 bpのDNAが巻き付いたヌクレオソームコアである．このヌクレオソームコアが連なり凝集してクロマチン構造が形成される．DNAの核内での分布は一様ではなく，形態学的にDNA密度が高いヘテロクロマチン領域と，低いユークロマチン領域に大別される

　転写制御やDNAの複製，組換え，修復の際にはクロマチン構造の変換を必要とする．クロマチンの構造変換はヒストンや非ヒストンタンパク質の修飾，ATP依存性のクロマチン再構築（リモデリング），ヒストンシャペロンによる機構などにより制御される．このうちヒストンの主たる修飾の1つであるアセチル化は，ヒストンアセチル化酵素（histone acetyltransferase：HAT）が特定のリジン残基をアセチル化することにより起こり，クロマチンと転写の制御に深くかかわると考えられている．
　当初はヒストンがアセチル化されることによって電気的な中和が起こり，クロマチンが弛緩することで，転写因子などのDNA結合因子がアクセスしやすくなるというメカニズムが考えられていた．しかし，現在ではヒストンの化学修飾を暗号として捉える"ヒストンコード"という新しい概念が提唱され，クロマチン構造変換の機構解明の研究も新たな展開を見せ始めている．

1）ヒストンとクロマチン構造

　クロマチンはヒストンH2A，H2B，H3，H4各2分子ずつから構成されるヒストン八量体に，146 bpのDNAが巻き付いたヌクレオソームコアを基本構造単位としている（図3-26）．このヌクレオソームコアが連なった11 nmファイバーに，リンカーヒストンであるH1や非ヒストンタンパク質が結合して，折りたたまれた30 nmファイバーを形成する．細胞内ではさらに高度に凝集したクロマチン構造をとり核内に収納されている．核内においてクロマチンの構造は一様ではなく，非常に高度に折りたたまれたヘテロクロマチン領域と，緩んだ構造のユークロマチン領域とに大別される．クロマチン構造は転写に対して抑制的に働くため，遺伝子の転写制御やDNAの複製，組換え，修復の際にはクロマチン構造の変換を必要とす

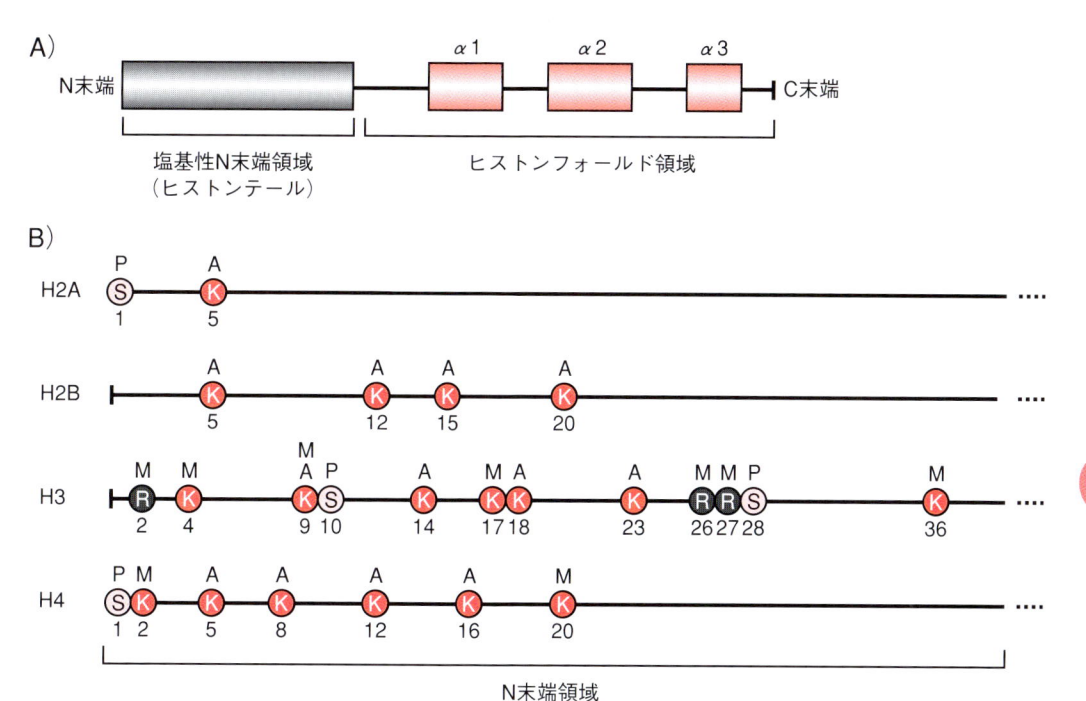

図3-27 ヒストンの構造とヒストンテールの化学修飾
A) ヒストンのN末端領域（ヒストンテール）はさまざまな化学修飾を受け，クロマチンの構造制御に重要な役割を果たす．一方，C末端領域は疎水性に富む3つのヘリックス構造（α1, α2, α3）をもち，タンパク質間相互作用やDNAとの結合に重要な領域である．B) コアヒストンのヒストンテールのアミノ酸配列と化学修飾を受ける部位を示す．ヒストンのN末端はさまざまな化学修飾を受ける部位で，修飾されたアミノ酸は特異的なタンパク質に認識され結合することで，クロマチン構造の変換に関与すると考えられている

る．この過程において，クロマチン構造を形成するタンパク質であるヒストンのアセチル化をはじめとする化学修飾が重要な役割を果たしていると考えられている．

ヒストンは酵母からヒトまで高度に保存されており，ヒストンフォールドと呼ばれる球状のドメインからなり，ヌクレオソームコアの形成に寄与しているC末端領域と，塩基性アミノ酸に富むN末端領域のヒストンテールよりなる．このN末端のヒストンテールはアセチル化をはじめとして，メチル化，リン酸化などの化学修飾を受ける．ヒストンテールの修飾状態はヘテロクロマチンとユークロマチンの形成に深く関与しており，クロマチン上で起こるさまざまな制御系に中心的な役割を演じることが明らかとなっている（図3-27）．

2) ヒストンアセチル化酵素（histone acetyltransferase：HAT）

ヒストンのアセチル化・脱アセチル化はヒストンアセチル化酵素（HAT），ヒストン脱ア

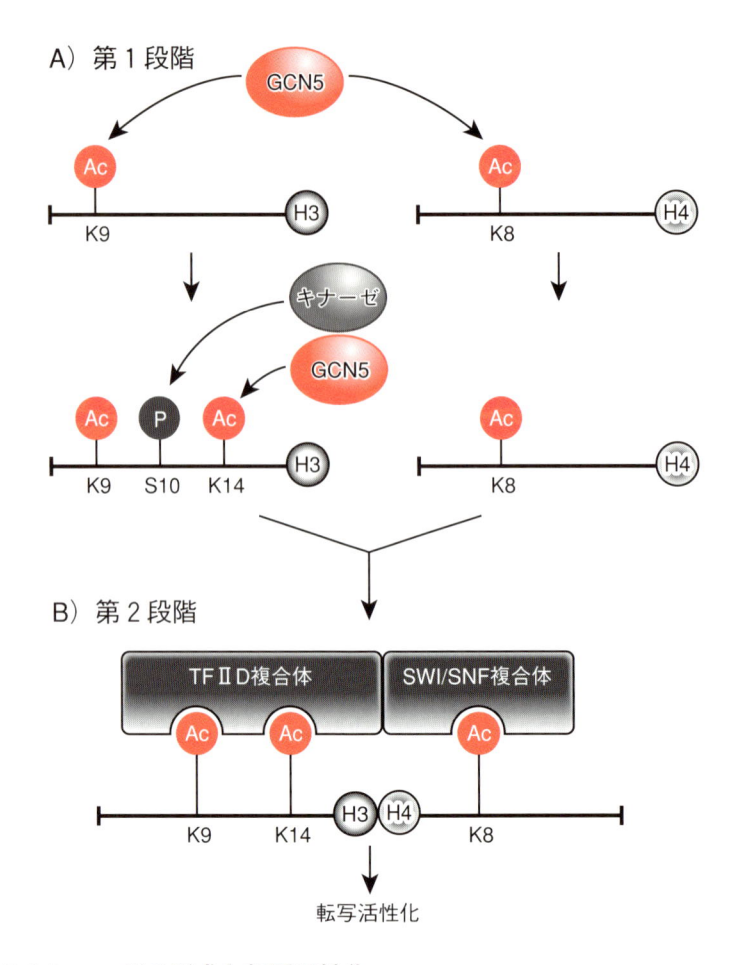

図3-29 ヒストンコードの形成と転写活性化

A) 第1段階：HATであるGCN5によりヒストンH3の9番目のリジンとヒストンH4の8番目のリジンがアセチル化される．それに伴い，キナーゼによりヒストンH3の10番目のセリンがリン酸化され，さらにはGCN5によるヒストンH3の14番目のリジンのアセチル化が誘導されることで活性コードが形成される．B) 第2段階：基本転写因子であるTFⅡD複合体はヒストンH3の9番目と14番目のアセチル化リジンを認識して結合し，クロマチンリモデリング因子であるSWI/SNF複合体はヒストンH4の8番目のアセチル化リジンに結合することで，転写を活性化する

トンを認識する因子の会合である．この段階の主役となるのは，修飾されたヒストンを認識するドメイン（ブロモドメインやクロモドメイン）をもつ因子である．上述の*IFN-β*遺伝子の転写活性化の際には，基本転写因子のTFⅡD複合体はブロモドメインをもつTAF$_\text{II}$250を介して，ヒストンH3の9番目と14番目のアセチル化リジンに結合してリクルートされ転写を活性化する．また，クロマチンリモデリング因子SWI/SNF複合体は，ヒストンH4の8番目のアセチル化リジンに結合してリクルートされ転写を活性化する．

このように"ヒストンコード"とは，ヒストンの修飾酵素がヒストンの状況に応じた修飾をコードし，クロマチン制御因子がその修飾されたヒストンを認識してリクルートされ，その後のアウトプットを制御するという考え方である．

表3-6 ヒストン脱アセチル化酵素（HDAC）の分類

クラス	ヒト	酵母	基質	細胞内局在
クラスⅠ	HDAC1, 2, 3, 8, 11	Rpd3	ヒストン, p53, NFκB	主に核
クラスⅡa	HDAC4, 5, 7, 9	Hda1	ヒストン	核・細胞質
クラスⅡb	HDAC6, 10	Hda1	ヒストン, チューブリン	核・細胞質
クラスⅢ	SIRT1, 2, 3, 4, 5, 6, 7	Sir2	ヒストン, p53, チューブリン	核（SIRT1） 細胞質（SIRT2） ミトコンドリア（SIRT3）

> **メモ** TFⅡD複合体とSWI/SNF複合体：TFⅡDは1個のTBP（TATA biding protein）と約10数種類のTAFⅡで構成されており，RNAポリメラーゼⅡによる基本転写や他の基本転写活性化に関与する．TFⅡDのなかでも最大サブユニットであるTAFⅡ250（TAF1）はブロモドメインをもちHAT活性のほか，プロテインキナーゼ活性，ユビキチンリガーゼ活性をもつ．SWI/SNF（switch/sucrose nonfarmentation）複合体はATP依存的クロマチンリモデリング因子であり，ヌクレオソームのスライディング（ヒストンがDNAを巻いたままDNA上を移動すること）や構造変化に関与すると考えられている．

2 ヒストンの脱アセチル化

　ヒストン脱アセチル化酵素（HDAC）は転写の抑制のみならず，ヘテロクロマチン形成や維持に重要であり，現在までにヒトで18種類，酵母で3種類が知られている（表3-6）．ヒトの酵素は酵母のRpd3，Hda1，Sir2との構造的な相同性からそれぞれクラスⅠ，Ⅱ，Ⅲの酵素の3つに分類され，クラスⅡにはさらに構造上2つのサブグループⅡaとⅡbとに分かれる．クラスⅠがユビキタスな発現なのに対して，クラスⅡは組織特異的な発現を示す．クラスⅠとⅡの酵素は一定の構造上の相同性があり，脱アセチル化の反応に補助因子を必要としないが，Sir2を含むクラスⅢの酵素は補助因子としてNAD（nicotine amido dinucleotide）を必要としていて，trichostatin AやBuryrateに非感受性である．いずれの酵素もヒストンのみならず転写調節因子の脱アセチル化にも関与することが示唆されている．

3 転写因子のアセチル化

　ヒストン以外にも多くのタンパク質がアセチル化されることが報告されている．そのなかには，転写因子E2F1，p53，EKLF，GATA1，HNF-4や，コアクチベーターACTR，基本転写因子TFⅡFなどが含まれる．ここではアセチル化により機能制御を受ける転写因子の例として，p53のアセチル化による転写活性制御について概説する．

1）p53のアセチル化による転写活性制御

　p53は最も多くの癌で遺伝子の異常が見つかっている癌抑制遺伝子である．p53はDNA傷

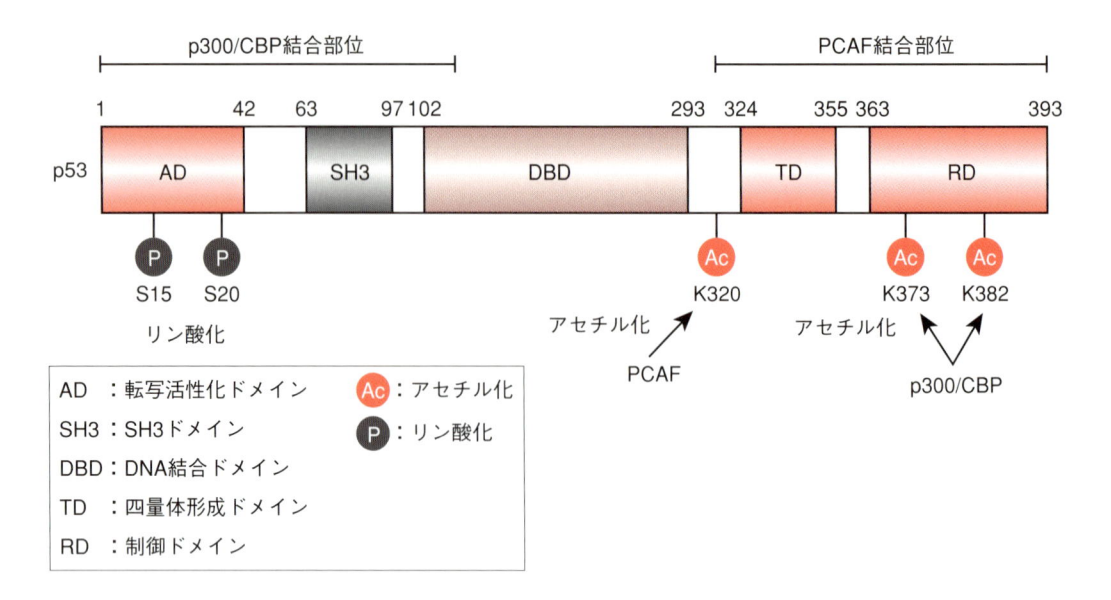

図3-30　p53のアセチル化部位と結合タンパク質
癌抑制遺伝子p53に結合するコファクターとそのアセチル化部位を示す．p53はそれぞれのHATによりアセチル化され，特異的DNAへの結合能が増強される．またp53のN末端がリン酸化されることにより，HATの結合能が増強され，C末端のアセチル化が亢進するというモデルが考えられている

害やさまざまな細胞ストレスなどにより活性化され，ダメージを受けた細胞の増殖を停止させたり，修復が不可能な細胞をアポトーシスに導いたりすることで生体の恒常性の維持に寄与している．

p53の転写活性や安定性は，リン酸化，ユビキチン化，SUMO（small ubiquitin-like modifier）化とともにアセチル化によっても制御されると考えられている．これまでにp53と相互作用するPCAF（p300/CBP-associated factor），p300/CBPの3種類のHATがp53のC末端をアセチル化することが示されている．アセチル化部位はそれぞれ異なり，PCAFが320番目のリジンを，p300/CBPが373番目，382番目のリジンを特異的にアセチル化することが報告されている（図3-30）．アセチル化によりp53はDNAへの結合能が増強されるが，これはアセチル化によりp53のC末端の正の電荷が中和されて構造変化が起こり，DNA結合領域が露出するためと考えられている．またp53のアセチル化はN末端のリン酸化を必要とすることから，DNA傷害を受け活性化される際には，まずN末端がリン酸化されて，そのN末端にp300/CBPなどのHATが結合して，C末端がアセチル化されるというモデルが考えられている．

また転写因子もヒストン同様にHDACによる脱アセチル化反応を受けることが知られてい

> **メモ**　p300/CBP：p300とCBPは構造的に高い相同性をもつ核内因子でありp300はアデノウイルスE1Aタンパク質結合因子として，CBPはCREBの転写活性化にかかわるコアクチベーターとして単離された．さまざまな核内因子と相互作用することが報告されており，細胞の分化，細胞周期制御，アポトーシスなどに関与することが明らかになっている．またHAT活性があることからクロマチンリモデリングにかかわることも示唆されている．

> **メモ**
> PCAF (p300/CBP-associated factor): p300/CBPと結合して転写を活性化する因子として同定され，その後の解析でHAT活性をもつことが明らかにされた．PCAFは実際にp300/CBP，および筋特異的転写因子MyoDと複合体を形成し特定のプロモーターからの転写を活性化する．細胞内においてPCAFは多数の異なるサブユニットからなる巨大なタンパク質複合体を形成している．ヒトPCAF複合体には複数のTAF，ADA，SPTタンパク質が含まれ，SAGA複合体（出芽酵母ゲノム中の多くの遺伝子の発現にコアクチベーターとして働く）との間に共通性がみられる．

る．mSin3AおよびMTA2はHDACと相互作用するコリプレッサーであり，いずれもHDACとp53の相互作用を仲介し，転写活性を負に制御することが報告されている．

2) その他の因子のアセチル化による転写活性制御

p53のほかにも，E2F1，EKLF，GATA1，HNF-4，Sp1などの転写因子はアセチル化によりDNA結合能が変化することが知られている．またHNF-4はアセチル化により相互作用するタンパク質との結合が変化することや，核への局在が促進することも報告されている．

また転写因子以外のタンパク質もアセチル化により機能制御を受けることが知られている．コアクチベーターであるACTRは，アセチル化により相互作用するタンパク質との結合が変化することが報告されている．その他，転写関連以外にも構造タンパクであるチューブリンや，核輸送タンパクであるインポーチンαなどのタンパク質がアセチル化を受けることが報告されている．

このようにさまざまなタンパク質がアセチル化により機能制御を受けていることを考えると，タンパク質のアセチル化はリン酸化など他の修飾とともに細胞内のシグナル伝達に大きな役割を果たしていることが考えられる．

■文献■

1) Roth, S. Y. et al.: Histon Acetyltransferase. Annu. Rev. Biochem., 70: 81-120, 2001
2) Sterner, D. E. & Berger, S. L.: Acetylation of Histones and Transcription-Related Factors. Microbiol. Mol. Biol. Rev. 64: 435-459, 2000
3) Ikura, T. et al.: Involvement of the TIP60 histone acetylase complex in DNA repair and apoptosis. Cell, 102: 463-473, 2000
4) Turner, B. M. et al.: Cellular memory and the histone code. Cell, 111: 285-291, 2002
5) Hatzis, P. & Talianidis, L.: Dynamics of enhancer-promoter communication during differentiation-induced gene activation. Mol. Cell, 10: 1467-1477, 2002
6) Agalioti, T. et al.: Deciphering the transcriptional histone acetylation code for a human gene. Cell, 111: 381-392, 2002
7) Liu, L. et al.: p53 sites acetylated in vitro by PCAF and p300 are acetylated in vivo in response to DNA damage. Mol. Cell Biol., 19: 1202-1209, 1999
8) Bode, A. M, & Dong, Z.: POST-TRANSLATIONAL MODIFICATION OF p53 IN TUMORIGENESIS. Nature Rev. Cancer, 4: 793-805, 2004
9) Gu, W. & Roeder, R. G.: Activation of p53 sequence-specific DNA binding by acetylation of the p53 C-terminal domain. Cell, 90: 595-606, 1997
10) Sakaguchi, K. et al.: DNA damage activates p53 through a phosphorylation-acetylation cascade. Genes Dev., 12: 2831-2841, 1998
11) 北林一生/著 "ヒストン修飾を介した転写制御"，細胞工学，23: 秀潤社，2004
12) "キーワードで理解する転写イラストマップ"（田村隆明/編）: 羊土社，2004
13) "エピジェネティクスと遺伝子発現機構"（押村光雄・伊藤敬/編），実験医学増刊，21-11: 羊土社，2003
14) "p53研究の新たな挑戦"（田矢洋一/編），実験医学増刊，19-9: 羊土社，2001

6 タンパク質の脂質修飾

脂質修飾タンパク質は，脂肪酸，イソプレノイド，リン脂質といった脂質により修飾されたタンパク質であり，細胞情報伝達をはじめとする多くの細胞の機能発現過程において重要な役割を担っている．これらの脂質修飾は，単にタンパク質を細胞膜へつなぎ止める膜アンカーとして機能するだけでなく，タンパク質－膜間，あるいはタンパク質－タンパク質間の特異的相互作用を介して，タンパク質の細胞内局在や活性の制御を行うことにより，細胞情報伝達に深く関与している．特に，最近の研究から，これらの脂質修飾タンパク質の多くはラフトとよばれる細胞膜中のミクロドメインに局在し，効率的な細胞情報伝達を可能にしていることが明らかになってきた．

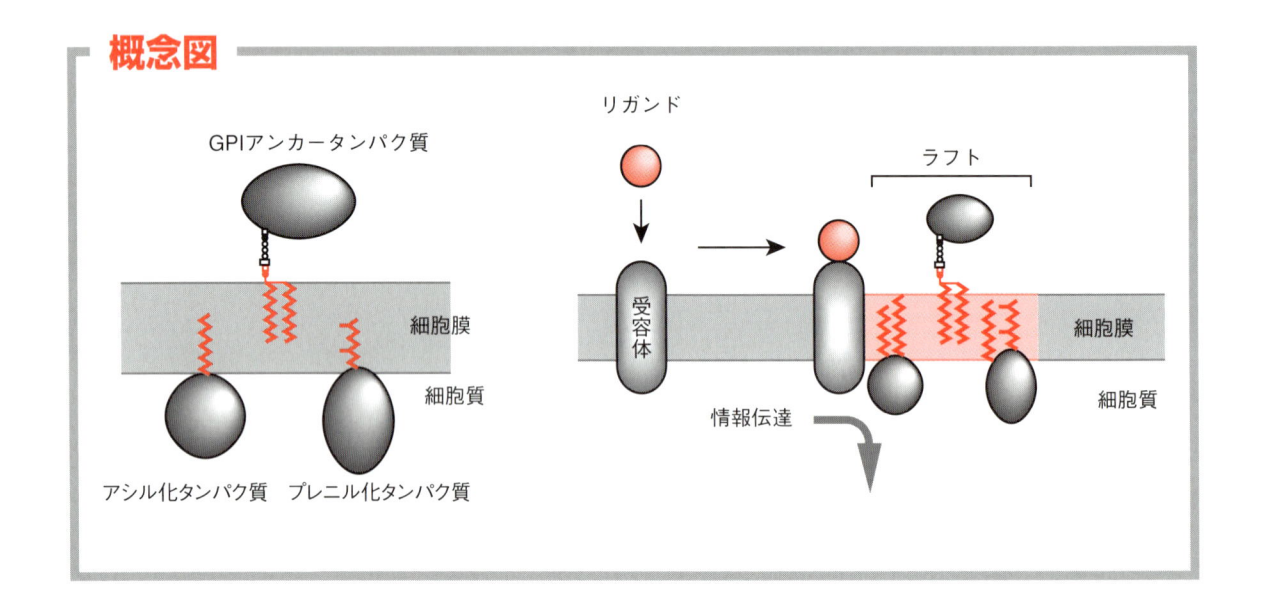

概念図

1 脂質修飾タンパク質の構造と生合成

主要な脂質修飾タンパク質としては3種類知られている（図3-31）．第1は，ミリスチン酸やパルミチン酸のような脂肪酸がタンパク質に共有結合するアシル化タンパク質である[1]．第2は，ファルネシル基やゲラニルゲラニル基のようなイソプレノイドが，タンパク質C末端のシステイン残基にチオエーテル結合で結合するプレニル化タンパク質である[2]．アシル化タンパク質であるN-ミリストイル化タンパク質と，プレニル化タンパク質はともに細胞膜の内側（細胞質側）にのみ存在するという特徴がある．タンパク質アシル化反応のうちパルミトイル化は，N-ミリストイル化タンパク質やプレニル化タンパク質に数多くみられ，また膜貫通型タンパク質にもしばしば見出される．第3の脂質結合タンパク質は，リン脂質であ

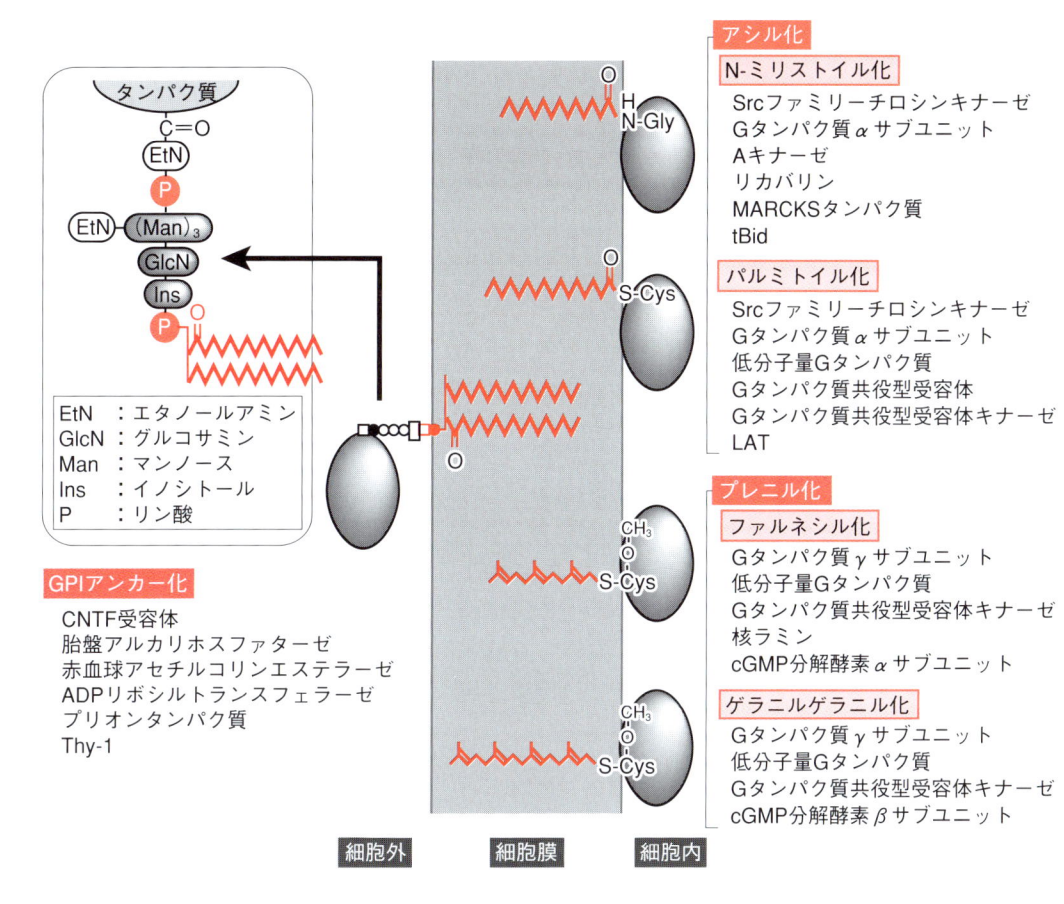

図3-31 脂質修飾タンパク質
3種の主要な脂質修飾タンパク質であるアシル化タンパク質，プレニル化タンパク質，GPIアンカータンパク質の構造と，これらの修飾が起きるタンパク質を示した．タンパク質アシル化にはN-ミリストイル化とパルミトイル化の2種が，またタンパク質プレニル化にはファルネシル化とゲラニルゲラニル化の2種がある

るホスファチジルイノシトール（PI）が，特殊なオリゴ糖を介してタンパク質C末端に結合するグリコシルホスファチジルイノシトール（GPI）アンカータンパク質である[3]．このタンパク質は，PIを介して細胞膜の外側にのみ存在する点で他の脂質修飾タンパク質と大きく異なっている．

1）アシル化タンパク質の生合成

タンパク質アシル化には2つのタイプが存在する．1つはタンパク質N末端グリシン残基に起きるN-ミリストイル化であり，他の1つは分子内システイン残基に起きるパルミトイル化である（図3-32A，B）．N-ミリストイル化が通常タンパク質合成（翻訳）と同時に起きる不可逆的な修飾であるのに対して，パルミトイル化は翻訳後に起きる可逆的な修飾である．

N-ミリストイル化されるタンパク質のN末端には，Met-Gly-で始まる8～9アミノ酸からなるN-ミリストイル化シグナルと呼ばれる配列が存在する．タンパク質の翻訳途中にメチオニンアミノペプチダーゼ（MAP）により開始メチオニンが切断除去された後，露出したN

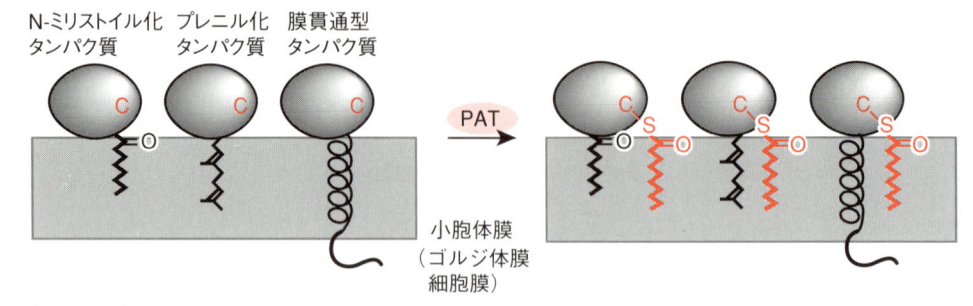

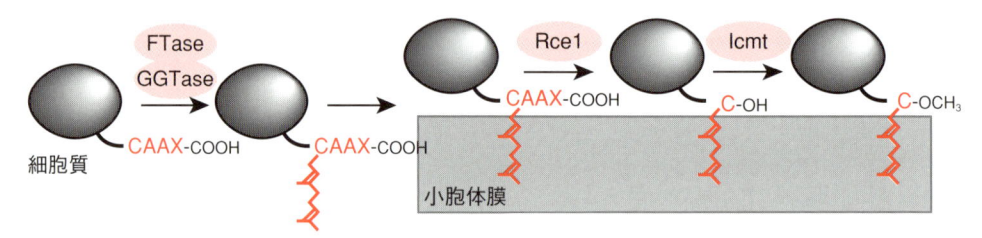

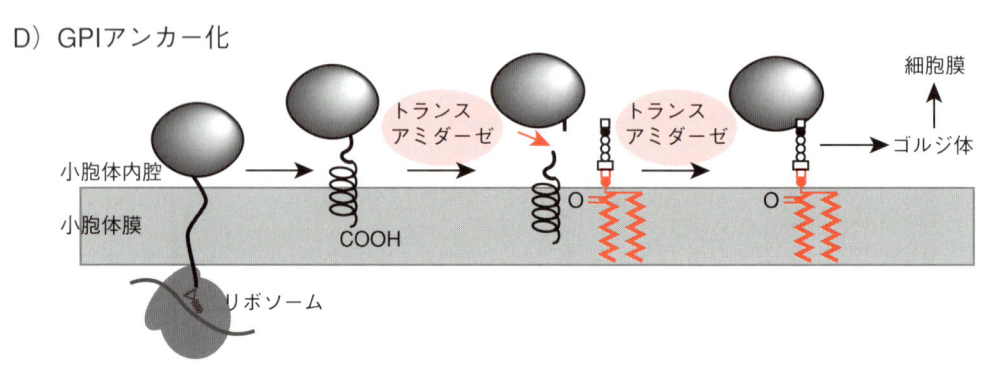

図 3-32 脂質修飾タンパク質の合成過程

A) N-ミリストイル化は細胞質の遊離リボソーム上でタンパク質合成と同時に起きる．メチオニンアミノペプチダーゼ (MAP) による開始 Met の脱離の後，N-ミリストイル転移酵素（NMT）により N-ミリストイル化が起きる．B) パルミトイル化は，タンパク質合成後に，小胞体膜，ゴルジ体膜あるいは細胞膜に局在するパルミトイル転移酵素（PAT）により N-ミリストイル化タンパク質，プレニル化タンパク質，膜貫通型タンパク質などの膜結合タンパク質中の Cys 残基に起きる．C) プレニル化では，タンパク質合成後，細胞質においてファルネシル転移酵素（FTase），ゲラニルゲラニル転移酵素（GGTase）によりプレニル基の付加が起きた後，小胞体膜上で特異的プロテアーゼ（Rce1），メチル転移酵素（Icmt）により C 末端 3 アミノ酸の除去とシステイン残基のメチル化が起きる．D) GPI アンカー化は小胞体膜上で起きる．N 末端シグナルペプチドにより小胞体内腔へ移行したタンパク質は，C 末端の疎水領域で膜に固定された後，トランスアミダーゼにより C 末端疎水領域の切断および GPI との結合が起きて GPI アンカータンパク質が生成する

末端グリシン残基のα-アミノ基にN-ミリストイル転移酵素（NMT）がミリストイル-CoAのミリストイル基を転移する（図3-32A）．

パルミトイル化は，タンパク質分子内部のシステイン残基にパルミトイル転移酵素（PAT）がパルミトイル-CoAのパルミトイル基を転位する反応（図3-32B）であるが，この反応を触媒するPATについては解析が遅れており，その反応の詳細には不明な点が多い．PATは膜結合酵素であり小胞体，ゴルジ体あるいは細胞膜に局在すると考えられている．

2）プレニル化タンパク質の生合成

タンパク質プレニル化には，ファルネシル化（炭素数15）と，ゲラニルゲラニル化（炭素数20）の2種がある（図3-31）．ファルネシル化はファルネシル転移酵素（FTase）により，ゲラニルゲラニル化はゲラニルゲラニル転移酵素IおよびII（GGTase I，II）により触媒される．FTaseとGGTase Iは，いずれもC末端にCAAX（CAAX box：Cはシステイン，Aは脂肪族アミノ酸，Xは任意のアミノ酸）というコンセンサス配列をもつタンパク質を基質とする．Xがセリン，メチオニン，アラニン，グルタミンの場合，CAAX boxはFTaseにより認識され，ファルネシルピロリン酸を供与体としてCAAX boxのシステインの-SH基がファルネシル化される．また，Xがロイシンの場合，GGTase Iにより認識され，ゲラニルゲラニルピロリン酸を供与体としてゲラニルゲラニル化が起きる．

これらのイソプレノイドの付加に続いて，AAXの3アミノ酸が，プレニル化されたCAAX boxを認識する特異的プロテアーゼ（Rce1）により切断除去される．この後，C末端に露出したシステイン残基のカルボキシル基がメチル転移酵素（Icmt）によりS-アデノシルメチオンをメチル供与体としてメチル化される（図3-32C）．FTaseとGGTaseはいずれも細胞質に存在するが，Rce1とIcmtはいずれも小胞体に局在するため，プレニル化タンパク質は小胞体を経由して細胞膜へ移行する．ゲラニルゲラニル化を触媒するもう1つの酵素であるGGTase IIは，C末端にCC，CXCあるいはCCXX（Cはシステイン，Xは任意のアミノ酸）という配列をもつタンパク質を認識し，これらの配列中の2つのシステイン残基の両方をゲラニルゲラニルピロリン酸を供与体としてゲラニルゲラニル化する．

3）GPIアンカータンパク質の生合成

GPIアンカータンパク質は，タンパク質C末端のカルボキシル基にエタノールアミンを介してグリコシルホスファチジルイノシトール（GPI）が結合した構造をもち，細胞膜の外表面に局在する（図3-31）．GPIアンカータンパク質の合成は小胞体膜上で起きる．これらのタンパク質は，N末端にシグナルペプチドを，またC末端に20〜30アミノ酸からなるGPIアンカー化を指令するGPIアンカー化シグナルをもつ．細胞質の遊離リボソーム上で合成が始まったGPIアンカータンパク質前駆体は，シグナルペプチドを介して小胞体膜表面へ移行し，N末端から膜透過を開始する．この後，C末端に存在するGPIアンカー化シグナル中の疎水領域が膜透過停止配列として働き，膜透過が停止し小胞体膜上に固定される．続いて膜貫通領域のN末端側に隣接する親水性領域がトランスアミダーゼにより認識され切断された後，新たに露出したC末端カルボキシル基に，末端にエタノールアミンを有するGPIアンカーが

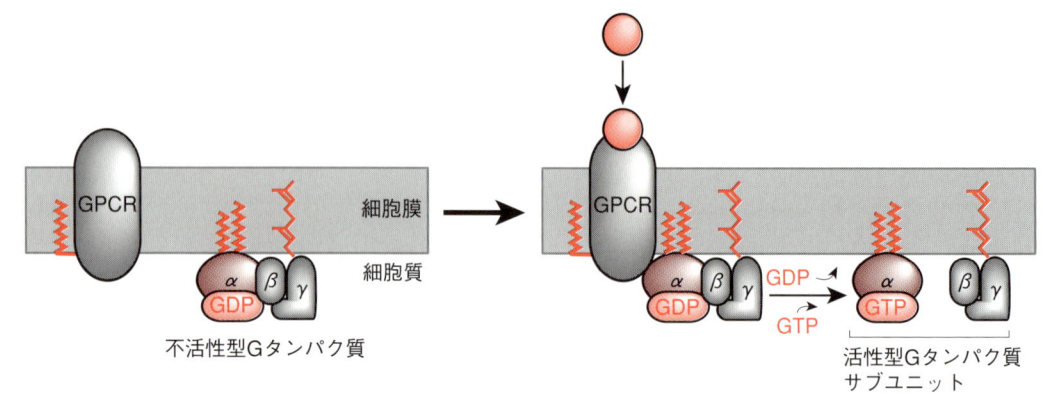

図3-33　三量体Gタンパク質の活性化機構

リガンド結合によるGタンパク質共役型受容体（GPCR）の活性化に伴いGα上でのGDP/GTP交換反応が促進されGαはGTP型へと変化しGβγ複合体から解離して活性化する．GTPが結合した活性型GαとGβγはそれぞれ独立に膜上を移動し，アデニル酸シクラーゼやホスホリパーゼC，イオンチャネルなどの膜上のエフェクター分子を活性化してシグナルを伝える．これらの膜上で起きる一連の反応において，Gα，Gγ，GPCRに起きる脂質修飾は，重要な役割を果たしている

アミド結合により結合する（図3-32D）．このような過程により小胞体膜の内腔側表面に局在したGPIアンカータンパク質は，小胞輸送により細胞膜へと到達し，細胞膜の外表面に膜タンパク質として局在する．

2　細胞情報伝達におけるタンパク質脂質修飾の役割

　脂質修飾の役割は，多くの場合，修飾の起きるアミノ酸を他のアミノ酸へと置換して修飾を阻害したタンパク質を作製し，その機能を解析することにより解析されてきた．その結果，脂質修飾に伴うタンパク質の膜結合や特異的な細胞内局在が，細胞情報伝達（第4章-3）に直接関与することがGTP結合タンパク質，Srcファミリーチロシンキナーゼ（第3章-2）をはじめとして多くのタンパク質で証明された[1), 4), 5)]．ここでは三量体Gタンパク質を例にあげ紹介する（図3-33）．

　GTP結合タンパク質には，三量体Gタンパク質，低分子量Gタンパク質，タンパク質合成関連タンパク質などがある．いずれもGTP結合型が活性型，GDP結合型が不活性型であり，この2つの型の可逆的な変換がタンパク質の「分子スイッチ」として働く．三量体Gタンパク質はGタンパク質共役型受容体（GPCR）により活性化されるが，GPCRの多くが細胞質側に露出したC末端領域においてパルミトイル化されている．

　三量体Gタンパク質はα，β，γサブユニットからなり，このうちαはグアニンヌクレオチド（GTPあるいはGDP）を結合し，GTPをGDPに分解するGTPase活性をもつ．βとγサブユニットはβγ複合体として働く．αサブユニットはN-ミリストイル化，パルミトイル化による二重の脂質修飾を受けるものが多く，またγサブユニットはファルネシル化あるいはゲラニルゲラニル化されており，これらの脂質修飾により三量体Gタンパク質は細胞膜に

局在する（図3-33）．

　リガンド結合によるGPCRの活性化に伴い，Gα上でのGDP/GTP交換反応が促進されGαはGTP型へと変化し，Gβγ複合体から解離して活性化する．GTPが結合した活性型GαとGβγはそれぞれ独立に膜上を移動し，アデニル酸シクラーゼやホスホリパーゼC，イオンチャネルなどの膜上のエフェクター分子を活性化してシグナルを伝える．これらの膜上で起きる一連の反応において，Gα，Gγ，GPCRに起きる脂質修飾は，膜アンカーとしてだけでなく，特異的なタンパク質－タンパク質相互作用を介して重要な役割を果たしている[4]．

　この三量体Gタンパク質の例でみられるように，アシル化やプレニル化といった脂質修飾は細胞情報伝達にきわめて重要な役割を果たしているが，これらの脂質修飾に伴う膜結合や細胞内局在は，さまざまな機構により厳密に制御され，タンパク質の効率的な機能発現に寄与している．

3 アシル化およびプレニル化タンパク質の膜結合とその制御

1）脂質修飾タンパク質の膜結合性

　主要な3種の脂質修飾タンパク質のうち，GPIアンカータンパク質はその合成の過程で膜に局在し，膜アンカーであるPI部位がPI-PLC（ホスファチジルイノシトール特異的ホスホリパーゼC）により切断されない限り膜から解離しない．これに対して，アシル化タンパク質とプレニル化タンパク質は必ずしも膜に結合しているとは限らず，細胞刺激に応答して膜との可逆的な結合－解離を起こし，細胞情報伝達を制御する場合がある[1)5)6]．パルミトイル基とゲラニルゲラニル基はタンパク質を膜につなぎ止めるのに十分な疎水性をもっているのに対して，ミリストイル基とファルネシル基の疎水性は弱く，N-ミリストイル化やファルネシル化されたタンパク質が安定に膜結合するためには膜結合性を増大させる第2のシグナルが必要である．この第2のシグナルとしては，正荷電アミノ酸が近接して存在する正荷電アミノ酸のクラスター，およびパルミトイル化修飾の2種がある（図3-34A）．

　正荷電アミノ酸のクラスターは，細胞膜の細胞質側に存在する酸性リン脂質の負荷電と静電的に相互作用することで膜結合性を増大させる．またパルミトイル化によりタンパク質に付加したパルミトイル基は，N末端ミリストイル基あるいはC末端プレニル基とともに膜アンカーとして働き，膜との安定な結合を起こす．

2）「ミリストイルスイッチ」による膜結合の制御

　この2種の第2のシグナルを含む脂質修飾タンパク質の膜結合は多様な機構により巧妙に制御されている[1)6]．N-ミリストイル化タンパク質を例にあげその機構を紹介する．

　正荷電アミノ酸のクラスターをもつタンパク質では，正荷電領域中のアミノ酸がリン酸化を受けて負荷電を帯びると静電的相互作用が打ち消され膜結合が阻害される．この後，脱リン酸化反応によりリン酸基が除去されると再び膜結合が起きる（図3-35A）．このようなリン酸化－脱リン酸化による膜結合の制御は主要なCキナーゼ基質であるMARCKSタンパク

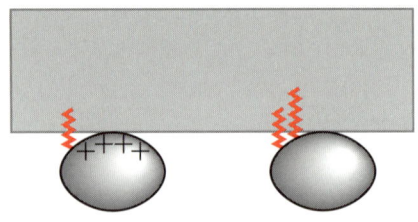

図 3-34　脂質修飾タンパク質の膜結合を制御する第 2 のシグナル
A）ミリストイル基やファルネシル基のみによる膜結合の親和性は弱く，多くの N-ミリストイル化タンパク質やプレニル化タンパク質には膜結合性を増大させ制御する第 2 のシグナルとして正荷電アミノ酸のクラスター，あるいはパルミトイル化修飾が存在する．B）Src ファミリーチロシンキナーゼおよび Ras ファミリー低分子量 G タンパク質の N 末端，C 末端に存在する正荷電アミノ酸のクラスターとパルミトイル化部位．Ⓖ：N-ミリストイル化される Gly 残基，Ⓒ：ファルネシル化される Cys 残基，Ⓒ：パルミトイル化される Cys 残基，Ⓚ, Ⓡ：正荷電アミノ酸

質や Src ファミリーチロシンキナーゼ p60^{Src} などで起きることが知られている．

N-ミリストイル化に加えて パルミトイル化により二重の脂質修飾を受けるタンパク質では，可逆的なパルミトイル化反応に伴い膜への結合−解離が起きる（図 3-35B）．

この 2 種の第 2 のシグナルを介した制御に加えて，修飾脂質のタンパク質表面への露出度の変化に伴い膜結合が制御されるタンパク質も知られている．Ca^{2+} 結合タンパク質リカバリンや ADP リボシル化因子 Arf-1 では，Ca^{2+} あるいはグアニンヌクレオチド（GDP，GTP）といったリガンドとの結合によるタンパク質構造の変化に伴いミリストイル基の露出度が大きく変化し，膜結合が制御される（図 3-35C）．さらに，タンパク質分解に伴うタンパク質構造の変化に伴い修飾脂質の露出度が大きく変化し，膜結合が制御されることも知られている（図 3-35D）．エイズの原因ウイルス HIV-1 の構成タンパク質である N-ミリストイル化された Gag タンパク質はこの機構によりプロテアーゼ分解に伴い膜から解離する[7]．

これらの多様な制御機構を介した膜との結合−解離は，いずれも N-ミリストイル化タンパク質の機能発現における「分子スイッチ」として働き，これらの機構は「ミリストイルスイッチ」と総称されている．このミリストイルスイッチ機構で膜結合が制御されるいくつかのタンパク質については，X 線結晶解析や NMR を用いた構造解析により，その機能発現における脂質分子の役割が目に見える形で明らかにされている[7]．

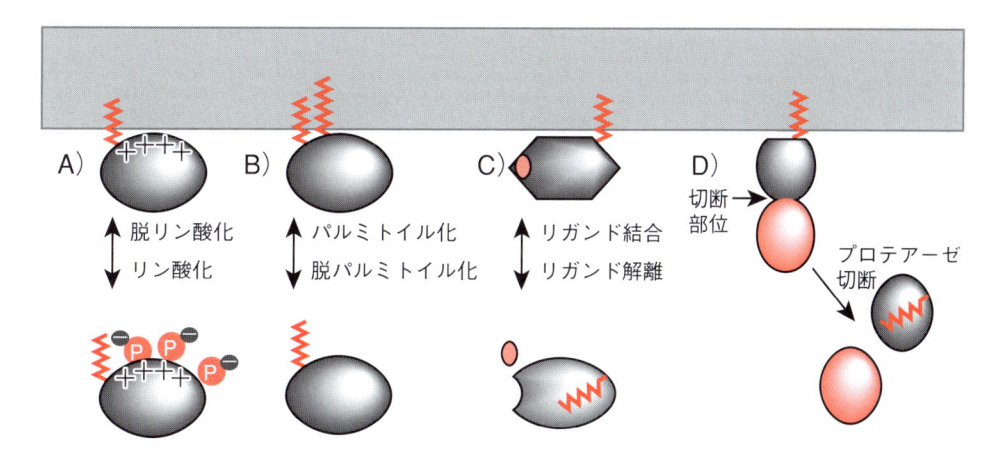

図3-35 N-ミリストイル化タンパク質の膜結合を制御する「ミリストイルスイッチ」
A) 正荷電アミノ酸のクラスターをもつN-ミリストイル化タンパク質では，リン酸化-脱リン酸化反応に伴い膜結合が制御される．B) N-ミリストイル化とパルミトイル化の二重の脂質修飾が起きるタンパク質では，可逆的なパルミトイル化反応により膜結合が制御される．C) Ca^{2+}あるいはグアニンヌクレオチド（GDP，GTP）といったリガンドとの結合によるタンパク質構造の変化に伴いミリストイル基の露出度が変化し，膜結合が制御される．D) タンパク質分解に伴うタンパク質構造の変化に伴いミリストイル基の露出度が変化し，膜結合が制御される

4 脂質修飾タンパク質のラフトへの局在化と細胞情報伝達

　脂質修飾タンパク質の多くは原形質膜に局在化し機能を発現するが，最近の研究から脂質修飾タンパク質は細胞膜上に均一に分布するのではなく「ラフト」と呼ばれる細胞膜中の特殊な機能的膜ドメインに局在していることが明らかになってきた[8]．ラフトはスフィンゴ脂質とコレステロールに富み，特定のタンパク質が集積することで，膜を介した情報伝達や細胞内物質輸送などの細胞機能に重要な役割を果たしていると考えられている．生体膜を構成する脂質のうち，グリセロリン脂質は不飽和脂肪酸を多く含んでいるのに対して，スフィンゴ脂質はより炭素鎖の長い飽和脂肪酸を有するため脂質分子間の疎水的相互作用が強く，このためスフィンゴ脂質同士で会合しドメインを形成しやすいことが知られている．脂質修飾タンパク質のうち，飽和脂肪酸を膜アンカーとしてもつN-ミリストイル化タンパク質やパルミトイル化タンパク質，GPIアンカータンパク質は同様の理由によりラフトに集積する．

　これに対して，枝分かれし，かさばった構造をもつイソプレノイドを膜アンカーとするプレニル化タンパク質は，ラフトから排除されることが知られている．細胞情報伝達における脂質修飾によるタンパク質のラフトへの移行の重要性については，T細胞受容体，B細胞受容体，Ras，成長因子受容体などについて明らかにされている[9]．ここではT細胞受容体について紹介する．

　T細胞受容体による細胞情報伝達では，抗原刺激に伴いT細胞受容体がラフトへ移行する．同時にラフトに存在するSrcファミリーチロシンキナーゼであり，N-ミリストイル化とパルミトイル化されたLckが活性化する．活性化したLckはT細胞受容体のCD3複合体ζ鎖（ITAM配列）をチロシンリン酸化し，SykファミリーキナーゼであるZAP70の会合および

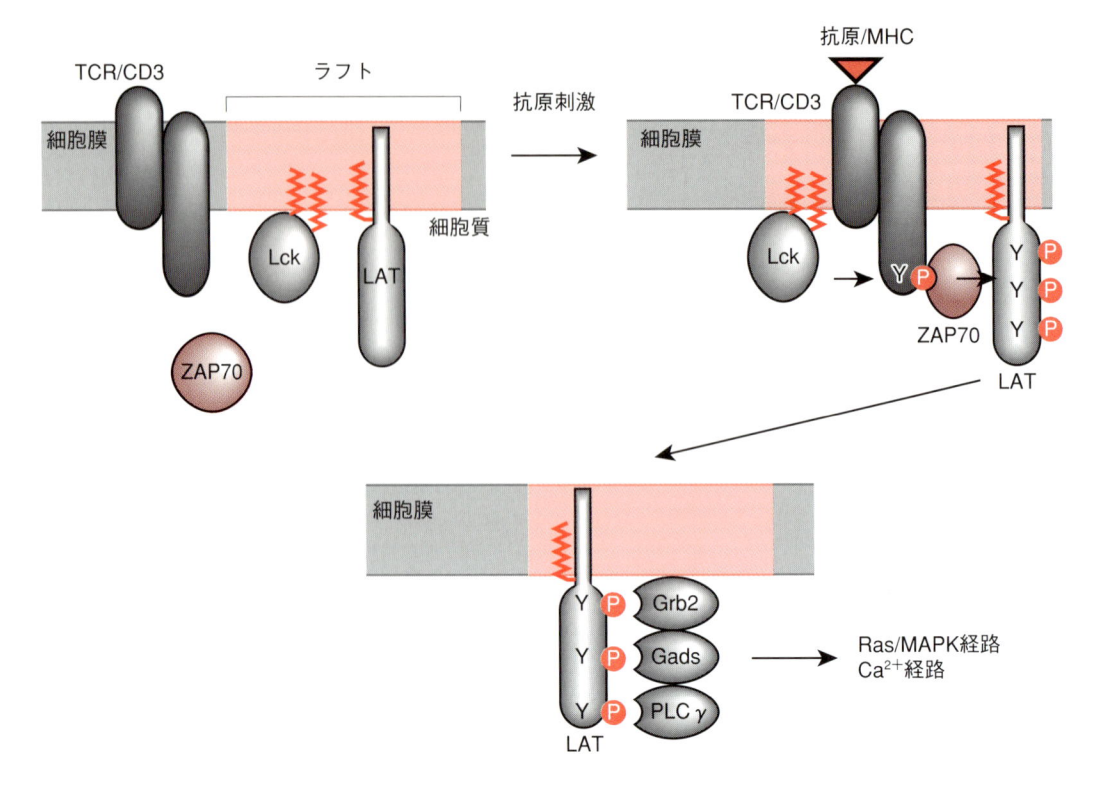

図3-36 ラフトを介するT細胞受容体による細胞情報伝達
抗原刺激に伴いT細胞受容体（TCR/CD3）がラフトへ移行すると同時に，ラフトに存在するN-ミリストイル化とパルミトイル化されたLckが活性化する．活性化されたLckはT細胞受容体をチロシンリン酸化し，ZAP70の会合と活性化を起こして，T細胞特異的アダプタータンパク質LATをチロシンリン酸化する．リン酸化されたLATは，Grb2, Gads, PLCγなどを膜にリクルートすることによりCa^{2+}経路，MAPK経路などを活性化してT細胞の活性化を起こす．これらのラフトへの局在を介する情報伝達経路において，Lck, LATに起きる脂質修飾は不可欠である

活性化をひき起こす．この活性化したZAP70は，ラフトに局在するパルミトイル化されたT細胞特異的なアダプター膜タンパク質LATをチロシンリン酸化する．リン酸化されたLATは，Grb2, Gads, PLCγなどを膜にリクルートしてCa^{2+}経路，MAPK経路などを活性化し，T細胞を活性化する（図3-36）．これらのラフトへの局在を介した情報伝達経路では，Lck, LATに起きる脂質修飾は必要不可欠である．

5 脂質修飾タンパク質の発現する多様な生理機能

タンパク質脂質修飾は，GTP結合タンパク質，プロテインキナーゼ，ホスファターゼ，Ca^{2+}結合タンパク質，細胞膜受容体，細胞接着因子，細胞骨格タンパク質，核タンパク質など細胞の機能制御において中心的役割を担うタンパク質群に起きる（第3章，第4章）．このため，これらの脂質修飾は，細胞内および細胞間情報伝達，細胞内物質輸送，細胞接着，細胞運動など多様な細胞過程で重要な役割を果たしている．また，これらの細胞機能とは全く

異なり，ウイルスや微生物の細胞への感染や増殖に脂質修飾タンパク質が重要な機能を果たしていることも知られている．実際，エイズの原因ウイルスであるHIV-1の感染や増殖にウイルスタンパク質に起きる脂質修飾は不可欠である．

またこれまで紹介したアシル化，プレニル化，GPIアンカー化以外にいくつかの新しい脂質修飾が見出され，タンパク質の特異的機能発現に関与していることが明らかにされている．例えば，発生過程での形態形成で重要な役割を担うヘッジホッグタンパク質は，自己切断により成熟化し分泌する過程でN末端Cys残基のα-アミノ基がアミド結合によりパルミトイル化され，C末端Gly残基にエステル結合によりコレステロールが結合する．これらN，C両末端の脂質修飾はヘッジホッグタンパク質の機能発現に不可欠である．また最近，酵母の自食作用（オートファジー）に必須なタンパク質であるAtg8のC末端Gly残基のカルボキシル基が，ホスファチジルエタノールアミンのアミノ基とアミド結合により結合していることが示された[11]．このPEによる修飾はAtg8のオートファゴソーム膜への結合とオートファジーの誘導に必須である（**第2章-4**）．これらの新しい修飾に加え，既存の修飾についても，タンパク質合成（翻訳）と同時に起きると考えられてきたN-ミリストイル化が，細胞内でのプロテアーゼ切断に伴い新しく露出したN末端に翻訳後に起こりうることが，Bcl-2ファミリータンパク質であるBidで見出され，新しいタイプの脂質修飾として注目されている[6)10)]．今後さらに新規な脂質修飾が見出されることも予想され，脂質修飾タンパク質の発現する生理機能は，さらに広がりをみせるものと推定される．

文献

1) Resh, M.: Fatty acylation of proteins: new insights into membrane targeting of myristoylated and palmitoylated proteins. Biochim. Biophys. Acta, 1451: 1-16, 1999
2) Zhang, F. & Casey, P.: Protein prenylation: molecular mechanisms and functional consequences. Annu. Rev. Biochem., 65: 241-269, 1996
3) Ikezawa, H.: Glycosylphosphatidylinositol (GPI) anchored proteins. Biol. Pharm. Bull., 25: 409-417, 2002
4) 深田吉孝，葛西秀俊：Gタンパク質の脂質修飾を介したシグナル伝達の調節．in "ダイナミックに新展開する脂質研究（清水孝雄　新井洋由/編）"，実験医学増刊，23: 62-68, 羊土社, 2005
5) Resh, M.: Membrane targeting of lipid modified signal transduction proteins. Subcell. Biochem., 37: 217-232, 2004
6) 内海俊彦：N-ミリストイル化によるタンパク質の膜局在化と機能調節．, 実験医学, 22: 1252-1259, 2004
7) Tang, C. et al.: Entropic switch regulates myristate exposure in the HIV-1 matrix protein. Proc. Natl. Acad. Sci. USA, 101: 517-522, 2004
8) Simons, K. & Toomre, D.: Lipid rafts and signal transduction. Nature Rev. Mol. Cell Biol., 1: 31-39, 2000
9) Lucero, H. A. & Robbins, P. W.: Lipid rafts-protein association and the regulation of protein activity. Arch Biochem. Biophys., 426: 208-224, 2004
10) Zha, J. et al.: Posttranslational N-myristoylation of BID as a molecular switch for targeting mitochondria and apoptosis. Science, 290: 1761-1765, 2000
11) Ichimura, Y. et al.: A ubiquitin-like system mediates protein lipidation. Nature, 408: 488-492, 2000

7 ポリADP-リボシル化

ポリADP-リボシル化は，NAD$^+$を基質として，ポリADP-リボース合成酵素（PARP）により触媒され，分岐構造をもつ巨大生体高分子のポリADP-リボースをアクセプタータンパク質に結合する，動的な翻訳後修飾反応である．最近知られた多くのPARP分子種のなかでDNA鎖切断により活性化されるPARP-1は，DNA修復，中心体機能など染色体の安定性にも関係する．本修飾反応は，神経変性，癌化，脳・心臓の虚血後再還流症候群や糖尿病などとも関連があり，また，PARP阻害剤の抗癌剤の効果増強効果も期待されている．

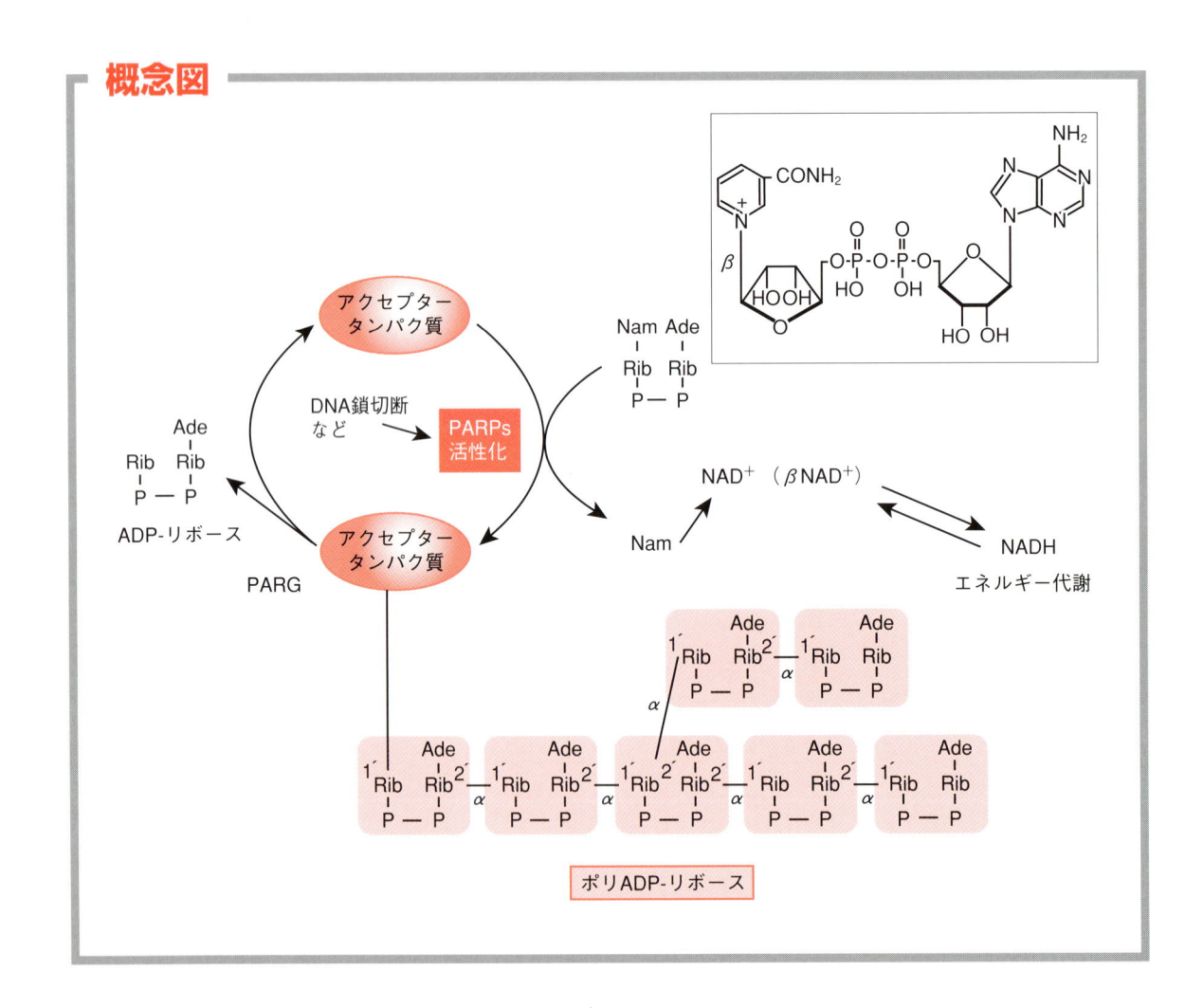

概念図

表3-7 ポリADP-リボース合成酵素（PARP）ファミリー

PARP番号[※1]	略称[※2]	フルネーム	トピック	GeneID[※3]
PARP-1	PARP, PARS, PARP-1, pADPRT-1	poly（ADP-ribose）polymerase-1, poly（ADP-ribose）synthetase	ゲノム安定性の維持，DNA切断端の認識，中心体制御，クロマチン凝縮・転写制御．核，中心体などに存在	142
PARP-2	PARP-2, ADPRT2, ADPRTL3	poly（ADP-ribose）polymerase-2	DNA切断端の認識	10038
PARP-3	PARP-3, ADPRT3, ADPRTL2	poly（ADP-ribose）polymerase-3	娘中心小体に局在	10039
PARP-4	VPARP, V PARP, vault PARP, ADPRTL1,	vault particle-associated poly（ADP-ribose）polymerase	核膜孔，紡錘体，核小体に局在	143
PARP-5	tankyrase, tankyrase 1, TNKS1, PARP-5a	TRF1-interacting ankyrin-related ADP-ribose polymerase 1	TRF1を修飾しテロメアを伸長．テロメア，核膜孔，中心体辺縁に局在	8658
PARP-6	tankyrase 2, TNKS2, PARP-5b	TRF1-interacting ankyrin-related ADP-ribose polymerase 2	ゴルジ体に局在	80351
PARP-7	TiPARP	TCDD-inducible poly（ADP-ribose）polymerase	ダイオキシンにより発現が誘導される	25976

※1：PARP番号は4以降がまだ一般的でなく，6以降は確定したものではない．※2：最も一般的と思われる略称を色文字で表示した．※3：GeneIDをNCBI（http://www.ncbi.nlm.nih.gov/）のGeneデータベースで検索すれば，主要論文，塩基配列，マップ等々のページへリンクできる．TCDD：2, 3, 7, 8-tetrachlorodibenzo-p-dioxin

　ポリADP-リボース合成は，DNA損傷後に激しく起こる反応であるが，この反応を担うPARPは1987年に単離され，その後，広く多細胞生物や粘菌でも保存されていることがわかった[1]．

　PARPは最初に発見されたPARP-1のほか，表3-7にあげたようにPARPドメインをもつ多くのタンパク質が発見されている．クローニングされ，組換えタンパク質で活性が確認されているのはPARP-1～PARP-7の7種である．活性が確認されていないものも含めると18ものPARPが報告されている[6]．

1 ポリADP-リボースの構造およびその合成

　ポリADP-リボースは，ポリADPリボース合成酵素〔PARP：poly（ADP-ribose）polymerase，PARS：poly（ADP-ribose）synthetase，または，pADPRT〔poly（ADP-ribose）transferase〕（EC 2.3.2.30）が，NAD$^+$を基質として，アクセプタータンパク質にADPリボース残基を付加重合する結果として生成し，ポリADPリボース分解酵素〔PARG：Poly（ADP-ribose）glycohydrolase〕によりすみやかに分解される[2)3)]．このようにしてポリADPリボシル化は，アクセプタータンパク質に負電荷をもつポリADPリボースを付加し，タンパク質の性質を大きく変化させる．

　ポリADP-リボシル化反応では，PARPがNAD$^+$（βNAD$^+$）を基質とし，ニコチン酸アミド（Nam）が遊離する．PARP-1の反応では，PARP-1自身が良いアクセプタータンパク質となる．in vivoにおいて生成されたポリADP-リボースが共有結合するアクセプタータンパク質は，証明されたものはPARP-1，p53，14-3-3などと未だ少ない．また，in vitroでの修飾部位は，ヒストンH1のN末端から2番目，H2BのN末端から2番目と15番目のグルタミン酸のγカルボキシル基で，リボースの水酸基とのエステル結合と考えられる．ADP-リボース間の直鎖状の結合は，α（1′→2′）のグリコシド結合で，α（1′→2′）結合で分岐もする（概念図）．ポリADPリボースの構造決定や合成・分解酵素の発見，また実験糖尿病発症のPARP阻害剤による予防などのユニークな研究は日本でなされた．また近年，脳や心臓での虚血後再還流時の活性酸素分子種によるPARPの過度な活性化による細胞死をPARP阻害薬を使って防ぐ試みや，DNA損傷性の抗癌剤の増感効果が注目されている．これらは，最近のレビュー[4)〜7)]やストラスブールのPARP Link（http://parplink.u-strasbg.fr/）が参考になる．in vitroで合成されたポリADP-リボースは，長い分子は200以上のADP-リボース残基からなると推定される．電子顕微鏡像では，菊花様の分岐構造をもち，その直径は，約300 nmに達する．このポリADP-リボースに対する自然抗体が，全身性エリテマトーデス患者血液に高値で存在する．

> **メモ**　天然にあるNAD$^+$は，ほとんどがβNAD$^+$で，ニコチン酸アミドとリボースとのアノマー構造のみが異なるαNAD$^+$は，ごく少ない．PARPは，酵母を除く真核生物での報告はあるが，原核生物では知られていない．古細菌のなかにも存在するとの報告がある．

2 ポリADP-リボシル化関連酵素の分子種と構造

　PARP-1は最初に発見され，他のメンバー発見前の文献では単にPARPと記されていた．2本のZnフィンガーをもつDNA結合ドメイン，自己修飾部位やタンパク質間相互作用に重要なBRCT（BRCA1 C-terminal）ドメインをもつ自己修飾ドメイン，酵素活性をもつPARPドメインからなる（図3-37）．触媒ドメインのX線結晶解析では，ジフテリア毒素や百日咳毒素の有するモノADP-リボシル化酵素活性の触媒ドメインの構造と似てい

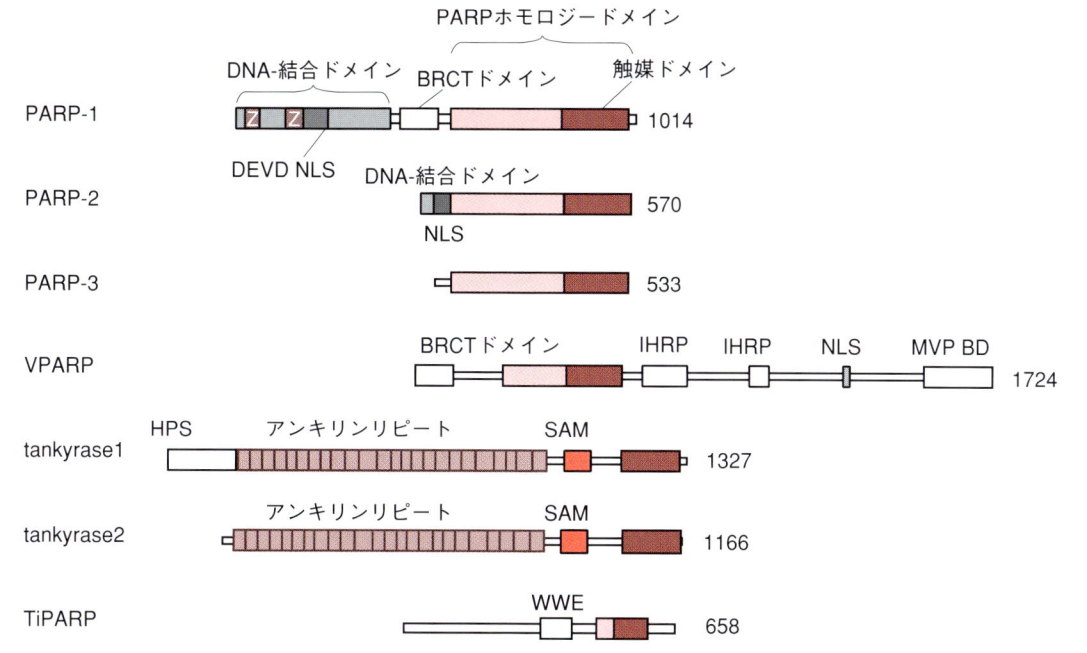

図3-37　PARPファミリータンパクの構造
□と■がPARPドメインで，■の範囲が触媒ドメインである．PARP-1のDNA結合ドメインはZで示した2つのZnフィンガーモチーフをもつ．PARP-2のN末端はPARP-1とは別の，塩基性DNA結合ドメインである．DEVD：カスパーゼ3認識サイト，BRCT：BRCA1 C末端ドメイン，NLS：核局在シグナル，IHRP：inter-alpha-trypsin inhibitor family heavy-chain-related protein，MVP BD：major vault protein結合ドメイン，SAM：sterile alpha motif，WWE：two conserved Trp (W) residues and a Glu (E) residueドメイン．HPS：His (H)，Pro (P)，Ser (S) のホモポリマー配列．数字はヒトでのアミノ酸数を表す

る．PARP-1は，DNA切断を伴う損傷により活性化され，DNA修復タンパク質に多くみられるBRCTドメインをもつなど，DNA修復や癌化との関連が注目されてきた．カスパーゼによるPARP-1の限定的分解は「細胞死マーカー」としても利用されている．一方で通常状態でも後述のように染色体分配や転写活性化に重要な役割をもつことが示されつつある．

　PARP-2, PARP-3はPARP-1との相同性によってデータベースから発見された．PARP-4からPARP-7までの分子は，すでにクローニングされたタンパク質のなかから，PARPドメインの存在が見出されたものである．PARP-2は，PARP-1と相互作用する．PARP-3はそのN末端を介して中心体の娘中心小体に局在する．VPARPはRNAタンパク質複合体であるvault複合体のサブユニットとして発見された．tankyrase-1はテロメア伸張を抑制するTRF1（telomeric repeat binding factor 1）と相互作用するものとして単離された．TiPARPはダイオキシン（2, 3, 7, 8-TCDD）で発現が誘導される遺伝子として得られた．

　一方，ポリADP-リボシル化の分解系としては，PARGが主なものであるが，その他，ポリADP-リボースのピロリン酸結合を切断するピロホスファターゼ（古典的には，蛇毒のホスホジエステラーゼがこの働きがあるので，ホスホジエステラーゼとも呼ばれてきた）や，

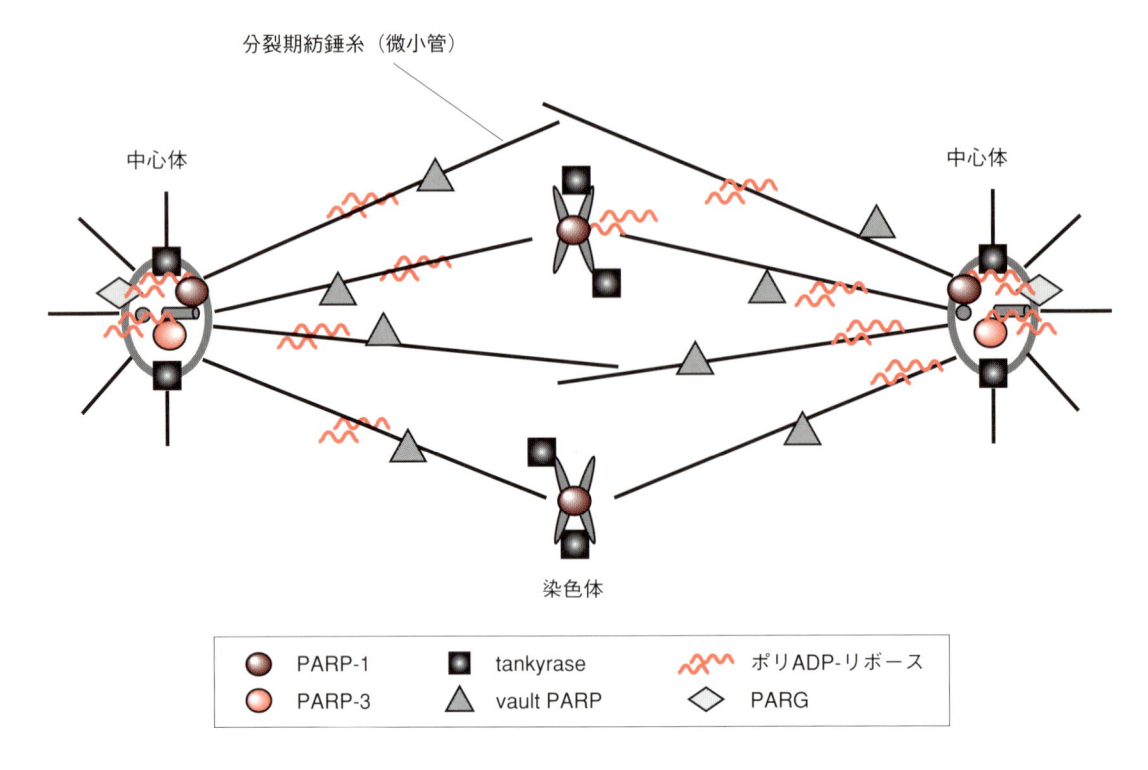

図3-38 細胞分裂装置におけるポリADP-リボシル化関連酵素，ポリADP-リボースの局在

アクセプタータンパク質（特にヒストン）に，結合する1分子のADP-リボースをタンパク質より外す，ADP-リボシルタンパク・リアーゼがある．

3 ポリADP-リボシル化の生物学的役割

PARPファミリーのなかでPARP-1は，組織中のタンパク質量や活性の点でも最も多い分子種である．PARP-1とPARP-2は，DNA切断損傷により活性化される．特にPARP-1は約100倍も活性化され，1本鎖DNA切断を伴うDNA塩基除去修復に必要とされる．DNA切断端にPARP-1が結合するが，同時にDNA修復タンパク質のXRCC1も動員される．PARP-3からPARP-7までは，それぞれ特異的な細胞内局在を示すが，どのようなきっかけで活性化されるかは不明である．PARPがゲノムの安定性に関与する機構としてDNAの損傷修復機構のほかに，染色体の安定性維持に関係している可能性がある．

1）ポリADP-リボース関連タンパク質の細胞分裂装置における局在

PARPの酵素活性のほとんどが核クロマチンに局在し，DNA切断損傷を加えた際にポリADP-リボースが核内に蓄積することから，PARP-1は，主としてDNA修復機能に関連すると考えられた．しかし，PARP-1のノックアウト細胞で，染色体数異常がみられることから，

表3-8　ポリADP-リボシル化関連酵素の変異体

遺伝子	生物種	変異の種類	形質※
Parp–1	ショウジョウバエ	複眼での過剰発現体	細胞骨格異常
Parp–1	マウス	ノックアウト	放射線・アルキル化剤への高感受性, 脳・心臓虚血などによる炎症の軽減
Parp–2	マウス	ノックアウト	放射線・アルキル化剤への高感受性
Parp–1/Parp–2	マウス	ダブルノックアウト	致死
Vparp（*Parp–4*）	マウス	ノックアウト	
Parp–1/Ku	マウス	ダブルノックアウト	致死
Parp–1/Atm	マウス	ダブルノックアウト	致死
Parg（*tej*）	シロイヌナズナ	誘発突然変異	概日リズム異常
Parg	ショウジョウバエ	ノックアウト	条件致死　運動能低下, 神経変性
Parg	マウス	ノックアウト	致死

※過剰発現体以外は，ホモ接合体の形質を示す

PARP-1の細胞分裂への関与が示唆された．事実，PARP-1は，最近セントロメア（動原体）と中心体に局在していることが明らかになった（図3-38）[4)6)]．また，PARP-3は，娘中心小体に，vault PARP（PARP-4）は紡錘体に，tankyrase（PARP-5）は中心体辺縁，テロメアに，PARPsの産物であるポリADPリボシル化タンパク質は，中心体と紡錘体に局在し，ポリADPリボースを分解するPARGは中心体にも局在する[3)]．また，tankyrase 1（PARP-5）のsiRNAによる発現抑制は，分裂期において染色分体のテロメアでの分離を阻害する．この結果より，ポリADPリボシル化が染色体の娘細胞への正確な分配にも関与することが示唆されている．

2）PARPsやPARGの過剰発現またはノックアウト生物

　PARP-1，PARP-2，PARP-4のノックアウトマウス，PARP-1のノックアウトショウジョウバエ，PARGのノックアウトショウジョウバエ，PARGのノックアウトマウスが報告された（表3-8）．PARP-1，PARP-2または，PARP-4の単独のノックアウトは，致死ではないが，PARP-1とPARP-2とのダブルノックアウトマウスは，致死となることから，この2つのファミリーメンバーは，生命活動に必須の機能を相補していると考えられる．また，PARP-1とDNA依存性タンパク質リン酸化酵素のサブユニットのKuあるいは，DNAの2本鎖切断の修復関連酵素Atmとのダブルノックアウトマウスも致死となる．

　PARP-1のノックアウトマウスでは，放射線やアルキル化剤に対して感受性が亢進しており，また，化学発がんの促進を示す報告もある．

　*in vivo*においてPARP-1をショウジョウバエの複眼原基特異的に発現させた場合には，アクチンの重合阻害による複眼の形態異常（個眼の極性異常）が，全身で発現させた場合も背部閉鎖の遅延などの障害が観察され，個体発生においてポリADP-リボシル化のレベルがそれぞれの臓器において適切に調節されなければならないことを示している[4)]．

　一方，ポリADP-リボシル化の分解系での主役とされるPARGのノックアウト生物としては，最初に植物の生物時計に関係する遺伝子*tej*が，PARGをコードすることがゲノム情報か

ら明らかとなり，その変異は生物時計機能の異常をきたした．また，PARGノックアウトショウジョウバエでは，野生型が通常25℃で正常に発生（羽化）するのに対し，温度感受性変異体は，25℃では，幼虫期に致死となり，29℃においてのみ羽化するが，羽化直後にすでに運動麻痺を示し，10日以内でほとんどが死亡した．脳内では，ポリADP-リボシル化物質に対する特異抗体で反応する封入体様の物質が認められた[3]．PARGの完全ノックアウトマウスは，胎生致死である（表3-8）．

4　PARP阻害剤を用いた研究

　PARP阻害剤は，細胞の種類により異なる薬理効果を与える[8]．インスリンを産生する膵臓のβ細胞を標的とした，DNA損傷性のストレプトゾトシンを用いてのラットでの実験糖尿病モデルでは，PARP阻害剤はβ細胞の細胞死を回避し，糖尿病の発症を予防する．これは，膵臓のβ細胞に取り込まれたストレプトゾトシンが，DNA鎖を切断する結果，PARPが活性化され，NAD^+の著しい消費の結果，NAD^+レベルの低下をきたし，これが原因で細胞のエネルギー代謝の異常をきたして細胞死（ネクローシス）が起きる．この際，ポリADP-リボシル化の阻害によりNAD^+レベルを維持して細胞死より免れるというメカニズムである．しかし，長期的には，β細胞から，インスリン産生性の腫瘍が高率に発生する．また，PARP阻害剤は，心臓や脳での実験的な虚血再還流症候群における細胞死を予防する．虚血後の再還流により生じる活性酸素種などによるDNA鎖切断がPARPを活性化し，NAD^+レベルの低下を伴うことがその一因と考えられ，PARP阻害剤は，心筋梗塞，脳梗塞の予後を改善する治療薬として期待されている[9]．

　一方，PARP阻害剤がDNA傷害性の抗癌剤の効果を増強する報告がある．DNA切断性の抗癌剤に感受性の癌細胞では，PARP阻害剤によりDNA切断後の修復が阻害され，癌細胞死が促進するとのシナリオである．最近きわめて強力な阻害剤が開発され，これを用いての臨床試験が進みつつある[10]．また，BRCA2は，元々相同組換えに必要な因子であるが，遺伝性乳癌では不活性化されている．その細胞に，塩基除去修復に必要なPARP阻害剤を与えることにより，2つの独立したDNA修復系が同時に阻害される結果，乳癌細胞死を起こすことが最近相報告された[11,12]．これは，新しい治療戦略の始まりを告げるものかもしれない．

■文献■

1) Althaus, F. R.：Poly（ADP-ribose）biosynthesis. In: ADP-ribosylation of Proteins.（Althaus, F. R. & Richter, Ch. eds.）：Springer-Verlag, Berlin, 1987
2) Sugimura, T. & Miwa, M.：Structure and properties of poly（ADP-ribose）. In ADP-Ribosylation Reaction.（Hayaishi, O. & Ueda, K. eds.）pp. 43-63：Academic Press, New York, 1982
3) Miwa, M. & Uchida, K.：Poly（ADP-ribose）polymerase：structure, expression and biological function.（Tsuboi, S., et al. eds.）：Japan Scientific Societies Press, Tokyo, 1992
4) Miwa, M. et al.：Roles of poly（ADP-ribose）metabolism in the regulation of centrosome duplication and in the maintenance of neuronal integrity.（Buerkle, A. ed.）Landes Bioscience, Georgetown, TX, 2004
5) Masutani, M. et al.：Poly（ADP-ribose）and carcinogen-

esis. Genes, Chromosomes and Cancer, 38: 351-355, 2003
6) Ame, J. Cc et al.：The PARP superfamily. BioEssays 26：882-893, 2004
7) 三輪正直　ほか，"ポリ ADP リボシル化研究の新展開"（竹縄忠臣／編）実験医学，22-9：羊土社，2004
8) Buerkle, A.：Physiology and pathophysiology of poly（ADP-ribosyl）ation. Bioessays 23：795-806, 2001
9) Szabo, C.：Activation of poly（ADP-ribose）polymerase in the pathogenesis of ischemia-reperfusion injury. In：From DNA Damage and Stress Signalling to Cell Death; Poly ADP-ribosylation reactions.（de Murcia, G. & Shall, S. eds.）：Oxford University Press Inc. New York, 2000
10) Curtin, N. J.：New poly（ADP-ribose）polymerase inhibitors for chemo- and radiotherapy of cancer. In：From DNA Damage and Stress Signalling to Cell Death：poly ADP-ribosylation reactions（de Murcia G. & Shall S. eds.）：Oxford University Press Inc., New York, 2000
11) Bryant, H. E. et al.：Specific killing of BRCA2-deficient tumours with inhibitors of poly（ADP-ribose）polymerase. Nature, 434：913-917, 2005
12) Farmer, H. et al.：Targeting the DNA repair defect in BRCA mutant cells as a therapeutic strategy. Nature, 434：917-921, 2005

8 糖鎖修飾

生体内のタンパク質の多くは糖タンパク質で，糖鎖修飾は共有結合による翻訳後修飾の代表といえる．糖鎖は N- または O-グリコシド結合でタンパク質に結合し，それぞれの母核構造の外側にある糖鎖構造は多様である．合成途中のペプチド鎖に ER（小胞体）内部で糖鎖修飾が始まり，ゴルジ体でのプロセシングを経て完成する．

糖鎖は，糖タンパク質分子の溶解性，安定性，生物活性や分子寿命を左右し，さらに，ER において糖タンパク質の品質管理や送達（ターゲティング），細胞膜においては細胞接着，情報伝達および組織構築を調節する重要な役割を果たすことが明らかになってきた．

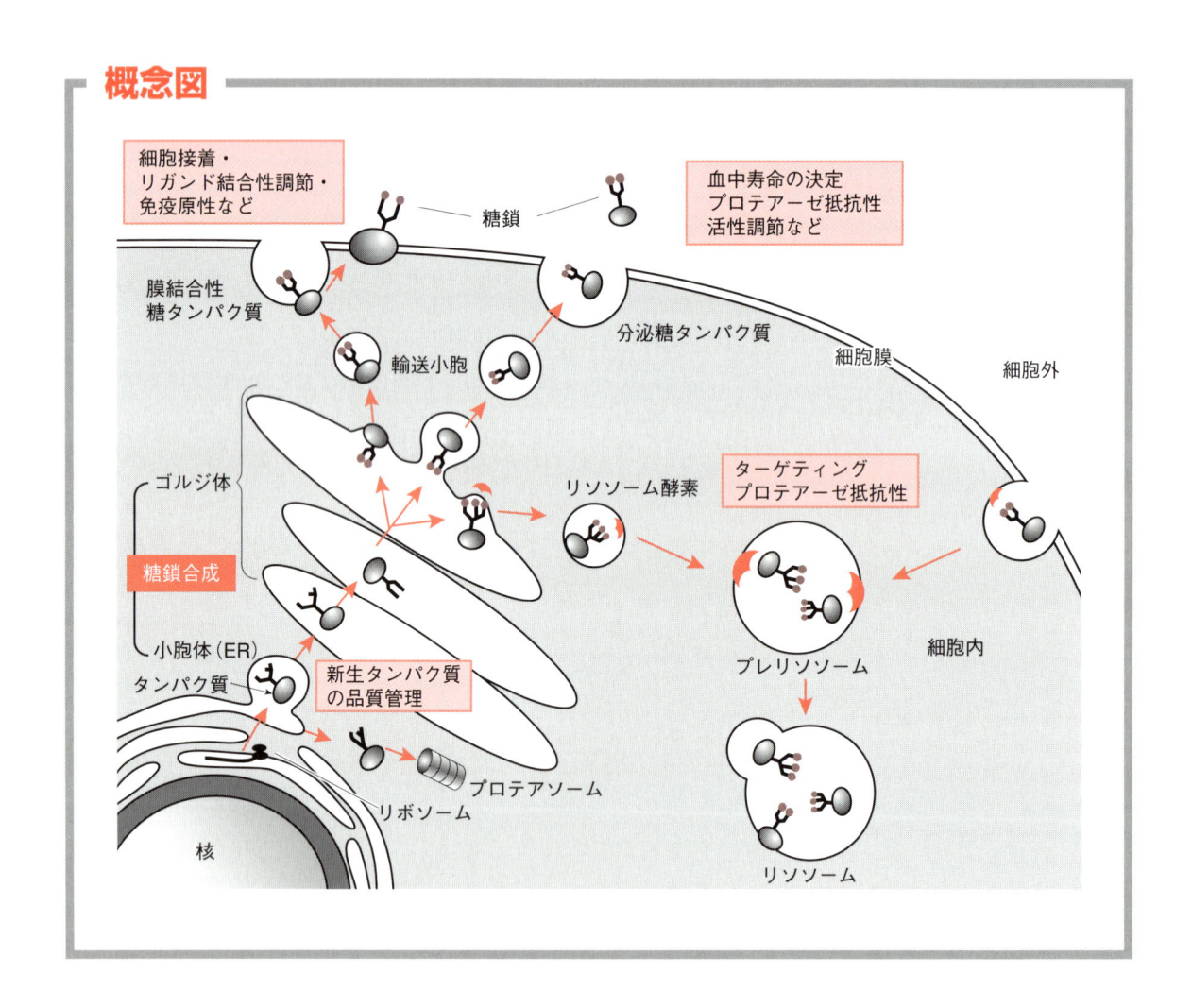

概念図

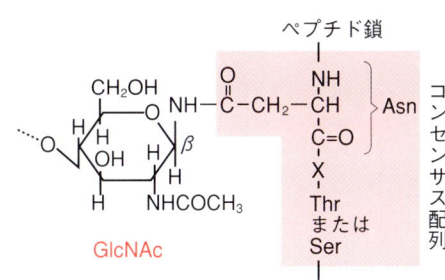

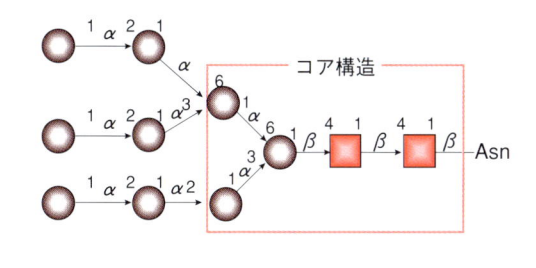

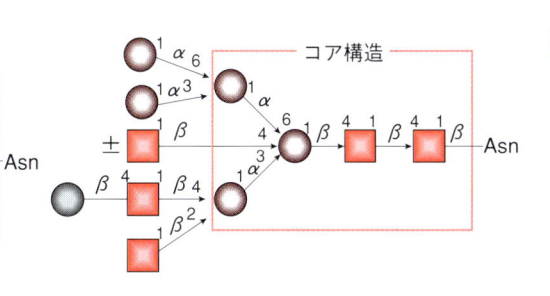

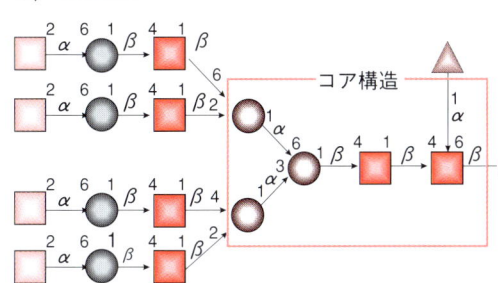

図 3-39　N-グリカンの結合部分と構造の例
A）タンパク質中の Asn-X-Ser/Thr の配列（コンセンサス配列）がオリゴ糖転移酵素の認識に最小限必要で，この Asn の側鎖のアミド窒素に β 型で GlcNAc が結合する．B）コア 5 糖の 2 つの α-Man に付く側鎖部分の構造により高マンノース型（オリゴマンノース型），C）複合型（コンプレックス型），または D）混成型（ハイブリッド型）に大別される．側鎖（分枝）の数は 0〜6 本まで多様であり，コア構造の根元の GlcNAc には多くの場合，フコースが α-結合する．D）のように β-Man に付く GlcNAc β 1-4 部分をバイセクティング残基とよび，混成型または複合型に存在する．植物の糖鎖ではキシロースが β 1-2 結合でコアの β-Man に結合することが多い

1 糖タンパク質糖鎖の構造

　生体内のタンパク質の多くは糖鎖修飾を受けた糖タンパク質である．糖鎖は，N-グリコシド結合または O-グリコシド結合の 2 種類の共有結合でタンパク質に結合する．N-結合糖鎖（N-グリカン）が付加するためには，タンパク質中の Asn-X-Ser/Thr（X は Pro，Cys または Trp 以外のアミノ酸）の配列が最小限必要で，この Asn の側鎖のアミド窒素に β 型で結合する（図 3-39）．N-グリカンは，動植物に共通な $Man_3GlcNAc_2$ のコア構造をもち，そこに色々な糖が付き高マンノース型，複合型，または混成型の側鎖を形成する．

　O-結合糖鎖（O-グリカン）は，Ser/Thr の側鎖ヒドロキシル基に α 型で結合した GalNAc に始まる，7 種類以上のコア構造が報告されている（図 3-40）．多くの O-グリカンはコア 1 構造を有する．分枝は少なく，コア構造にシアル酸が付加しただけの短い糖鎖のほかに，コアに種々の糖が結合して側鎖が伸びた多様な末端構造をもつ糖鎖が存在する．またコア構造

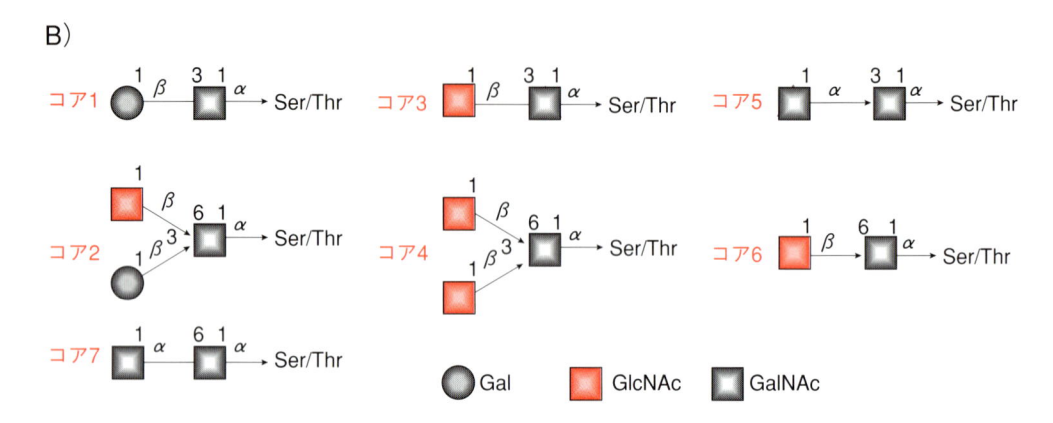

図3-40 *O*-グリカンの結合部分とコア構造
A) *O*-グリカンの結合部分．B) 基本となる7種類のコア構造．シアル酸（NeuAc）は主に GalNAc または Gal に α-2,6 または α-2,3 結合する．シアル酸転移酵素は *N*-グリカンに働くものと共通と考えられている．

を含まない GlcNAc，Glc，Gal などによる *O*-グリコシル化も，核，細胞質および血液中のタンパク質に見つかっている．ペプチド側の *O*-グリコシル化のコンセンサス配列はまだはっきりしていない．胃腸組織，気道内などの上皮組織には，Pro，Ser/Thr に富むペプチドの繰り返し配列（多数の *O*-グリコシル化部位をもつ"ムチン"ドメイン）が含まれ，*O*-グリカンがクラスター化して存在する上皮性ムチンが発現している．*N*-，*O*-グリカンは，細胞表面や可溶性タンパク質にも豊富に存在する．

　糖は結合に使えるヒドロキシル基を複数もち，糖残基ごとに α または β のアノマー配置をとることによって，糖鎖のとりうる可能な構造の数が飛躍的に高まる．さらに糖鎖の生合成プランは，設計図となる mRNA に書かれておらず，次節に示すように異なる酵素が働いて，1つ1つの糖残基を結合させたり切り離したりする．すなわちアクセプターとなるペプチドの立体構造のほか，糖鎖合成過程で競合して働く複数の酵素活性の大小や，ドナーとなる各糖ヌクレオチドの濃度など，細胞内の環境も糖鎖の生合成に影響を与えるので，多様な糖鎖構造ができあがる．同じ種類の糖タンパク質でも，糖鎖構造には分子や部位によってわずかな差がみられる（微小不均一性）．

> **メモ** *N*-グリカンは Asn 残基の側鎖アミノ基に結合し，共通のコア5糖構造（$Man_3GlcNAc_2$）とさまざまな分枝構造をもつ．*O*-グリカンの多くは α-GalNAc に始まる種々のコア構造をもち，Ser/Thr の側鎖ヒドロキシル基に結合する．糖鎖構造には微小不均一性がみられる．

2 タンパク質の糖鎖修飾メカニズム

糖鎖の合成は，図3-41に示すように，小胞体（ER）からゴルジ体にかけて存在する糖転移酵素と糖質加水分解酵素（グリコシダーゼ）の作用で行われる．N-グリカンは，ER膜に結合したドリコールリン酸に糖転移酵素が1つずつ糖を結合させて，14糖の前駆体糖鎖をあらかじめ合成する[1]．細胞質側にあるリボソームで合成中のタンパク質のうちシグナル配列をもち，N末端から膜を貫通してきたポリペプチド鎖に，前駆体からオリゴ糖鎖がひとまとめに転移される．シグナル配列をもたない核や細胞質タンパク質などはER膜を内腔側へ貫通しないため，Asn-X-Thr/Ser配列があってもN-グリコシル化を受けない．糖鎖付加反応は，コンセンサス配列をもつペプチドの高次構造やオリゴ糖転移酵素複合体とリボソームとの空間的な配置など，オリゴ糖転移反応に必要な他の条件の影響も受ける．

転移後直ちに糖鎖は，複数の特異的なグリコシダーゼにより非還元末端から段階的に糖残基が除去される（プロセシング）．後述するように，この過程でペプチド鎖の折りたたみ（フォールディング）が正常に行われるように，糖鎖を介して品質管理する機構が存在する．さらにERからゴルジ体へ輸送されてゴルジ内腔に分布するグリコシダーゼや糖転移酵素によって糖鎖のプロセシングが続けて行われる．トランスゴルジでは，リソソーム，形質膜および分泌経路へと運ばれるタンパク質の選別が行われ，輸送小胞によって目的地へ輸送される．

一方，O-グリカンは，ERやゴルジにかけた移行部位の内腔で，ペプチド鎖に直接，糖ヌクレオチドからGalNAcやGalなどの糖残基が各糖転移酵素により転移され，さらに非還元末端に糖を1つずつ付加していって合成される．N-グリカンは，ER膜に結合したドリコールリン酸（Dol-P）に，細胞質側で糖ヌクレオチド（GDP-Man，GDP-Fuc，CMP-NeuAc以外の多くはUDP誘導体）を供与体として糖転移酵素が1つずつ糖を結合させて7糖まで連結する．②$Man_5GlcNAc_2$-Dolは，ER内腔に反転し，Dol-P-Manおよび-Glc供与体から4残基のManと3残基のGlcが結合して14糖の前駆体糖鎖が合成される．③ER膜を貫通してきた合成中のポリペプチド鎖に，前駆体から糖鎖がひとまとめに転移される．④転移後直ちに糖鎖は，複数の特異的なα-グルコシダーゼにより非還元末端から段階的に糖残基が除去される．⑤糖鎖が$GlcMan_9GlcNAc_2$まで切断されると，ERに存在してGlcを認識するシャペロン分子（カルネキシン，カルレティキュリン）が結合してペプチド鎖の折りたたみを助ける．⑤正しく折りたたまれない糖タンパク質は，糖鎖に再びGlcが付加され，⑤の過程を繰り返す．最終的に正しい高次構造が獲得できない場合，Glcが除去されて細胞質へ搬出され，ユビキチンリガーゼによって，ポリユビキチン化され，N-グリカンを除去後プロテアソームによって分解される．⑥正しく折りたたまれた糖タンパク質は，さらに糖鎖のプロセシングが進み，ERからゴルジ体へ輸送される．⑦ゴルジ内腔に分布するグリコシダーゼや糖転移酵素によってプロセシングが続けて行われる．リソソームに運搬される糖タンパク質はGlcNAc-Pの転移に続いてGlcNAcの除去によりMan-6-Pシグナルをもつようになる．⑧$Man_5GlcNAc_2$にGlcNAcが転移されると混成型へ，⑨α-マンノシダーゼIIが作用してさまざまな糖が付加すると複合型へとプロセシングされる．⑩トランスゴルジで選別を受けた糖タンパク質は，輸送小胞によって目的地へ輸送される．⑪ERやゴルジにかけて膜

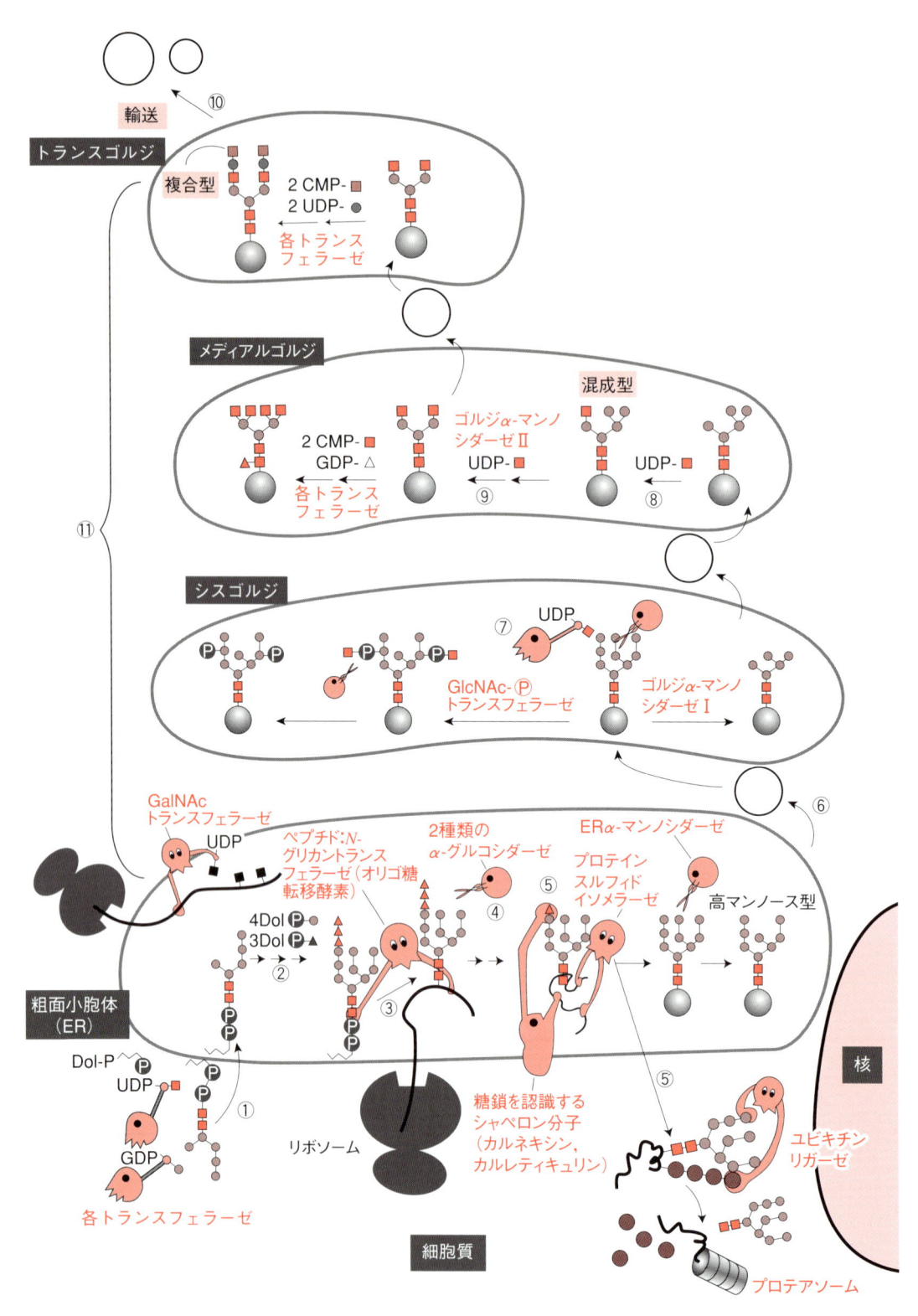

図3-41 *N*-および *O*-グリカンの合成

貫通型のGalNAc転移酵素が存在して，糖ヌクレオチドから糖残基が転移されO-グリコシル化が始まる．シアル酸転移酵素が働き，シアル酸が転移されると多くの場合糖鎖の伸長が止まる

> **メモ** 糖鎖修飾はER内腔とゴルジ体で行われる．シグナルペプチドをもつ合成中のペプチド鎖Asn-X-Ser/ThrのAsnに，ERで糖転移酵素の作用によってN-グリカン前駆体がまとめて転移される．その後糖鎖は種々のグリコシダーゼによるプロセシングを受けて完成する．O-グリカンは，Ser/Thrに糖ヌクレオチドから1つずつ糖が転移されて作られる．

3 糖鎖修飾の生命機能

糖鎖の機能には，糖鎖構造を特異的に認識するタンパク質との結合や，糖鎖-糖鎖の相互作用を介して発揮されるシグナル機能とタンパク質分子の立体構造や溶解性の制御など物理化学的性質への寄与がある．最近，シグナル機能は細胞接着誘導や選別輸送など，重要な役割を果たすことがわかってきた．

1) 糖タンパク質の品質管理

ER内には新生糖タンパク質の正しいフォールディングを品質管理する機構が存在する．糖鎖のプロセシングが$GlcMan_9GlcNAc_2$-まで進んだ時点（図3-41の⑤）[2]で，糖ペプチド鎖はGlc特異的なレクチンであるシャペロン分子（介添え役の意）の働きによりER内腔に固定され，ペプチド鎖のシステインジスルフィド結合の形成を触媒する酵素が働き，折たたまれてタンパク質の立体構造を形成する．

しかしミスフォールドされた糖タンパク質は，いったんGlcが除去された後，ただちに再びGlcが転移されて折りたたみ直される．それでも正しい高次構造が獲得できない場合，Glcの除去を受け分解経路に運ばれてプロテアソームによって分解される（図3-41の⑫）．この過程でユビキチンリガーゼは高マンノース型N-グリカンを識別して，プロテアソームに入るために必要なポリユビキチンシグナルを結合させる[3]．

> **メモ** レクチン：特定の糖鎖構造を認識し，結合するタンパク質の総称（抗体や酵素を除く）．ウイルスから植物，動物まで，広く生物界に分布する．代表例として，動物では本稿で述べるセレクチン，Man6-P受容体などがある．植物では，種子に数多く報告され，コンカナバリンAなど血球凝集素として知られるものが多い．

2) リソソーム酵素のターゲティング

細胞内外からの基質を分解するオルガネラであるリソソーム内には，多数の加水分解酵素が存在する．リソソーム酵素の多くは糖タンパク質で，可溶性マトリックス型と膜結合型のものが存在する．可溶性酵素については，酵素のもつ糖鎖中の6-リン酸化マンノース

図3-42 リソソーム酵素の輸送経路
リソソーム酵素分子上の，非還元末端にリン酸基をもつ高マンノース型糖鎖を，ゴルジ膜にあるMan6-P受容体が認識して結合する．リソソーム酵素はMan6-P受容体と結合して，輸送小胞に取り込まれ，トランスゴルジからプレリソソームへ運ばれる．プレリソソーム内の酸性条件下で，酵素分子はMan6-P受容体から解離して，リソソームへと輸送される．Man6-P受容体はゴルジ体へリサイクルされる．一部の酵素は輸送小胞を介して細胞膜から細胞外へ分泌され，Man6-P受容体によって細胞外から捕集される

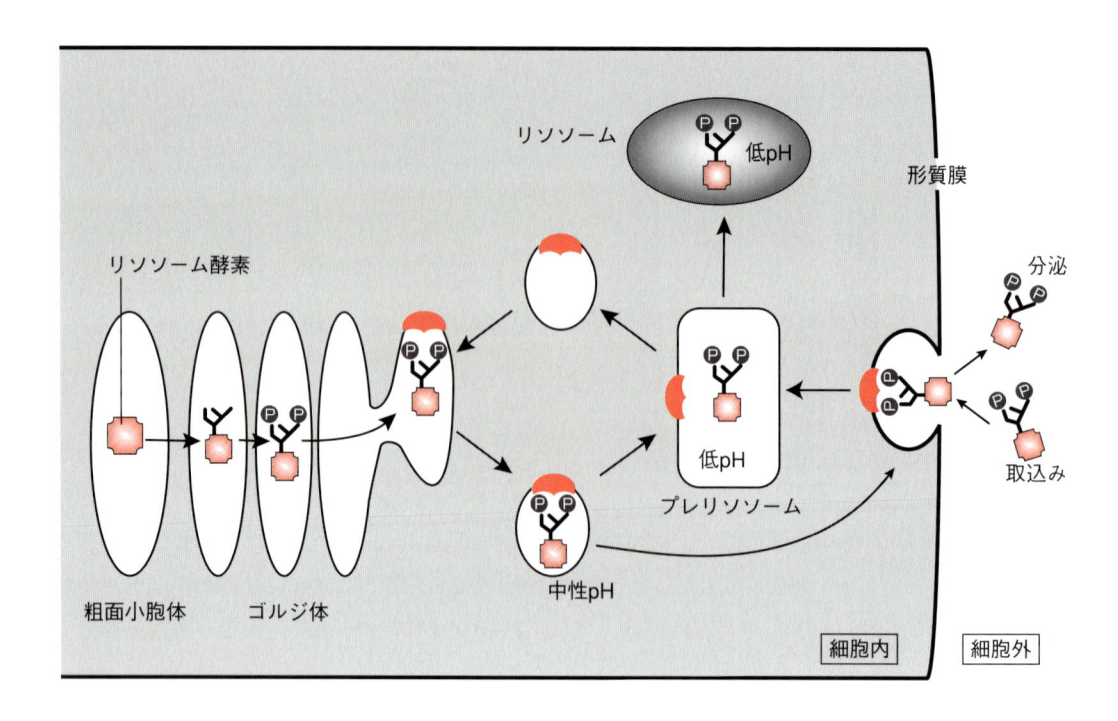

(Man6-P)がリソソームへの輸送シグナルの1つである．酵素はMan6-Pを識別する膜受容体と結合してゴルジ体や細胞膜からリソソームまで運ばれる（図3-42）．Man6-P構造の合成にかかわるα-GlcNAc1-P転移酵素（図3-41の⑦）の活性が低下すると，多くのリソソーム酵素が正しく輸送されないため，細胞内で基質の過剰蓄積が起こり，発育不全，精神運動発達の遅れ，顔貌や骨の異常などの症状が出現する（I-cell病や偽ハーラーポリジストロフィーと呼ばれる疾患）．酵素がリソソーム内に安定して存在するには，プロテアーゼによる分解から保護することが必要であり，リソソーム酵素の糖鎖修飾はこの点でも寄与している．

3) 炎症時における白血球の細胞接着

通常の毛細血管内では白血球は血流に乗って流れている．白血球と血管内皮細胞との接着には，そのどちらにも存在するシアリルルイス糖鎖抗原とセレクチン分子（selectin：serum + lectinの意）との相互作用が重要である．セレクチンは現在までにL-，E-，P-セレクチン

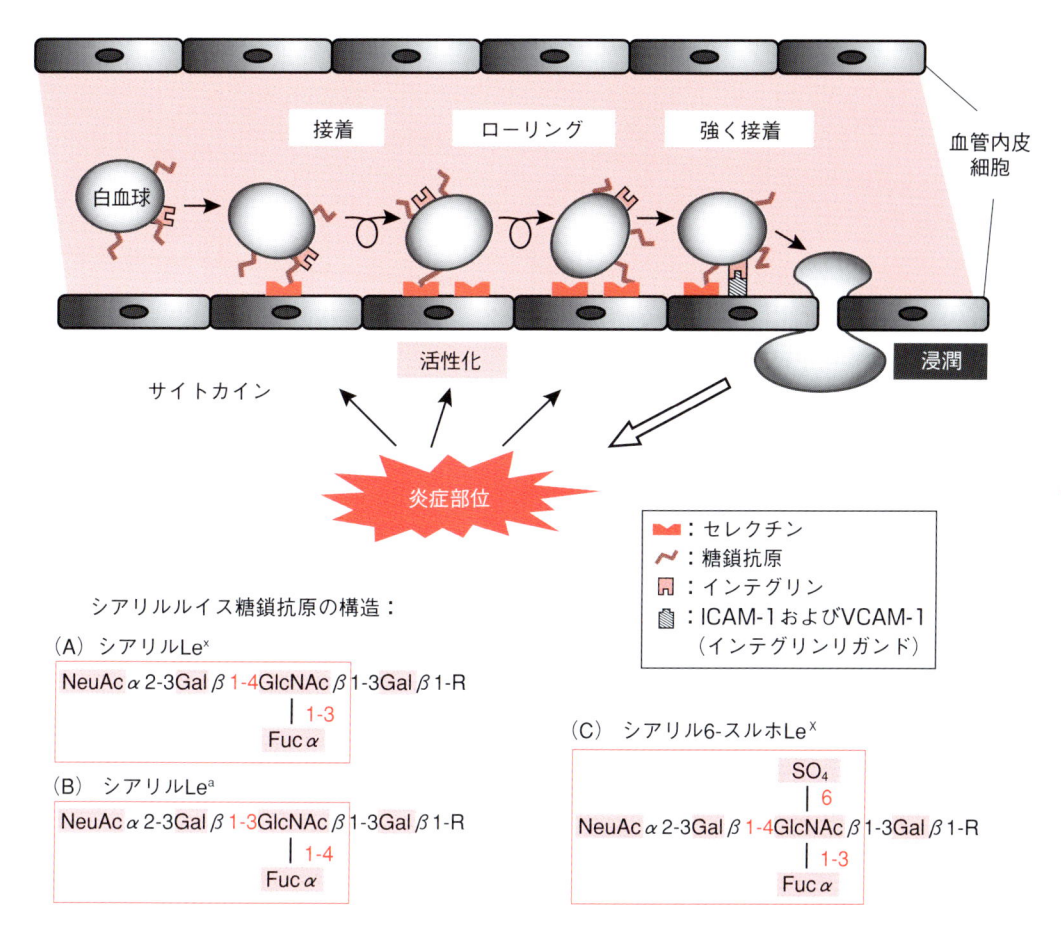

図3-43 白血球の炎症部位におけるローリングおよび浸潤過程

シアリルルイス糖鎖抗原の構造：

(A) シアリルLe^x

NeuAc α2-3Gal β1-4GlcNAc β1-3Gal β1-R
　　　　　　　　　｜1-3
　　　　　　　　Fuc α

(B) シアリルLe^a

NeuAc α2-3Gal β1-3GlcNAc β1-3Gal β1-R
　　　　　　　　　｜1-4
　　　　　　　　Fuc α

(C) シアリル6-スルホLe^x

　　　　　　　　SO$_4$
　　　　　　　　｜6
NeuAc α2-3Gal β1-4GlcNAc β1-3Gal β1-R
　　　　　　　　　｜1-3
　　　　　　　　Fuc α

の3種類が知られている（それぞれleukocyte：白血球, endothelium：内皮, platelet：血小板の表面に存在する）．すべてのセレクチンは，シアリルLe^x，シアリルLe^a，およびシアリル6-スルホLe^x〔図3-43 (A), (B)および (C)〕などのシアリルルイス抗原をもつ糖鎖に特異的な結合活性を示すが，オリゴ糖レベルでの結合性は，親和定数=$10^{3\sim4}$ M^{-1}程度と高くない．したがってセレクチンの糖鎖認識には，このような糖鎖配列が複数繰り返した多価リガンドが必要であり，白血球やリンパ球の血管外浸潤に際して，複数の相互作用がからみ合って働くと考えられている．

　例えば組織が炎症を起こすと，炎症部位の血管内皮細胞はサイトカインによって活性化され，E-セレクチンを細胞表面に発現する（図3-43）．一方，白血球表面にはシアリルルイス抗原が発現されているので，白血球は炎症部位において血管内皮細胞表面セレクチンと弱く結合し，内皮にそって転がり始める（ローリング）[4]．すると，白血球表面の接着分子であるインテグリンが活性化され，血管内皮細胞表面に存在し，インテグリンと強く結合するリガンドの細胞間接着分子-1（intercellular adhesion molecule-1：ICAM-1），血管細胞接着分子-1（vascular cell adhesion molecule-1：VCAM-1）と結合する．その結果，白血球は血

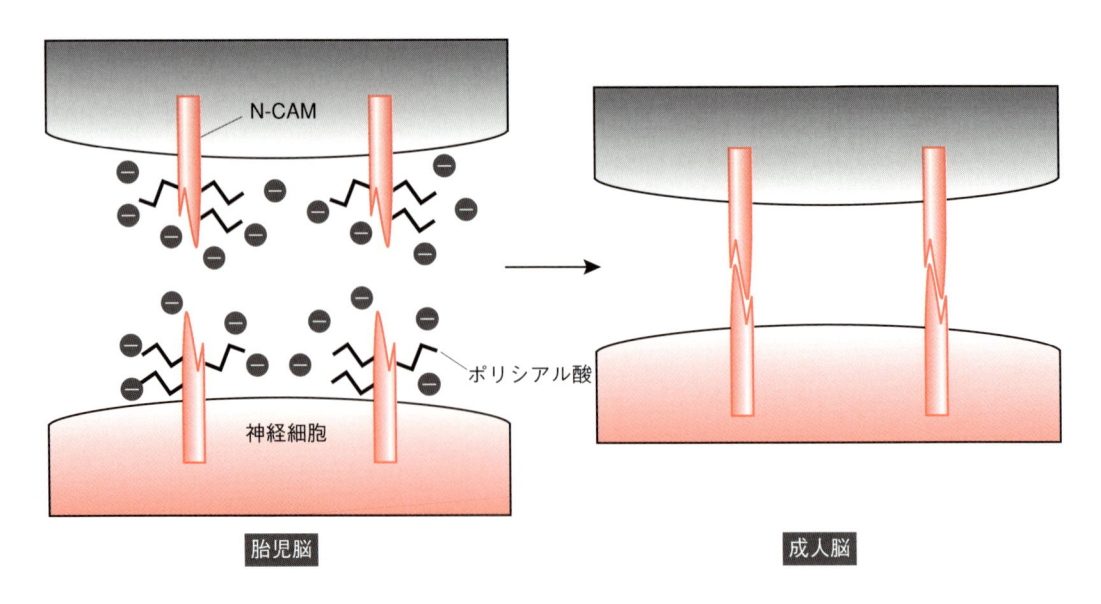

図3-44　N-CAM上ポリシアル酸鎖による細胞接着調節

管内皮細胞と二次的に強く接着し，細胞内へのシグナル伝達が誘導される．こうして白血球の組織への浸潤が開始して，炎症反応が始まる．

　シアリルルイス抗原を介する血管外浸潤は，リンパ球が外界からの異物の侵入に対するパトロール役として機能するために重要な現象である．ホーミング（リンパ球が特定の組織から全身を巡り，再び元の組織に戻ってくる現象のこと）においても働く．このとき，L-セレクチンと高内皮のシアリル6-スルホLe^xの結合が重要と考えられている．最近，シアリルLe^xやシアリルLe^aが癌細胞に多く発現し，癌の進行につれてより高発現することが明らかになった[5]．一方，正常の組織ではシアリルLe^xまたはシアリルLe^aの発現は低く，シアリル6-スルホLe^xやジシアリルLe^aなどが多くみられる．シアリルLe^xやシアリルLe^aを高発現する癌細胞はセレクチンを介して血管内皮細胞にきわめてよく接着し，この細胞接着が癌の転移に深く関与すると考えられている．

> メモ　糖鎖抗原：特定の抗原構造をもち，抗原抗体反応，免疫応答を誘起する複合糖質糖鎖の総称．多くは生体内で動物レクチンのリガンドとして働く．代表的な例としては，ABO式血液型物質や，ルイス式血液型物質などがある．

4）神経細胞間の接着と神経組織構築

　ポリシアル酸鎖をもつN-CAM（neural cell adhesion molecule）は胎児の脳に大量発現しており，ポリシアル酸鎖の負電荷による反発作用でN-CAM同士の結合を阻害することにより，神経細胞間の接着を調節し，正常な神経の構築を司ると考えられる（図3-44）．成人の脳ではN-CAMの発現量は変わらないが，ポリシアリル化の度合いは大きく減少し，その結

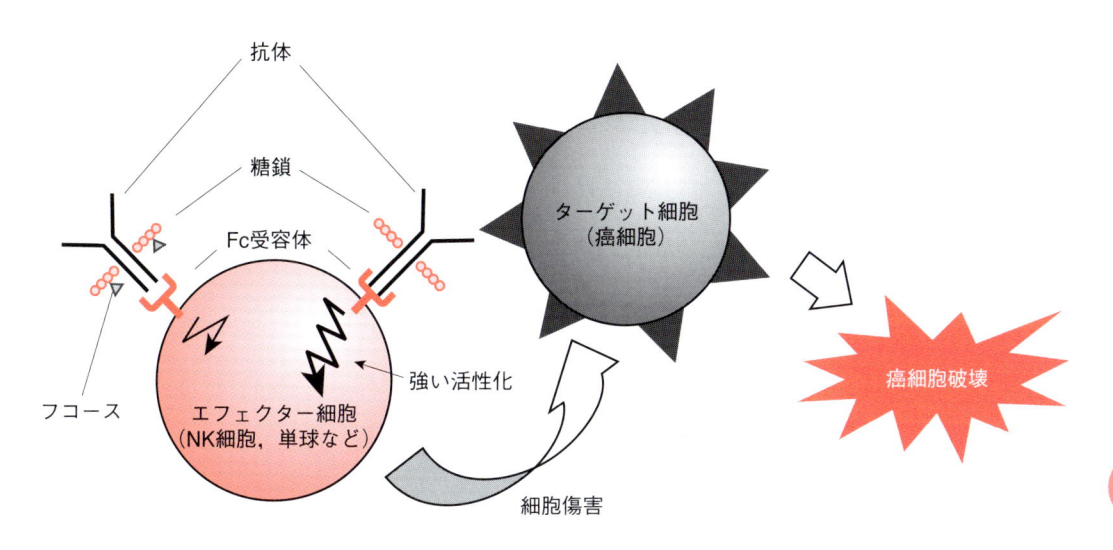

図3-45 ADCCによる癌細胞破壊に与えるIgG糖鎖の影響

果N-CAM同士の強い結合が形成され，神経細胞の動きや伸長が抑制される．しかし成人の脳においても，神経再構築が活発に行われている海馬と嗅球では，ポリシアリル化N-CAMが残存する．

5）抗体のエフェクター活性調節

　癌などの抗体療法の主役とされている抗体依存性細胞傷害活性（antibody-dependent cellular cytotoxicity：ADCC），すなわちナチュラルキラー（NK）細胞や単球などの白血球が，抗体で活性化されて癌細胞などの標的細胞を殺傷する活性は，抗体の糖鎖による活性調節が可能である．図3-45に示すように，IgG糖鎖が含むフコースを除去することによって，抗体のFc領域とエフェクター細胞上のFc受容体（FcγRⅢ）との結合が増強し，通常の100倍の抗腫瘍効果を示す[6]．また，GlcNAc転移酵素Ⅲの遺伝子を組み込んだチャイニーズハムスター卵巣（CHO）細胞で，抗CD20キメラモノクローナル抗体を発現させると，癌細胞に対するADCCが10〜20倍上昇することも報告されている．

6）糖鎖修飾によるシグナル伝達の制御

　成長因子受容体やインテグリンなどの膜貫通型糖タンパク質では，糖鎖が細胞内への正常なシグナル伝達に必要な場合がある．例えばインテグリン$\alpha_5\beta_1$は，細胞外マトリックス分子であるフィブロネクチンとの結合により，細胞内にシグナルを伝達する．しかし$\alpha_5\beta_1$上のN-結合型糖鎖に欠失や異常が起こると，フィブロネクチンへの接着が著しく阻害され，シグナル伝達が行われなくなる結果，細胞接着や移動，増殖性が減少する．

7）糖タンパク質の分子寿命，安定化および保護作用

　血漿糖タンパク質は，糖鎖の非還元末端にあるシアル酸（N-アセチルノイラミン酸など）

正常

MEB病
（筋ジストロフィーの一種）

ラミニン

α-DGの糖鎖異常

O-マンノース型糖鎖

細胞膜

ジストロフィン

細胞骨格系
（アクチン繊維）

正常なO-マンノース型糖鎖
Siaα2-3Galβ1-4GlcNAcβ1-2Man-Ser/Thr

MEB病の糖鎖
Man-Ser/Thr

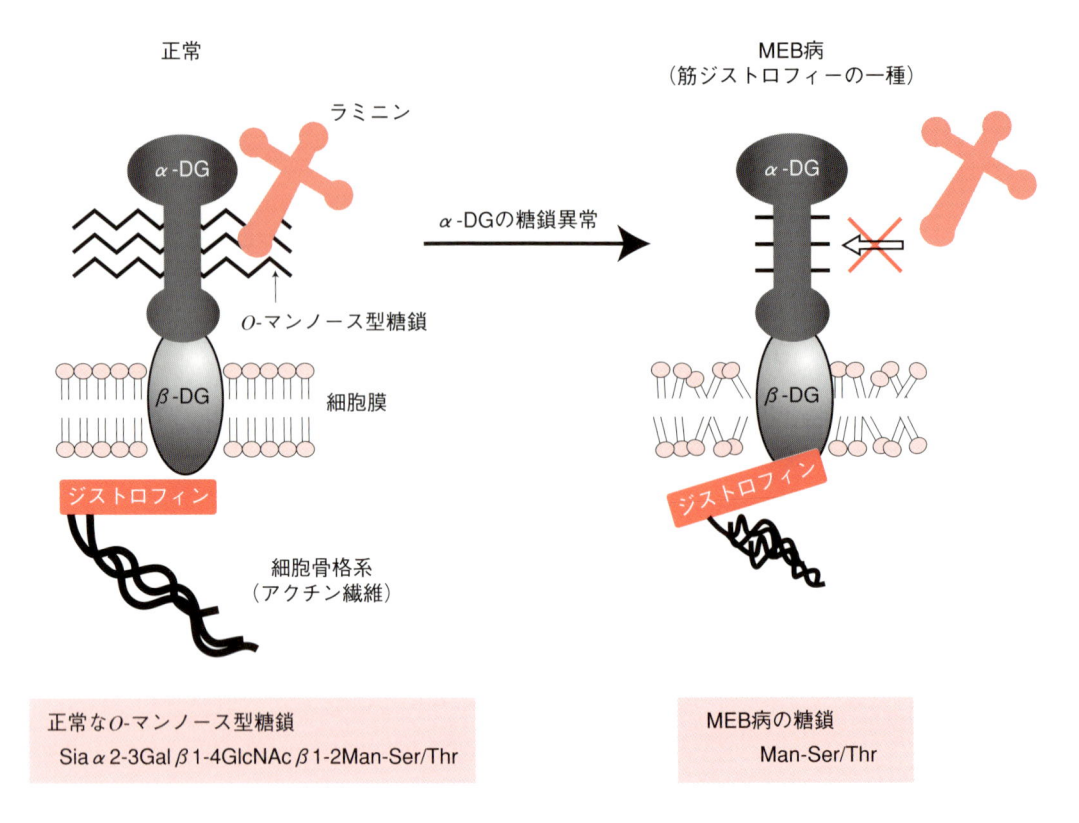

図3-46　α-DG糖鎖異常による筋ジストロフィー

が血球細胞や組織のシアリダーゼによりはずされ，β-ガラクトースが露出すると，肝臓に存在するガラクトース特異的レクチンにより識別され，細胞内に取り込まれて分解除去（クリアランス）を受ける．

糖鎖の一般的な働きの1つに，タンパク質の活性安定化や保護作用もある．また，糖鎖は

Column ─────────────────── 筋ジストロフィーと糖鎖異常

筋ジストロフィーは，筋肉が徐々に弱まり失われる遺伝子疾患の総称である．そのなかでもっともよく知られているデュシェンヌ型筋ジストロフィーは，ジストロフィンと呼ばれる細胞内タンパク質をコードする遺伝子の変異によるものであるが，最近，α-ジストログリカン（α-DG）と呼ばれるプロテオグリカンの糖鎖異常も，ある種の先天性筋ジストロフィーの原因になることがわかってきた．図3-46のように，α-DGは細胞膜の外表に存在する糖タンパク質であり，膜貫通糖タンパク質であるβ-DGに結合して膜につながっている．骨格筋でα-DGは，カルシウムイオン依存的に細胞外マトリックスタンパク質であるラミニン1やラミニン2と結合し，β-DGがジストロフィンを介して細胞内のアクチン繊維と結合している．α-DG-β-DG複合体は生体に広く分布しており，細胞外マトリックスと細胞骨格を連結して細胞膜の安定化に寄与していると考えられている[9]．最近の研究により，O-マンノース型糖鎖の異常によってα-DGの連結機能喪失が起こり，これが先天性ジストロフィーの1種である筋・眼・脳（muscle-eye-brain：MEB）病の原因であることが示唆された[10]．さらに，福山型先天性筋ジストロフィー，筋ジストロフィーモデルマウス（myd）などの筋ジストロフィーも，α-DGの糖鎖異常によることが示唆されている．糖鎖の観点から筋ジストロフィーの機序が解明されれば，新たな治療法の確立に向けて道が開けると期待される．

分子に溶解性やプロテアーゼ抵抗性を与えるなど，物理化学的性質にも寄与する．胃腸粘膜や唾液腺の分泌するムチンは多くの O-グリカンを含み，高い糖含量ゆえに高度に水和された大型分子となり，ジスルフィド架橋により粘性ゲルを形成して，異物や胃酸からの上皮細胞の保護や潤滑作用を果たす．ムチンの糖鎖は同時に，宿主への結合や感染のためのレクチン（糖鎖を認識して結合するタンパク質）をもつ病原菌やウイルスをトラップして，病原体の感染を免れることに役立っていると考えられる．また，南極魚のもつ抗凍結糖タンパク質では，O-グリカンクラスターが氷の核中心形成を阻止して抗凍結作用に寄与する．

> **メモ** 糖鎖修飾には，糖鎖を特異的に認識するタンパク質との結合や，糖鎖－糖鎖相互作用によって発揮される種々の機能がある．糖鎖機能として，新生糖タンパク質の品質管理，ターゲティング，白血球の血管内皮細胞接着，リンパ球のホーミング，神経細胞間の接着調節，タンパク質の活性調節や安定化，分子寿命の決定などがある．

■文献■

1) Kornfeld, R. & Kornfeld, S.: Assembly of asparagines-linked oligosaccharides. Annu. Rev. Biochem., 54: 631-664, 1985 (Review) and Hirschberg, C. B & Snider M. D.: Topography of glycosylation in the rough endoplasmic reticulum and Golgi apparatus. Annu. Rev. Biochem., 56: 63-87, 1987
2) Parodi, A. J.: Protein glucosylation and its role in protein folding. Annu. Rev. Biochem., 69: 69-93, 2000
3) Yoshida, Y. et al.: E3 ubiquitin ligase that recognizes sugar chains. Nature, 25: 418: 438-42, 2002
4) Tedder, T. F. et al.: The selectins: vascular adhesion molecules. FASEB J., 9: 866-73, 1995
5) Izawa, M. et al.: Expression of sialyl 6-sulfo Lewis X is inversely correlated with conventional sialyl Lewis X expression in human colorectal cancer. Cancer Res., 60: 1410-1416, 2000
6) Shinkawa, T. et al.: The absense of fucose but not the presence of galactose or bisecting N-acetylglucosamine of human IgG1 complex-type oligosaccharides shows the critical role of enhanching antibody-dependent cellular cytotoxicity. J. Biol. Chem., 278: 3466-3473, 2003
7) Zheng, M. et al.: Functional role of N-glycosylation in alpha 5 beta 1 integrin receptor. De-N-glycosylation induces dissociation or altered association of alpha 5 and beta 1 subunits and concomitant loss of fibronectin binding activity. J Biol. Chem., 269: 12325-12331, 1994
8) Nadanaka, S. et al.: Occurrence of oligosialic acids on integrin alpha 5 subunit and their involvement in cell adhesion to fibronectin. J Biol. Chem., 276: 33657-33664, 2001
9) Martin, P. T.: Dystroglycan glycosylation and its role in matrix binding in skeletal muscle. Glycobiology 13: 55R-66R, 2003
10) Endo, T. & Toda, T.: Glycosylation in congenital muscular dystrophies. Biol. Pharm. Bull., 26: 1641-1647, 2003

※ タンパク質の糖鎖修飾全般にわたる最近の参考図書として，糖鎖生物学の教科書をあげる．"Essentials of Glycobiology" edited by Varki, A., et al. (1999) Cold Spring Harbor Laboratory Press., Cold Spring Harbor, New York. ISBN 0-87969-681-8（日本語訳版が丸善より出版，2003年．ISBN 4-621-07292-7）
"Glycoproteins" & "Glycoproteins II" edited by Montreuil, J., et al. New Comprehensive Biochemistry 29a & 29b (1995) & (1997) Elsevier Science B.V., The Netherlands. ISBN 0-444-81260-1 & 0-444-82393-x

第4章
タンパク質機能

1	細胞骨格タンパク質	182
2	受容体	200
3	情報伝達関連タンパク質	211
4	転写調節複合体	225
5	アポトーシス関連タンパク質	235
6	細胞周期関連タンパク質	244

1 細胞骨格タンパク質

真核細胞はその生命活動の過程でさまざまな運動をする．これらの運動は細胞骨格と呼ばれる細胞構造によって起こされる．筋収縮，細胞質分裂，原形質流動，細胞の形態変化などはアクチン細胞骨格が担っている．一方，鞭毛・繊毛運動，核分裂，細胞内物質輸送の多くは微小管系が担っている．これらの細胞骨格は，アクチン繊維，微小管がそれぞれレールとなってその上をモータータンパク質が滑走することにより運動を起こす．ミオシンはアクチン繊維上を，キネシンとダイニンは微小管上を滑走するモータータンパク質であるが，それぞれのモータータンパク質には多様な分子種があり，異なる運動を分担していることがわかってきた．またこれらの繊維は非常にダイナミックな構造で，細胞周期，環境変化などによりその構造を変えることができる．この性質はアクチン繊維や微小管自体の基本性質であるが，細胞内では種々の調節タンパク質がさまざまなシグナルに応じてアクチン繊維や微小管のダイナミックな性質を調節していることがわかってきた．

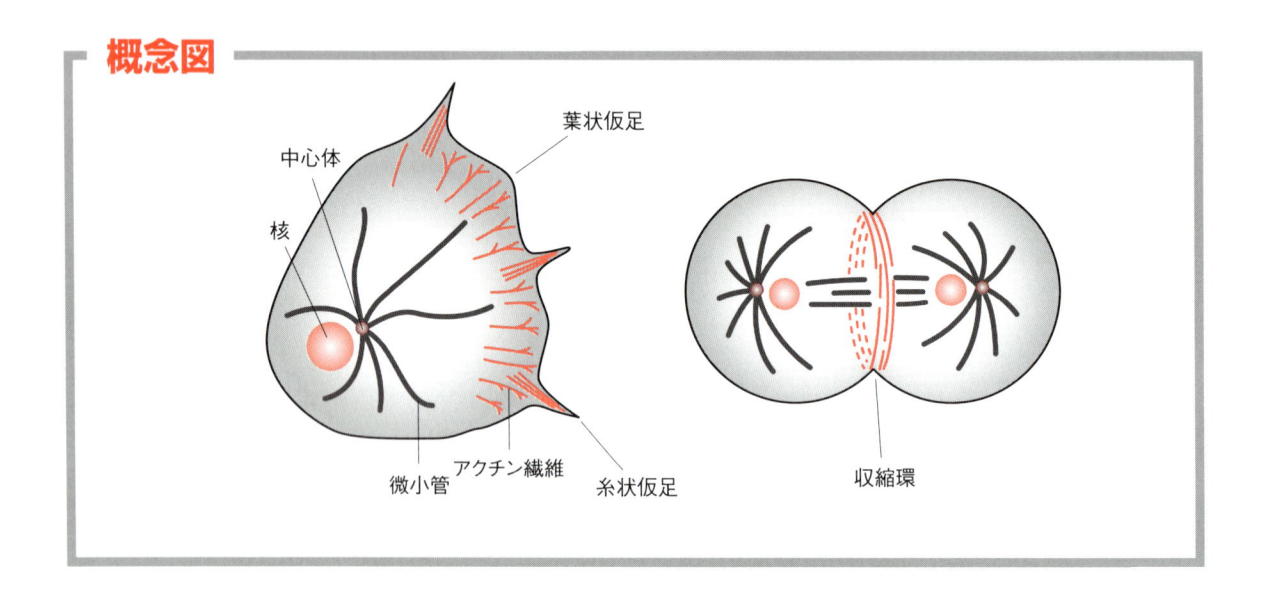

概念図

（図：葉状仮足，中心体，核，微小管，アクチン繊維，糸状仮足，収縮環）

1 アクチン細胞骨格

アクチン細胞骨格の研究は古くから骨格筋を用いて行なわれてきた．ミオシンがATPaseであることの発見（Engelhardt & Ljubimowa, 1939），アクチンの発見（Straub, 1942）に端を発して，筋収縮のメカニズム，収縮の調節のメカニズムが解明されてきた[1]．恒常的な細胞骨格である筋肉の研究に遅れはしたものの，一般の細胞の運動にもアクチン細胞骨格が働いていることが明らかになってきた．特に，筋肉以外の一般の細胞ではアクチン細胞骨格そのものが非常にダイナミックであり，多様な運動を起こすことができる．

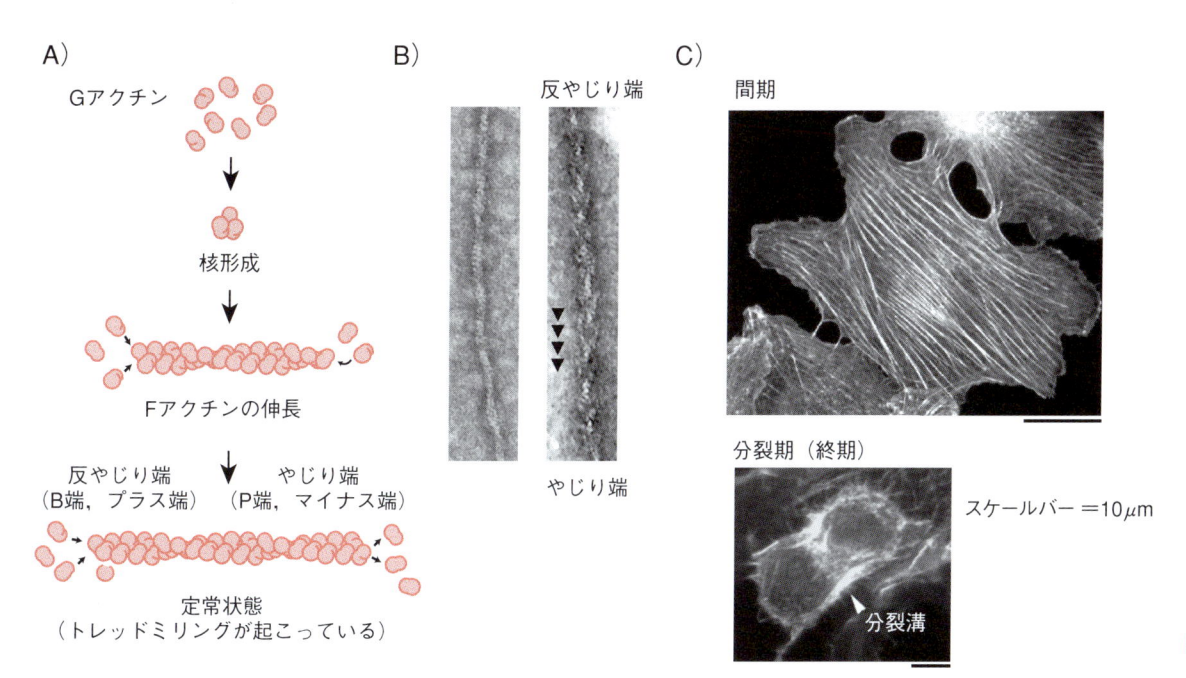

図4-1 アクチンの重合とトレッドミリング
A）試験管内で精製したGアクチンに塩を加えると，重合核が形成され，次いで核からFアクチンの伸長（重合）が起こる．GアクチンはつぎつぎとFアクチンの両端に付加する．このとき，B端への付加がP端への付加より速い．これら一連の反応で核形成が律速段階である．Fアクチンの伸長はやがて停止して定常状態に入る．このとき，Fアクチンと，臨界濃度のGアクチンが共存し，B端では全体として重合が，P端では全体として脱重合が起こる．これをトレッドミリングと呼ぶ．これはB端での臨界濃度がP端での臨界濃度よりも低いためである（B端での臨界濃度＜全体の臨界濃度＜P端での臨界濃度）．B）アクチン繊維（左）とミオシンS1を結合したやじり構造の電子顕微鏡写真（馬渕，高稲正勝　撮影）．C）アクチン細胞骨格の例．上：間期のアフリカツメガエル培養細胞のアクチン繊維を蛍光ファロイジンで染色したもの．斜めに走る構造はストレスファイバーと呼ばれる．下：同じく分裂期の細胞．分裂溝に収縮環が形成されている（山城佐和子　撮影）

1）アクチンの性質

アクチンは真核生物一般に存在し，生物種間で相同性が高い．細胞中の発現量は多く，細胞の全タンパク質量の1〜20％を占める．モノマーをGアクチン（globular actin），ポリマーをFアクチン（fibrous actin），アクチン繊維，あるいはアクチンフィラメントと呼ぶ．ウサギ骨格筋のGアクチンは，375アミノ酸残基，単一ポリペプチド鎖からなり，分子量は41,872である．1分子のADPあるいはATPとカルシウムイオンを結合する，直径5.5nmのほぼ球状をしたタンパク質である．Gアクチンは生理的条件下で重合してFアクチンとなる（図4-1A）．

Fアクチンは細胞内で「アクチン細胞骨格」を形成し，その重合−脱重合する性質とFアクチン上を滑るミオシンの働きによって，細胞のさまざまな運動を起こすことができる[2]．筋肉収縮や藻類にみられる原形質流動は，Fアクチン上をミオシンが滑ることによって起こる．細胞質分裂の収縮環の収縮にはFアクチンとミオシンの滑りのほかにアクチンの脱重合も関与している（図4-1C）．培養細胞でみられる葉状仮足の前進運動は，主として仮足先端でのアクチンの重合によって起こる．これらの運動のメカニズムを理解するうえで，まずア

クチンの固有の性質を知る必要がある．

　精製したGアクチンに0.1M KClあるいは2 mM MgCl$_2$を加えると，重合してFアクチンとなる．Fアクチンは太さ6～7nmの繊維で，半ピッチ36.5nmに約13個のアクチン分子を含む右巻二重らせん構造をとる．ミオシンの頭部であるヘビーメロミオシン（HMM）あるいはサブフラグメント1（S1）を結合させるとFアクチンはやじり構造を呈する（図4-1B）．この構造の方向性から，Fアクチンの一端をやじり端（pointed end，P端，あるいはマイナス端），他端を反やじり端（barbed end，B端，あるいはプラス端）と呼ぶ（図4-1A）[2)3)]．

　アクチンの重合は核形成と核からの重合（伸長）の2段階からなり，前者が律速段階である．Gアクチンに結合したATPは，重合に少し遅れて加水分解されADPとなる．アクチンの重合には臨界濃度が存在し，重合が定常状態になっても臨界濃度のアクチンはGアクチンとして存在する．臨界濃度はP端の方がB端に比べて高く，そのため定常状態でもP端からはGアクチンが脱離し，B端には付加する状態が起こる．つまり，繊維の中をモノマーがB端からP端に向けて流れている．この現象をトレッドミリングと呼ぶ．塩濃度を下げると，Fアクチンは脱重合してGアクチンとなる[2)3)]．

　細胞内のFアクチンは電子顕微鏡像上では，ミクロフィラメント（微細繊維）と呼ばれることがある．その方向性は細胞内にHMMやS1を浸透させることにより決定することができる．Fアクチンは細胞膜の内側にB端で結合し，アクチン架橋タンパク質の働きにより束化したり，網目構造を作る．このような三次元的な構造がアクチン細胞骨格である[2)3)]．これらの構造はミオシンを介して収縮活性をもつことがある．またミオシンがこれらの構造の上を滑走して物質輸送を行う場合がある．細胞内にはFアクチンに加え，臨界濃度をはるかに超える濃度のGアクチンが存在しGアクチンのプールとなっている．これはGアクチンがアクチン脱重合タンパク質，Gアクチン結合タンパク質といったタンパク質と複合体を作るためである．細胞は必要に応じてそれまでもっていた細胞骨格を再編成したり，Gアクチンプールから新たな重合を起こすことによって，新たな細胞骨格を形成することができる．これらのアクチン細胞骨格の形成・再編成はさまざまなアクチン調節タンパク質の働きによって起こる．

2）アクチン調節タンパク質（actin-modulating-protein）[4)]

　アクチンの重合は主にイオン強度に依存して起こるが，細胞内ではアクチン重合に影響するようなイオン強度の変化はないと思われる．細胞内でアクチンのダイナミクスを調節しているのはアクチン調節タンパク質である．アクチン結合タンパク質（actin-binding protein）という言葉もよく使われるが，調節タンパク質は単に結合するだけでなくアクチンの動態を調節するタンパク質という意味である．アクチン調節タンパク質はGアクチンやFアクチンに結合し，重合調節や三次元構造（アクチン細胞骨格）形成に関与する．アクチンに対する作用から以下のいくつかのカテゴリーに分類できる．

① Gアクチン結合タンパク質（プロフィリン，チモシンβ4，CAP，ビタミンD結合タンパク質，DNase Iなど）

　プロフィリン，チモシンβ4は細胞中でアクチンモノマーのプールを作る（図4-2①）．プロフィリンは分子量15,000ほどでアクチンのADP-ATP交換活性ももち，脱重合した

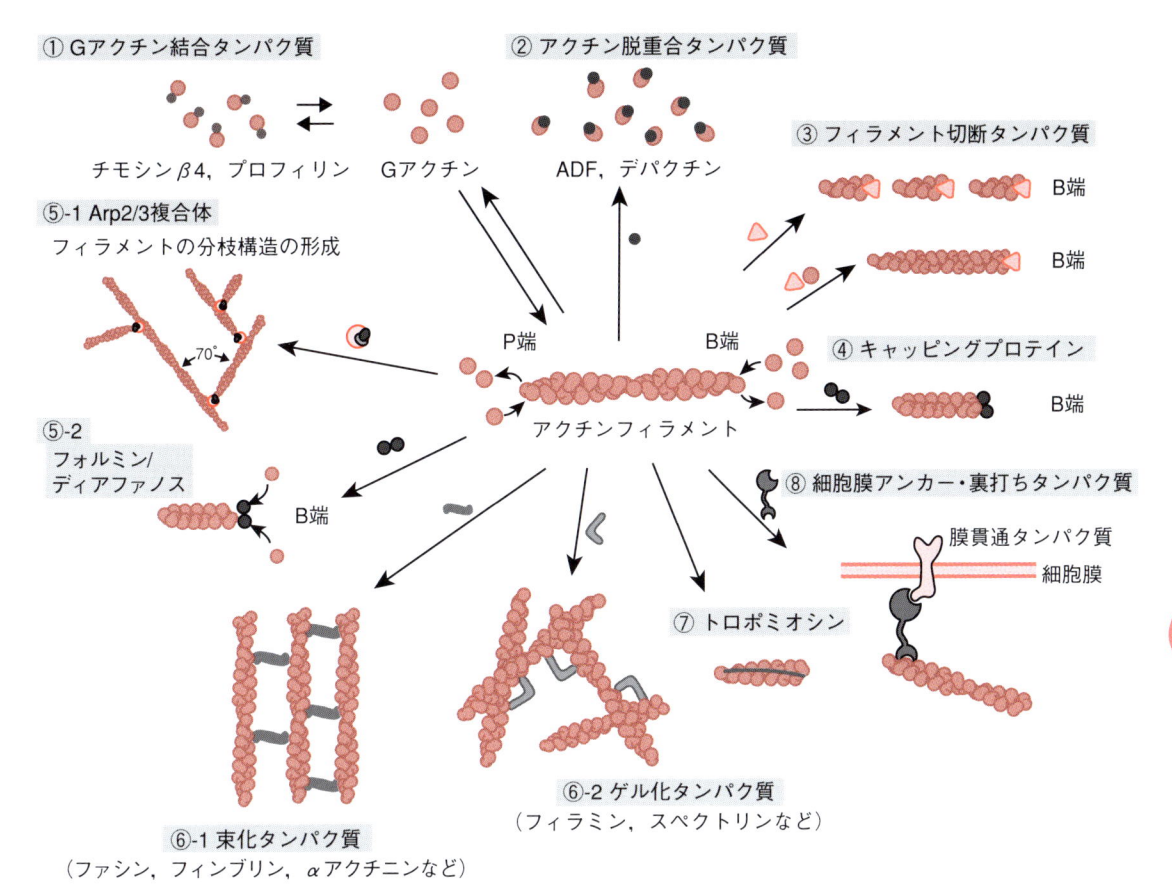

図4-2　アクチン調節タンパク質のアクチンに対する作用

①Gアクチン結合タンパク質：遊離のGアクチンに結合し，Fアクチンへの重合を阻害する．プロフィリンはGアクチンのADP-ATP交換反応を促進する働きももつ．②アクチン脱重合タンパク質：Fアクチンを切断，脱重合する．③フィラメント切断タンパク質：Ca^{2+}濃度に依存してFアクチンを切断し，B端をキャップする．Gアクチンにも結合し，複合体はキャッピングタンパク質として働く．④キャッピングタンパク質：二量体のタンパク質でCa^{2+}に依存せずにB端をキャップする．⑤-1) Arp2/3複合体：Fアクチンに結合し，そこからFアクチンを分岐させる．先端が新たなB端になる．⑤-2) フォルミン/ディアファノス：B端に結合しながらもB端からの重合を促進する．⑥-1) 架橋タンパク質（束化タンパク質）：Fアクチンを緊密に架橋してFアクチン束を形成する．⑥-2) 架橋タンパク質（ゲル化タンパク質）：Fアクチンをゆるやかに架橋して三次元的ネットワークを形成する．⑦フィラメント側面結合タンパク質：Fアクチン二重らせんの溝に結合する棒状タンパク質．⑧細胞膜アンカータンパク質：Fアクチンを細胞膜の内側に結合させる

ADP-GアクチンをATP-Gアクチンに変換することにより重合しやすくする働きももつと考えられている．プロフィリン–Gアクチン複合体は膜のリン脂質PIP_2によって解離されるとされている．酵母から動植物にいたるまで存在する．

ビタミンD結合タンパク質は血清中にあり，炎症部位で細胞から由来するアクチンの重合を防ぐ．DNase IとGアクチンの結合は非常に強いがその生理的意義は不明である．

② **アクチン脱重合タンパク質（ADF：actin-depolymerizing factor, デパクチン，コフィリンなど）**

分子量19,000の小さなタンパク質で，アクチン繊維を切断し，また脱重合を起こす（図4-

2②).細胞中でアクチンはトレッドミリングによるターンオーバーを行っているが,ADFはこのターンオーバーを加速すると考えられている.動物細胞ではその活性はLim kinaseによるN末端付近のセリン残基のリン酸化によって抑えられる.逆にSlingshotというホスファターゼによる脱リン酸によって活性化される.酵母から動植物まで存在するが,酵母のものはこのリン酸化による制御がないと考えられている.分裂酵母,カエル卵の細胞質分裂に必須のタンパク質である.

③ フィラメント切断タンパク質

ADF遺伝子が重複により3つ繰り返してできたと思われるフラグミンタイプ(フラグミン,45Kタンパク質,セバリン),さらにそれが重複し,6つの繰り返し構造をもつもの(ゲルゾリン,ビリン)がある(図4-2③).いずれもカルシウムイオンで活性化されてFアクチンを切断し,そのB端をキャップする.またカルシウムイオン存在下でGアクチンと強固な複合体を作り,B端をキャップする.この複合体は膜のリン脂質PIP_2によって解離されるとされている.植物にも存在するが酵母には存在しない.

④ フィラメント端キャッピングプロテイン

キャッピングプロテインは丸山工作によりはじめて骨格筋から精製され,β-アクチニンと呼ばれた.分子量30,000ほどの2つのサブユニットからなる(図4-2④).FアクチンのB端をキャップすることにより,①重合核を安定化して重合を促進する,②重合の臨界濃度をP端のそれに近付ける,③Fアクチン同士のアニーリング(繊維端同士での再結合)を妨げる,などの複雑な効果をもたらす.β-アクチニンは当初P端をキャップすると報告されたが,実はB端をキャップすることがわかった.これを明らかにした論文の命名からCapZとも呼ばれる.その後,酵母にも存在することがわかった.カルシウムイオンに非感受性である.

また,骨格筋に存在するトロポモデュリンはトロポミオシンと複合体を作りP端をキャップする.

⑤ 重合促進タンパク質

【Arp2/Arp3複合体】[3]

Arp2とArp3はアクチン様タンパク質(actin-related protein:ARP)でアクチンと30〜40%程度の相同性をもち,アクチンから進化したものと考えられる.酵母で発見され,その変異は致死性となることから細胞にとって必須のタンパク質である.次いでアメーバ,動物細胞でも見出された.これらのARPsは他の5種のタンパク質とともにArp2/Arp3複合体を形成する.Arp2/Arp3複合体はアクチン繊維を枝分かれさせる働きをもつ(図4-2⑤-1).枝別れの支点はP端,先端がB端であり,遊離のB端を増やしてアクチン重合を加速する働きがある.

Arp2/Arp3複合体を活性化するタンパク質としてWASP(Wiscott-Aldrich syndrome protein)が知られている.このタンパク質は培養細胞やケラトサイトなどの運動性細胞では葉状仮足の先導端に局在し,そこでアクチンの重合を起こして細胞膜を進行方向に押す力を発生すると考えられている.

【フォルミン/ディアファノス(formin/diaphanous)】[5]

このタンパク質はショウジョウバエの細胞質分裂変異(*diaphanous*)の原因タンパク質と

して同定され，酵母からヒトまで種々の細胞の細胞質分裂に働くことが知られた．さらに低分子量Gタンパク質Rhoのエフェクターとしても同定され，プロフィリンと共同してアクチンの重合を加速することがわかった（図4-2 ⑤-2）．B端に結合しつつB端からのアクチンの重合を起こす点，キャッピングプロテインとは異なる．

哺乳類の細胞では多種のフォルミンが発現している．フォルミンの一種であるmDiaははじめ細胞質分裂に関与すると報告された．その後，mDiaのうちあるものは微小管の組織化にも関与していると報告されている．

⑥ **フィラメント架橋タンパク質（ファシン，フィンブリン，α-アクチニン，ABP/フィラミン，スペクトリン，アニリン，ペプチド延長因子EF1αなど）**

Fアクチンを架橋して三次元的細胞骨格構造を構築する（図4-2 ⑥）．Fアクチンに対し試験管内で作用させた場合，分子の長さに応じて形成される骨格構造は異なる．ファシンは分子量55,000の球状タンパク質のため，密なFアクチン束が形成される．その制御機構は不明である．α-アクチニンは分子量100,000のサブユニットが逆平行に合わさり，長さ40nmの亜鈴状の分子を作り，アクチン結合部位は両端（N末端）にあるためゆるめの束を形成する．C末端にはEF-handが2個あり，カルシウムイオンを結合するとFアクチンから解離する．酵母にも存在する．ABP/フィラミンは分子量280,000×2（ホモダイマー），長さ160nmのひも状分子で，Fアクチンのネットワーク（物理的にはゲル）を形成する．

フィンブリン，α-アクチニン，ABP/フィラミン，スペクトリンのアクチン結合部位は保存されており，祖先型の結合タンパク質が進化の過程で分かれてきたことを示している．

⑦ **フィラメント側面結合タンパク質（トロポミオシン，カルデスモン，骨格筋のネブリン，平滑筋のカルポニンなど）**

トロポミオシンはFアクチンの両側の溝に埋まる分子量36,000×2，長さ40nmの棒状分子である（図4-2 ⑦）．アクチン7分子にまたがって結合する．骨格筋，心筋ではトロポミオシン1分子に対しトロポニン1分子が結合して細いフィラメントにカルシウム感受性を与える．非筋細胞や平滑筋ではトロポニンは発現されておらず，アクチン繊維にはカルシウム感受性がないと考えられている．非筋細胞ではトロポミオシンはFアクチンを安定化していると考えられている．例えば分裂酵母では，Fアクチンにトロポミオシンが結合するとADFによる切断・脱重合が妨げられる．これらのタンパク質のバランスによってアクチン細胞骨格がダイナミックな性質を示すと考えられるのである．

⑧ **細胞膜アンカータンパク質**

これらのタンパク質はアクチン繊維に結合する領域と細胞膜の内側に結合できる領域をもち，アクチン繊維を細胞膜の内側につなぎとめていると考えられている．細胞－基質接着部位あるいは細胞間接着部位に局在するビンキュリンは細胞膜のPIP_2や酸性リン脂質に結合することにより分子が開いてアクチン，αアクチニンへの結合部位が露出する．同様の部位に局在するタリンも酸性リン脂質に結合する．赤血球に多いバンド4.1タンパク質や，骨格筋の筋ジストロフィーの原因遺伝子がコードするジストロフィンは細胞膜の内在性糖タンパク質に結合する（図4-2 ⑧）．架橋タンパク質でもあるαアクチニンは膜表在性タンパク質であるビンキュリン，αカテニン，膜内在性タンパク質のインテグリンやセレクチン，膜脂質のPIP_2など

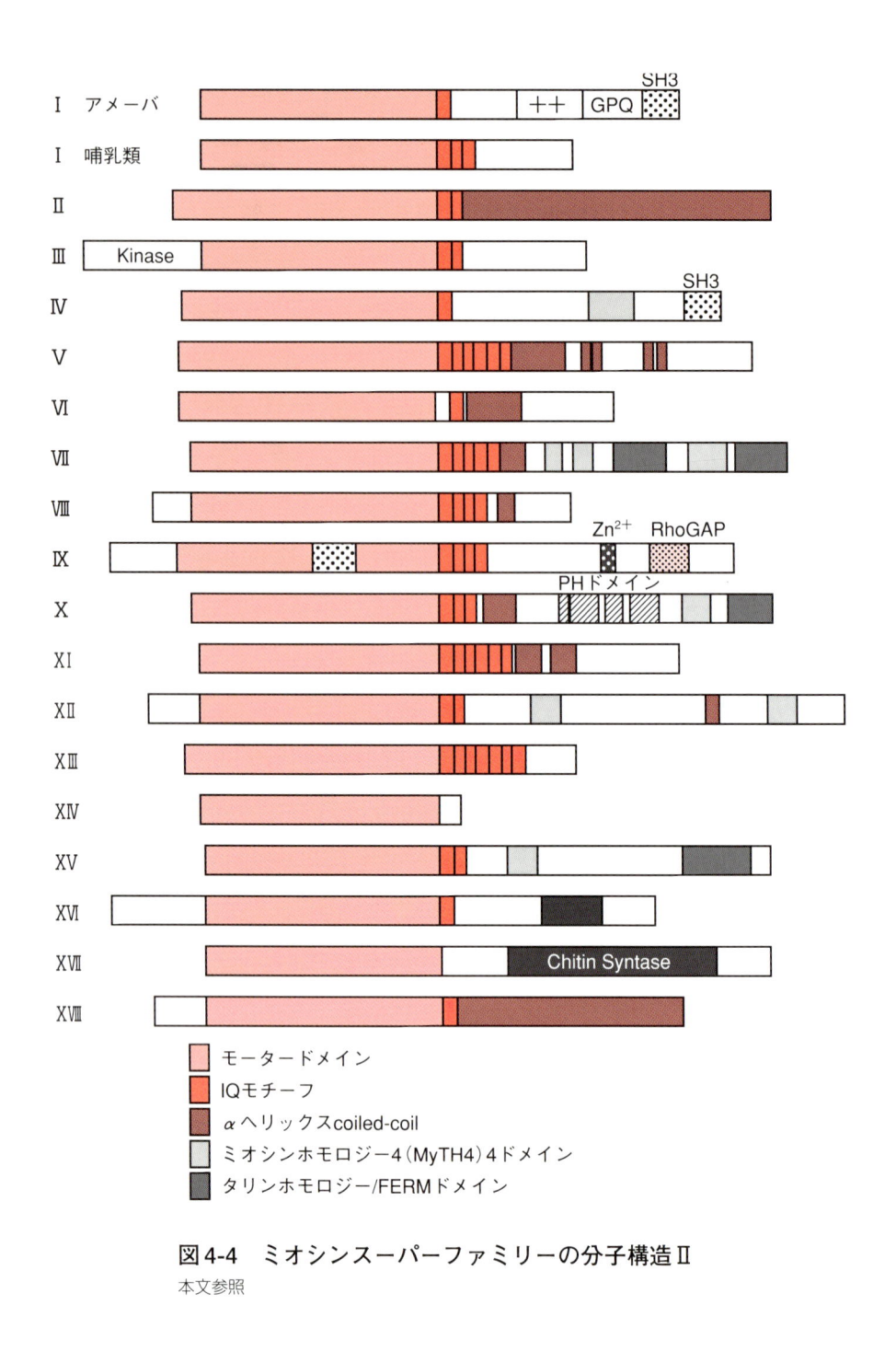

I	アメーバ	
I	哺乳類	
II		
III	Kinase	
IV		SH3
V		
VI		
VII		
VIII		
IX		Zn²⁺ RhoGAP
X		PHドメイン
XI		
XII		
XIII		
XIV		
XV		
XVI		
XVII		Chitin Syntase
XVIII		

凡例：
- モータードメイン
- IQモチーフ
- αヘリックス coiled-coil
- ミオシンホモロジー4（MyTH4）4ドメイン
- タリンホモロジー/FERMドメイン

図4-4　ミオシンスーパーファミリーの分子構造 II
本文参照

グナル伝達分子としての機能が考えられる．ミオシンIXの尾部には，RhoGAP部位とZn^{2+}フィンガー部位があり（図4-4），シグナル伝達に働くと考えられている．そのほか，ミオシンVII，ミオシンXおよびミオシンXVの尾部には　ミオシン尾部類似部位およびタリン，エズリンなどにみられるFERM部位が存在し（図4-4），膜構造との結合に関与することが想定されている．

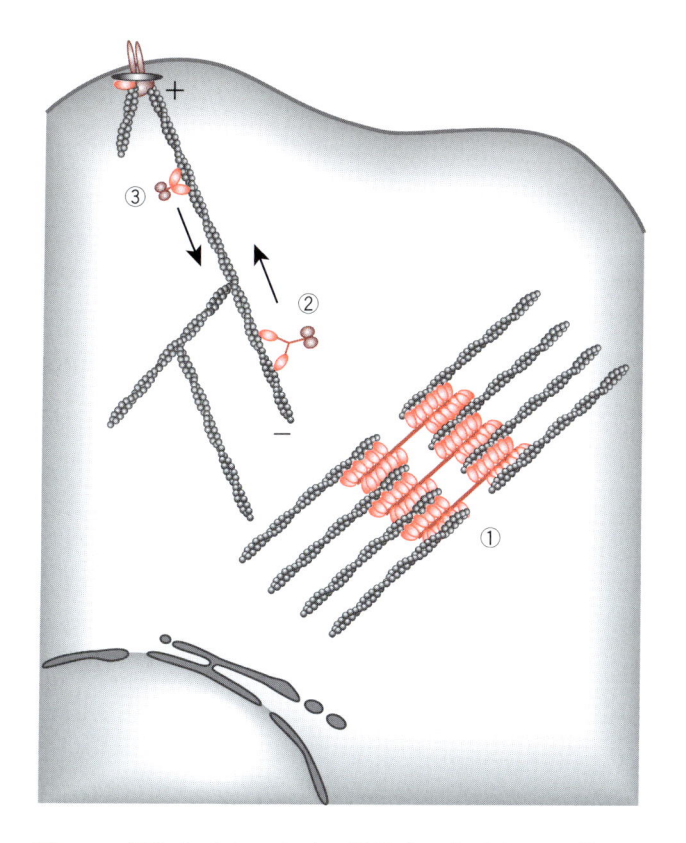

図 4-5　細胞内でのアクチン繊維上のミオシンの動き
① conventional ミオシン（ミオシンⅡ），②ミオシンⅤ，③ミオシンⅥ

3）張力発生機能と物質輸送機能

　筋肉で発見された conventional ミオシン（ミオシンⅡ）は，ATP 加水分解に連携したアクチンとの相互作用のサイクル（クロスブリッジサイクル）において，実際にアクチンに強く結合するのはごくわずかな時間で，ほとんどの時間ミオシンはアクチンから解離している．したがってこのようなタイプのミオシンはアクチン繊維上を長い距離動くことはできない．しかしながら，同じアクチン繊維に対して多くのミオシン分子が互いに動きの邪魔をせずに同時に相互作用することができる（図 4-5）．なぜなら，2 番目のミオシンが強くアクチンに結合するときには，1 番目のミオシンはアクチンから離れているからである．このようなミオシン（non-processive myosin）では単一のアクチン繊維に多くのミオシン分子が作用できるので，大きな張力発生が必要な細胞運動（筋収縮あるいは細胞質分裂など）には適している．

　これに対して，最近アクチン繊維から解離せずに長い距離アクチン繊維上を動くことができるミオシンが同定された[7]．これらのミオシン（ミオシンⅤ，ミオシンⅥ，ミオシンⅨ，ミオシンⅪ）は張力発生よりは細胞内物質輸送に適していると考えられている（図 4-5）．

4）運動の方向性

　アクチン繊維には（プラス・マイナス）の方向性があり（図 4-1，4-5），アクチンモノマ

ーがアクチン繊維へ取り込まれる（重合）速度がプラス端とマイナス端で大きく異なることが知られている（図4-2）．また，アクチン繊維はプラス端が細胞の膜構造上の複合体と結合するため，アクチン繊維上のミオシンの動きの方向性は細胞内物質輸送を考えるうえで大変重要な要素である．骨格筋でのconventionalミオシンのアクチン繊維との滑りの方向性からミオシンはプラス端方向に動くことが以前からわかっていたこともあり，ミオシンはプラス端方向性のモータータンパク質と思われてきた．ところが，近年ミオシンⅥがマイナス端方向に動くことが明らかにされた[8]．さらに，ミオシンⅨもマイナス端方向に動くことが示されアクチン繊維上を物質が両方向に輸送されうると考えられている（図4-5）．

5）モーター機能の制御

ミオシンの制御機構については，conventionalミオシンについて詳しく研究されているが，unconventionalミオシンについてはまだほとんど解明されていない．脊椎動物横紋筋では，アクチン繊維上のトロポニン・トロポミオシンがミオシン活性を制御している．Ca^{2+}がトロポニンCへ結合すると，アクチンとの結合の阻害が外れてミオシンが活性化する．これに対し，平滑筋および非筋細胞のconventionalミオシンはミオシン軽鎖のリン酸化によってモーターが活性化する．ミオシンのフィラメント形成も平滑筋および非筋細胞のconventionalミオシンでは軽鎖および重鎖のリン酸化で調節されており，特に細胞内で重合，解離を繰り返す非筋細胞ではこの制御メカニズムが重要な役割を果たすと思われる．

一方，unconventionalミオシンの制御機構については，あまりよく理解されていない．アメーバのミオシンⅠでは，ミオシンモーター部位のリン酸化によって活性化することが知られているが，このリン酸化部位は高等動物のミオシンⅠでは酸性アミノ酸になっておりリン酸化による制御を受けていない．ミオシンⅠを含めて多くのunconventionalミオシンはCa^{2+}結合タンパク質カルモジュリンを軽鎖にもつことから，Ca^{2+}結合による制御機構が多くのunconventionalミオシンで報告されているが，細胞内でこのメカニズムが働くか否かは今後の課題である．最近ミオシンⅤに輸送されるタンパク質であるメラノフィリンがミオシンⅤを活性化するという興味深い制御機構のコンセプトが報告された[9]．輸送対象物が単に受動的なものではなく，ミオシンが対象物に結合するとモーターとして活性化するという制御機構が一般的に機能しているかもしれない．

もう1つの重要な問題はミオシンが2頭構造か単頭構造かである（図4-3）．これは，モーター機能的には，processiveかnon-processiveか？　という問題と密接に関連している．最近，ミオシンⅥがアミノ酸構造上coiled-coilが予測されるにもかかわらず，単頭構造なのではないかという結果が報告された[10]．単頭ではアクチン繊維上を離れずに動くことは困難が予想されるため，単頭・2頭構造がもし制御されれば，モーターの機能自体が質的に調節される可能性がある．ミオシンスーパーファミリーの調節機構の解明は今後の重要な課題である．

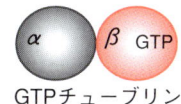

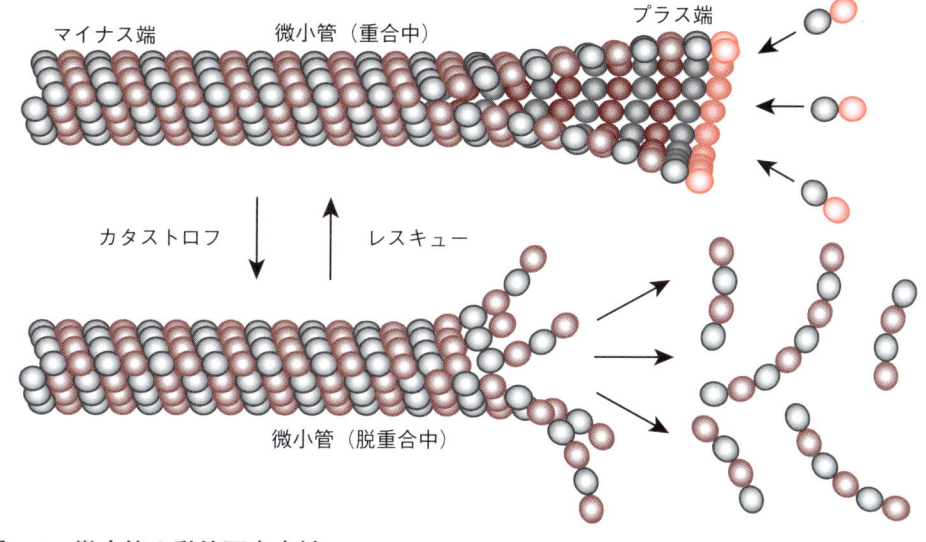

図4-6 微小管の動的不安定性
微小管の主要構成分は，α・βチューブリンからなるヘテロダイマー（以下単にチューブリン）である．チューブリンはグアニンヌクレオチド結合タンパク質であり，βチューブリンにGTPが結合しているとき（GTPチューブリン）のみ重合可能である．微小管はGTPチューブリンが端に結合して重合する．このとき，GTPは結合よりも遅れて加水分解される．そのため，微小管の内部のほとんどはGDPチューブリンになるが，端の部分だけはGTPチューブリンのままになる．これをGTPキャップと呼ぶ．このキャップが失われてGDPチューブリンが端に露出すると，微小管は構造を維持できなくなり脱重合相へ変換する．重合相から脱重合相への変換をカタストロフ，脱重合相から重合相への変換をレスキューという．この変換の繰り返しを動的不安定性と呼ぶ．微小管内のチューブリンが長軸方向に並んだサブ構造のことをプロトフィラメントという．重合時には端の部分はシート構造をとり，脱重合時にはプロトフィラメントがカールして脱落する様子が電子顕微鏡では観察されている．微小管にはα・βの並びによる方向性があり，βチューブリン側をプラス端，αチューブリン側をマイナス端と呼ぶ．一般にプラス端の方がマイナス端よりも激しく重合と脱重合を繰り返す「より動的な」端である[11]．多くの細胞では，微小管はマイナス端を中心体やスピンドル極体など結合させ，プラス端はそこから遠ざかる方向（細胞の周辺方向，紡錘体では染色体に向かって）に伸びている

3 微小管と結合タンパク質

微小管（microtubule）は，アクチン同様細胞のさまざまな活動に深くかかわる主要な細胞骨格である．1本1本の微小管では自律的に重合と脱重合を繰り返す動的不安定性が観察される．細胞内の微小管は状況に応じてさまざまな動態を示す．ここでは，チューブリンや微小管に結合してその動態に関与するさまざまな因子のいくつかを紹介する．

1）微小管と動的不安定性（dynamic instability）

微小管の主要構成成分は，α・βチューブリンからなるヘテロダイマー（以下単にチューブリン）である．チューブリンはグアニンヌクレオチド結合タンパク質であり，βチューブリンにGTPが結合しているとき（GTPチューブリン）のみ重合可能である（図4-6）．微小

管はアクチンと同様にトレッドミリングの性質をもつ．これに加えて微小管には動的不安定性という性質がある．この性質はアクチンにもある程度あると予想されるが，微小管ではさらに顕著である．

微小管はGTPチューブリンが端に結合して重合する．このとき，GTPは結合よりも遅れて加水分解される．そのため，微小管の内部のほとんどはGDPチューブリンになるが，端の部分だけはGTPチューブリンのままになる．これをGTPキャップと呼ぶ．このキャップが失われてGDPチューブリンが端に露出すると，微小管は構造を維持できなくなり脱重合相へ変換する．重合相から脱重合相への変換をカタストロフ，脱重合相から重合相への変換をレスキューという．この変換の繰り返しを動的不安定性と呼ぶ．

微小管内のチューブリンが長軸方向に並んだサブ構造のことをプロトフィラメントという．重合時には端の部分はシート構造をとり，脱重合時にはプロトフィラメントがカールして脱落する様子が電子顕微鏡で観察されている．微小管には$\alpha \cdot \beta$の並びによる方向性があり，βチューブリン側をプラス端，αチューブリン側をマイナス端と呼ぶ．一般にプラス端の方がマイナス端よりも激しく重合と脱重合を繰り返す「より動的な」端である[11]．多くの細胞では，微小管はマイナス端を中心体やスピンドル極体など結合させ，プラス端はそこから遠ざかる方向に（細胞の周辺方向，紡錘体では染色体に向かって）伸びている．

2) 微小管結合タンパク質

① チューブリン活性化因子

CRMP2は，成長している神経細胞，特に軸索で大量に発現するタンパク質であり，神経突起を軸索に分化させる．遊離のチューブリンあたり1分子結合して複合体を形成する．*in vitro*での計測から，1/10以下の量比で微小管の重合速度を1.5倍以上上昇させる重合促進因子であることが見出された．チューブリンとの親和性に比べて微小管との親和性は1桁近く低いことから，重合後は直ちに微小管から解離するものと思われる（図4-7A）[11]．最近，チューブリン結合活性がGSK3βによるリン酸化で抑制されることが見出されている．

② 脱重合促進因子

スタスミン（stathmin）/Op18は，C末端側にαヘリックスをとる構造をもち，この部位で2分子のチューブリンを結合し複合体を形成する．これにより重合に参加できる遊離のチューブリン濃度が実質上低下し，微小管重合が抑制される（図4-7B_1）．このチューブリン結合活性とは別に，重合中の微小管端に直接作用し，GTP加水分解あるいはGTPチューブリンの解離を促進し，GTPキャップを消失させ，カタストロフ頻度を上昇させるカタストロフ促進活性もある（図4-7B_2）．どちらの活性でも，微小管の重合平衡は脱重合側に傾く．スタスミンには，N末端側の配列が異なったSCG10，SCLIP，RB3などのファミリーメンバーが存在する[12]．

③ プラス端集積因子（+TIPs）

重合中のプラス端に選択的に結合する一群の因子の総称である．GFPを融合したタンパク質の細胞内イメージングにより，ここ数年急激にその活性が注目されてきている．この因子には，CLIP，CLASP，ダイニン・ダイナクチンモータータンパク質，EBファミリー，APC

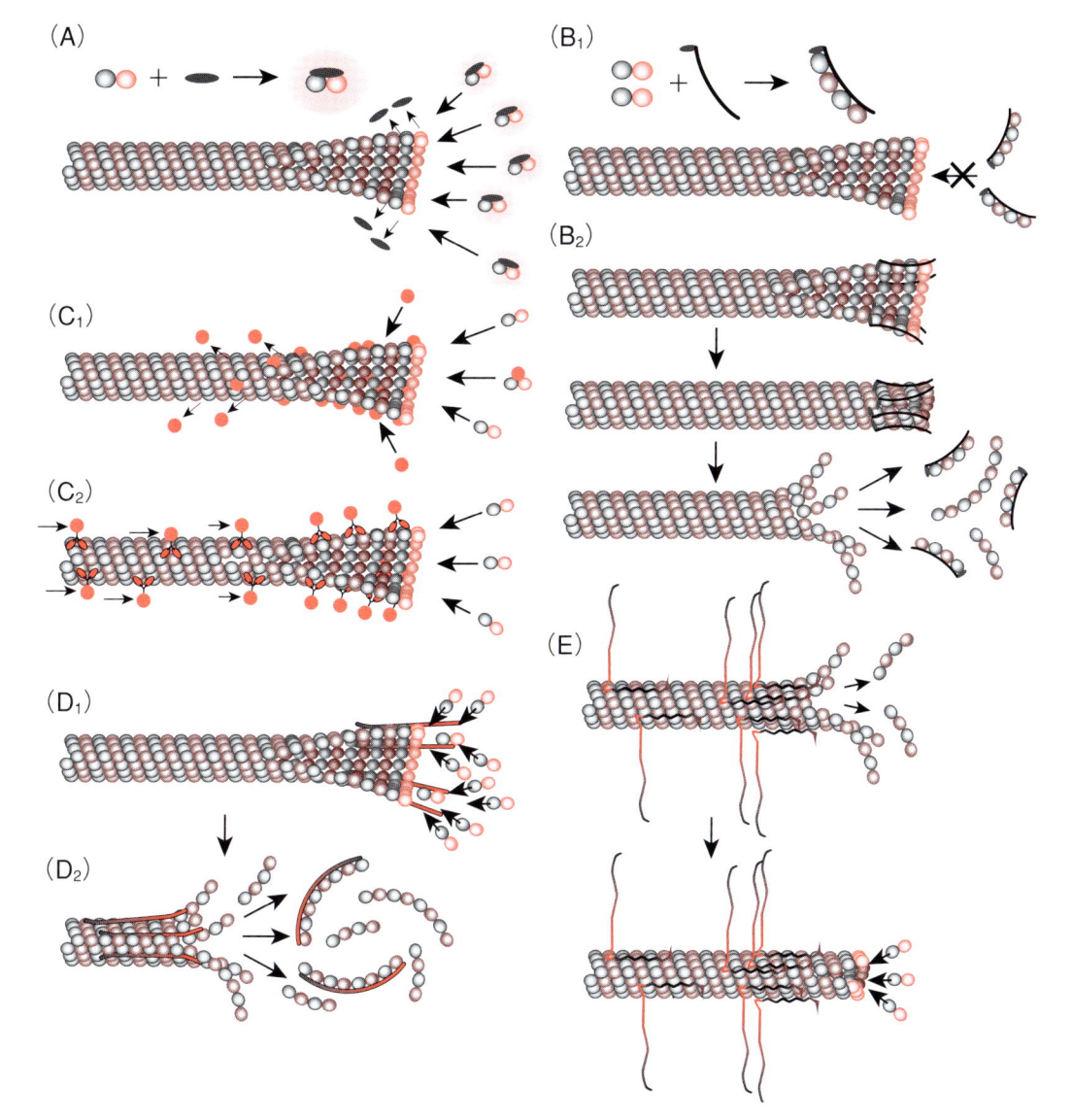

図 4-7　さまざまな微小管制御因子

A) CRMP2 (collapsin response mediator protein-2). 遊離のチューブリンあたり1分子結合して複合体を形成する ($Kd = 0.8 \mu M$). このタンパク質の存在下では, 重合速度が1.5倍以上上昇するが, レスキューなどには影響しない. このことから, チューブリンを重合しやすい状態に活性化するものと考えられる (上). 重合後は微小管から解離するものと思われる (下). B) スタスミン/Op18. 分子量18,000の比較的小さなタンパク質. C末端側のαヘリックス構造部位で2分子のチューブリンを結合し複合体を形成する (B_1 上). この状態では, チューブリンは重合に参加できないので, 微小管重合が抑制される (B_1 下)[11]. 重合中の微小管端に直接作用して, GTPキャップを消失させ, カタストロフ頻度を上昇させるカタストロフ促進活性もある (B_2). 両者の活性はpHに依存している[12]. C) プラス端集積因子 (+TIPs : plus end tracking proteins). 重合中のプラス端に選択的に結合する一群の因子が細胞内イメージングにより, 急激に同定されてきている. プラス端集積の機構としては, 重合中の先端を特異的に標的として結合し, その後親和性が低下して解離するというトレッドミルによる場合 (C_1) と, キネシンによって運ばれる場合 (C_2) がある. 前者の機構で集積する場合には, 彗星の尾のような像が観察されるが, 後者の機構の場合には輝点となる[13]. D) XMAP215/Dis1ファミリー. *Xenopus* (アフリカツメガエル) で見つかったXMAP215は長さ約60nmの細長い分子である. ヒトのホモログch-TOGpで微小管の素線維に沿って結合することが報告されている. 最初はプラス端の重合速度を上昇させたり (D_1), 脱重合モーターであるKin Iの結合を抑制する重合促進因子の活性が注目されていた. レスキューを抑制する脱重合促進活性も見出されている (D_2)[14]. E) 熱耐性MAPs. C末端側ドメインで微小管に結合し, 長いN末端側は微小管から突出した「突起」となる. MAP2では微小管上の高密度の部分でのみレスキューが起こることが示されている[11]. 微小管に結合しない突起は, 従来他の微小管との間隔維持やシグナル因子の足場と考えられてきたが, ごく最近, MAP4では突起部分もレスキュー頻度などにかかわることが報告されている[15].

などがあり，それぞれが互いに相互作用をしている．プラス端集積の機構としては，重合中の先端のシート構造（またはGTPキャップ）を特異的に認識して結合し，その後親和性が低下して解離するというトレッドミルによる場合（図4-7C_1）と，キネシンによって運ばれる場合（図4-7C_2）がある．EBファミリーやCLIPなどは前者の機構で，APCなどは後者の機構で集積する．この因子はカタストロフを抑制して微小管を安定にする働きのほかに，特異的な標的に微小管を導く働きがある[13]．

④ XMAP215/Dis1ファミリー

さまざまな真核生物のメンバーに広く存在する微小管結合タンパク質ファミリーであり，微小管のプロトフィラメントに沿って結合する細長い分子である．最初はプラス端の重合速度を上昇させる因子として同定された（図4-7D_1）．しかしながら，最近になってカタストロフを引き起こすとともにレスキューを抑制する脱重合促進活性も見出された（図4-7D_2）．これらの活性が組み合わさることで，微小管は非常に動的になる[14]．

⑤ 熱耐性MAPs

MAP2，MAP4，タウからなる最も古くから研究されている微小管制御因子である．いずれも細長いタンパク質であり，C末端側ドメインで微小管に結合し，長いN末端側は微小管から突出した「突起」となる．カタストロフの頻度を下げるとともに，レスキューの頻度を上昇させる活性をもつ重合促進（微小管安定化）因子である．MAP2は微小管上の高密度の部分でのみレスキューを起こすことが示されている（図4-7E）[15]．古く見出されたものとしてはMAP1もあげられる．同様に細長い突起を作るという点では似ているが，一次構造などからみてこのメンバーには属さない．

4 微小管系モータータンパク質

ダイニンとキネシンは微小管と相互作用して細胞運動の原動力を発生するモータータンパク質である．両者はモータードメインの分子構造が大きく異なり，キネシンはミオシンと同じくGタンパク質と近縁であるが，ダイニンはAAAモチーフをもつ分子シャペロンと類縁のタンパク質であり，運動発生メカニズムは異なると考えられる．両者が結合する細胞内構築はさまざまであるが，微小管上の両方向の物質輸送や細胞分裂において機能している．

1）キネシン

キネシンは，神経軸索内の物質輸送（軸索流）の原動力となるモータータンパク質として発見された．その後，キネシンのモータードメインと相同配列をもつタンパク質が多数見つかり，現在では，配列情報をもとに14のファミリーとその他（オーファン）に分類されている[16]．ポリペプチドのN末端側にモータードメインをもつNタイプが多いが，モータードメインを中央部にもつMタイプ，C末端側にもつCタイプも存在する（図4-8）．

最初に発見されたキネシンはキネシン1ファミリーに位置づけられた．キネシン1は重鎖2本と軽鎖2本からなるが，生物種によっては軽鎖をもたないキネシン1もある．重鎖のN

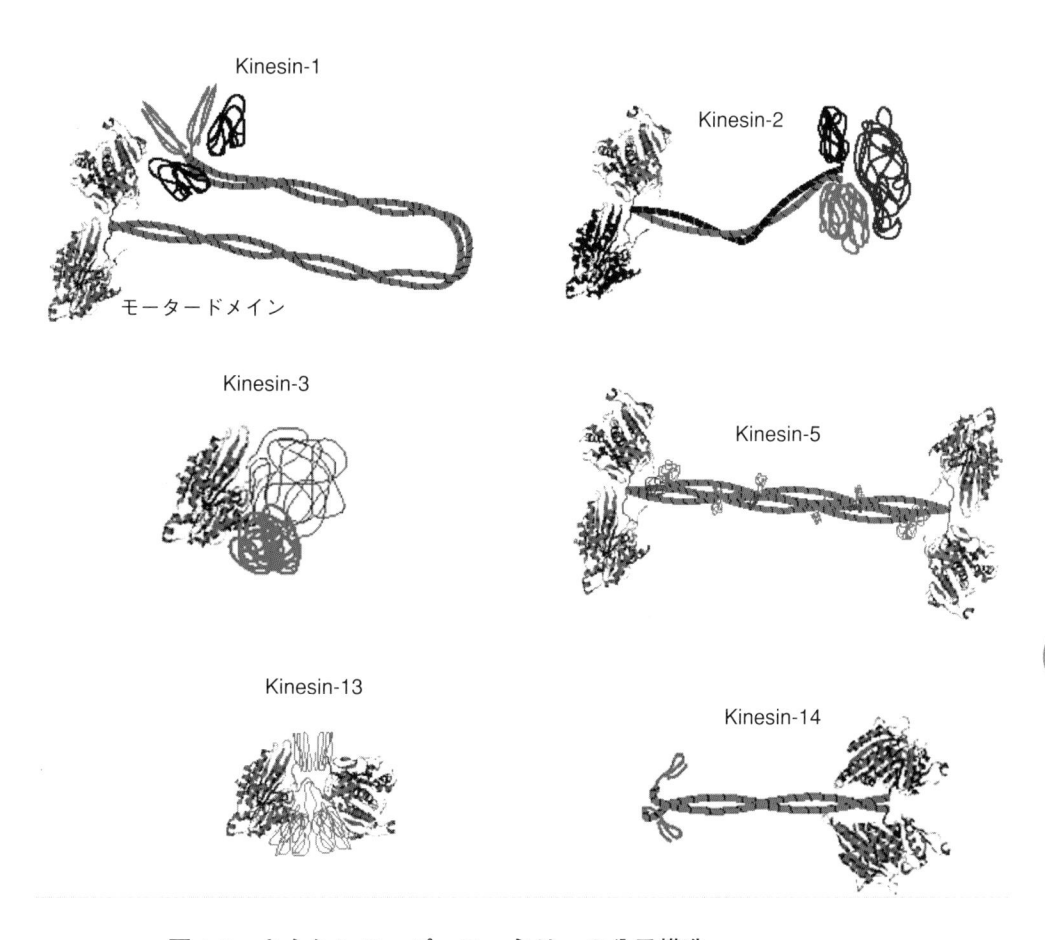

図4-8 キネシンスーパーファミリーの分子構造
出典：キネシンホームページ http://www.proweb.org/kinesin/KinesinTree.html

　末端側340アミノ酸がATP加水分解部位や微小管結合部位を含むモータードメインで，球状の頭部を構成する．それに続くαヘリックスはcoiled-coil構造により二量体化し，長い尾部をつくる．キネシン1は約1 μm·s^{-1}の速さで微小管のプラス端方向へ動く．in vitroの研究から1分子のキネシン1は微小管から離れずに数μm移動を続けることができ（この性質をprocessiveであるという），ATP 1分子の消費に際して8 nmのステップを刻み，発生する力は最大約7 pNであることが示された．運動のメカニズムとして，2つの頭部が相互に前方へ移動するhand-over-handモデルが提唱されている[17]．

　キネシンスーパーファミリーのタンパク質の役割は，細胞内物質輸送と細胞分裂の紡錘体機能に大別される．細胞内物質輸送として，分泌小胞，シナプス小胞，色素顆粒などの輸送，小胞体やリソソーム，ミトコンドリアなどの細胞内小器官の輸送や細胞内配置，また鞭毛や繊毛内での物質輸送などがあげられる．細胞分裂時には，中心体の分離，紡錘体極の形成，動原体機能，紡錘体の形成と維持，染色体の整列，染色体の分離，後期紡錘体の伸長，細胞質分裂の制御などのさまざまな段階で機能している．このような機能と役割は，キネシンの各ファミリーと1対1に対応しているわけではなく，同様な機能にファミリーの異なる複数

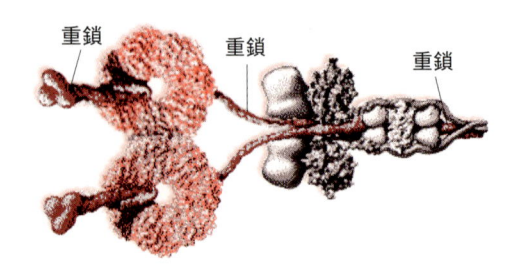

図4-9 細胞質ダイニンの分子構造
出典：Vale, R.：Cell 112：467-480, 2003

種のキネシンが働くことや，同じファミリー内のキネシンや，同一のキネシンであっても，物質輸送と細胞分裂の両方に働く場合もある．細胞内のどこで，いつ，何を運ぶか，ということは，リン酸化やキネシン結合タンパク質などにより制御されている．

キネシンのなかには，微小管のプラス端方向に動くモーター機能とは異なる機能をもつものがある．Cタイプのキネシン14は，微小管のマイナス端方向へ運動をする．また，Mタイプのキネシン13には，微小管の脱重合を促進するものもある[18]．さらにNタイプのキネシンのなかにも微小管どうしの束化や架橋をするなど，運動モーターとしての働きとは別の機能をもつものがあり，微小管系のダイナミクスを含めた多様な役割を担っている．

2) ダイニン

ダイニンは複数の重鎖，中間鎖，軽鎖などからなる巨大複合体である（図4-9）．アミノ酸数が5,000ほどもある重鎖には，そのC末端側に6個のAAAモチーフが連なり，それらが直径約14nmのリング状構造をとる．N末端側の4個のAAAモチーフはATP結合のコンセンサス配列（Pループ）を含むが，5番目以降のAAAモチーフではそれらが変化しておりATP結合部位はないものと思われる．4個目と5個目のAAAモチーフの間にαヘリックスを多く含む領域が2カ所あり，この領域が逆並行のコイルドコイルを形成してリング構造から突き出し，長さが15nmほどのストークを形成する．この2つのαヘリックスに挟まれた領域は球状構造をとりストークヘッドと呼ばれ，この先端で微小管と結合する．重鎖のN末端側は尾部と呼ばれ，中間鎖や軽鎖を結合するとともに重鎖どうしが会合して二量体や三量体を形成する．

ダイニンは，細胞内小胞輸送や細胞分裂などを担う細胞質ダイニンと，9＋2構造をもつ鞭毛・繊毛の運動の原動力となる軸糸ダイニンに大別される．細胞質ダイニンには2種の重鎖遺伝子があり，それぞれが別個にホモダイマーを形成して2頭構造をとる．中間鎖はダイナクチン複合体に結合し，ダイナクチン複合体が，細胞内輸送をする小胞などのカーゴや，キネトコアや細胞膜などのターゲットに結合する．軸糸ダイニンには10種類以上の重鎖があって異なる遺伝子にコードされている．外腕ダイニンは異なる重鎖2本（あるいは3本）からなり，ダブレット微小管上に24nmの周期で結合している．内腕ダイニンの重鎖はモノマーあるいはヘテロダイマーであり，6～7種類の内腕ダイニンがダブレット微小管の96nm周期の中に規則的に配置されている．中間鎖や軽鎖はダイニン重鎖に結合しているが，その種

類や数は重鎖の種類によって異なる．内腕ダイニン重鎖は中間軽鎖としてアクチンを結合しているものが多い．

　*in vitro*運動系で計測したところ，ダイニンは微小管のマイナス端へ向かって動くことがわかった．その運動速度は，細胞質ダイニンが約1～3 μm・s^{-1}，軸糸ダイニンは5～15 μm・s^{-1}である．細胞質ダイニン，軸糸ダイニンともに，キネシンと同様，processiveであり，8 nmのステップを刻みながら動き，発生する最大力は約5～7 pNである．

　結合ヌクレオチド状態の異なるダイニン分子の電子顕微鏡像から，リング構造に対してストークや尾部が角度変化することがわかった[19]．しかし，ATP加水分解に伴うリング構造内の構造変化がどのようにしてコイルドコイル構造を伝わり，ストーク先端で微小管との結合解離を制御しているのかは，まだわかっていない．

　複数のATP結合部位のうち，重鎖N末側から第1、第3と第4のPループはATPを加水分解するが，第2のPループはATPを加水分解しない[20]．この部位にADPを結合することにより、他の部位でのATP加水分解活性やモーター活性を調節していることが示唆されている．軸糸ダイニンでは，ADP存在下でモーター活性が上昇するもの，高濃度ATP存在下で運動を止めるもの，ヌクレオチド非存在下で微小管と結合しないものなどがあり，複雑で多様な調節機構があるものと考えられる．

文献

1）丸山工作　著"筋肉のなぞ"岩波新書：岩波書店，1980
2）山城佐和子　馬渕一誠「細胞の形とタンパク質」"タンパク質がわかる"（竹縄忠臣／編）pp.84-93：羊土社，2003
3）Pollard, T. D, & Borisy, G. G.：Cellular motility driven by assembly and disassembly of actin filaments. Cell, 112：453-465, 2003
4）Kreis, T., & Vale, R., eds.：Guidebook to the cytoskeletal and motor proteins. Second Ed.：Oxford Univ. Press, 1999
5）Evangelista, M., et al：signaling effectors for assembly and polarization of actin filaments. J. Cell Sci., 116：2603-2611, 2003
6）Hodge, T., & Cope, M. J.：A myosin family tree. J. Cell Sci., 113：3353-3354. 2000
7）Mehta, A. D., et al.：Myosin-V is a processive actin-based motor. Nature, 400：590-593, 1999
8）Wells, A. L. et al.：Myosin VI is an actin-based motor that moves backwards. Nature, 401：505-508, 1999
9）Li, X. D. et al.：Activation of Myosin Va function by melanophilin, a specific docking partner of Myosin Va. J. Biol. Chem., .280：17815-17822, 2005
10）Lister, I. et al.：A monomeric myosin VI with a large working stroke. EMBO J., 23：1729-1738, 2004
11）伊藤知彦「微小管の基礎」，"細胞骨格・運動がわかる"（三木裕明／編）pp.54-62：羊土社，2004
12）Cassimeris, R.：The oncoprotein 18/stathmin family of microtubule destabilizer. Curr. Opin. Cell Biol., 14：18-24, 2002
13）清末優子　月田承一郎「微小管のダイナミクス制御　微小管プラス端集積因子（+TIPs）」"細胞骨格・運動がわかる"（三木裕明／編）pp.63-72：羊土社，2004
14）Gard, D. L., et al.：MAPing the eukaryotic tree of life: Structure, function, and evolution of the MAP215/Dis1 family of microtubule-associated proteins. Int. Rev. Cytol., 239：179-272, 2004
15）Permana S. et al.：Truncation of the projection domain of MAP4（Microtubule-Associated Protein 4）leads to the attenuation of microtubule dynamic instability. Cell Struct. Funct., 29：147-157, 2005
16）Lawrence, C. J. et al.：A standardized kinesin nomenclature. J. Cell Biol., 167：19-22, 2004
17）Yildiz, A, and Selvin, P.R.：Kinesin：walking, crawling or sliding along? Trends Cell Biol., 15：112-20, 2005
18）Wordeman, L.：Microtubule-depolymerizing kinesins. Curr. Opin. Cell Biol., 17, 82-88, 2005
19）Burgess, S. A. et al.：Dynein structure and power stroke. Nature, 421：715-718, 2003
20）Kon, T. et al. Distinct functions of nucleotide-binding/hydrolysis sites in the four AAA modules of cytoplasmic dynein. Biochemistry 43, 11266-11274, 2004

2 受容体

細胞表面の受容体は大きく3種類に分類できる．①迅速な神経伝達に関与するイオンチャネル受容体，②外来刺激（光・匂い・味・フェロモン），ホルモン，神経伝達物質などを受容し，それらのシグナルを細胞内へ伝え，主にタンパク質のリン酸化をもたらすGタンパク質共役受容体，③増殖因子などの受容体として働き，さまざまな遺伝子発現に関与するタンパク質キナーゼ受容体である．これら3種の受容体を介した細胞内応答の時間スケールは，①・②・③の順に遅くなる．

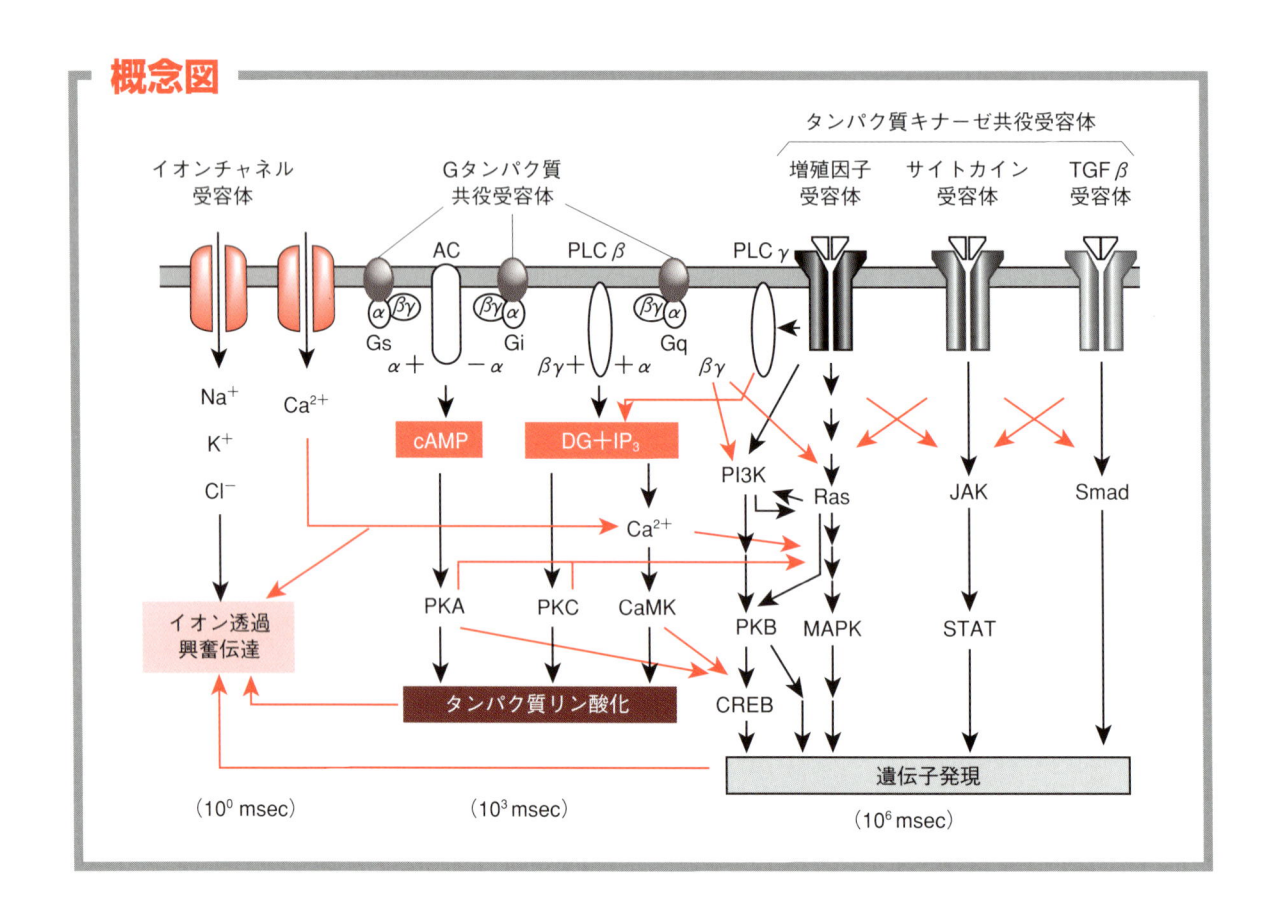

概念図

1 受容体の働きと分類

細胞間のシグナル伝達は，細胞同士の接触や，神経伝達物質・ホルモン・サイトカイン・増殖因子などの化学物質（シグナル分子）を介して行われる．これらのシグナル分子は細胞から分泌され，標的細胞に存在する受容体によって認識される．これらの分子（アゴニスト）が受容体に結合することによって，一連の化学反応が始まる．ステロイドホルモンや甲状腺

ホルモンなどの小型の疎水性シグナル分子は，標的細胞の細胞膜を拡散により通過して細胞内の受容体タンパク質を直接活性化する．その他の多くのホルモンや，神経伝達物質・サイトカイン・増殖因子などは細胞膜を通過することができず，標的細胞の表面にある，それぞれのシグナル分子に特異的な受容体に結合する．このように，受容体をシグナル変換器として働かせることによって細胞外のリガンド結合を細胞内のシグナルに変換し，標的細胞の振る舞いを変化させる．

細胞表面受容体は大きく以下の3群に分けられる．
（1）イオンチャネル受容体
（2）Gタンパク質共役受容体
（3）タンパク質キナーゼ共役受容体

これら受容体の機能とシグナル伝達の概略を図にまとめた（概念図）．イオンチャネル受容体は神経伝達物質の受容体であり，シナプスでの速い興奮伝達にかかわる．Gタンパク質共役受容体は，外来刺激（光・匂い・味・フェロモン），ホルモン，神経伝達物質など広範囲の物質の受容体であり，タンパク質のリン酸化を介して種々の細胞応答（興奮性の制御，分泌昂進・抑制，代謝昂進・抑制など）を引き起こす．タンパク質キナーゼ共役受容体は増殖因子などの受容体として働き，チロシンキナーゼ，転写因子の活性化などを介して細胞の増殖や分化を制御する．これら3種の応答系は反応のタイムスケールが大きく異なるが，それぞれが独立にあるわけではなく，系の間にクロストークが存在する（図中の⟶）．例えば，細胞内Ca^{2+}イオンは3つの系すべてにおいて重要なシグナルとして働いている．おそらく，学習・記憶という現象の根底にも3つの系の併存と相互対話があるであろう．

2 イオンチャネル受容体

イオンチャネル受容体に対する内在性リガンドは，アセチルコリン・グルタミン酸・γ-アミノ酪酸（γ-amino butyric acid：GABA）・グリシン・セロトニン（または，5-hydroxytryptamine：5HT）・ATPなどの神経伝達物質に限られる．アドレナリン・ドーパミンなどのカテコールアミンやペプチドをリガンドとするイオンチャネル受容体は知られていない．

> **メモ** Zn^{2+}の結合によって活性化されるイオンチャネル受容体の存在も最近報告されている．

イオンチャネル受容体は，同一のあるいは異なる複数のサブユニットからなるオリゴマーとして存在し，機能する．複数のサブユニットが会合することによって，イオンの通り道となる孔が分子の中央部分に形成される．孔の出口および内部のアミノ酸残基がイオンの選択性に関与している．

受容体を構成するサブユニットの細胞膜内でのトポロジーから，大きく3種類のファミリーに分類できる（図4-10）．

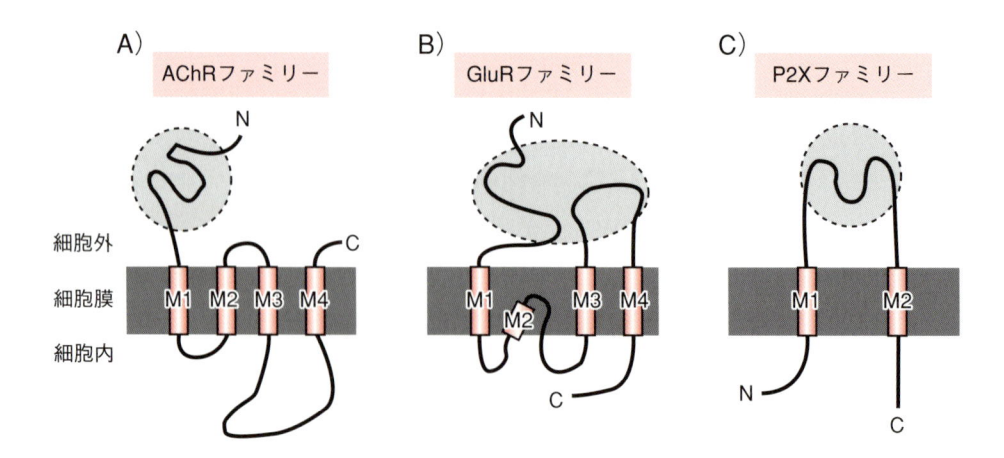

図4-10　イオンチャネル受容体サブユニットの膜上での形態

A) AChRファミリー，B) GluRファミリー，C) P2Xファミリー．N：N末端，C：C末端．M1〜M4は，1番目から4番目の膜貫通領域．リガンド結合部位（点線の円）は，A) ではN末端からM1までの間，B) ではN末端からM1までの間とM3-M4間，C) ではM1-M2間のループに存在する．Aは五量体，Bは四量体である．Cは三量体と推定されている

A）アセチルコリン受容体（AChR）ファミリー（4回膜貫通型）

　　ニコチン性アセチルコリン受容体（nAChR）のほか，セロトニン受容体（5HT$_3$受容体），GABA受容体（GABA$_A$受容体）およびグリシン受容体がこのファミリーに属する．

B）グルタミン酸受容体（GluR）ファミリー（3回膜貫通型）

C）プリン受容体（P2X）ファミリー（2回膜貫通型）

　アセチルコリン・グルタミン酸・セロトニン・ATPに対する受容体は，Na$^+$，K$^+$あるいはCa^{2+}イオン透過性の陽イオンチャネルである．一方，GABA・グリシンをリガンドとする受容体は，陰イオン（Cl$^-$イオン）チャネルである．これらの受容体は，電気的に興奮する細胞間の迅速（ミリ秒スケール）なシナプス型シグナル伝達にかかわる．アゴニスト（作動薬）の結合によってイオンチャネル受容体が一時的に開口し，細胞膜を横切ってイオンが流れる．その結果，細胞膜を横切る電位（膜電位）が変化し，これがシナプス後膜の興奮性を決定する．陽イオンチャネルが開くと興奮が誘起され，陰イオンチャネルが開くと興奮が抑制される．

ニコチン性アセチルコリン受容体（nAChR）

　nAChRはサブユニットの組成により中枢神経型，神経筋接合型に分類される．後者のnAChRは，シビレエイの電気器官に大量に存在することや，特異的阻害剤である蛇毒（α-bungarotoxin）の発見などにより，タンパク質化学的解析が最も進んでいる．そこで，イオンチャネル受容体の代表例としてnAChRについて以下に述べる．

　nAChRは五量体からなる糖タンパク質であり，その構成サブユニットとして，これまでに17のサブユニットが同定されている（α_{1-10}，β_{1-4}，δ，ε，γ）．中枢神経型受容体として，α7のみからなるホモ五量体が知られているが，それ以外はいずれもヘテロ五量体である．最近，極低温電子顕微鏡を用いた結晶解析により神経筋接合型nAChRの原子レベルでの立

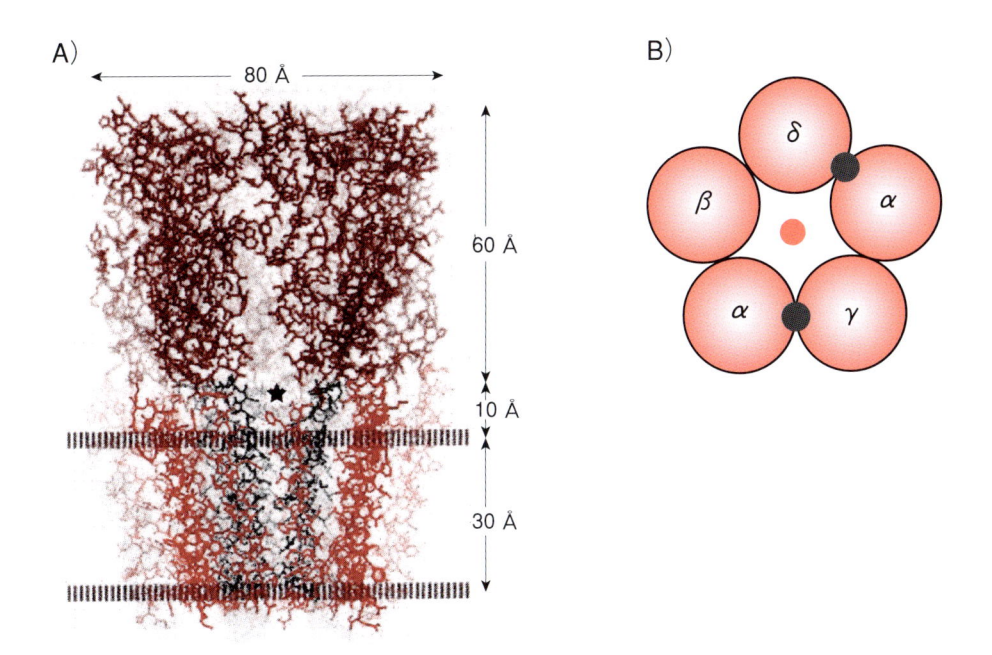

図4-11 nAChRの立体構造

A）シビレエイ（*Torpedo marmorata*）nAChRの膜貫通ポアと細胞外領域の原子レベルの立体構造．主にβシート構造からなる細胞外領域（■）と，αヘリックス構造からなる膜貫通領域（内側リングは■，外側リングは■），平行する2本の破線は脂質二重膜の表面を示す．星印は，サブユニット間の界面に形成される空洞を示している（文献6より引用）．B）受容体を上から見たときの断面のモデル図．5つのサブユニットの真ん中にイオンの通り道（●）がある．●は2つのアセチルコリン結合部位である

体構造が示され，細胞外領域へのリガンド結合に伴うイオンチャネルのゲート開口メカニズムが提唱された．

nAChRは，5つのサブユニットが環状に配置して陽イオン選択性のイオンチャネルを形成している．分子量は約29万で，外径は約80 Å，膜に垂直な方向の長さは約130 Å，そのうち70 Å細胞膜外に突出している（図4-11A）．細胞外領域のリガンド結合部位は，2つあるαサブユニットとそれぞれ隣接するγまたはδサブユニットとの間（図4-11B）であり，両方のリガンド結合部位にアセチルコリンが1つずつ結合したときにチャネルが開口する．

リガンドであるアセチルコリンがnAChRに結合すると，αサブユニットの細胞外領域のβシート（内側）が15°回転する．この回転が，連結する膜貫通孔に面したヘリックス（M2ヘリックス）を介して膜の中央部にあるチャネルゲート領域に伝達される（図4-12）．このひねり動作が，ガードル状構造を保持するアミノ酸残基間の相互作用を弱める．その結果，M2ヘリックスは外側リングに向かって回転し，水和したイオンが透過できる大きさまで内側リングが広がる．同時に膜貫通孔に面していた疎水性側鎖がずれ，ゲート領域の疎水性が弱められる．このようにしてイオンチャネルが開口し，水和イオンが通過可能になると考えられている．

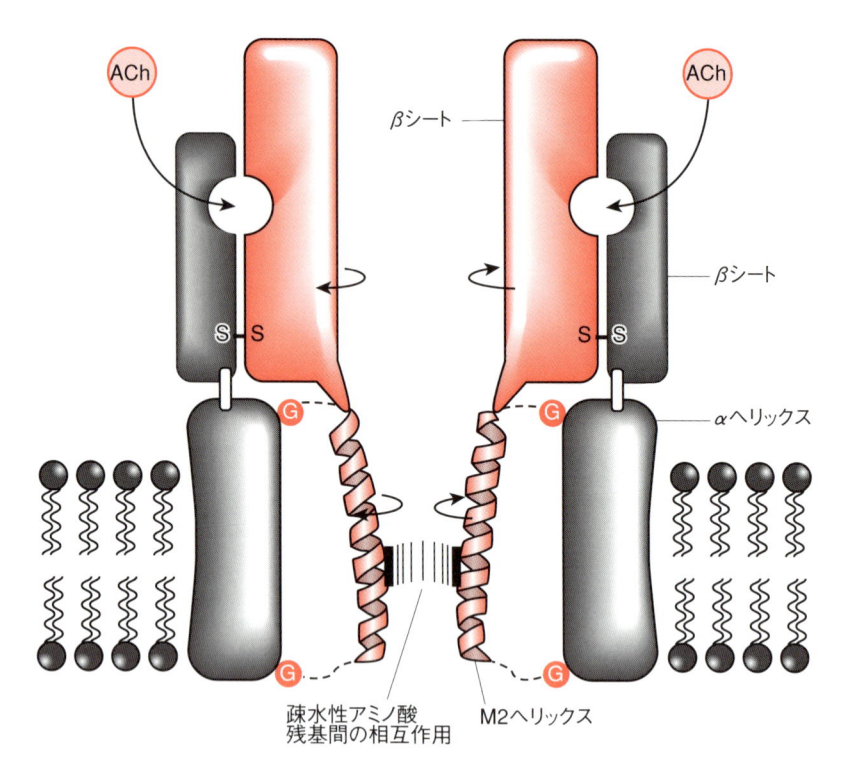

図4-12 nAChRのゲート開閉メカニズムのモデル図
nAChRの2つのαサブユニットを抜き出して書いてある．Gはグリシン残基，S-Sはジスルフィド結合を示す
（文献6より引用）

3 Gタンパク質共役受容体

　Gタンパク質共役受容体（G protein-coupled receptor：GPCR）は，細胞表面受容体のなかで最大のファミリーを形成している．GPCRはいずれも7回膜貫通構造をもち，神経伝達物質・ホルモン・外来刺激（光・匂い・味など）のセンサーとして働く．これらのアゴニストは，化学物質としては非常に多岐にわたり，アセチルコリン・アドレナリン・ドーパミン・セロトニン・グルタミン酸・GABA・H^+・Ca^{2+}・アデノシン・ATP・プロスタグランジンやその他の脂質・オピオイドおよびその他のペプチド・タンパク質などが含まれる．ヒトゲノムにはおよそ900種のGPCRが存在し，GPCRは進化の過程で高度に保存されてきたと考えられる．

1）GPCRによるGタンパク質の活性化・不活性化

　アゴニストが結合するとGPCRは活性化される．活性型GPCRは三量体Gタンパク質を活性化する．三量体Gタンパク質は，α・β・γの3種類のサブユニットからなるヘテロ三量体構造（Gα[GDP]/Gβγ）をとっており，αサブユニットの果たす機能およびアミノ酸配列の相同性より，Gs・Gi/o・Gq・G12の4つのファミリーに分類される．GPCRによって活性化されたGタンパク質は，αサブユニット（Gα）からGDPを解離して代わりにGTPが結

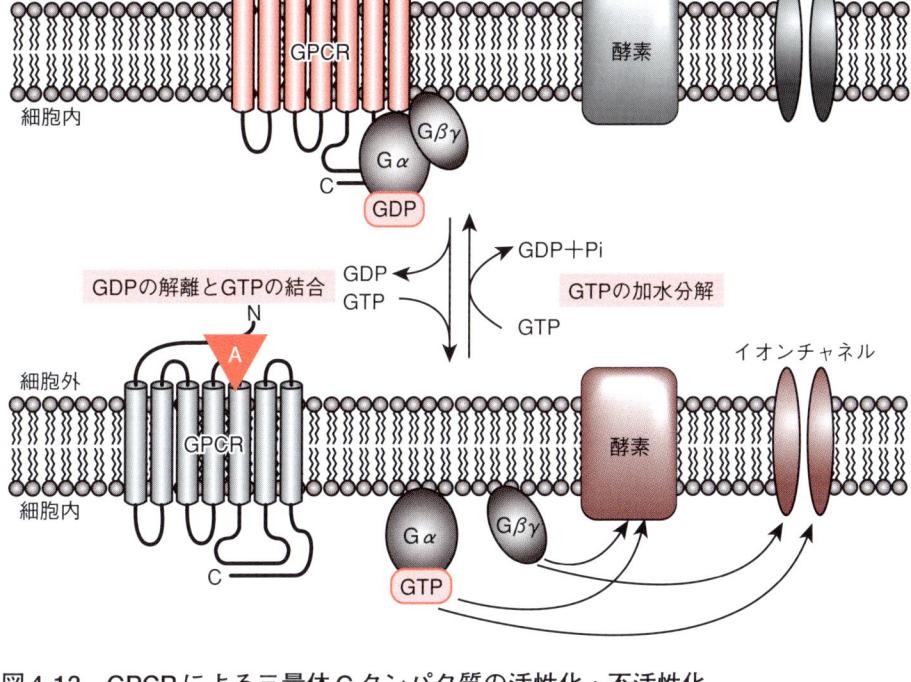

図4-13 GPCRによる三量体Gタンパク質の活性化・不活性化

アゴニスト（A）が結合したGPCRの作用によってGタンパク質からGDPが解離し，GTPが結合する．GTPが結合したGタンパク質は受容体から離れるとともにGαとGβγに解離し，それぞれ効果器の活性を制御する．Gαに結合したGTPがGTPase活性によりGDPに加水分解されるとGタンパク質はGα/Gβγ三量体に戻り，不活性化される

合し，GTP結合型Gα（活性型Gα）とβγサブユニット（Gβγ）に解離する．解離したサブユニットは種々の酵素活性を制御する（図4-13，概念図）．GsαはアデニルシクラーゼCβ（PLCβ）の活性化，Giαはアデニル酸シクラーゼ（AC）の阻害（−），Gqαはホスホリパーゼ Cβ（PLCβ）の活性化，G12αはRhoGEF（Rho guanine nucleotide exchange factor：低分子量Gタンパク質Rhoのヌクレオチド交換促進因子）の活性化，をそれぞれ引き起こす．また，活性型GαおよびGβγはK^+チャネルやCa^{2+}チャネルの開口促進・抑制を引き起こす．Gα上のGTPが加水分解されると，GDP結合型GαとGβγは再び会合して不活性状態の三量体に戻る．

> **メモ**　GTPはGα自身がもつGTPアーゼ活性により加水分解されるが，その速度は比較的遅い．生理的条件下では，Gタンパク質の標的である効果器や，Gタンパク質シグナル伝達調節因子（regulator of G protein signaling：RGS）によってGTPの加水分解反応は促進され，迅速なシグナルの停止が可能となっている．

2）GPCRの分類

哺乳類GPCRは大きく3つのファミリー（ファミリーA・B・C）に分類される．ファミ

リーAのGPCRは最大のファミリーを形成しており，かつ最も研究が進んでいる．立体構造がこれまでに明らかにされた唯一のGPCRであるロドプシンはファミリーAの代表例である（図4-14A）．ファミリーB（図4-14B）には，セクレチン・カルシトニン・グルカゴン・血管作動性腸管ペプチド・パラチロイドホルモンなどに対する受容体が含まれる．ファミリーC（図4-14C）には，代謝調節型グルタミン酸受容体・Ca^{2+}感知受容体・$GABA_B$受容体などがある．

> **メモ** GPCR全般を代謝調節型（メタボトロピック）受容体とも呼ぶが，多くの場合，グルタミン酸受容体を区別する際に用いられる．イオンチャネル（イオノトロピック）グルタミン酸受容体とGタンパク質共役グルタミン酸受容体とを区別するために後者をメタボトロピックグルタミン酸受容体と呼ぶ．

3）GPCRの二量体化

$GABA_B$受容体は，細胞膜への発現・Gタンパク質との共役には2つのサブユニットであるR1とR2がヘテロ二量体を形成することが必須である．さらに，代謝調節型グルタミン酸受容体は，その細胞外ドメインのジスルフィド結合を介して二量体を形成することが結晶構造から明らかになっている．以上のことなどから，ファミリーCのGPCRが二量体を形成することはほぼ間違いない．最近では，ファミリーAに属するGPCRが二量体を形成することを示唆する報告が増えつつある．ごく一例として，オピオイドκおよびδ受容体を共発現させると，両者いずれとも異なる薬理学的特性をもつようになることがあげられる．この結果は，両者受容体がヘテロ二量体を形成し，各々のリガンドを協同的に結合できるようになったことを示唆する．ファミリーAのGPCRの代表例であるロドプシンに関しては，暗順応下の網膜においてホモ二量体を形成することが，原子間力顕微鏡観察により示されている．しかしながら，ロドプシンの結晶では二量体は形成されていない．さらに，可溶化の際の界面活性剤濃度によってロドプシンが単量体になったり二量体となることもある．また，GPCRがそれ以外のタンパク質とヘテロ二量体を形成する報告もある．

> **メモ** ファミリーAのGPCRが二量体を形成するか否かは個々の受容体によりかなり異なると考えられる．二量体化形成の生理的な意義・生体内での二量体化の有無などの解明が期待される．

4）GPCRの脱感受性

長時間アゴニストに曝された受容体は，その活性が減弱する．これを脱感受性あるいは脱感作という．Gタンパク質からの脱共役・受容体の可逆的な細胞内移行・不可逆的分解（down regulation）という3つの過程に分けられる．この過程はGPCRのアゴニスト依存性リン酸化によって起動される．リン酸化を担うのが，Gタンパク質共役受容体キナーゼ（G protein-coupled receptor kinase：GRK）であり，現在GRK1～7まで知られている．GPCRの種類やサブタイプによって細胞内移行の分子メカニズムは異なる．細胞内移行後のGPCRの挙動〔分解あるいは細胞表面へ戻る（リサイクリング）〕も，受容体により異なる．典型的なモデルを図4-15に示した．

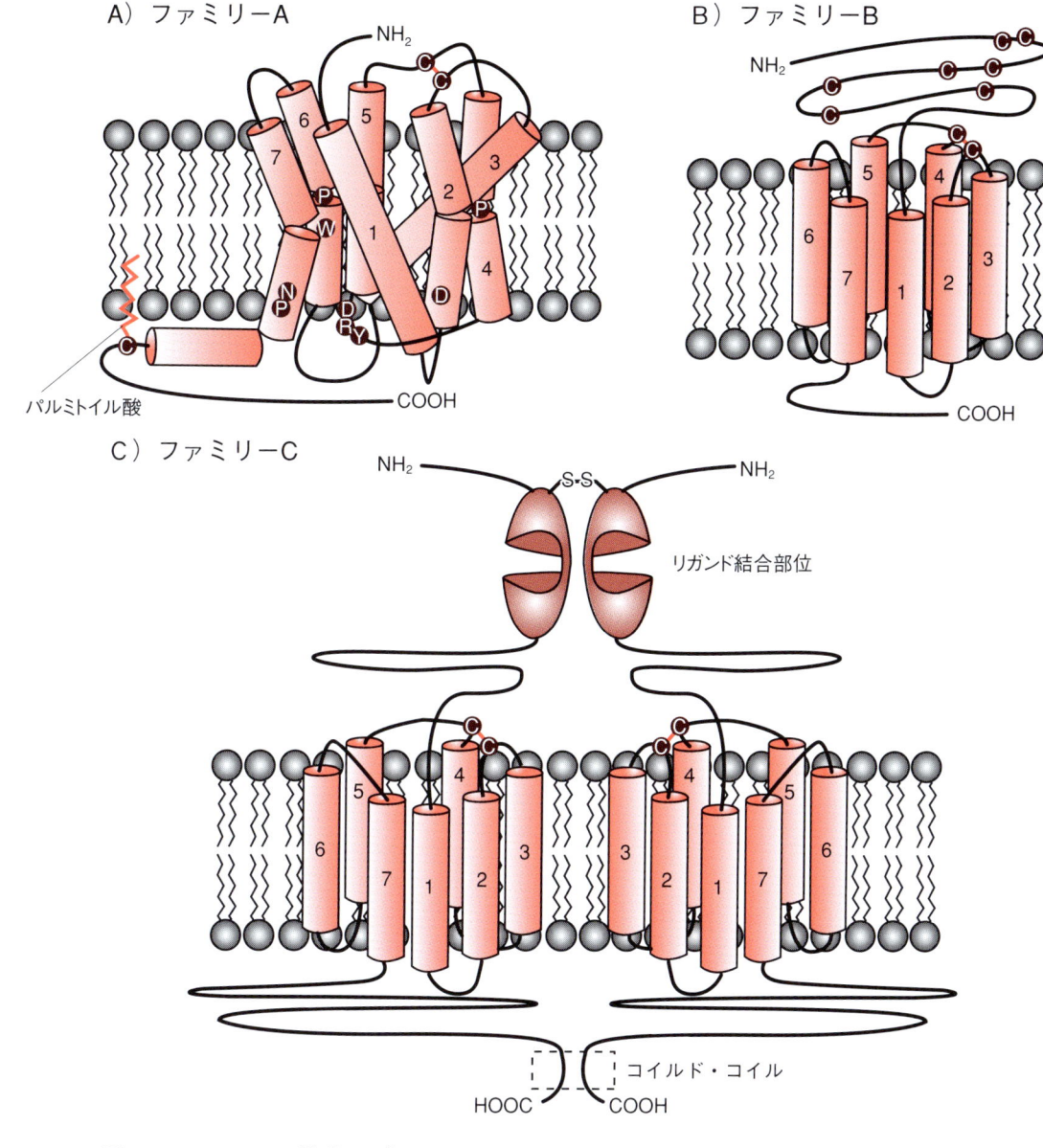

図4-14 GPCRの構造モデル

A) ロドプシン・ムスカリン性アセチルコリン受容体・アドレナリン受容体などが属するファミリーAのGPCR．ロドプシンの結晶構造を元に描いてある．細胞膜を貫通する7本のヘリックスは，必ずしも平行でも，膜面に垂直でもなく入り組んでいる．また，数本のヘリックスでは，プロリン部位で少し折れ曲がっている．多くのGPCRのC末端領域にあるシステイン残基にはパルミチン酸が結合し，膜にアンカーしていると考えられている．そのシステインと7番目のヘリックスの間に，細胞膜に平行するαヘリックスが存在することが，ロドプシンの結晶構造解析より明らかとなった．B) ファミリーBのGPCRの立体構造は明らかになっていないため，7本のヘリックスを膜面に垂直に描いてある．このファミリーのGPCRはN末端領域が比較的長く，この領域にはジスルフィド結合すると考えられるシステイン残基が多く存在する．C) このファミリーに属するGPCRのN末端およびC末端領域は比較的長い．リガンド結合部位がN末端領域にあり，N末端領域部分がジスルフィド結合を介して二量体を形成することが，代謝型グルタミン酸受容体の結晶構造より明らかにされている．また，$GABA_B$受容体では，C末端領域でコイルド・コイル構造を形成している

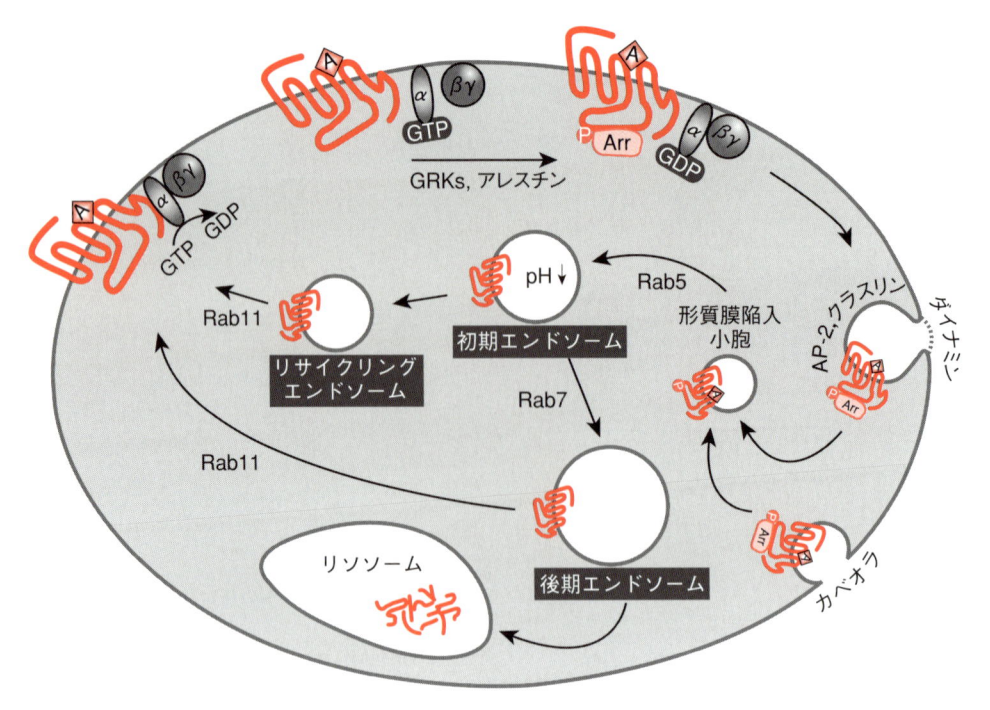

図4-15 GPCRの細胞内移行・リサイクリングのモデル図
長時間アゴニスト（Ⓐ）に曝されたGPCRは，そのC末端領域あるいは細胞内第3ループに存在するセリン・スレオニン残基がGRKによりリン酸化される．そこへアレスチンが結合してGタンパク質との共役が阻害される．受容体はクラスリン被覆小胞やカベオラ（細胞膜陥入構造物）などを経由して細胞内に取り込まれ，アゴニストとの結合ができなくなる．その後，受容体はリソソームに運ばれて分解（down regulation）されたり，アゴニストが取り除かれた受容体が細胞表面に戻って（リサイクリング）アゴニストの受容に再び用いられる．Arr：アレスチン

4 タンパク質キナーゼ共役受容体

タンパク質キナーゼ共役受容体も非常に多くの種類が存在するが，機能的な観点から大きく3つに分類できる．
1）チロシンキナーゼ受容体
2）チロシンキナーゼ共役受容体
3）セリン・スレオニンキナーゼ受容体

ただし，すべての受容体が1回膜貫通型であるという点は共通である．

1）チロシンキナーゼ受容体

チロシンキナーゼ受容体の形態にはいくつかの種類があり，特に細胞外ドメインにはかなりの多様性がある．しかしながら，いずれも細胞質内にキナーゼ触媒ドメインが存在するという点では一致する（**第3章-2**）．このグループには，以下のようなさまざまなリガンドに対する受容体が含まれる．上皮増殖因子（epidermal growth factor：EGF），血小板由来増殖因子（platelet-derived growth factor：PDGF），インスリン（insulin：INS），神経成長因子（nerve growth factor：NGF），線維芽細胞増殖因子（fibroblast growth factor：FGF）

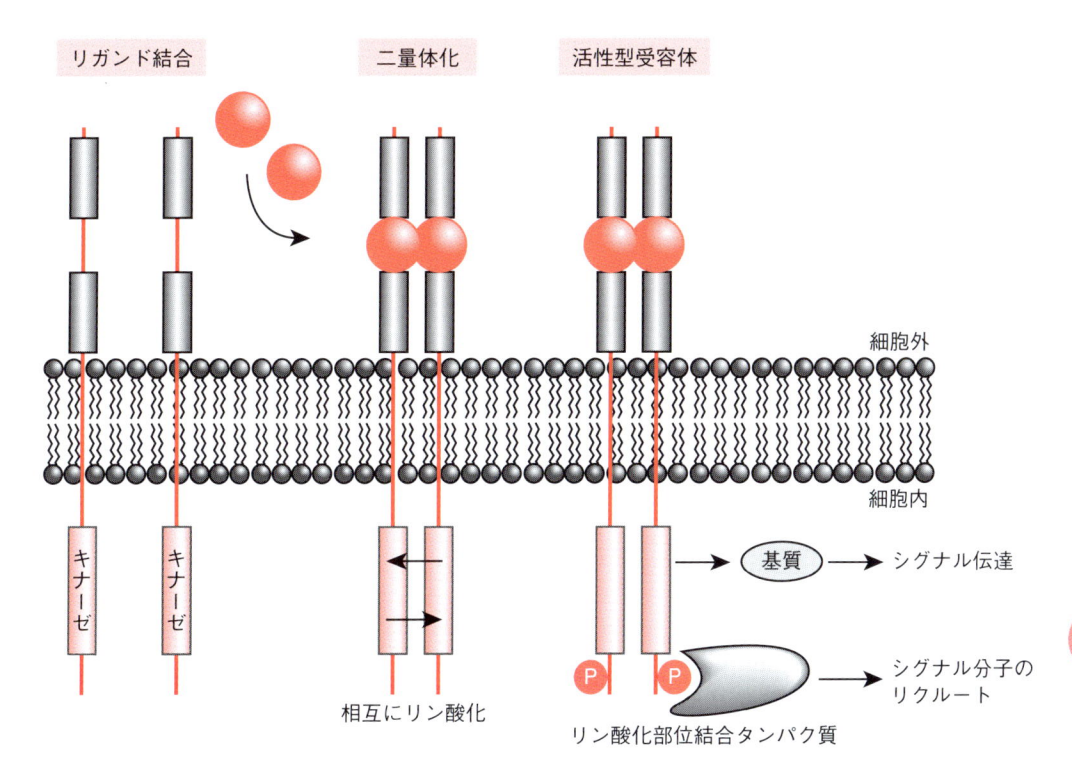

図4-16 チロシンキナーゼ受容体の活性化

リガンドの結合により，受容体は二量体化して細胞内ドメインのコンフォメーションが変化する．これによりチロシンキナーゼが活性化して，架橋相手の受容体分子上のチロシン残基を相互にリン酸化する．二量体化してリン酸化された分子は，触媒作用をもつ活性型受容体となり，標的分子をリン酸化することが可能になる．また，リン酸化されたチロシン残基にはSH2（Src homology-2）ドメインをもつアダプタータンパク質や種々の酵素を結合できるようになり，受容体シグナル伝達複合体が形成される．なお，受容体の活性化機構は複雑であり，例えばインスリン受容体では最初から二量体として架橋されているが，活性化するためには，やはりリガンドの結合が必要である．また，PDGFはジスルフィド結合で結ばれた二量体として存在しており，これが結合することにより2つの受容体は自動的に二量体となる．すなわち，PDGF受容体-PDGF-PDGF-PDGF受容体の型の二量体となる．一方，EGFは単量体だが，EGF受容体に結合してその構造変化を誘起し，受容体の二量体化を引き起こす．EGF-EGF受容体-EGF受容体-EGFの型の二量体となる

などである．このグループの受容体の活性化機構のモデルを図4-16に示す．チロシンキナーゼ受容体の下流にはMAPK（mitogen-activated protein kinase）カスケードなどがあり，最終的には特定の遺伝子の発現調節が行われる（概念図参照）．

2）チロシンキナーゼ共役受容体

このグループの受容体には，インターフェロン（interferon）・インターロイキン（interleukin）・腫瘍壊死因子（tumor necrosis factor：TNF）などのサイトカインに対する受容体が含まれる．1）のチロシンキナーゼ受容体と類似した応答を誘導するが，内在性の酵素活性はもたない．これらの受容体は細胞内から1つあるいは複数の非受容体型チロシンキナーゼをリクルートして，それを活性化する．サイトカイン受容体にリクルートされる非受容体型チロシンキナーゼは主としてJanusキナーゼ（JAK）である．JAKファミリーにはJAK1，JAK2，JAK3，Tyk2の4種類が知られており，いずれも決まったサイトカイン受容

体と会合する．JAK の主要な標的は STAT（signal transducer and activator of transcription）であり，リン酸化された STAT は二量体を形成して核内へ移行し，転写因子として働く．

3）セリン・スレオニンキナーゼ受容体

このセリン・スレオニンキナーゼ受容体（第3章-1）は，形質転換増殖因子（transforming growth factor：TGF）βファミリーの受容体に限られる．哺乳類の TGFβ ファミリータンパク質は，TGFβ のほか，骨形成因子（bone morphogenetic protein：BMP）・アクチビンなどのサブファミリーに分類できる．

TGFβ受容体は，その構造や機能から1型（TβR-Ⅰ）と2型（TβR-Ⅱ）に分けられる．TβR-Ⅰ・TβR-Ⅱとも類似の糖タンパク質であり，C末端（細胞質）側にセリン・スレオニンキナーゼドメイン，N末端（細胞外）側に TGFβ 結合ドメインをもつ．TβR-Ⅰの細胞質側には GS ドメインと多数のリン酸化部位が存在する．このリン酸化部位は，恒常的に活性型として存在する TβR-Ⅱによる TβR-Ⅰの活性化に関与している．

> **メモ** GS ドメイン：TβR-Ⅰのキナーゼドメインの N 末端側に隣接する TTSGSGSGLP という配列を含む 30 アミノ酸残基からなる領域．1型受容体のなかではよく保存されている領域である．

リガンドである TGFβ は，まず2型受容体に結合し，この複合体に1型受容体がリクルートされる．恒常的活性型である2型受容体により，1型受容体の GS ドメインがリン酸化され，受容体が活性化される．活性化した受容体は主に Smad タンパク質と呼ばれる一群の転写因子を介して細胞内にシグナルを伝達する．

> **メモ** Smad：線虫のタンパク質 Sma とショウジョウバエの Mad に由来する名前

■文献

1) 芳賀達也/著 "G 蛋白質共役受容体：最近の進歩"，蛋白質核酸酵素，46：共立出版，2001
2) "7 回膜貫通型受容体研究の新展開"（佐藤公道・赤池昭紀/編），別冊 医学のあゆみ：医歯薬出版，2001
3) "受容体がわかる"（加藤茂明/編）：羊土社，2003
4) 上代淑人/監訳 "シグナル伝達"：メディカル・サイエンス・インターナショナル，2004
5) 宮澤淳夫 藤吉好則/著 "ニコチン性アセチルコリン受容体の構造と機能"，蛋白質核酸酵素，49：共立出版，2004
6) Miyazawa, A. et al.：Structure and gating mechanism of the acetylcholine receptor pore. Nature, 423：949-955, 2003
7) Palczewski, K. et al.：Crystal structure of rhodopsin：A G protein-coupled receptor. Science, 289,：739-745, 2000
8) Milligan, G.：G protein-coupled receptor dimerization：function and ligand pharmacology. Mol. Pharmacol., 66,：1-7, 2004
9) Jensen M. L. et al.：Charge selectivity of the Cys-loop family of ligand-gated ion channels. J. Neurochem., 92：217-225, 2005
10) Haga T. & Kameyama, K.：Receptor Biochemistry. Encyclopedia of Molecular Biology and Molecular Medicine：VCH, 2005

3 情報伝達関連タンパク質

多細胞生物を構成する細胞は，個体恒常性の維持を図って常に周りの多くの細胞と話し合い，その結果として各細胞の挙動（分裂，分化，生存，死など）が決定されている．細胞間の話し合いは，情報発信細胞が合成，分泌したシグナル分子が，標的細胞に存在する受容体と結合することで始まる．標的細胞では，他の細胞から指令が届いたことがいくつかの細胞内シグナル分子（キナーゼ，GTP結合タンパク質や，それらと相互作用する細胞内タンパク質）を経由して核へと伝達され，そこでさまざまな遺伝子の発現誘導を介して，シグナル分子に規定された細胞応答が誘起される．本稿では，受容体から核に至るいくつかの代表的なシグナル伝達経路の概要と制御機構について紹介する．

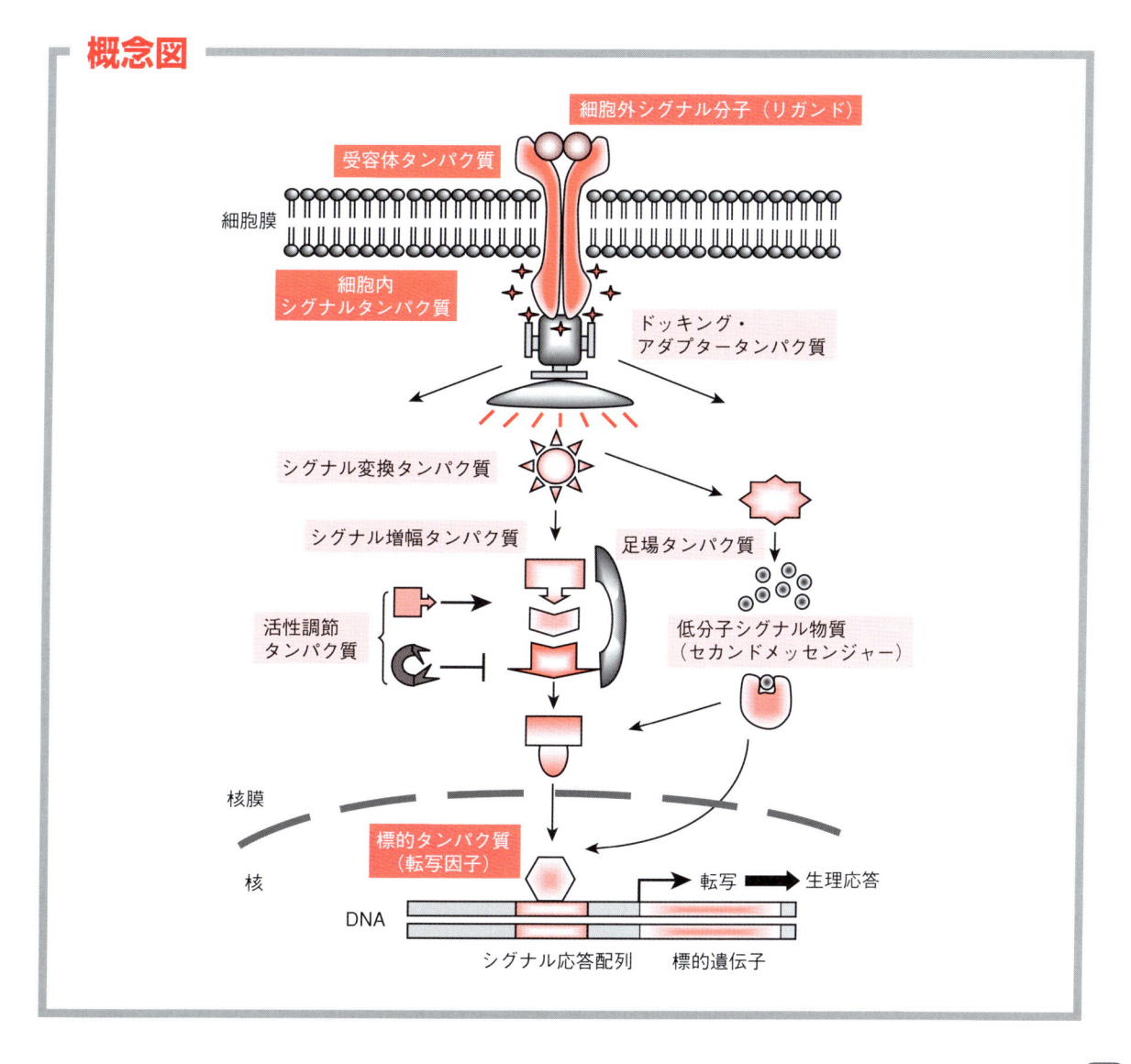

概念図

細胞外シグナル分子（リガンド）
受容体タンパク質
細胞膜
細胞内シグナルタンパク質
ドッキング・アダプタータンパク質
シグナル変換タンパク質
シグナル増幅タンパク質
活性調節タンパク質
足場タンパク質
低分子シグナル物質（セカンドメッセンジャー）
核膜
核
標的タンパク質（転写因子）
DNA
シグナル応答配列　標的遺伝子
転写　生理応答

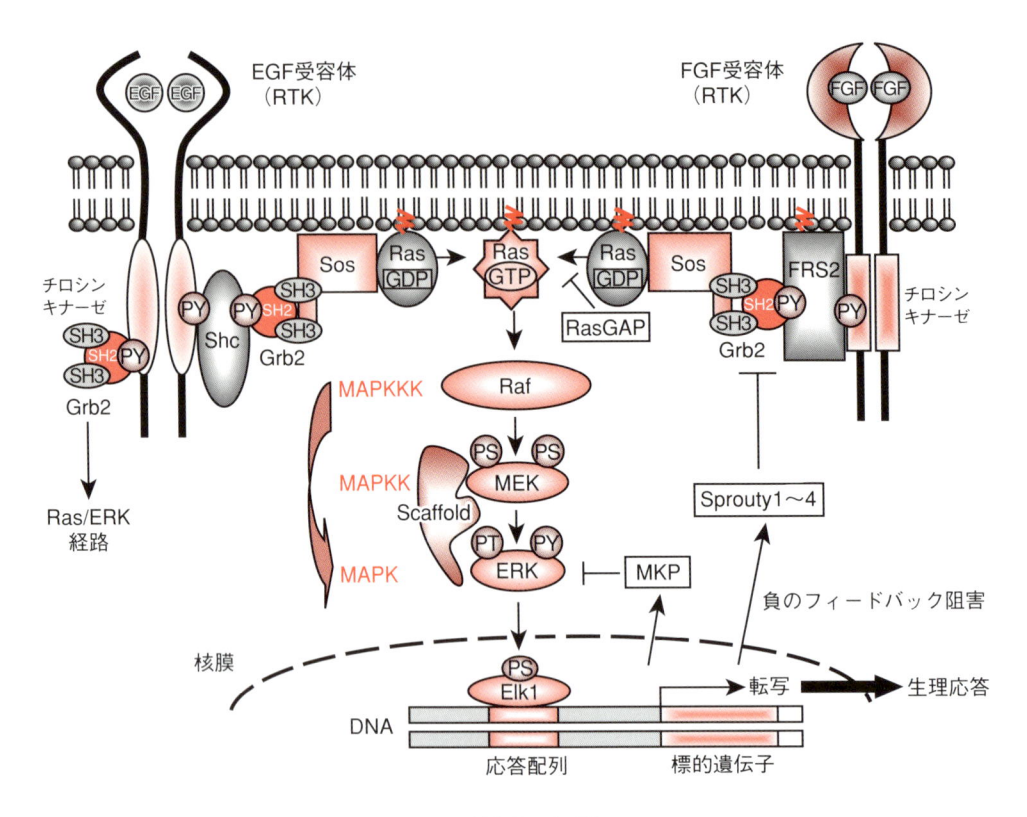

図4-17 RTK/Ras/ERK-MAPキナーゼ経路の概要
増殖因子（EGF，FGFなど）が受容体（RTK）に結合すると，RTKの二量体化，相互のチロシン残基のリン酸化が誘導される．次いで，ドッキングタンパク質（Shc，FRS2など），アダプタータンパク質（Grb2など），さらにSos（Ras活性化因子）の細胞膜周辺へのリクルートを介して，Rasが活性化される．すなわち，Sosの働きによってGTP結合型となったRasは，Raf-1（MAPKKK），MEK1/2（MAPKK），ERK1/2（MAPK）からなる，一連のキナーゼ系のリン酸化による活性化を誘導する．このようにして活性化されたERKは核に移行し，転写因子（Elk1など）のリン酸化による機能制御を介して，さまざまな遺伝子の発現を誘導する．上記発現誘導される遺伝子のなかには，細胞外からもたらされたシグナルに応答した生理応答発現に必要なものの他に，ERK-MAPキナーゼ経路を負に制御するもの〔MAPキナーゼホスファターゼ：（MKP），Sprouty〕が含まれており，過度なシグナル伝達を抑制する役割を果たしている．PY：リン酸化チロシン，PS：リン酸化セリン，PT：リン酸化スレオニン

1　チロシンキナーゼ型受容体を介した情報伝達とその制御機構

　細胞の分裂を誘導するさまざまな因子（増殖因子：EGF，PDGF，FGF，HGF，インスリンなど）が，チロシンキナーゼ活性をもつ受容体（receptor tyrosine kinase：RTK，第4章-2）に結合すると，RTKの二量体形成，および相互のチロシン残基がリン酸化され（RTKの活性化），次いでPTB（phosphotyrosine binding）ドメインを有するドッキングタンパク質（Shc，FRS2など）のチロシン残基がリン酸化される．次に，SH2（Src homology 2）ドメインを有するアダプタータンパク質（Grb2など）が，RTKあるいはドッキングタンパク質上のリン酸化チロシン残基と結合し（アダプタータンパク質の細胞膜近辺へのリクルート），これを契機として以下の一連のシグナル伝達反応系の活性化が誘導される．ここで機能する代表的な情報伝達経路が，Ras/ERK-MAPキナーゼ経路とPI3キナーゼ/Akt経路である（図4-17，4-20）

1）Ras/ERK-MAPキナーゼ経路

① アダプタータンパク質とドッキングタンパク質

上述のようにRTKが活性化されると，RTK自身あるいはShc（Src homology and collagen）ファミリー，FRS2（FGF receptor substrate 2），IRS（insulin receptor substrate）ファミリーなどのドッキングタンパク質（**図4-18A**）上に，新たなリン酸化チロシン残基が出現する．ここで，SH2およびSH3ドメインを有するアダプタータンパク質（**図4-18B**）が，まずSH2ドメインとリン酸化チロシン残基の結合を介してRTKあるいはドッキングタンパク質と会合し，次いでSH3ドメインを介してRas活性化因子，Sos（son of sevenless）を細胞膜近辺にリクルートする．すなわち，ドッキングタンパク質やアダプタータンパク質は，RTKの活性化に伴ってその周辺に集合し，SH2で受け取ったシグナルをSH3によって下流へと伝達する．

② 低分子量Gタンパク質

Rasは低分子量Gタンパク質の一種で，K-Ras，H-Ras，N-Rasなどが1つのファミリーを形成している．その構造的な特徴としてはC末端の脂肪酸化〔ファルネシル化，パルミトイル化，など，（**第3章-6**）〕があり，これを介して低分子量Gタンパク質は細胞膜に固定されている．また，各低分子量Gタンパク質にはGDP結合型とGTP結合型があり，GTP結合型が下流のエフェクター分子を活性化する．低分子量Gタンパク質の活性制御過程においては，いくつかの因子が重要な役割を果たしている．まず，GDP結合型からGTP結合型への変換過程では，その進行を促進するGEF（GDP/GTP exchange factor），GタンパクからのGDPの解離を抑制するGDI（GDP dissociation inhibitor）がある．また，各Gタンパク質が内在性のGTP加水分解酵素（GTPase）活性を有することも重要で，これは必要以上にGタンパク質の活性化状態を持続させない仕組み（自己制御機構）と考えることができる．さらに，上記GTPase活性を促進するGAP（GTPase activating protein）がある（**図4-19**）．

> **メモ** *ras*は癌原遺伝子であり，その機能亢進型（活性型）変異体は癌遺伝子となる．実際，大腸癌の50%，膵臓癌の80%に，K-*ras*の活性型変異がみられるなど，*ras*遺伝子の変異はヒト癌発生の要因となっている．

③ Ras/ERK-MAPキナーゼ経路

上述のように，アダプタータンパク質，Grb2と結合することで細胞膜近辺にリクルートされてきたSos（Rasに対するGEF）は，そこでRasを活性化する．Rasのエフェクター分子の代表がセリン/スレオニンキナーゼ活性をもつRaf-1で，Rasの活性化はRaf-1の活性化に連動する（**図4-17**）．なお，Raf-1は2つのセリン残基（Ser^{259}，Ser^{338}）のリン酸化によって活性化されるが，一方，そのリン酸化に関与するキナーゼを含めて，RasによるRaf-1活性化の分子機構に関しては，未だに不明な点が多い．

Raf-1の主要な基質はMEK1/2で，上記活性化されたRaf-1はMEK1/2の2つのセリン残基（MEK1ではSer^{217}，Ser^{221}）をリン酸化することで，それらを活性化する．MEK1/2はセリン/スレオニン/チロシン残基をリン酸化するという，きわめてユニークな基質特異性を有するキナーゼ（dual specificity kinase）で，上記活性化されたMEK1/2はセリン/スレオニンキ

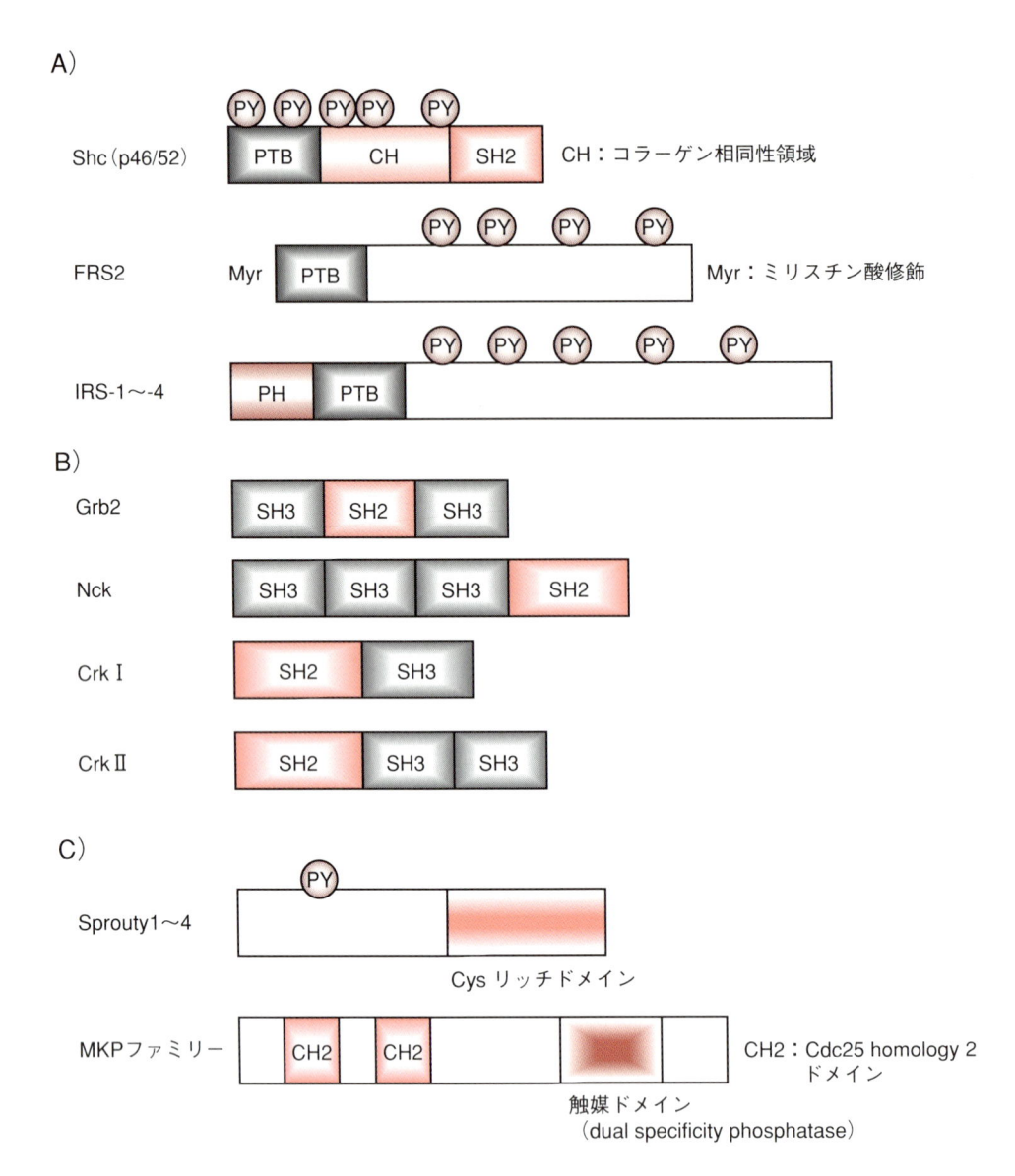

図4-18 RTK/Ras/ERK-MAPキナーゼ経路における，A）ドッキングタンパク質，B）アダプタータンパク質および，C）制御タンパク質

A) ドッキングタンパク質は，RTKによってチロシンリン酸化 (PY) されることで，SH2含有タンパク質の細胞膜周辺への集合を誘導する．B) アダプタータンパク質は，SH2，SH3ドメインの両方をもち，シグナルの受け渡しを行う．自身は酵素活性をもたない．C) ERK-MAPキナーゼ系の下流で発現誘導されるSprouty（哺乳類では4種類のアイソフォームが存在）の作用機構に関しては，Sprouty1/4がGrb2/Sosと結合することで，Grb2/SosがFRS2に会合する過程が競合的に抑制されるなど，いくつかのモデルが提唱されている．一方，MAPキナーゼホスファターゼ (MKP) としては，10種類以上の分子が報告され，最近，その名称がDUSP (dual specificity phosphatase) に統一されつつある (DUSP/MKPファミリー)．そのうちで，活性化ERK1/2に対する脱リン酸化作用が強いのは，DUSP5（核），DUSP6/MKP-3（細胞質），DUSP7/MKP-X（細胞質），DUSP9/MKP-4（核/細胞質）である．SH2, PTBドメイン：リン酸化チロシン残基を認識し，RTKシグナルのスイッチ・オンの役割を果たす．SH3ドメイン：プロリンリッチ配列を認識し，タンパク質同士を連結するアダプターの役割を果たす．PH (pleckstrin-homology) ドメイン：100〜150アミノ酸からなるイノシトールリン脂質に対する結合ドメイン．細胞膜へのアンカーの役割をし，細胞膜受容体周辺にシグナル分子を集合させる役割を果たす

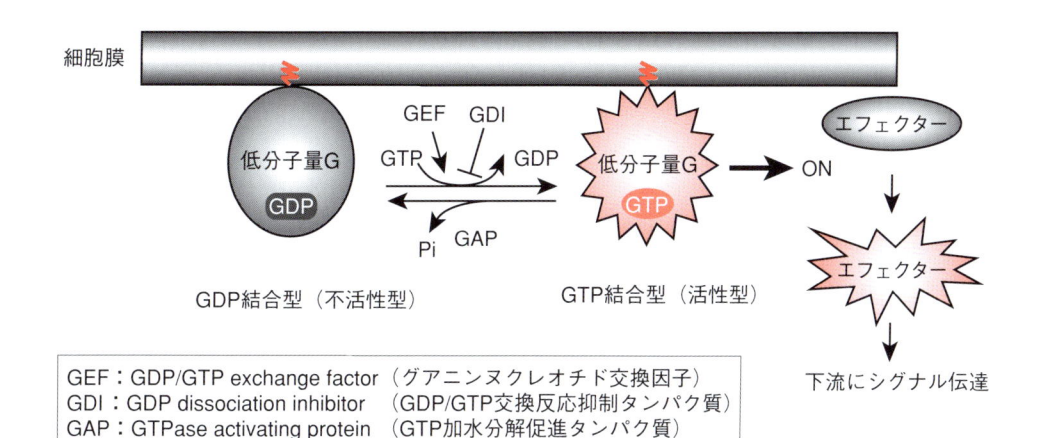

| GEF：GDP/GTP exchange factor（グアニンヌクレオチド交換因子） |
| GDI：GDP dissociation inhibitor（GDP/GTP交換反応抑制タンパク質） |
| GAP：GTPase activating protein（GTP加水分解促進タンパク質） |

低分子量（Small）Gタンパク質の分類

ファミリー 構成タンパク質	機能
Rasファミリー：Ras, Rap, Ralサブファミリー	細胞増殖，分化などを制御する遺伝子の発現制御
Rhoファミリー：Rho, Rac, Cdc42サブファミリー	アクチン細胞骨格の再編成が関与する細胞機能，形態
Rabファミリー：Rabサブファミリー	細胞内小胞輸送
Ranファミリー：Ranサブファミリー	細胞質-核輸送

図4-19　低分子量Gタンパク質の活性調節機構とそれらの代表的な機能

低分子量Gタンパク質は分子量が20～30kDaで，サブユニット構造をとらない．C末端が脂肪酸化されており，これを介して細胞膜に固定されている．これには類似の構造をもつ4種類のスーパーファミリー（Ras, Rho, Rab, Ran）が存在し，それぞれ異なった機能をもっている．GTP結合型とGDP結合型があり，GTP結合型が活性型で，下流のシグナル分子の活性化を誘導する．Gタンパク質のGTP/GDP変換過程では，グアニンヌクレオチド交換因子（GDP/GTP exchange factor：GEF），GTP加水分解促進タンパク質（GTPase activating protein：GAP）GDP/GTP交換反応抑制タンパク質（GDP dissociation inhibitor：GDI）などが重要な役割を果たしている

ナーゼ活性をもつERK-MAPキナーゼ（ERK1/2）のThr-Glu-Tyrモチーフを認識し，例えばERK2のThr^{183}およびTyr^{185}をリン酸化して，それを活性化する．ここで活性化されたERK1/2は，核内に移行して転写因子（Elk-1など）のリン酸化による機能制御を介して，遺伝子発現パターンの変動を誘起する．さらに，ERK1/2は細胞質に存在するさまざまな酵素（ホスホリパーゼA2など）のリン酸化を介して代謝系の変動をも誘導する．そして，それらの集計として，細胞外からもたらされたシグナルに応答したさまざまな生理応答が誘導されることとなる．

　上述のように，Raf-1，MEK1/2，ERK1/2と，Rasの下流で3種類のキナーゼが連鎖的にリン酸化によって活性化されながら，細胞外からのシグナルを細胞表面から核へと伝達する．ここで中心的な役割を果たすERK1/2（MAPキナーゼ：MAPK）の上流に位置するMEK1/2はMAPキナーゼキナーゼ（MAPKK），その上流に位置するRaf-1はMAPキナーゼキナーゼキナーゼ（MAPKKK）と総称され，すべての真核細胞において類似の構造/機能をもつ各キナーゼが保存されている．また，この一連の反応系をRas/ERK-MAPキナーゼ経路といい，これは細胞外からのシグナルを多様な細胞応答に連結させるうえで，最も基本的な

役割を担っている経路の1つである．さらに，例えばMEK1とERK1を保持し，それらを局所に集合させる足場タンパク質，MP-1が知られている（scaffold protein）．これによって，上記シグナル伝達反応が，より正確に，かつ効率良く，進行することになる．

> **メモ**　MAPキナーゼには，ERK1/2（古典的MAPキナーゼ）のほかに，p38 MAPキナーゼ，JNK（c-Jun N-terminal kinase），ERK5が存在し，これらはMAPキナーゼスーパーファミリーを形成している．

④負の制御因子

　Ras/ERK-MAPキナーゼ系の恒常的活性化は細胞癌化の原因となることより，必要以上に上記経路の活性化状態を持続させない仕組みが重要である．Rasタンパク質が，自身がもつGTPase活性によって必要以上にその活性化状態を持続させないこともその一例である．より積極的な制御機構としては，ERK-MAPキナーゼ系の活性化によって発現誘導される遺伝子のなかに，ERK-MAPキナーゼ経路を負に制御するMAPキナーゼホスファターゼ（MKP）やSprouty（図4-18C）が含まれていることがある（negative feedback inhibition）．MKP-3など（図4-18C）は活性化ERK1/2に作用し，Thr/Tyr残基に結合したリン酸基を特異的に加水分解することで，それを不活化する．一方，SproutyはGrb2やSos1などに結合し，それらが相互に，さらに上流のFRS2などと会合する過程を抑制する．また，活性化されたチロシンキナーゼ型受容体の分解を促進することでRTKシグナルを負に制御するc-Cblも重要な負の制御因子である．

2）PI3キナーゼ／Akt経路

①　*PI3キナーゼ*

　RTKの下流で活性化されるもう1つの主要な経路であるPI3キナーゼ/Akt経路は，細胞の成長や生存シグナルの伝達において重要な役割を果たしている．PI3キナーゼはいくつかの経路によって活性化されるが，その代表例として，インスリン受容体の下流でPI3キナーゼが活性化されるメカニズムを図4-20に示した．

　PI3キナーゼはSH2ドメインを有する調節サブユニット（p85）と触媒サブユニット（p110）から構成されている．インスリン受容体の活性化に伴って，受容体自身，あるいはアダプタータンパク質（IRS-1など）がチロシンリン酸化されると，そこにPI3キナーゼが調節サブユニット上のSH2ドメインを介して結合する．このようにして細胞膜近辺へリクルートされたPI3キナーゼは，そこでイノシトールリン脂質のイノシトール環の3位をリン酸化して，PI(3, 4)P_2やPI(3, 4, 5)P_3を作る．これらのリン脂質，特にPI(3, 4, 5)P_3はPH（pleckstrin-homology）ドメインと高い親和性をもつことから，その産生亢進はさまざまなPHドメイン含有タンパク質の細胞膜へのリクルート，および活性化の誘導に連動する．

　このほか，PI3キナーゼの触媒サブユニットは，活性化Rasと直接結合することによっても活性化され，以下のシグナル伝達反応を誘起することになる．

②　*Akt*

　Akt（タンパク質キナーゼBともいう）およびPDK（ホスファチジルイノシトール依存タ

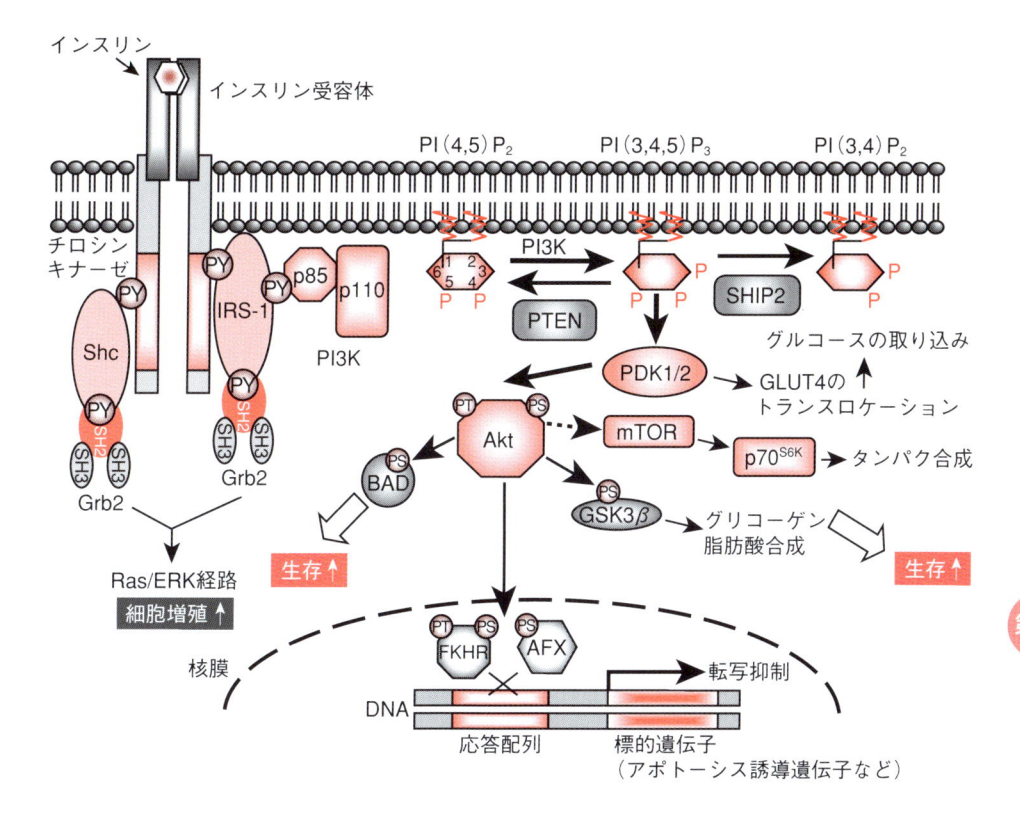

図4-20 PI3キナーゼ/Akt経路の概要

インスリン受容体など，いくつかのRTKの下流では，Ras/ERK-MAPキナーゼ経路のほかに，PI3キナーゼ/Akt経路も活性化される．リガンド結合によるRTK活性化，RTK/ドッキングタンパク質（IRS-1など）のチロシンリン酸化，SH2ドメインをもつPI3キナーゼ（PI3K）の細胞膜近傍へのリクルート，PI(3, 4, 5)P_3などの産生，PHドメインをもつPDK1/2，Aktの膜周辺へのリクルートを経て活性化されたAktは，細胞質でさまざまな標的タンパク質（BAD，GSK3βなど）をリン酸化することで，細胞が生存/成長しやすい環境を整える．活性化Aktは核内に移行してForkheadファミリー転写因子をリン酸化（機能抑制）することで，アポトーシス誘導にかかわる遺伝子の発現も抑制する．セカンドメッセンジャーとして機能するイノシトールリン脂質〔PI(3, 4, 5)P_3など〕に特異的に作用する脱リン酸化酵素，PTENとSHIP2は，本シグナル経路を負に制御する

ンパク質キナーゼ）1/2はPHドメインを有するタンパク質で，上記産生されたPI(3, 4, 5)P_3などとの結合を介して，細胞膜にリクルートされる．細胞膜に結合して活性化されたPDK1/2は，PI(3, 4, 5)P_3などに結合して構造変化したAktをリン酸化することで，それを活性化する．活性化Aktは細胞質にもどり，BAD，GSK3βなどをリン酸化してそれらの機能を変動させることで，細胞が生存しやすい環境を整えたり（例えば，アポトーシス促進因子であるBADのリン酸化による不活性化），細胞が成長しやすい環境を整える（例えば，GSK3βの不活性化によるグリコーゲン，脂肪酸合成促進，mTOR/p70^{S6K}経路の活性化によるタンパク質合成促進）．さらに，活性化AktはForkheadファミリー転写因子，FKHR，AFXなどのリン酸化（機能抑制）を介して，アポトーシス誘導にかかわる遺伝子の発現を抑制するなど，上記経路の活性化が影響を及ぼす代謝反応系は多岐にわたっている．

③ 負の制御因子

　PI3キナーゼ/Akt経路の恒常的活性化も細胞癌化の要因となることより，ここでも上記経路に対する負の制御因子の役割が重要となる．それには，PI3キナーゼによって産生されたPI (3, 4, 5) P_3の3位のリン酸基を特異的に脱リン酸化する酵素，PTEN (phosphatase and tensin homologue deleted on chromosome 10) がある．また，多くのタンパク質のPHドメインに対して強い親和性をもつPI (3, 4, 5) P_3の5位のリン酸基を特異的に脱リン酸化するSHIP2 (Src homology 2 domain-containing inositol 5-phosphatase 2) も，上記経路に対する負の因子として作用しうる（多くのタンパク質のPHドメインに対するPI (3, 4) P_2の親和性は低い）．

> **メモ** *pten*は癌抑制遺伝子で，その変異や欠損は悪性の神経膠腫や前立腺癌で見出されている．

2 サイトカイン受容体を介した情報伝達とその制御機構

　サイトカインとは，造血系，免疫系，神経系，内分泌系などの生理機能に必要な細胞間シグナルを担うタンパク質性ホルモンで，インターフェロン (interferon：IFN)，インターロイキン (interleukin：IL) などがある．その情報伝達を媒介するサイトカイン受容体自身はチロシンキナーゼ活性をもたないが，それには細胞質（非受容体型）チロシンキナーゼ，Janus kinase (JAK：Jak1, Lak2, Jak3, Tyk2など) が構成的に会合している．すなわち，サイトカイン受容体を介した情報伝達においても，チロシンリン酸化反応が重要な役割を果たしている．

1) JAK-STAT経路

　サイトカインの結合によって受容体の二量体化が起こった後，JAK相互のチロシンリン酸化による活性化，次いで活性化JAKによる受容体のチロシンリン酸化が誘導される．ここにSH2ドメインを有するアダプター，ドッキングタンパク質がリクルートされることで，シグナル伝達反応が誘起される．

　サイトカイン受容体に特徴的なことは，SH2ドメインをもつ転写因子STAT (signal transducer and activator of transcription) がその下流で機能することである．すなわち，各受容体のリン酸化チロシンにSH2ドメインを介してSTATが結合すると，JAKがSTATのチロシン残基をリン酸化する．次に，受容体から解離したリン酸化STATは，SH2ドメインを介してホモまたはヘテロ二量体を形成する．STAT二量体は核に移動し，他の転写因子とともにさまざまな遺伝子の応答配列に結合して転写を促進する（図4-21A）．

　現在，STATには1〜6の6種類が報告されている（図4-21B）．なお，各STATは独自の機能を有し，リガンド特異的な役割を担っている．例えば，STAT1はケモカイン，STAT4はIL-12，STAT5は成長ホルモンやIL-2のシグナル伝達において，それぞれ必須の役割を果たしている．

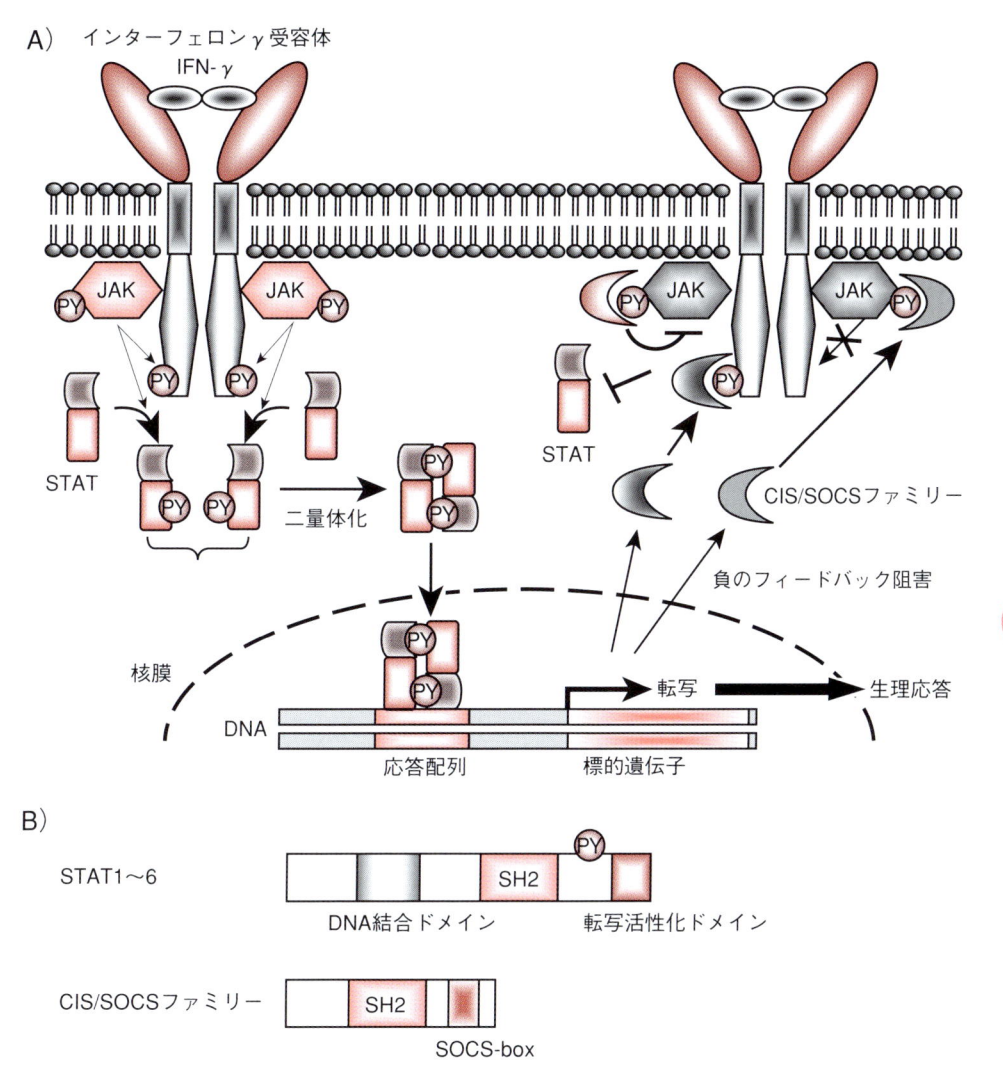

図4-21 JAK-STAT経路

A) JAK-STAT経路の概要．サイトカイン受容体の細胞内ドメインにはJAKチロシンキナーゼが会合している．リガンド結合による受容体の二量体化，JAK相互のリン酸化による活性化，活性化JAKによる受容体のチロシンリン酸化，SH2ドメインをもつ転写因子STATの受容体へのリクルートとJAKによるリン酸化，STATの二量体化/核移行を経由して，遺伝子発現が誘導される．上記発現誘導される遺伝子のなかには，細胞外からもたらされたシグナルに応答した生理応答発現に必要なものの他に，JAK-STAT経路を負に制御するもの（CIS，SOCS）が含まれており，過度なシグナル伝達を抑制する．B) 調節タンパク質の構造．STAT，CIS/SOCSファミリー因子はすべてSH2ドメインを有し，リン酸化チロシン（PY）に結合する．また，CIS/SOCSファミリー因子では，C末端側40アミノ酸がよく保存されており，SOCS-boxあるいはCIS-homology domainといわれる．なお，SOCSには7種類が報告されている

> **メモ** ケモカイン：ケモカインとは，様々なタイプの白血球に対して遊走作用をもつサイトカイン群の総称である．分子内に保存されたシステイン残基（C）をもち，その位置によりC，CC，CXC，CXXXCなどのサブファミリーに分類される．ケモカインは，免疫系以外にも血管や神経などにおける様々な機能が見出されている．

第4章 タンパク質機能

3 情報伝達関連タンパク質

2）負の制御因子

　JAK-STAT 経路の活性化によって発現誘導される遺伝子のなかに，CIS（cytokine inducible SH2-protein）/SOCS（suppressor of cytokine signaling）ファミリータンパク質がある．本ファミリーには，CIS，SOCS1～7 の 8 種類が報告されており，いずれも中央部分に SH2 ドメイン，C 末端には SOCS ボックスをもつ（図 4-21B）．例えば，STAT5 によって転写誘導された CIS は，チロシンリン酸化されたサイトカイン受容体と結合することで，STAT5 の受容体への会合を阻害する．あるいは，さまざまなサイトカイン刺激によって発現誘導される SOCS1 は，JAK のリン酸化チロシン残基に結合することで，そのチロシンキナーゼ活性を抑制する．また，同様に発現誘導される SOCS3 は，サイトカイン受容体，および JAK の両者に結合して，JAK の機能抑制，さらに STAT の受容体への会合を阻害する．このような負のフィードバック機構とともに，多様なサイトカインシグナルを抑制する SOCS1 の場合には，拮抗的クロストークも存在する．例えば，IFN-γ 刺激によって発現誘導された SOCS1 は，IFN-γ のみならず，IL-4 シグナルも抑制することが報告されている．

3 セリン/スレオニンキナーゼ型受容体を介した情報伝達とその制御機構

　TGF-β（transforming growth factor-β），アクチビン，BMP（bone morphogenetic protein）などの TGF-β スーパーファミリー因子は，個体発生に際してはパターン形成の調節，細胞の増殖，分化，死の制御，生体においては組織修復，免疫調節など，きわめて多様な生理過程に関与している．各因子は標的細胞表面のセリン/スレオニンキナーゼ型受容体に結合した後，細胞内シグナル伝達因子，Smad タンパク質の機能を介して，各生理応答を誘導する（図 4-22A）．

1）Smad 経路

　TGF-β スーパーファミリー因子に対する受容体には，構造の類似した I 型と II 型の 2 種類が存在し，それらはホモ二量体を形成している．いずれもセリン/スレオニンキナーゼ活性を有し，シグナル伝達には両者が必要である．各リガンド（二量体）は，まず II 型受容体に結合してそれを活性化する．次に，II 型受容体は I 型受容体の細胞内 GS ドメイン（グリシン/セリン含量が高い領域）をリン酸化して，活性をもつ受容体複合体（四量体）が形成される．

　TGF-β 受容体の下流で機能する Smad には，大別してリガンド特異的な R-Smad，共有型の Co-Smad，抑制型の I-Smad が存在する（図 4-22B）．このうちで，R-Smad は SARA（Smad anchor for receptor activation）によって細胞膜近辺にリクルートされることで，I 型受容体へのアクセスが容易となっている．このような R-Smad が上記活性化された I 型受容体によってリン酸化されると，それは受容体および SARA から解離して Co-Smad（Smad4）と複合体（三量体）を形成する．次いで R-Smad/Smad4 複合体は核へ移行し，DNA と直接結合し，あるいは他の転写因子と相互作用することで，標的遺伝子の発現を誘導する．

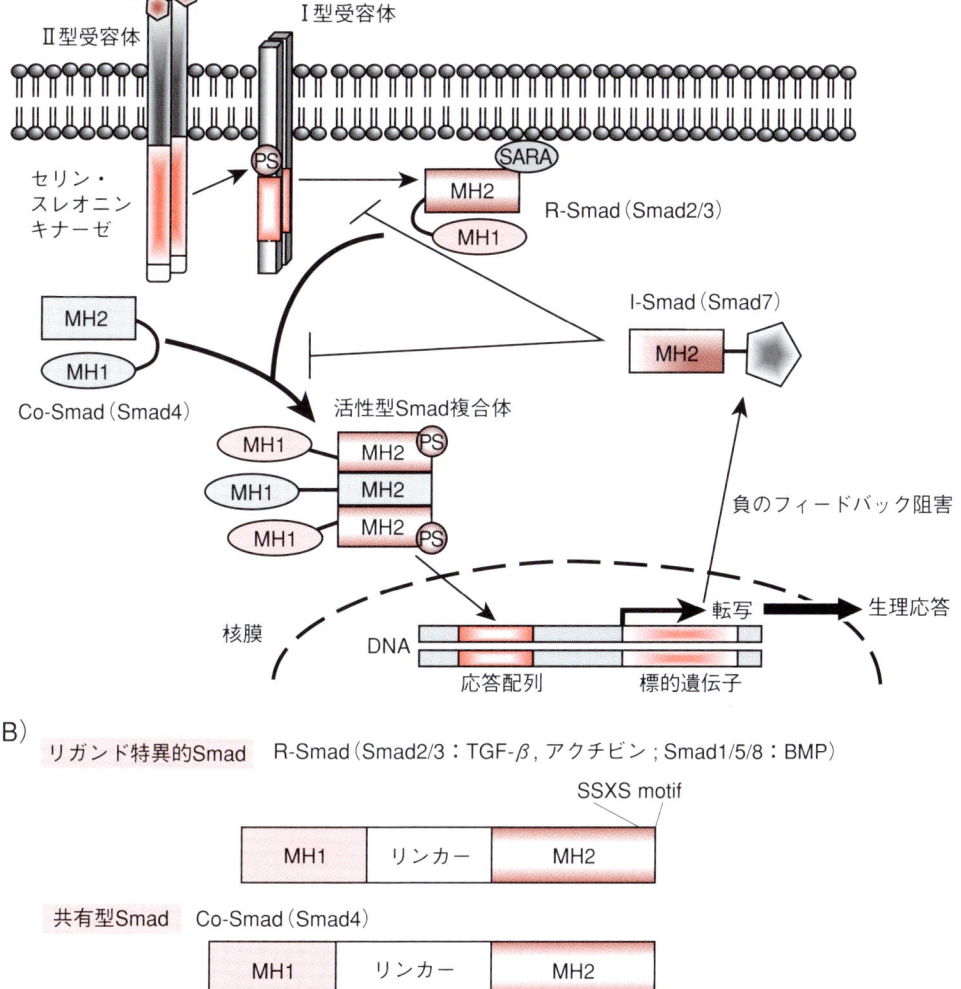

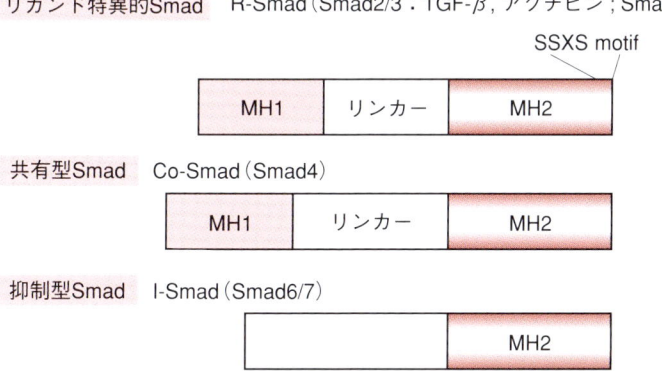

図4-22 Smad経路

A) Smad経路の概要．TGF-βスーパーファミリー因子の結合によって活性化されたⅡ型受容体は，Ⅰ型受容体をリン酸化して活性化し，次いでR-Smadのリン酸化が誘導される．リン酸化されたR-Smadは，Co-Smadと活性型複合体を形成して核へ移行し，標的遺伝子の発現を誘導する．Co-Smadはリン酸化されず，すべてのR-Smadと活性型複合体を形成しうる．上記発現誘導される遺伝子のなかには，I-Smadが含まれている．I-SmadはⅠ型受容体やCo-Smadに結合することで，R-Smad/Co-Smad複合体形成を阻害し，過度なシグナル伝達を抑制する．
B) Smadの分類と構造．SmadはN末端側とC末端側にそれぞれMH1，MH2ドメインという保存された領域をもち，両者に挟まれた領域がリンカーである．MH1はDNAとの結合や核移行，MH2にはリン酸化セリンを認識する部位があり，活性化された受容体との結合や活性型Smad複合体の形成に必要とされる．リガンド特異的R-SmadはTGF-β/アクチビン特異的なSmad2/3とBMP特異的なSmad1/5/8に分かれ，C末端にSSXS (Ser-Ser-X-Ser) モチーフという，Ⅰ型受容体によってリン酸化される部位をもつ．共有型Co-SmadにはSmad4のみ，一方，I-SmadにはSmad6/7の2種類があり，それらはいずれも上記リン酸化部位をもたない

2）負の制御因子

R-Smad/Smad4複合体によって発現誘導される遺伝子群のなかにI-Smad（Smad6/7）が含まれている．I-SmadはI型受容体やSmad4に結合することで，各R-Smadの受容体への結合/リン酸化，さらにSmad4との複合体形成を競合的に阻害する（negative feedback inhibition）．

また，リン酸化された活性型R-Smadは，Smurf1/2（Smad ubiquitination regulatory factor-1/2）というユビキチンリガーゼによってユビキチン化された後，プロテオソームですみやかに分解される．さらに，Smurf1/2はSmad7に結合して細胞膜に移行し，そこでI型受容体の分解を誘導することで，TGF-βシグナルを負に調節している．

> **メモ** Smad4は癌抑制遺伝子（deleted in pancreatic carcinoma, locus 4：*dpc-4*）として同定されたもので，その機能異常は多くの膵臓癌や大腸癌で認められる．

4　Gタンパク質共役型受容体を介した情報伝達とその制御機構

Gタンパク質共役型受容体は細胞表面受容体の最大のファミリーで，哺乳類では数千種類の存在が確認されている．これに結合するリガンドは構造的にも（タンパク質，ペプチド，アミノ酸，脂肪酸など），機能的にも（神経伝達物質，ホルモン，局所仲介物質など），きわめて多様である．一方，受容体自身は，構造的にも（細胞膜を7回貫通する1本の類似のポリペプチドで構成されている），機能的にも（三量体Gタンパク質と共役してシグナルを伝達する），基本的に共通である（図4-23）．

1）三量体Gタンパク質

三量体Gタンパク質は，α，β，γの3サブユニットからなる複合体で，刺激を受ける前にはαサブユニットにGDPが結合している（不活性型）．リガンドが結合することで活性化された上記受容体は，三量体Gタンパク質を刺激してαサブユニット上でGDP/GTP交換を誘導する．この交換によって三量体Gタンパク質は活性化され，GTP結合型αサブユニット（GTP-Gα）と$\beta\gamma$複合体（G$\beta\gamma$）に解離し，各々さまざまなエフェクター分子の活性を調節する．なお，αサブユニットのN末端，およびγサブユニットのC末端は脂肪酸化によって細胞膜に固定されている．

Gαはその構造的特徴，エフェクター分子の差異などから，Gα_i，Gα_s，Gα_q，G$\alpha_{12/13}$などのサブファミリーに分類され，例えばGα_iはアデニル酸シクラーゼ活性を抑制し，Gα_sはアデニル酸シクラーゼ活性を促進し，あるいはGα_qはホスホリパーゼCβ活性を促進するなど，それぞれ異なった反応を誘導する．ここで特徴的なことは，上記各エフェクター分子が作用した結果，環状AMP（cAMP），イノシトール1,4,5-トリスリン酸（IP$_3$），ジアシルグリセロール（DAG）などの濃度が，局所において急激に変動することである．これらの分子はセカンドメッセンジャーと呼ばれ，Aキナーゼ，Cキナーゼ，あるいはCa^{2+}の細胞内濃度

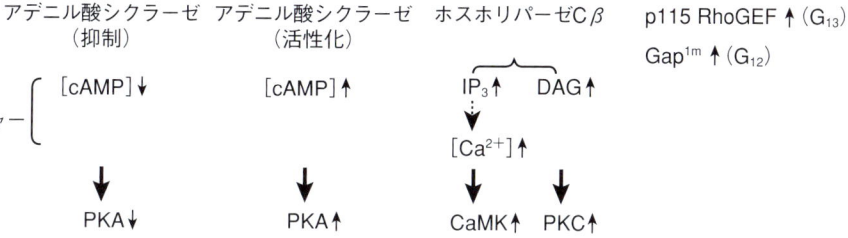

図4-23 Gタンパク質共役型受容体を介した情報伝達

7回膜貫通型受容体には3つのサブユニット（α, β, γ）からなる三量体Gタンパク質が共役しており，これが細胞内への情報伝達のためのスイッチとして機能している．すなわち，受容体からの刺激によってαサブユニットがGTP結合型となることで活性化され，解離したGTP-GαとGβγが下流の標的分子の活性を調節する．Gαは一次構造と標的分子の違いから，$Gα_i$, $Gα_s$, $Gα_q$, $Gα_{12}$などのサブファミリーに分類され，それぞれが異なった生理応答を誘導する．例えば，$Gα_s$はアデニル酸シクラーゼを活性化して細胞内のcAMP濃度を上昇させ（セカンドメッセンジャーの産生），次いでAキナーゼ（PKA）活性化を誘導する．一方，$Gα_q$はホスホリパーゼCβを活性化して細胞膜周辺でIP_3およびDAGの濃度を上昇させ（セカンドメッセンジャーの産生），IP_3は小胞体からのCa^{2+}の遊離を介してCaMキナーゼ（CaMK）を活性化し，一方，DAG（ジアシルグリセロール）はCキナーゼ（PKC）を活性化する．また，$Gα_{12}$はGap^{1m}（Ras-GAPの一種），$Gα_{13}$はRhoGEFの活性化を介して，低分子量Gタンパク質の機能を調節することが報告されている

上昇を介してCa^{2+}/カルモジュリン依存性キナーゼ（CaMキナーゼ）の活性化などを誘導し，シグナルを大幅に増幅しながら下流に伝達する．

β, γサブユニットにも各々複数のアイソザイムが存在する．また，βγ複合体のエフェクター分子としては，K^+チャネル，ホスホリパーゼCβ，PI3キナーゼγなどがあり，Gαの場合と類似の方法でシグナルを伝達する．

2）制御因子

Gαは低分子量Gタンパク質と同様にGTP加水分解活性を有している．すなわち，受容体からの刺激によってGTP結合型（活性型）となった後，自身のGTP加水分解活性によって

GDP結合型（不活性型）となり，$\beta\gamma$サブユニットと会合して不活性型三量体に戻る．なお，ここでもGDP/GTP交換反応に関与する調節タンパク質として，GDPの遊離を促進するGEF（受容体など），抑制するGDI（$\beta\gamma$複合体など），さらに結合GTPの加水分解を促進するGAP〔RGS（regulator of G protein signaling）やエフェクター分子の一部など〕が存在する．

5 おわりに

　以上，受容体から核に至る代表的なシグナル伝達経路の概要と制御機構について解説した．なお，ここでは各シグナル伝達系を個別に紹介したが，細胞内ではそれらが互いに複雑に絡み合っている（Cross Talk）．例えば，①ERK1/2がSTAT1/3のセリン残基をリン酸化して，その転写活性を最大限に上昇させる，②IFN-γ刺激によるJAK1-STAT1経路の活性化によってもSmad7の発現が誘導される，③ERK1/2がR-Smadのリンカー部分にあるセリン残基をリン酸化する（R-Smadの核移行が阻害される），④三量体Gタンパク質のαサブユニット（G$\alpha_{12/13}$）が，Gap^{lm}やRho-GEFなどの機能制御を介して，低分子量Gタンパク質の活性を調節することなどが報告されている．

　多細胞生物を構成する各細胞間の話し合いは，個体恒常性維持のうえで正に本質的な役割を担っている．他の細胞からもたらされた様々な情報を，限られた時間内で，限られたシグナル分子を利用して，的確に伝達，処理するために，上述のような各シグナル系の相互作用は，その精度を高めるうえにおいても必要な，ある意味ではきわめて高度に進化した仕組みの1つなのであろう．

■文献

1) 中村桂子　松原謙一/訳 '細胞の分子生物学　第4版'：Newton Press, 2004
2) Schlessinger, J.：Cell signaling by receptor tyrosine kinases. Cell, 103：211-225, 2000
3) Buday, L.：Membrane-targeting of signaling molecules by SH2/SH3 domain-containing adaptor proteins. Biochim. Biophys. Acta., 1422：187-204, 1999
4) Takai, Y. et al.：Small GTP-binding proteins. Physiol. Rev., 81：153-208, 2001
5) Kohno, M. & Pouyssegur, J.：Pharmacological inhibitors of the ERK signaling pathway: application as anticancer drugs. Prog. Cell Cycle Res., 5：219-224, 2003
6) Theodosiou, A. & Ashworth, A.：MAP kinase phosphatases：Genome Biol., 3：reviews 3009. 1-10, 2002
7) Dikic, I. & Giordano, S.：Negative receptor signaling. Curr. Opin. Cell Biol., 15：128-135, 2003
8) Whiteman, E. L. et al.：Role of Akt/protein kinase B in metabolism. Trends Endocrinol. Metab., 13：444-451, 2002
9) Yasukawa, H. et al.：Negative regulation of cytokine signaling pathways. Annu. Rev. Immunol., 18：143-164, 2000
10) Miyazono, K.：Positive and negative regulation of TGF-β signaling. J. Cell Sci., 113：1101-1109, 2000
11) Theresa, M. et al.：Insights into G protein structure, function, and regulation. Endocr. Rev., 24：765-781, 2003

4 クロマチン構造の制御を行う転写調節複合体

ヒストンのN末端はアセチル化，メチル化，リン酸化，ユビキチン化などのさまざまな修飾を受け，いわゆるヒストンコードによってクロマチン構造制御シグナルが暗号化されている．クロマチン制御因子複合体は，これらのコードに従ってクロマチン構造変換することで構造的転写抑制を解除し，効率的に遺伝子発現できる環境を整えることになる．この過程にかかわる複合体として，大きく分けて2つのクラスのクロマチン制御因子が存在する（図4-25）．

1) アセチル化による制御

第1のグループには，ヒストンアセチル化酵素（HAT）あるいは脱アセチル化酵素（HDAC）活性をもつ一群のタンパク質ファミリーでヒストン末端のアセチル化状態の制御により遺伝子発現をそれぞれ活性化あるいは抑制を行う．これまで多くのHATが見つかっており，基質特異性に基づいてさらにいくつかのファミリーに分類されている．ただ単独ではヌクレオソームヒストンのアセチル化活性がないものがあることから，実際 in vivo ではHATの多くは複合体として機能しているらしい．HAT複合体はヒストンのアセチル化により高次クロマチン繊維構造を解離させ，アクチベーターあるいは他の転写関連複合体のDNAへのアクセスを容易にする．またこれまでにアクチベーターと直接結合する数多くのHATが同定されてきており，ヒストンに加えてアクチベーターがそのアセチル化基質となり活性制御を受ける場合があることが知られている．さらに酵素活性に加えてアクチベーターと基本転写因子群のそれぞれに結合し，プロモーターにおける転写複合体を安定化する働きもある．HAT/HDAC複合体とヒストンコードについては第3章-5に詳述されているので参照されたい．

2) クロマチンリモデリングによる制御

2つ目のクラスはATP依存性のクロマチンリモデリング複合体で，ヌクレオソームの位置あるいはコンフォメーションを変える，あるいはヌクレオソームをDNAに沿ってスライディングさせるなど，ヌクレオソームの構造を再構成することで基本転写装置のクロマチン上で複合体形成を促進したりRNA Pol IIによる転写伸長を促進する．リモデリング複合体にはSWI2/SNF2（switch/sucrose non-farmenting）スーパーファミリーに属し，すべての真核生物に保存されたATPaseサブユニットが含まれ，それぞれの特徴的なドメイン構造により①SWI2/SNF2複合体，②ISWI複合体（imitation for SWI），③Mi-2複合体の3つに分類される（表4-2）．

① SWI2/SNF2複合体

真核生物に保存されたオルソログがあり，SWI2/ENF2複合体は最初に見つかったリモデリング複合体であり，これまでよく研究が進んでいる．複合体の大きさは2 MDaにも及ぶ．1つの複合体あたり，1分間で50〜200分子のATPを加水分解すると計算される．リン酸化によってリモデリング活性が制御されてクロマチン構造から離脱する．リモデリングによって別のDNA結合タンパク質のアクセスを容易にする．複合体はHMG boxをもつサブユニ

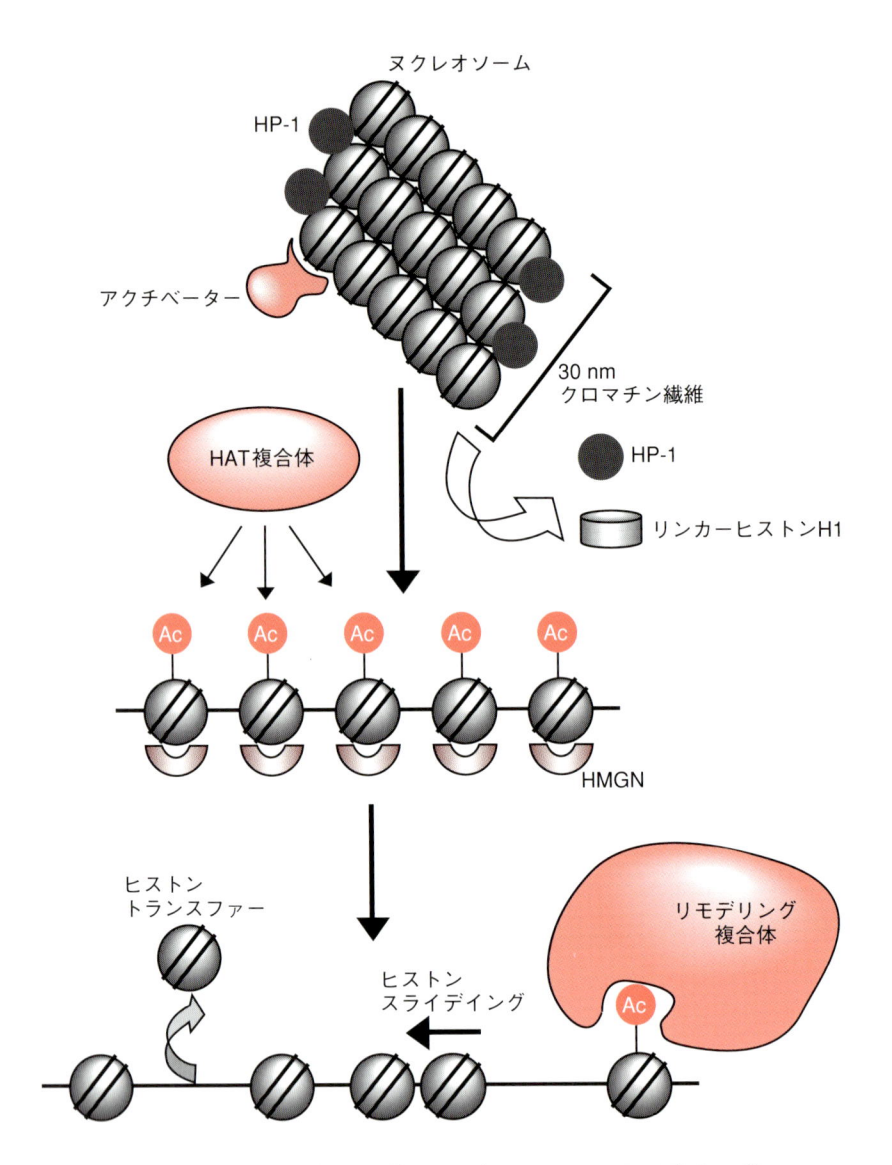

図4-25 ヒストンアセチル化酵素複合体およびクロマチンリモデリング複合体によるクロマチン構造制御機構

クロマチンはヒストン八量体をDNAが1.75回転のDNAスーパーヘリックスに取り巻いたヌクレオソーム構造を基本単位とし、これらがリンカーヒストンH1やHP-1によってさらに高密度に畳まれ30 nmのクロマチン繊維を構成している。アクチベーターの結合により、HAT複合体がヌクレオソームヒストンをアセチル化することでHP-1の結合が外れて強固な高次構造がゆるみ、リンカーヒストンH1の代わりにHMGNが結合することで不安定化したクロマチン構造の転写環境を維持する。アセチル化リジンはリモデリング複合体のブロモドメインを介した集積を促し、転写開始複合体が形成されやすいようにヌクレオソーム構造を変換する。転写制御におけるHAT複合体とリモデリング複合体の協調作用は、クロマチン構造を転写活性化状態にし、それを維持することにある

ットSNF5もしくはBAF57を介してDNAの小さな溝に直接結合すると考えられている．

② **ISWI (NURF) 複合体**

ISWI ATPaseサブユニットにSANTドメインをもつ．複合体の大きさは0.5MDaとSWI2/SNF2複合体よりは小さい．ヒストンとDNAからなるヌクレオソームとの再構成を促

表4-2 リモデリング複合体のATPaseサブユニットに基づく分類

クラス	生物種	複合体名	ATPaseサブユニット	ATPaseサブユニットの共通ドメイン構造
SWI2/SNF2	ヒト	BRM	BRM	ATPase / ブロモドメイン
		BRG1	BRG1	
	ハエ	dSWI/SNF1	Brahma	
	酵母	ySWI/SNF	SWI/SNF	
		RSC	STH1	
ISWI	ヒト	RSF	hSNF2h	ATPase / SANTドメイン
	ハエ	NURF	ISWI	
		CHRAC		
		ACF		
	酵母	ISWI1	ISWI1	
		ISWI2	ISWI2	
NURD	ヒト	NURD	Mi-2	クロモドメイン / ATPase

それぞれの複合体は，酵母からヒトにいたるまでのすべての真核生物によく保存されたATPaseサブユニットを中心とするコアサブユニットと，それ以外の非コアサブユニットとからなる．後者はATPase活性を制御すると考えられており，その構成するタンパク質は細胞ごとに異なることから組織特異的なリモデリング機構の存在が示唆される．ブロモドメイン，クロモドメインは，それぞれヒストンのアセチル化リジン残基あるいはメチル化リジン残基を認識してヌクレオソームに結合する．SANTドメインはヒストンのN末に結合し，ATPase活性に必要である．それぞれの複合体は異なるヒストンコードを認識する

進し，ヌクレオソーム間のスペースを整える作用が報告されている．最近酵母におけるISWI複合体の機能解析が進んでおり，ATPaseとのパートナーサブユニットに依存して転写の活性あるいは抑制の両方向に働きうる．

③ **NURD複合体**

Mi-2 ATPaseサブユニットにクロモドメインをもち，複合体の中にHDACを含むことが他の2つのクラスと大きく異なる．クロモドメインを介してメチル化を受けた抑制性のヒストンコードを認識してヒストンの脱アセチル化を行い，転写を負に制御する．

> **メモ**
> プロモーター領域への結合について，HAT複合体あるいはリモデリング複合体のどちらが先行するかについては実験系によって一定ではない．少なくとも in vitro ではそれぞれが単独でクロマチン制御しうると考えられ，一方によるクロマチン構造修飾が他方の機能を促進する形で協調することが示されている．例えばHAT複合体のヒストンアセチル化は，SWI2/SNF2複合体のブロモドメインを介したリモデリング複合体の集積を促すとともに，DNAとヒストンとの静電的結合を弱めることでヒストントランスファーあるいはヒストンスライディングを容易にする．

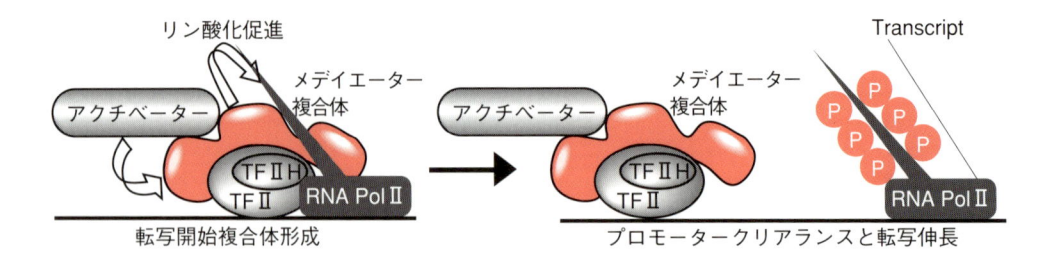

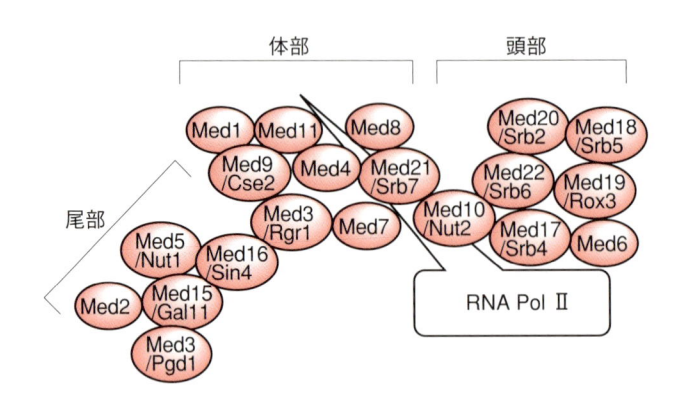

図4-26 メディエーター複合体による転写開始複合体の活性化

RNA Pol IIと直接結合する頭部モジュールのサブユニット（Med6, Med17）およびCTDと結合する体部メディエーターサブユニット（Med21, Med7, Med10, Med4）は生物種を超えてよく保存されており，これらはRNA Pol IIおよびTF IIとの結合に必須なコアサブユニットと考えられ，両者は安定な亜複合体を形成していることがわかっている．Med17, Med21などのノックアウトマウスは胎生致死となることからもその重要性が示唆される．RNA Pol IIのC末端ドメイン（CTD）は7アミノ酸配列（YSPTSPS）の繰り返しをもち，低リン酸化状態では転写開始複合体の形でプロモーターに結合している．アクチベーターの転写制御ドメインからのシグナルはメディエーター尾部に入り，最終的にTF IIHに含まれるキナーゼの活性によりRNAポリメラーゼC末のリン酸化が起こり，転写伸長が始まる．転写伸長複合体にはメディエーターTF IIF以外の基本転写因子群は含まれず，複合体としてプロモーターに結合したまま残り新たなRNAポリメラーゼとの複合体形成に備える

5 メディエーター複合体による転写調節機構

　メディエータータンパク質複合体は生物種を超えてよく保存された転写コファクターで，RNA Pol IIによる転写制御に重要である．転写シグナルをアクチベーターからコアプロモーターにあるPICに伝える作用をする．これまでは主に酵母を中心にデータの集積がなされてきたが，最近哺乳動物などの高等細胞のホモログの解析が急速に進展している．メディエーターは，アクチベーターの転写活性化ドメインと物理的に直接結合する一方，RNA Pol IIとも直接結合してRNA Pol IIホロ酵素複合体を形成すること，またTF II因子複合体形成の足場としての機能も示されている．

　メディエーターは，構造上，頭部，体部，尾部の3つのモジュールからなることがわかっている（図4-26）．RNA Pol IIと直接結合する頭部モジュールのサブユニット，およびC末端ドメイン（CTD）と結合する体部サブユニットは生物種を超えてよく保存されている．これらはRNA Pol IIおよびTF IIとの結合に必須なコアサブユニットと考えられ，両者は安定

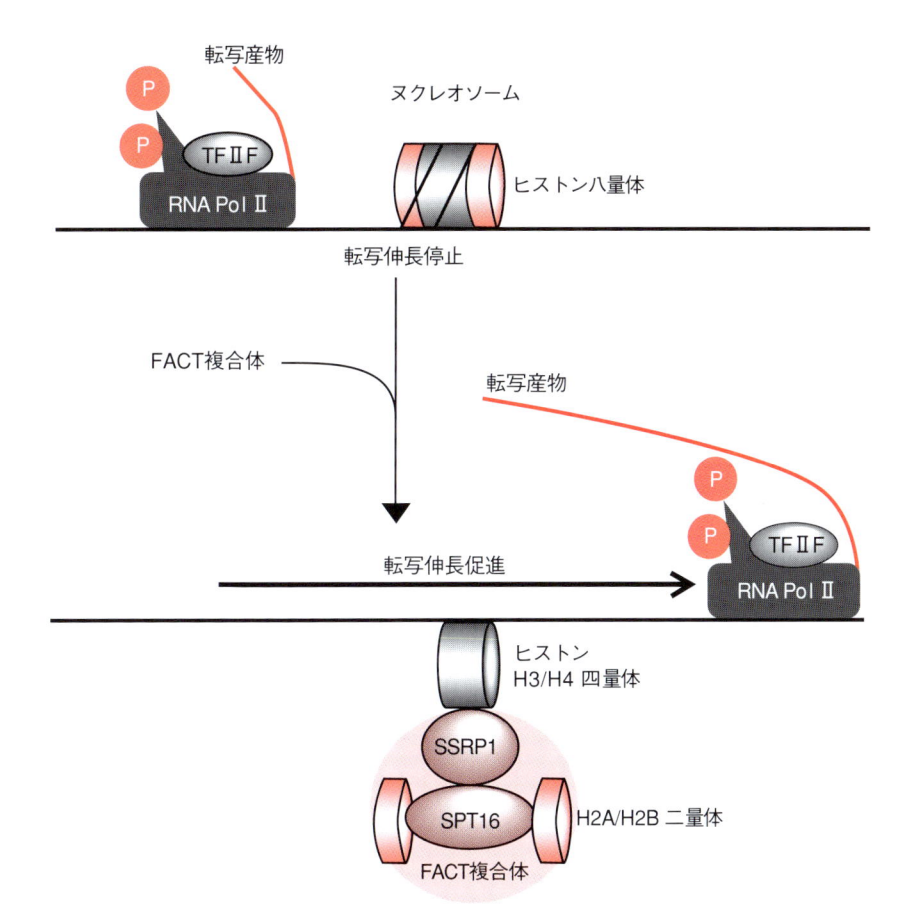

図 4-27　FACT 複合体による転写伸長制御機構
RNA ポリメラーゼと TF IIF からなる転写伸長複合体は，ヌクレオソームが存在すると伸長反応を停止する．FACT 複合体は，SSRP1 ドメインが DNA 上に H3/H4 四量体を保持する一方 SPT16 ドメインが H2A/H2B 二量体を外すことで，ヒストン八量体の移動させることなく伸長反応を促進する

　な亜複合体を形成していることがわかっている．一方尾部モジュールは生物種間での保存度が低く，酵母にホモログをもたない哺乳細胞特異的なメディエーターサブユニット群の多くはこの尾部の構成因子であり，異なるアクチベーターとの結合特異性への要求に応答している．メディエーターは，アクチベーターからの情報を TF IIH に含まれるキナーゼ活性の制御を介して RNA Pol II の CTD のリン酸化レベルに変換することで転写調節にかかわる．活発に転写伸長している高リン酸化型 RNA Pol II 複合体にはメディエーターは結合することができない．
　以上の観察は，メディエーターが転写開始複合体の形成およびプロモータークリアランスと転写伸長開始に重要であることを示唆する．またメディエーターの一部のサブユニットには HAT 活性が認められるものもある．構成サブユニットは細胞ごとに多様性があり機能的に異なることから，メディエーターによる遺伝子特異的な調節機序が考えられている．

6 FACT複合体による転写伸長制御機構

アクチベーターによるクロマチン再構成はRNA Pol Ⅱと基本転写因子による転写開始を促進するが，これだけでは全長RNAの転写は完全には行われない．ヒストンはヌクレオソームにDNAを畳み込むことで転写伸長に対しても抑制的な構造として働く．FACT複合体は，転写伸長方向のヌクレオソーム構成ヒストンオクタマー（八量体）に対して，H3/H4四量体構造を変えることなくH2A/H2B二量体をはずすことでRNA Pol Ⅱによる転写がスムーズに進むようにする（図4-27）．FACT複合体は，p140（酵母Spt16のホモログ）とp80-SSRP11のヘテロ二量体として存在する．細胞の中にはヌクレオソームの数に相当するほど豊富な数のFACT複合体が存在する．

■文献

1) Roeder, R. G.：Transcriptional regulation and the role of diverse coactivators in animal cells. FEBS Letters, 579：909-915, 2005
2) Roberts, C. W. M. & Orkin, S. H.：The SWI/SNF complex-Chromatin and Cancer. Nature Rev. Cancer, 4：133-142, 2004
3) Mellor, J. & Morillon, A.：ISWI complexes in Saccharomyces cervisiae. Biochem. Biophys. Acta., 1677：100-112, 2004
4) Belotserkovskaya, R. et al.：Transcription through chromatin: understanding a complex FACT. Biochem. Biophys., Acta., 1677：87-99, 2004
5) Lemon, B. & Tjian, R.：Orchestrated response：a symphony of transcription factors for gene control. Genes & Dev., 14：2551-2569, 2000
6) Kingston, R. & Narlikar, G. J.：ATP-dependent remodeling and acetylation as regulators of chromatin fliidity. Genes & Dev., 13：2339-2352, 1999
7) Roeder, R. G.：Therole of general initiation factors in transcription by RNA polymerase Ⅱ. Trends Biochem. Sci., 21：327-335, 1996

5 アポトーシス関連タンパク質

アポトーシスは，遺伝子に制御された細胞死であり，個体発生での形態形成や神経系の確立，成熟個体での生体制御と生体防御に重要な役割を果たしている．さらに，その異常が癌やアルツハイマー病などの疾患の発症に密接にかかわることが明らかとなっている．アポトーシスの主要経路として，デスレセプター経路とミトコンドリア経路の2つがあり，Bcl-2ファミリー，IAPファミリー，Smac/DIABLOなどのさまざまなタンパク質因子によって巧妙に制御されている．そして最終的には，実行因子のカスパーゼ-3とDNaseの活性化による特定タンパク質の限定分解とゲノムDNAの断片化，アポトーシス小体の形成と被貪食によって完了する．

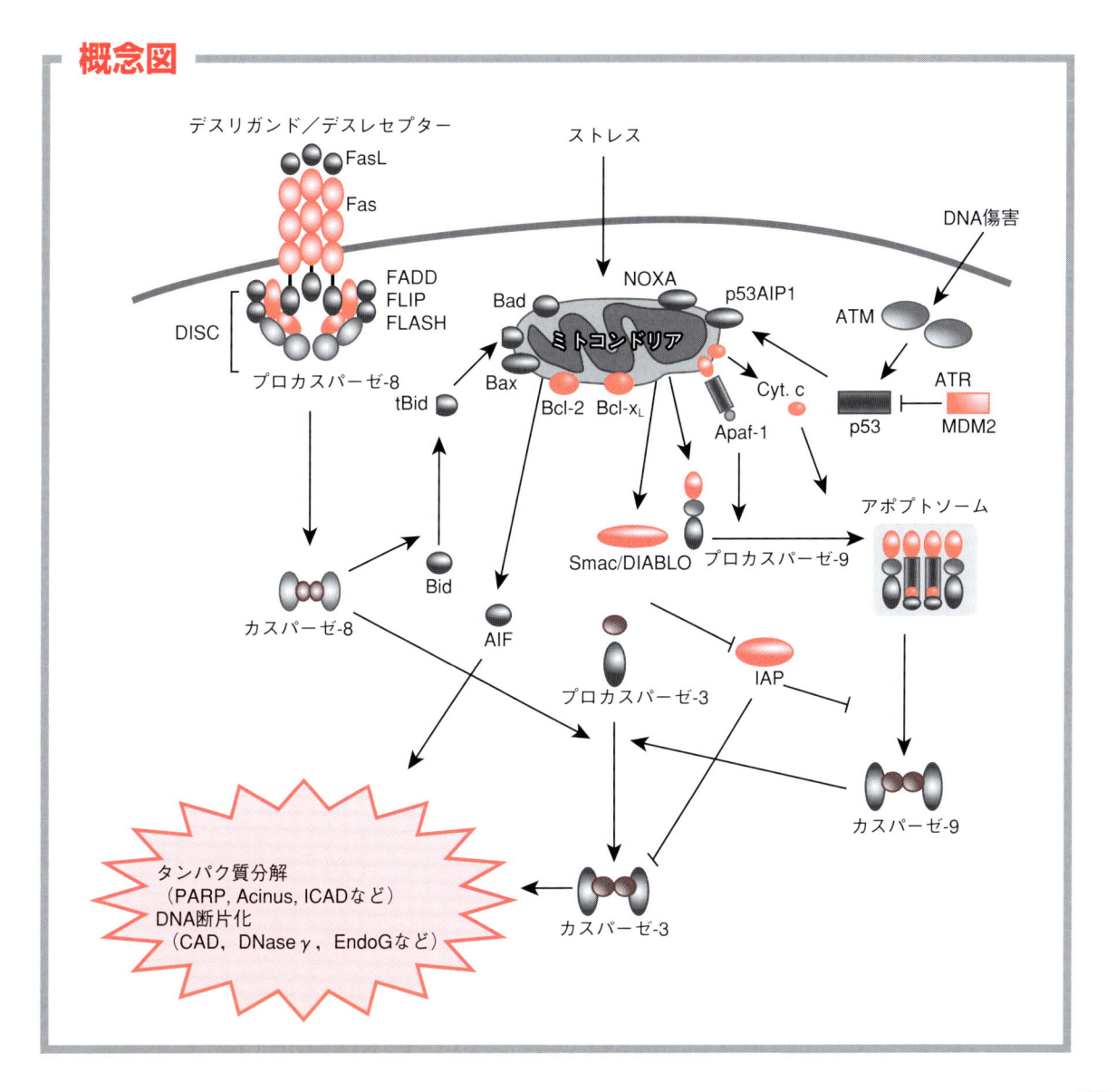

概念図

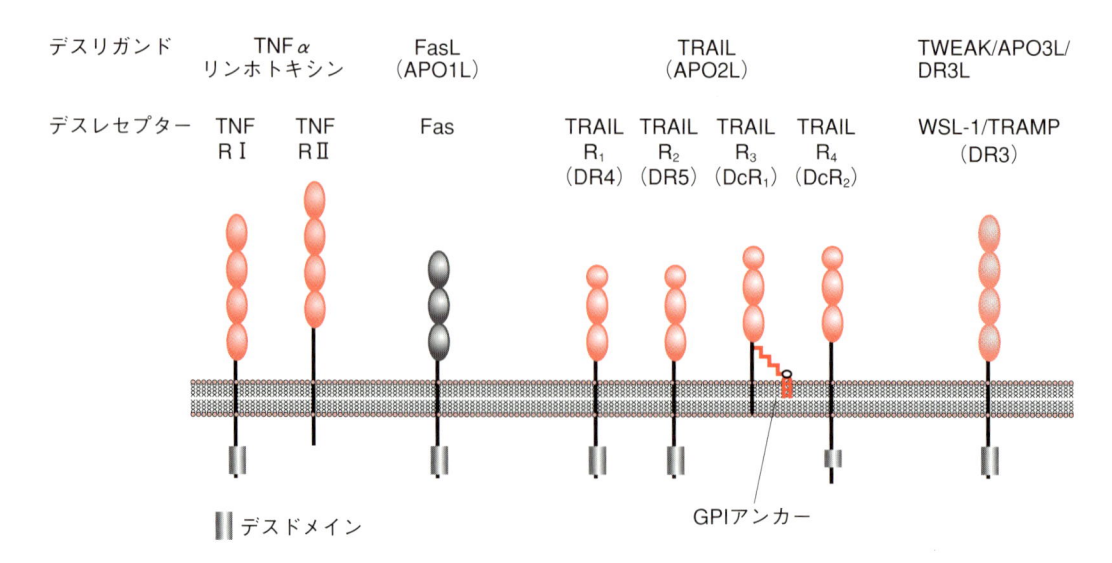

図4-28 デスレセプター／デスリガンド
TNFα，リンホトキシン（TNFβ），FasL，TRAILは，強いアポトーシス誘導能をもつデスリガンドである．TWEAKは，弱いアポトーシス誘導能をもつTNF類似サイトカインである．TNFRⅠ，RⅡ，Fas，TRAILR$_{1\sim4}$，WSL-1/TRAMPは，各デスリガンドに対応するデスレセプターである．各デスレセプターの概略図を示す

1 デスリガンド／デスレセプター

　デスリガンドは，TNFファミリーに属し，アポトーシス誘導能をもつサイトカインである．それに対応するレセプターがデスレセプターであり，TNFレセプターファミリーに属し，細胞内領域にデスドメインと呼ばれる特徴的な領域をもつ．デスリガンドがデスレセプターに結合すると，デスドメインにアダプター分子を介してイニシエーターカスパーゼ（カスパーゼ-8など）が集合し，カスパーゼカスケードが活性化されることによってアポトーシスが惹起される．

　強いアポトーシス誘導能をもつデスリガンドは，TNFα，リンホトキシン（TNFβ），Fasリガンド〔FasL（APO1L，CD95L）〕，TRAIL（TNF-related apoptosis-inducing ligand，APO2L）の4種類である（図4-28）．弱いアポトーシス誘導能をもつTNF類似サイトカインとしてTWEAKが知られている．これらTNFファミリーに属するサイトカインは，C末端が細胞外に配向し，細胞膜を1回貫通するⅡ型膜貫通タンパク質である．また，このファミリーはC末端側の細胞外領域（〜150アミノ酸残基）がβシートを三つ折りにしたコンパクトな構造をとり，ホモ三量体を形成することによって，三量体化したデスレセプターに結合することが示されている（図4-29）．

　デスレセプター（TNFRⅠ，Fas，TRAILR）は，細胞膜を1回だけ貫通するⅠ型膜貫通タンパク質である．N末端側にシステインに富むドメインの繰り返し構造をもち，この部分が細胞外に配向し，リガンドとの結合に関与する領域を形成する．また，細胞内領域にデスドメインと呼ばれる特徴的なモチーフをもつ．デスドメインに変異を導入するとアポトーシス誘導能が消失することから，アポトーシス誘導に必須な領域であることが示されている．

　デスリガンド／デスレセプター系でのアポトーシスシグナル伝達は，FasL/Fasの場合，

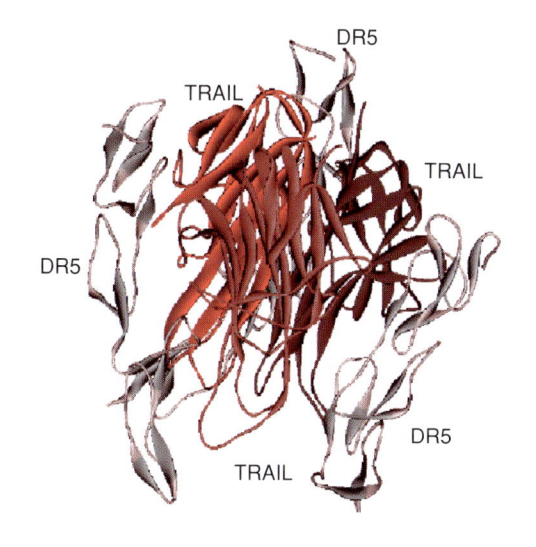

図4-29 TRAIL/DR5複合体の立体構造

デスリガンドは，C末端側の細胞外領域（～150アミノ酸残基）がβシートを三つ折りにしたコンパクトな構造をとり，ホモ三量体を形成することによって，三量体化したデスレセプターに結合することが示されている．デスリガンド／デスレセプター複合体のうちで，X線結晶構造解析がなされているのはTRAIL/DR5複合体だけであるが，ホモロジーモデリングから，同様の立体構造をとることが予測される

FasLがFasに結合すると，Fasの細胞内領域にFADD（Fas-associated death domain protein）とよばれるアダプター分子を介してカスパーゼ-8が結合する．1つのデスレセプター三量体に3分子のカスパーゼ-8が取り込まれ，複合体（death inducing signaling complex：DISC）が形成される．DISC内で接近したカスパーゼ-8同士が切断し合うことによって自己活性化を起こす（図4-30）．TNF/TNFRIの場合は，TRADD（TNF receptor-associated death domain protein）を介してFADDが結合し，同様にDISCが形成され，カスパーゼ-8が自己活性化する．

> **メモ** デスレセプターのなかには，デスリガンドに結合するが，シグナルは伝達しないもの（デコイレセプター）が存在する．デコイレセプターには，可溶型のもの，GPIアンカー型のもの（TRAILR$_3$），デスドメインが不完全なもの（TRAILR$_4$）などがある（図4-28参照）．

2 Bcl-2ファミリー

*bcl-2*遺伝子は，ヒト濾胞性Bリンパ球腫の転座点の解析から単離された癌遺伝子であり，Bcl-2ファミリー（B cell lymphoma/leukemia-2 family）は，アポトーシスの主経路を制御する重要なタンパク質因子として知られている．Bcl-2ファミリータンパク質は，ミトコンドリアの機能を調節することによってアポトーシスを制御する．

Bcl-2ファミリーは，3つのサブファミリーに大別される（図4-31）．Bcl-2を代表とするサブファミリーには，Bcl-X$_L$やBcl-wなどが含まれ，これらはアポトーシス抑制活性をもつ．一方，Baxを代表とするサブファミリーには，BakやBokなどが含まれ，これらはアポトー

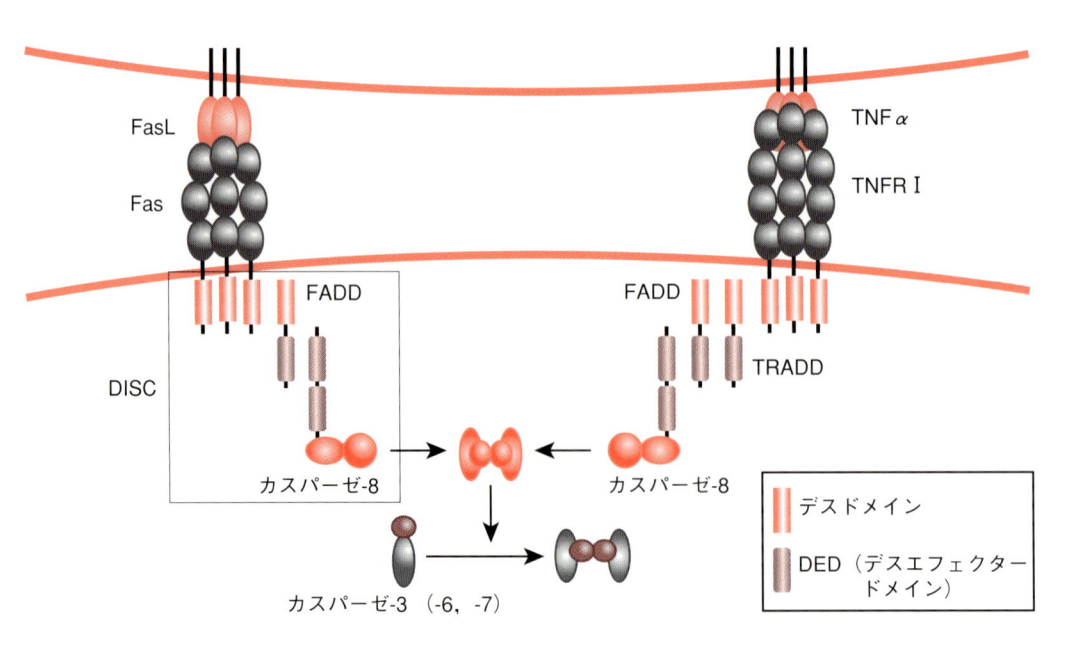

図 4-30　FasL/Fas および TNFα/TNFR I のアポトーシスシグナル伝達経路
FasL/Fas の場合，FasL が Fas に結合すると，Fas の細胞内領域に FADD とよばれるアダプター分子を介してカスパーゼ-8 が結合する．1 つのデスレセプター三量体に 3 分子のカスパーゼ-8 が取り込まれ，複合体（DISC）が形成される．DISC 内で接近したカスパーゼ-8 同士が切断し合うことによって自己活性化を起こす．TNFα/TNFR I の場合は，TRADD を介して FADD が結合し，同様に DISC が形成され，カスパーゼ-8 が自己活性化する

シス促進機能をもつ．これら 2 つのサブファミリー分子は，C 末端に疎水性の膜貫通領域をもち，これを介してミトコンドリア膜や核外膜および小胞体膜に結合する．さらに，Bad, Bid に代表される，BH3 ドメインのみをもつサブファミリーが存在する．このサブファミリーは，BH3-only タンパク質とよばれ，アポトーシス促進に働く．

　Bcl-2 ファミリーの特徴的な構造として BH ドメイン（Bcl-2 homology domain）が挙げられる．Bcl-2 および Bax サブファミリーの多くは，ホモ二量体あるいはヘテロ二量体を形成する．このヘテロ二量体の形成によって，各サブファミリーのアポトーシス促進/抑制機能が制御される．この二量体形成には，BH1 と BH2 が必要である．また，BH1 と BH2 は，ジフテリアトキシン様のチャネルを形成する構造をもっている．BH3 はアポトーシス促進に必要で，BH4 はアポトーシス抑制に必要であると考えられている．

　これらサブファミリーの量比によって，カスパーゼファミリーの活性化が調節されて，アポトーシスが制御される．そのメカニズムとして，アポトーシスの際に起こるミトコンドリア膜電位低下の制御が報告されている．すなわち，Bcl-2 サブファミリーは，アポトーシスの誘導に伴うミトコンドリア膜電位低下を抑制することによって，カスパーゼの活性化因子であるチトクロム c や Apaf-1，Smac/DIABLO，AIF などの細胞質への放出を抑制する．一方 Bax は，自らチャネルを形成することや，VDAC/ANT の活性を促進することで，ミトコンドリアからのチトクロム c などの放出を誘発することによって，カスパーゼの活性化を引き起こすと考えられている．BH3-only タンパク質である Bid は，カスパーゼ-8 の基質と考えられており，カスパーゼ-8 によって限定分解を受けて活性化し，ミトコンドリア膜電位を低

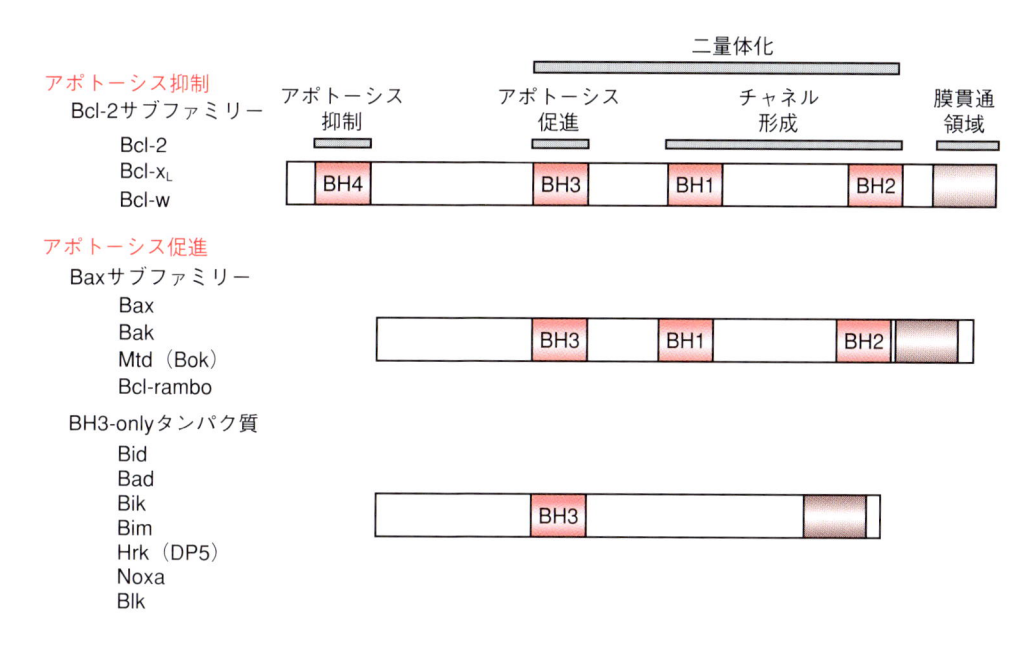

図4-31　Bcl-2ファミリータンパク質の構造と機能
Bcl-2ファミリータンパク質の，3種類のサブファミリーの構造および，各ドメインの予測されている機能を示す

下させることによってアポトーシスを誘導することが示唆されている．

Badは，増殖因子下流のキナーゼ（Aktなど）によってリン酸化されると14-3-3タンパク質と結合し，それによって活性が抑制される．増殖因子の欠如などによってBadの脱リン酸化が引き起こされると，14-3-3タンパク質と解離してミトコンドリアに移行し，アポトーシス抑制性Bcl-2ファミリーとヘテロダイマーを形成してそのアポトーシス抑制活性を阻害することによって，アポトーシスを引き起こすと考えられている．

> **メモ**
> Bcl-2のノックアウトマウスは，その半数が生後2ヵ月で死亡する．リンパ球，皮膚，小腸，神経系などのさまざまな組織でアポトーシスが亢進することから，Bcl-2は成熟細胞の維持に必要であることが示唆されている．Baxのノックアウトマウスでは，軽度の異常しか観察されないが，Bax，Bakのダブルノックアウトではリンパ球の異常増加や神経細胞の異常増加が観察されることから，両者が機能的に補い合っていると考えられている．

3　IAPファミリー

　IAP（inhibitor of apoptosis protein）は，当初バキュロウイルスのアポトーシス阻害タンパク質として発見され，その後，昆虫からヒトに至るまで種を超えて構造と機能がよく保存されていることが明らかとなったファミリー分子である．IAPは，N末端に約70アミノ酸からなる繰り返し構造（baculoviral IAP repeat：BIR）をもち，C末端にRINGフィンガーとよばれるZn結合ドメインをもつ（図4-32）．BIRドメインは，アポトーシスの抑制に必要であり，カスパーゼやSmac/DIABLOとの結合に関与する．RINGフィンガードメインをもたないIAPもアポトーシスを抑制することが可能であることから，RINGフィンガードメイン

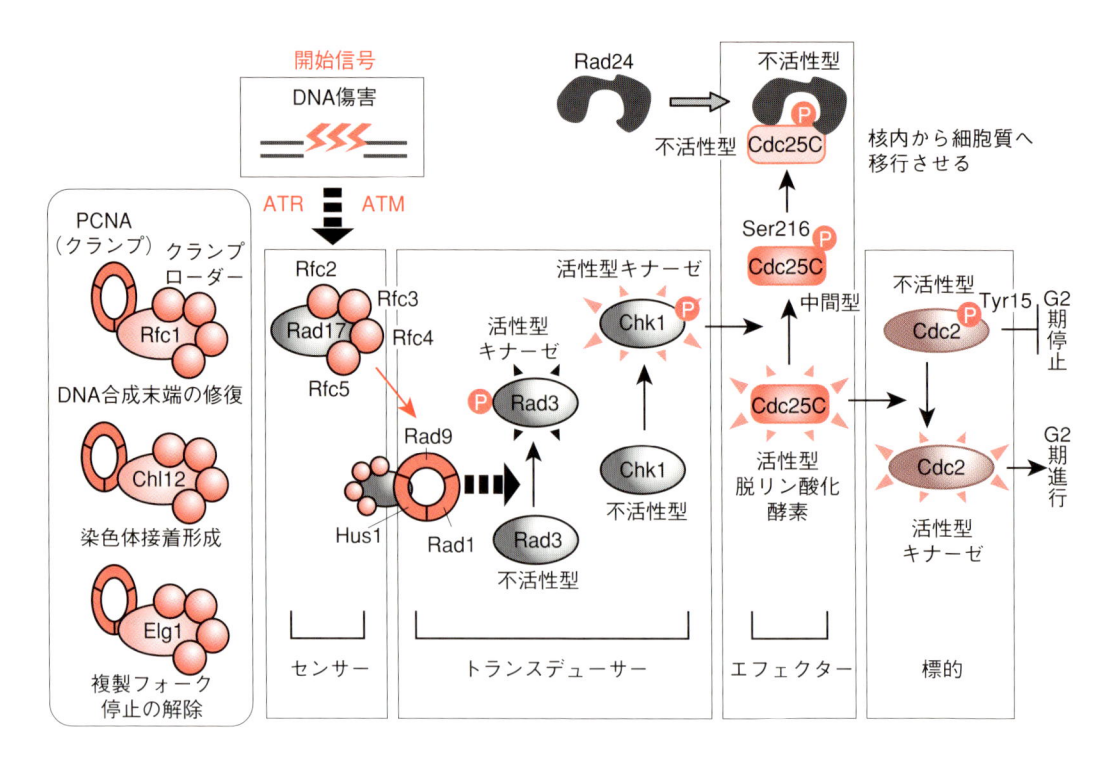

図4-34　DNA傷害チェックポイントにおける制御因子の作用機序

一般的にチェックポイント制御システムにおける制御因子は，DNAの異常を検出するセンサー（sensor），異常を伝達するトランスデューサー（transducer），信号を標的に伝えるエフェクター（effector）の3種類に分類される．信号の伝達には主として各タンパク質におけるSer/Thrのリン酸化が用いられる．9-1-1複合体（Hus1/Rad1/Rad9）はセンサーにおいてDNAにはまり込んで調節するクランプ（clump）の役割を果たすが，クランプのはめ込みを助けるのがクランプローダー（clump loader）としてのRad17/Rfc2, 3, 4, 5複合体である．ちなみにRad17のみをRfc1, Chl12, Elg1に交換すると，PCNAをクランプとしたチェックポイント制御以外のさまざまなDNAの調節機能をもつ複合体が形成される

　ポイント制御では，DNAに生じた傷がATR（複製の遅れや紫外線による傷害などの場合），またはATM（DNA 2本鎖切断の場合）というリン酸化酵素（キナーゼ）を活性化する（図4-34）．すると，それぞれの標的であるChk1キナーゼあるいはChk2キナーゼをリン酸化し活性化する．活性化されたChk1やChk2は，例えば脱リン酸化酵素であるCdc25Cの216番目のセリンをリン酸化する．リン酸化されたCdc25Cは14-3-3 σに補足されて核の外へ運び去られるため，標的であるCdc2から遠ざかってしまい，M期を開始させる働きをもつCdc2のTyr15を脱リン酸化できず，活性化が進まず，M期進入が阻止されてG2期停止となる．

　一方，DNA損傷のシグナルを受けて活性化されたp21は，CyclinD1/Cdk4を阻害しG1期で停止させる．p21は，S期を進行させるDNAポリメラーゼの活性化因子であるPCNAとも結合して活性を阻害する．こうしてヒトの細胞では，DNA傷害はG2期のみでなくG1期停止も起こして異常細胞の出現を二重に阻止している．

　ATRはDNA傷害の信号が入るとATRIPと複合体を形成し，ATRIPをリン酸化することで活性化され，数多くのタンパク質をリン酸化して活性化する（表4-4）．標的の1つであるChk1はATR（またはAKTキナーゼ）によるリン酸化を受けて活性化され，さらに独自の標

表4-4 チェックポイント制御機構にかかわるタンパク質キナーゼとその標的タンパク質の名称およびリン酸化サイトの一覧

キナーゼ名					
ATM	ATM	Chk1	Chk2	PKB/AKT	MPS1/TTK
標的タンパク質（リン酸化サイト）					
ATM (S1981) BLM (T99) Artemis (S645) BRCA1 (S1387, S1423, S1457, S1524) c-Abl (S465) c-Jun (S63) Chk2 (S33, S35, T68) CtIP (S664, S745) eIF-4E (S111) E2F1 (S31) FANC2 (S222) H2AX (S139, S140) LKB1 (T366) MCM3 (S535) MDC1 (ND) MRE11 (ND) HDM2 (S395) NBS1 (S278, S343) p53 (S15, S9, S46) PLK1 (S137, T210) PLK3 (ND) Rad9 (S272) Rad17 (S635, S645) RPA32 (T21) SMC1 (S957, S966) TopBP1 (S405) TRF1 (S219) 53BP1 (S25)	ATRIP (S68, S72) BLM (T99) BRCA1 (S1387, S1423, S1457, S1524) Chk1 (S317, S345) Chk2 (T68) E2F1 (S31) H2AX (S139, S140) MCM2 (S108) NBS1 (S278, S343) p53 (S15) Rad9# (T412/S423) Rad17 (S635, S645) RPA [T21(?)] SMC1 (S966) TopBP1 (S405)	BAD (S155, (S170)) Cdc25A (S75, S278) Cdc25C (S216) Claspin [T916 (xT906) S945 xS934)] p53 (S20) RelA (p65) (T505) TLK (S695)	BRCA1 (S988) Cdc25A (S123, S178, S292) Cdc25C (S216) Chk2 (T383, T387) E2F (S364) PML (S117) PLK3 (ND) p53 (S20)	Chk1 (S280)	Chk2 (T68)

タンパク質キナーゼは色文字で表示．＃は分裂酵母（*S. pombe*）由来のタンパク質．／分裂酵母でのリン酸化サイト．x アフリカツメガエル（Xenopus）でのリン酸化サイト

的をリン酸化して活性化する（図4-35）．これらの標的のなかにはタンパク質キナーゼもあり，やはり活性化されて独自の標的をリン酸化してゆく．このようなリン酸化の流れは一般にリン酸化カスケードと呼ばれる．

　ATMは，普段は脱リン酸化酵素PP2Aによって自己リン酸化が抑制されて二量体を形成している．DNA 2本鎖切断の信号が入ると特定のセリン残基を自己リン酸化し（表4-4），単量体となって活性化すると，Chk2を含む数多くのDNA修復・DNA複製・細胞周期制御タンパク質をリン酸化して活性化する（図4-36）．標的のなかにはATRの標的と重複するものも数多くある．Chk2は普段は単量体であるが，ATMによりリン酸化されると二量体を形成して活性化され，特定のセリン残基を自己リン酸化する．そこで，別の立体構造をもった単量体として再度活性化され，Cdc25Cを含むさまざまな標的をリン酸化して細胞内の多彩な現象を制御する．

3 染色体分配と細胞分裂

　S期で複製された染色体が娘細胞に分配される時期であるM期は，30～60分程度の短い時

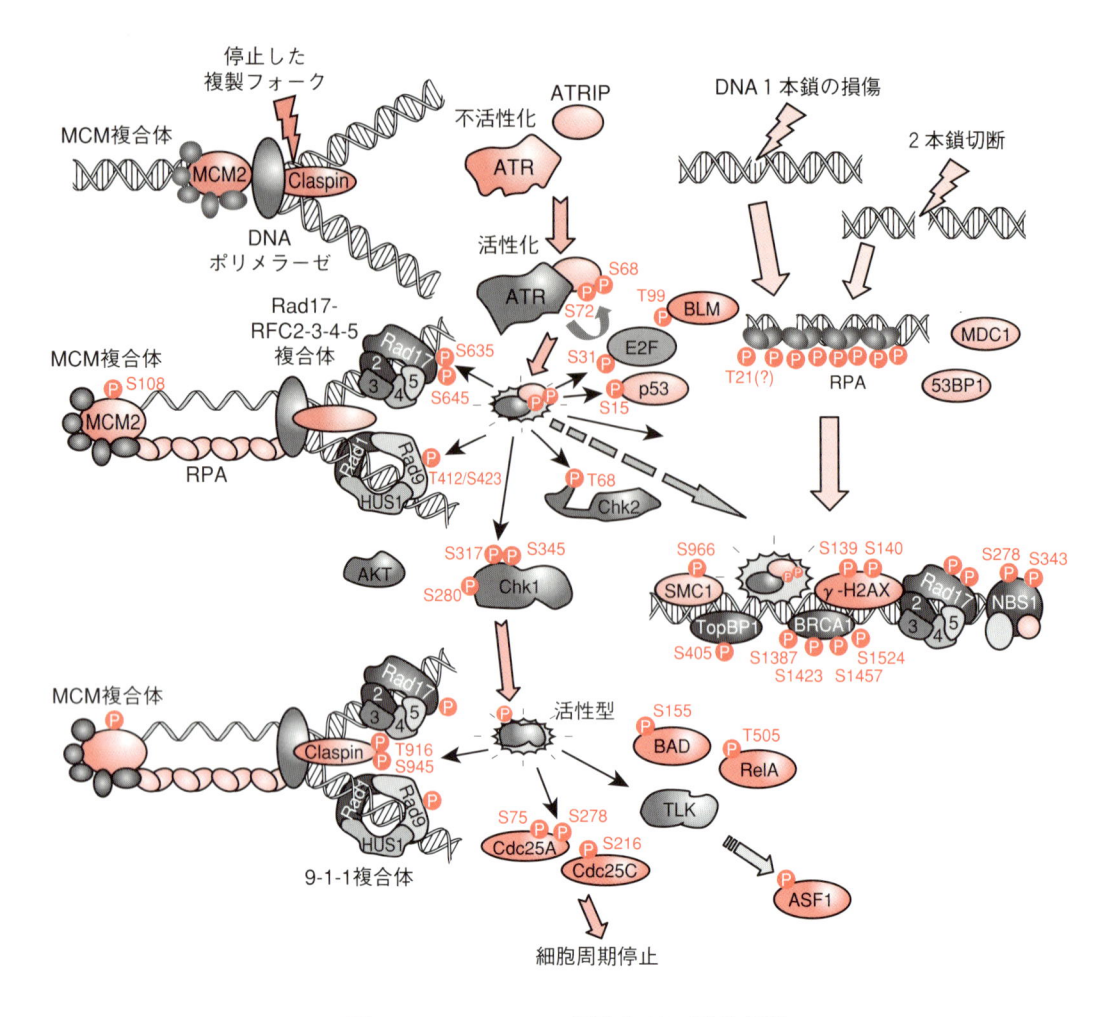

図 4-35　ATR/Chk1 経路とリン酸化標的
文献 7 を参照して作図

間内に染色体がダイナミックに動きまわる．M期は形態の変化が大きく，前期（prophase），前中期（prometaphase），中期（metaphase），後期（anaphase），終期（telophase）と呼ばれる一連の連続的な5つの過程に分けられ，細胞質分裂（cytokinesis）によって終わる（概念図）．

DNA複製を終えた染色体は，すみやかに連結複合体（コヒーシン：cohesin）によって繋がれる．この連結はゆるやかに紐で結わえるような形で外側から行われる（図4-37）．コヒーシン複合体は2つのSMC（stability of minichromosomes）タンパク質（Smc1, Smc3）と2つのScc（sister chromatid cohesion）タンパク質（Scc1, Scc3）とから構築されている．Smc1とSmc3は類似な亜鈴状構造をしており，N末端側にはATP結合領域（Pループ）が，C末端にはDNA結合性の DA ボックスと呼ばれる配列が見つかる．真中のヒンジと呼ばれる領域を挟んで両側に2つの長い重コイル（coiled-coil）構造が伸びて2つの領域を結んでおり，ヒンジが折れ曲がってコイルが絡み合うような構造によりN末端とC末端が結合して（これをヘッドと呼ぶ）細長い紐のような立体構造を取る．これが2本（Smc1とSmc3）ヒンジの部分で結合して輪（直径約40ナノメートル）を作り，Scc1とScc3がEco I というタン

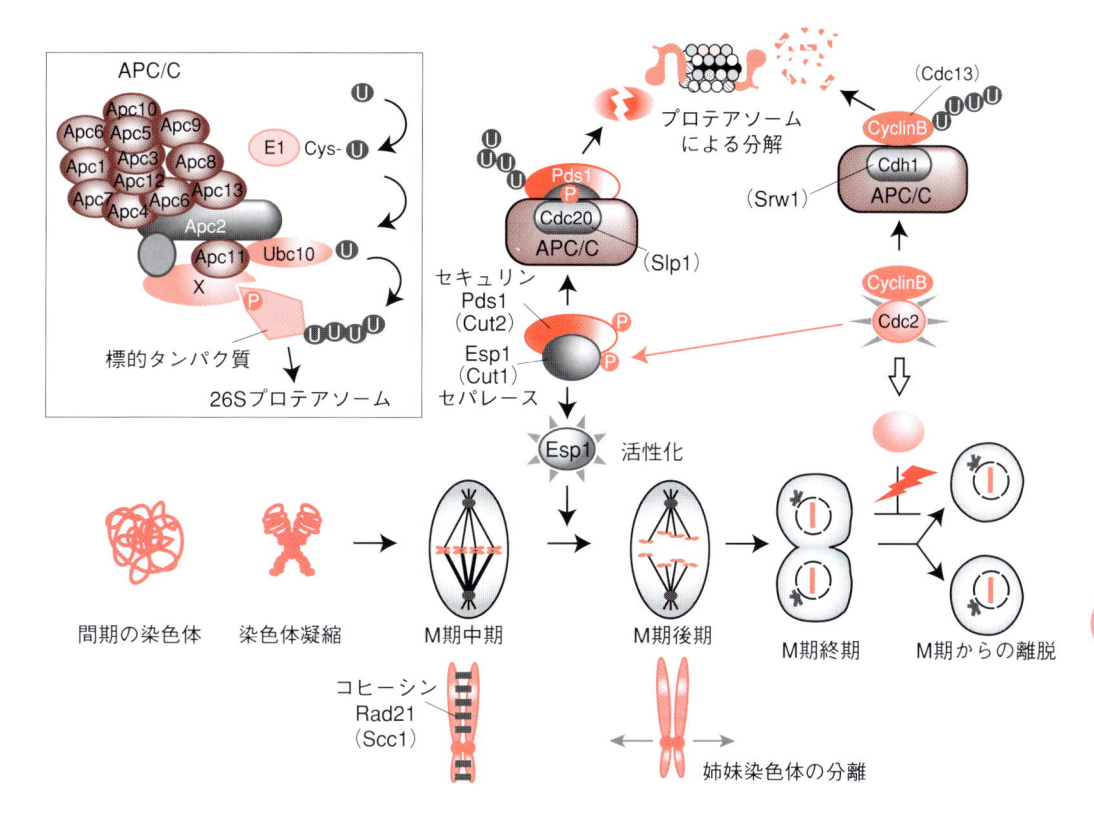

図4-38 M期ではプロテアソームは2回働く
M期においては分解を担うユビキチン修飾系（APC/C）が2回作用し，標的タンパク質をプロテアソームによって分解する．1回目は中期から後期にかけて，染色体を分離するタイミングを決定し，2回目はM期を脱出してG1期に進入することを許可する．括弧内は研究が進んでいる分裂酵母の因子名である

　APC/CはCdh1を活性化因子としてM期の終了時点でもう1回働く（図4-38）．2つめの作用点はM期の終期（telophase）におけるサイクリンBの分解で，これによってCdc2キナーゼが完全に不活性化される．役割を終えたCdh1もユビキチン化されてプロテアソームによってすみやかに分解される．この後，新たに生まれた細胞の中で染色体は凝縮が解けて核内へ分散してゆき，分裂した細胞は新たなG1期を始める．

4 紡錘体形成チェックポイント

　M期期で染色体が凝縮すると真中がくびれたソーセージのような形状をとる．そのくびれた部分（動原体）の両側へ，両極にある中心体からチューブリンタンパク質よりなる微小管（紡錘糸）が2本伸びてきて2方向からがっちりと固定される．動原体へ正常に紡錘糸が接着している状態は双方向接着（amphitelic attachment）と呼ばれる（図4-39）．両極から2本の紡錘糸が伸びているが片方の動原体にだけ紡錘糸が付いた異常は異変性（merotelic）接着，単一極から伸びた2本の紡錘糸が両方の動原体に付いた異常は同方向性（syntelic）接着と呼

双方向　　　同方向性　　　異変性
amphitelic　syntelic　　merotelic

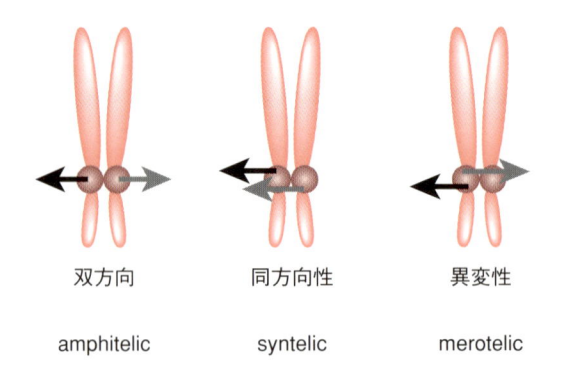

図 4-39　紡錘糸の正常接着と異常接着
動原体へ正常に紡錘糸が接着している状態は双方向接着，単一極から伸びた 2 本の紡錘糸が両方の動原体に付いた異常は同方向性接着，両極から 2 本の紡錘糸が伸びているが片方の動原体にだけ紡錘糸が付いた異常状態は異変性接着と呼ぶ

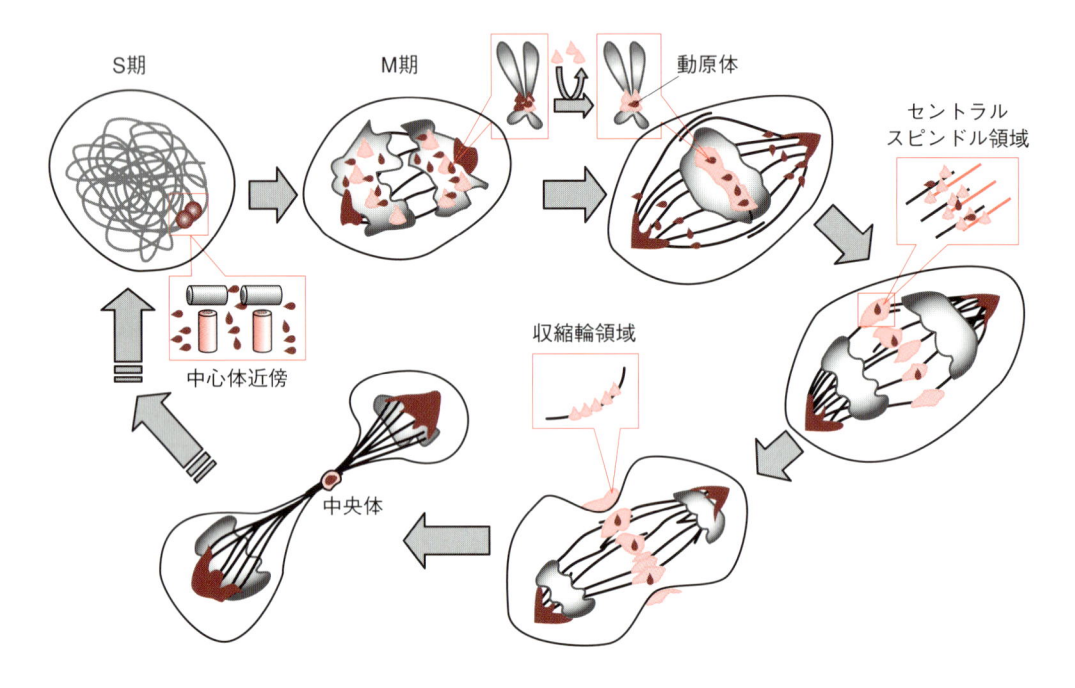

図 4-40　細胞周期におけるオーロラ A（■）とオーロラ B（■）のダイナミックな動きの模式図
オーロラ A は S 期が始まると中心体近傍に出現し，M 期の開始とともに紡錘体極に配置する．このとき，一部が染色体の動原体へも分布し，CENP-A をリン酸化する．そこへオーロラ B が呼び込まれる．M 期後期になって姉妹染色体が分離する時には一部がセントラルスピンドル領域に移動し，細胞質分裂の時期には中央体にも一部が観察される．オーロラ B は M 期の開始の後，動原体へ呼びこまれた後セントラルスピンドル領域に移り，一部は収縮輪にも移って，両側から細胞質分裂を促進し，最後は中央体に局在してから消失する

ぶ．このような異状が検知されるとオーロラ B（図 4-40）と呼ばれるタンパク質キナーゼが出動してきて，動原体の標的（MCAK など）をリン酸化することで正しい接着へ修正し，適切な紡錘糸による張力を回復する．

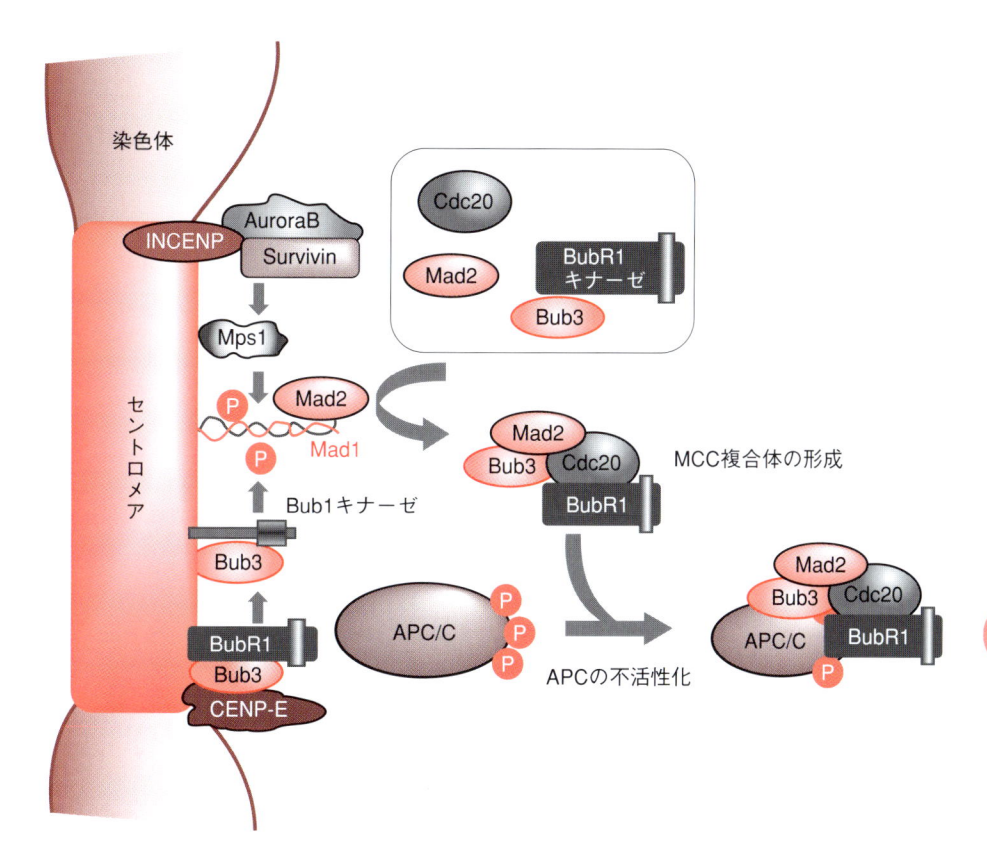

図 4-41　細胞周期の M 期における染色体の分配を制御するタンパク質群とそれらの作用による紡錘体チェックポイントの制御機構のモデル

INCENP/Survivin と結合したオーロラ B（AuroraB）キナーゼが Msp1 キナーゼをリン酸化すると活性化され，Mad1 をリン酸化する．一方，BubR1/Bub3/CENP-E から発信されたシグナルも Bub1 キナーゼを介して Mad1 をリン酸化する．この結果，MCC 複合体（Bub3/Mad2/Cdc20/BubR1）の形成が促進され，これがリン酸化されている APC/C に結合することで不活性化して，M 期における染色体の配列が完了するまでは染色体分配を開始させないという紡錘体チェックポイント制御を行う

　全染色体の整列状態を検知し，リン酸化シグナルを介して伝達することで"かすがい"を外し，染色体分離を開始させる仕組みは紡錘体形成チェックポイント（spindle assembly checkpoint）と呼ばれる．そこで働くタンパク質には Mad1，Mad2，Mad3（mitotic arrest defective）および Bub1，Bub2，Bub3（budding uninhibited by benimidazole）が知られており，これらの上流で Mps1（monopolar spindle）が制御している．

　Mad1 は二重コイル構造をもつタンパク質で，紡錘体形成チェックポイントの活性化により Bub1，Bub3，Mad2 依存的に Mps1 キナーゼによりリン酸化される．すなわち異常なスピンドルが形成されると Bub3 と結合している Bub1 キナーゼ活性をリン酸化により活性化し，それが Mad2 と結合している Mad1 をリン酸化すると考えられる（図 4-41）．Mad2 は動原体に残存することからチェックポイントのセンサーであろう．Mad1/Mad2 は二量体を構成する．Mad3（ヒトでは BubR1）も M 期に動原体に局在し，動原体タンパク質の 1 つである

CENP-Eと結合している．これらMad1，Mad2，Mad3は細胞周期とは無関係にCdc20およびAPC/Cと結合して巨大な複合体を形成しており，Mad1/Mad2二量体はMad1のリン酸化を介してCdc20-APC/C活性を抑制し，セキュリン（Pds1）の分解を阻害することで姉妹染色体の解離を遅らせていると考えられる．

　Bub1はC末端側にキナーゼドメインをもつタンパク質キナーゼで，Bub3と二量体を構成する．この二量体はMad2と類似の挙動を示し，紡錘体と結合していないため張力がまだかかっていない動原体に局在し，紡錘体が結合すると動原体から遊離する．Bub2はMps1によるMad1のリン酸化にもかかわっておらず別のシグナル伝達経路を構成している．このようにMad1, Mad2, Mad3, Bub1, 3を含む複合体は紡錘糸により生み出される張力をリン酸化シグナルに変えて，紡錘体形成チェックポイントにおける信号を伝達している．

　まとめると，紡錘体形成チェックポイントはCdc20（Slp1）の機能を阻害することで姉妹染色体の解離を遅らせている．Mad1, 2, 3/Cdc20（分裂酵母ではMad1, 2, 3/Slp1）は1つの複合体を構成し，チェックポイントシグナル伝達がこの複合体を介して伝達される．スピンドル形成異常のシグナルはMad2を通じてCdc20/Mad1, 2, 3複合体に伝達され，Mad1のリン酸化を通じてPds1のAPC/Cへの運搬を制御する．

■文献

1）野島博/著 "新細胞周期のはなし"：羊土社，2000
2）"細胞周期の最前線"（中山敬一/編），実験医学増刊号 23-9：羊土社，2005
3）"細胞周期がわかる"（中山敬一/編），わかる実験医学シリーズ：羊土社，2001
4）"キーワードで理解する細胞周期イラストマップ"（中山敬一/編）：羊土社，2005
5）野島博/中山敬一 "細胞周期研究の新局面"，実験医学増刊，21-5：羊土社，2003
6）Nojima, H.：G1 and S-phase checkpoints, chromosome instability, and cancer. In Methods in Molecular Biology, Checkpoint Controls and Cancer - Methods and Protocols. Humana Press, pp.3-49, 2004.
7）Nojima, H.：Protein kinases and their downstream targets that regulate chromosome stability. In GENOME DYNAMICS, Karger Publishers, 2005, in press.
8）Kastan, M. B. & Bartek, J.：Cell-cycle checkpoints and cancer. Nature, 432：316-323, 2004
9）Bartek, J. et al.：Checking on DNA damage in S phase. Nat. Rev. Mol. Cell Biol., 5：792-804, 2004
10）Bartkova, J. et al.：DNA damage response as a candidate anti-cancer barrier in early human tumorigenesis. Nature, 434：864-870, 2005

第5章
タンパク質分析法

1	タンパク質の分離と精製	256
2	マススペクトロメトリーと プロテオミクス解析	266
3	タンパク質の発現系	276

1 タンパク質の分離と精製

タンパク質は各々の分子が独自の物理化学的性質をもっているため，それぞれの分子の分離精製法は異なる．生体組織から目的タンパク質を精製するのに1つの分離方法で達成できる場合はきわめて稀で，ほとんどの場合，分子量，電荷，疎水度などの物性の違いを利用した分離法をいくつか組み合わせなければならない．したがって，目的タンパク質を精製するうえではそれぞれの分離法の原理と特徴についてよく理解をしたうえで，個々の目的タンパク質の物性を考慮し，最適な精製プロセスを決定しなければならない．

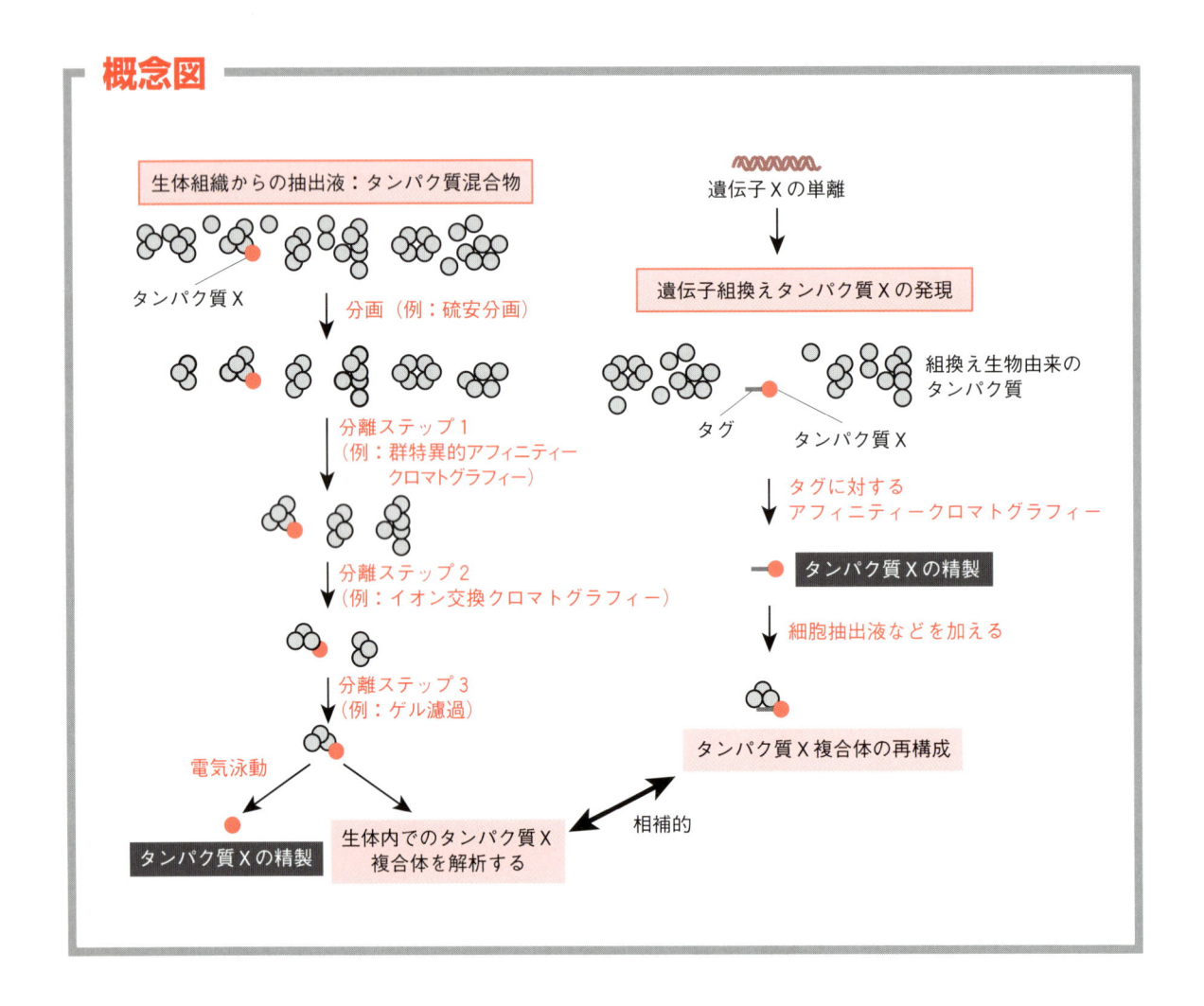

概念図

生体組織からの抽出液：タンパク質混合物

タンパク質X

↓ 分画（例：硫安分画）

↓ 分離ステップ1（例：群特異的アフィニティークロマトグラフィー）

↓ 分離ステップ2（例：イオン交換クロマトグラフィー）

↓ 分離ステップ3（例：ゲル濾過）

電気泳動

タンパク質Xの精製 ／ 生体内でのタンパク質X複合体を解析する

遺伝子Xの単離
↓
遺伝子組換えタンパク質Xの発現

組換え生物由来のタンパク質
タグ　タンパク質X

↓ タグに対するアフィニティークロマトグラフィー

タンパク質Xの精製

↓ 細胞抽出液などを加える

タンパク質X複合体の再構成

相補的

256　タンパク質科学イラストレイテッド

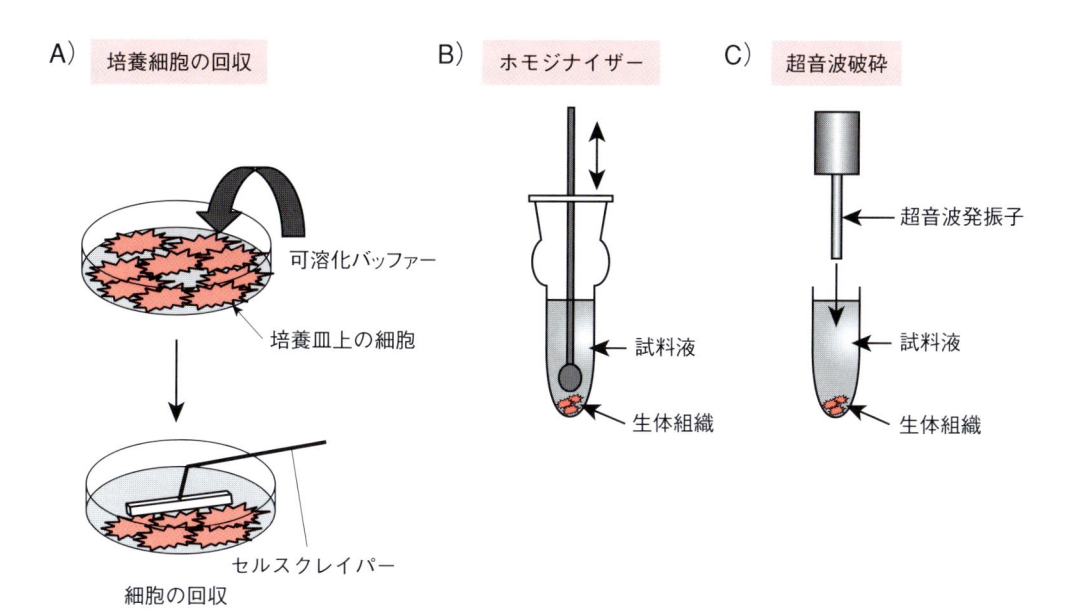

図5-1 培養細胞や臓器からのタンパク質の抽出
A）培養細胞の回収法．培養皿上で培養した細胞の培地を除き，洗浄後，可溶化バッファーを加える．セルスクレイパーなどを用いて，細胞を培養皿から物理的に剥がして，回収する．培養細胞または臓器はホモジナイザー（B）または超音波破砕（C）によって細胞膜を破砕し，抽出液を得る

1 ポストゲノム時代のタンパク質精製の重要性

　生体組織から何らかの活性をもつタンパク質を精製し，生化学的解析を行って，その分子の機能を探る研究は古くから行われている．分子量や電荷，疎水度といった各々のタンパク質がもっている独自の物理化学的性質をもとに，何種類かの分離法を用いたステップを経て，目的タンパク質の精製を達成することができる．

　分子生物学の発展によって，生体組織からタンパク質を精製する代わりに，遺伝子を単離し，遺伝子組換えタンパク質を発現させて，目的タンパク質を得ることができるようになった．この方法の場合，大抵はタグをつけた融合タンパク質として発現させて，タグに対するアフィニティー精製の1段階だけで目的タンパク質を簡便に調製することができる．ゲノム解読が終了し，すべての発現遺伝子がわかろうとしている今日，ますますこうした分子生物学的手法によって，タンパク精製が行われていくと考えられる．

　一方で，生体内のほとんどのタンパク質は単独で働くわけではなく，翻訳後修飾を受けたうえでタンパク質複合体を形成する（第3章）．これらは安定で静的なものもあれば，動的で時間的・空間的に複雑な制御を受けて，ある時期にある場所で特定の生理活性を発揮するものもある．こうした複雑な制御を発現タンパク質によって常に再構成できるとは限らない．したがって生体内のありのままの状態を知るためには，生体組織から目的タンパク質あるいは複合体を分離，精製して解析する必要がある．

2　生体組織からのタンパク質の抽出

　　生体組織からあるタンパク質を分離，精製する場合，まず動物の臓器や培養細胞からタンパク質を抽出する．適切な可溶化バッファーに生体組織を懸濁させて，ホモジナイザーや超音波破砕によって物理的に細胞膜を破壊して，タンパク質を含んだ抽出液を得る（図5-1）．ホモジナイザーを用いた場合には細胞内小器官など密度の異なるさまざまな顆粒はそのまま保持されるが，超音波破砕を行った場合にはこれらは完全に破壊される．

　　一般的に膜タンパク質は脂質二重膜に埋まっているため，水溶液中に可溶化させるためには界面活性剤などを用いなければならない．また，可溶化後のタンパク質の安定性を保つための安定化剤として，グリセロールやエチレングリコールなどが用いられる．さらに可溶化後，抽出液中のプロテアーゼによってタンパク質が分解されることを防ぐために，プロテアーゼ阻害剤を入れておく．リン酸化タンパク質を解析する場合にはホスファターゼ阻害剤も一緒に入れておく．このように目的に応じて適切な可溶化バッファーを選択する必要がある．

3　分画法

　　大量のタンパク質を含む試料をそのままクロマトグラフィーで分離することが困難な場合には，あらかじめ試料を大まかに分画する．主に精製初期段階の分画に汎用されるのが，硫安分画である．タンパク質の水溶液中での溶解度は低濃度の塩を加えることによって上昇し（塩溶），さらに高濃度の塩を加えると逆に低下して，沈殿を生じる（塩析）．30〜80％飽和の間で10〜20％刻みで順番に塩析を行い，目的タンパク質が沈殿する濃度を確認して，分画する．細胞内小器官の分画には，分画遠心法あるいは密度勾配遠心法が汎用されている（図5-2）．

4　タンパク質の分離法

1）カラムクロマトグラフィー

　　カラムクロマトグラフィーは，目的タンパク質とカラムに充填した担体との相互作用を利用して分離する方法である．個々のタンパク質の分子量や電荷，疎水度の違い，特定物質に対する親和性を利用して行われる（図5-3）．カラムクロマトグラフィーには低圧クロマトグラフィー（low pressure liquid chromatography：LPLC），中圧クロマトグラフィー（fast protein liquid chromatography：FPLC），高圧クロマトグラフィー（high performance liquid chromatography：HPLC）があり，LPLCでは担体に軟質で粒子サイズの大きいものを用いて，低流速で分離する．一方，HPLCでは硬質で粒子サイズの小さい担体を用いて，高流速で分離する．担体粒子が小さいほど目的タンパク質と担体との結合が密となり，分離

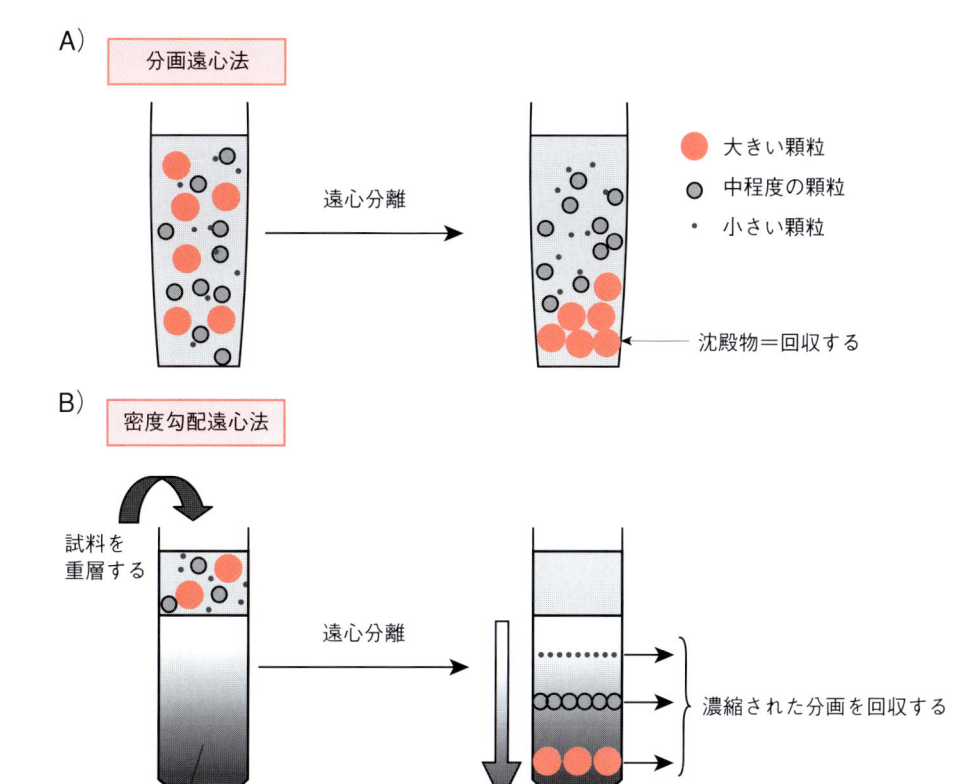

図5-2 細胞内小器官の分画法
細胞内小器官の分画には分画遠心法（A）あるいは密度勾配遠心法（B）が汎用されている．分画遠心法は顆粒の大きさによって沈降する速度が異なることを利用した分画法であり，遠心分離を行うと核，ミトコンドリア，リソソームの順で沈降する．密度勾配遠心法は顆粒の密度の違いを利用した分画法であり，ショ糖やパーコール，グリセロールなどを用いて行われる．遠心前にあらかじめチューブ内にショ糖などの密度勾配を形成させておく．その溶液に試料を重層して遠心分離すると顆粒の密度に応じた位置に濃縮される

能が増大する．また高流速で分離できるため，短時間で終了するが，粗抽出液などを大量に処理することはできない．

① アフィニティークロマトグラフィー：選択性の高い分離方法

　目的タンパク質と特定の物質（リガンド）との相互作用を利用した分離方法で特異性が高い．抗原と抗体，サイトカインや増殖因子とその受容体，酵素と基質などの特異的な結合が利用される．例えば抗体カラムを用いて，1段階で目的タンパク質（複合体）を精製できる場合もある．リガンド（通常はタンパク質）のアミノ基やカルボキシル基，チオール基や水酸基などを利用して担体に固定化してアフィニティーカラムとして利用する．
　この方法では，細胞抽出液などのタンパク質混合物を大量にカラムにかけることができる

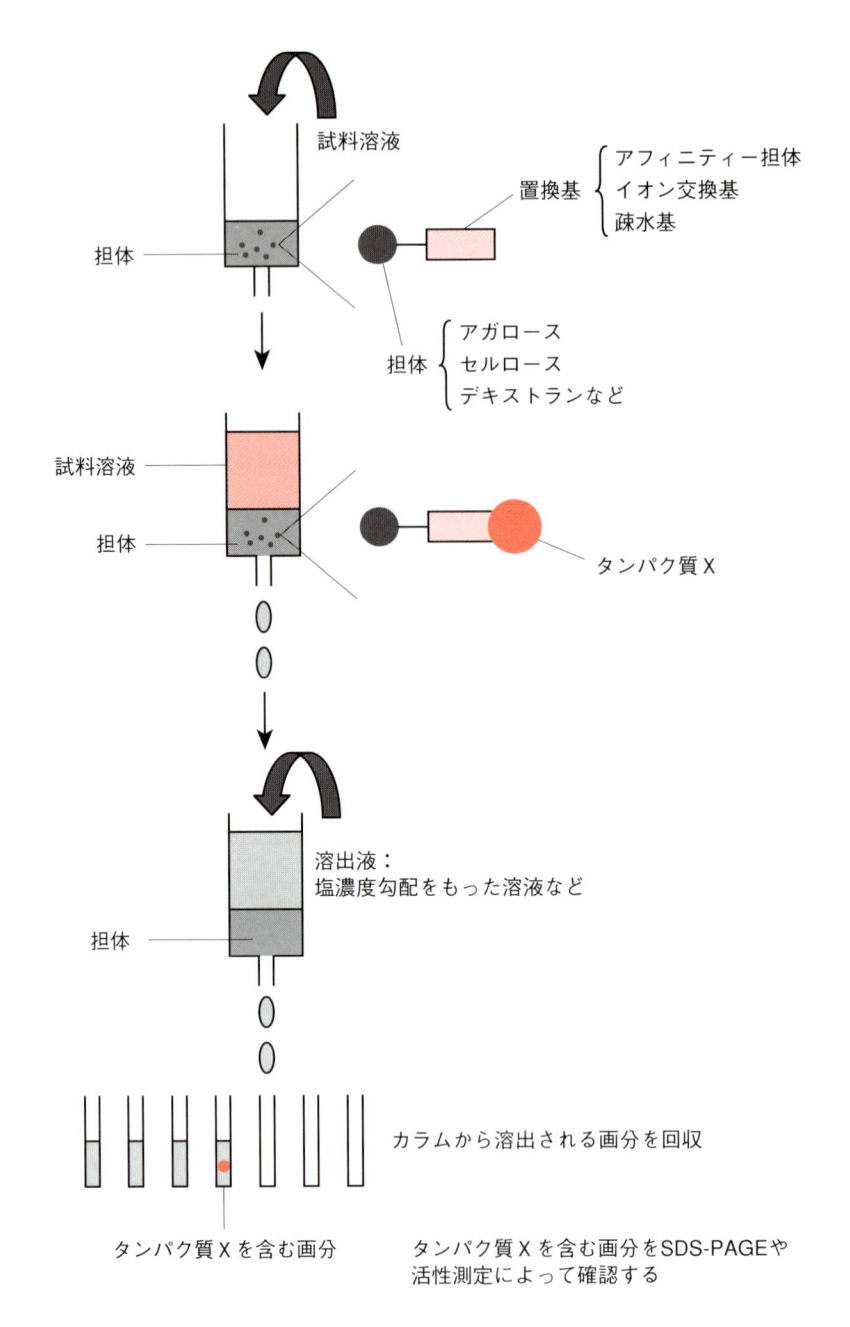

図5-3 カラムクロマトグラフィー

カラムにはアガロースやセルロースなどの担体を充填する．カラムの最下部はフィルターになっていて，ゲル状の担体は通過できないが，溶液は通過する．担体にはさまざまな置換基（イオン交換基や疎水基）を結合させたものがあり，カラムクロマトグラフィーの種類によって，適切なものを用いる．まず低塩濃度のバッファー中で試料溶液をカラムに通して，目的タンパク質を担体に結合させる．その後，バッファーの塩濃度を徐々に上げていくことによって，カラムに結合したタンパク質を順次溶出させる．ゲル濾過の場合は置換基がついていない担体をそのまま用いて，試料溶液を添加し，そのまま回収する．各分画について SDS-PAGE やウエスタンブロッティングあるいは活性測定を行い，タンパク質Xが濃縮されている画分を決定する

うえ，目的タンパク質を効率よく濃縮することができる．目的タンパク質を結合させた後，溶出するときには競合分子を利用したり，酸で溶出したりするのが一般的であり，このとき生理的活性も保持されることが多い．遺伝子組換えタンパク質を発現後，精製する場合も大抵アフィニティークロマトグラフィーによって1段階で精製する．また，主に精製初期の分離としてよく用いられるのが，群特異的アフィニティークロマトグラフィーである．特異性は高くないものの，タンパク質混合物から目的タンパク質を効率よく濃縮することができる．膜タンパク質や糖タンパク質の場合にはコンカナバリンA（Con A）やWGA（小麦胚芽レクチン）カラムといった群特異的アフィニティークロマトグラフィーがよく用いられる．そのほか，ヘパリンカラム，ブルーカラムなどもよく用いられる．

② イオン交換クロマトグラフィー：電荷の違いを利用した分離法

タンパク質と担体とのイオン的な相互作用を利用して分離する．タンパク質は中性の水溶液中において，アミノ基が$-NH_3^+$にカルボキシル基が$-COO^-$に解離している両性電解質であるため，その総電荷はpHに依存し，総電荷が0になるpHを等電点（pI）という．タンパク質の総電荷は等電点より高いpHでは負となり，等電点より低いpHでは正となる．担体として用いるイオン交換体には，正電荷をもった陰イオン交換体と負電荷をもった陽イオン交換体がある．陰イオン交換体を用いる場合は溶液のpHを若干塩基性にして，タンパク質を負に荷電させてカラムに結合させる（陰イオン交換クロマトグラフィー）．一方，陽イオン交換体を用いる場合は溶液のpHを若干酸性にして，タンパク質を正に荷電させてカラムに結合させる（陽イオン交換クロマトグラフィー）．

どちらの場合も，塩濃度の低いバッファー中で目的タンパク質をカラムに結合させて，バッファーの塩濃度を徐々に上げることによって，電荷の少ないものから順番に溶出させる．生理的活性は保持されることが多いが，溶出画分に高濃度の塩が含まれている場合があるので，脱塩などの操作が必要になる（後述）．

③ ゲル濾過クロマトグラフィー：分子量の違いを利用した分離方法

分子量の違いを利用して分離する．網状構造をもつ担体を充填したカラムに試料を流すと大きい分子はゲルの網目に侵入できず，ゲル粒子の間隙を通過するため，速く溶出し，小さい分子はゲル内部の網目の中に入っていくため，ゆっくり溶出される．この方法はタンパク質を安定な状態で分離することができ，生理的活性は保持される．また，分離，精製だけでなく，脱塩操作として用いられることもある．

④ 疎水クロマトグラフィー：疎水度の違いを利用して分離する方法

タンパク質の疎水基への結合を利用して分離する．フェニル基やペンチル基，ブチル基などが固定化された担体を用いる．炭素鎖が長くなるほどタンパク質に対する結合が強くなる．タンパク質は高イオン強度下ではイオン結合が弱まり，疎水結合が強くなるため，この方法では通常高濃度の硫安を含むバッファーを用いて，タンパク質をカラムに吸着させ，その後，塩濃度を徐々に下げていくことによって溶出させる．はじめに高濃度の硫安を含むバッファーを用いるため，このときに失活してしまうものもある．

⑤ 逆相クロマトグラフィー：疎水度の違いを利用して分離する方法

疎水クロマトグラフィーと同様にタンパク質の疎水基への結合を利用して分離するが，担

体に結合している官能基が高密度であり，また溶媒系は一般に酸性条件で有機溶媒（通常はアセトニトリル）の濃度勾配によって溶出させる点が異なる．タンパク質の分子量が大きいほど，また疎水性担体の炭素数が多くなるほどタンパク質と担体の結合は強くなる．タンパク質，ペプチドどちらの分離にも用いることができるが，特にペプチドに対しては非常に分離能の高いクロマトグラフィーである．目的タンパク質は変性してしまうので，アミノ酸配列の決定を目的とした分離，精製に汎用される．

⑥　ハイドロキシアパタイトクロマトグラフィー

ハイドロキシアパタイトはCa^{2+}とPO_4^{3-}が規則的に並んでおり，タンパク質のもつ負電荷および正電荷に静電的に結合するため，陽イオンおよび陰イオン交換体としての挙動を示す．この方法では通常，低濃度のリン酸バッファーでカラムに目的タンパク質を結合させ，その後塩濃度を徐々に上げていくことによって溶出させる．上記のクロマトグラフィーで分離効率が悪いときなどに利用される．生理的活性は保持されるが，イオン交換クロマトグラフィーと同様に脱塩が必要な場合がある．

⑦金属キレートアフィニティークロマトグラフィー：リン酸化タンパク質，ペプチドを濃縮する方法

3価の鉄イオンやガリウムイオンとリン酸基が比較的安定なキレート化合物をつくることを利用して，リン酸化ペプチドを選択的に濃縮する方法である．ペプチドに存在する酸性アミノ酸に対してもアフィニティーを示すため，試料そのものをメチルエステル化処理するといったことも行われる．

2）電気泳動

分子量の違いにより分離するSDSポリアクリルアミドゲル電気泳動法（SDS-PAGE）（図5-4）と，電荷の違いにより分離する等電点電気泳動法（図5-5）が，タンパク質の分離にもっとも汎用される方法である．種々の等電点をもつ両性電解質の混合液を担体（両性担体）とすると，タンパク質は担体によって形成されたpH勾配上の自らの等電点に相当するpHの位置に濃縮されて静止する．このことを利用した分離法が等電点電気泳動法である．近年は固定化pH勾配ゲルが市販されているため，簡便なうえ，再現性の高い分離を行うことが可能となっている．通常，SDS-PAGEと組み合わせた二次元電気泳動の際に利用される（図5-5）．

> **メモ** ゲル濾過法ではタンパク質は活性状態を保ったままなので，同じ分子量でも立体構造によって移動度は異なるうえ，タンパク質複合体を形成している場合は複合体として分離されるのに対して，SDS-PAGEではS-S結合も切断された変性状態の単一の成分として分離される．

> **メモ** 二次元電気泳動を用いると分離能は高くなるが，一次元目の等電点電気泳動は塩が入っていると分離できないため，タンパク質溶液は低塩濃度を保たなければならない．また，疎水度の高いものや塩基性の高いタンパク質の分離には適さない．

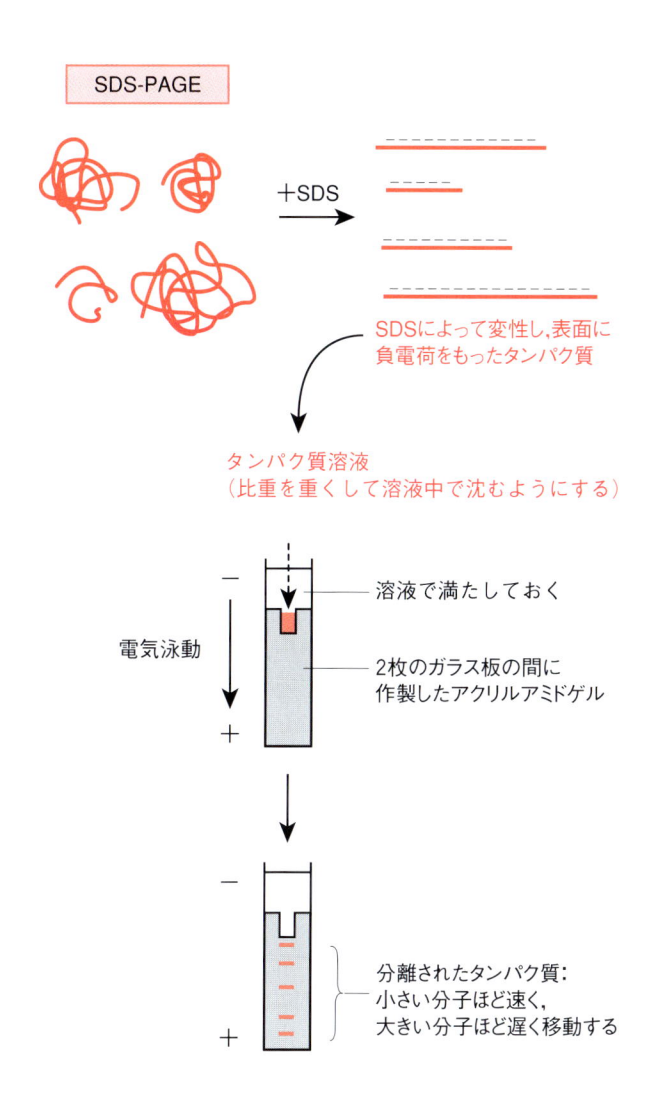

図5-4　SDS-PAGE
この方法では陰イオン性界面活性剤であるドデシル硫酸ナトリウム（SDS）をタンパク質に結合させることによって，タンパク質を変性させて1本鎖状にし，負に帯電させる．こうして調製したタンパク質溶液をガラス板の間に作製したアクリルアミドゲル内で電場をかけて分離する．タンパク質の立体構造は破壊されて，1本鎖状になっているため，タンパク質の長さ（分子量）の小さいものほど速く，大きいものほど遅くゲル内を移動する

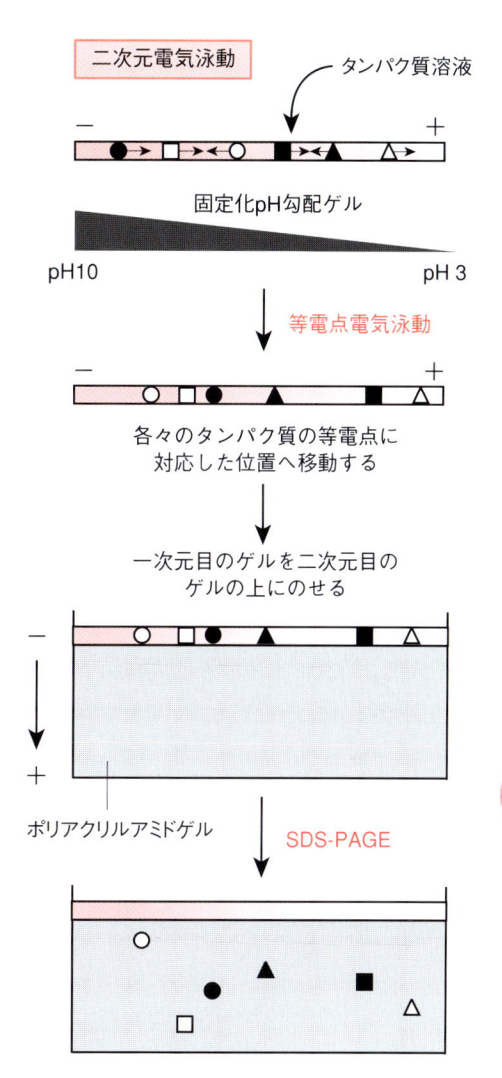

図5-5　二次元電気泳動
この方法でははじめにタンパク質溶液を等電点の違いによって分離し，その後SDS-PAGEによって分子量により分離する．等電点電気泳動後のゲルをSDS-PAGEで分離することによって，X-Y軸からなる平面上の座標のようにタンパク質を分離することができるため，分離能が高くなる

4　濃縮，脱塩法

1）濃縮法

分離後に目的タンパク質を濃縮する操作が必要となることも多い．このときよく用いられるのが，有機溶媒や酸によってタンパク質を沈殿させる方法である．有機溶媒にはアセトンが，酸にはTCA（トリクロロ酢酸）がよく用いられるが，どちらもタンパク質の変性を起こしやすいため，濃縮後にSDS-PAGEを行う場合などに汎用されている．活性状態を保ちたい

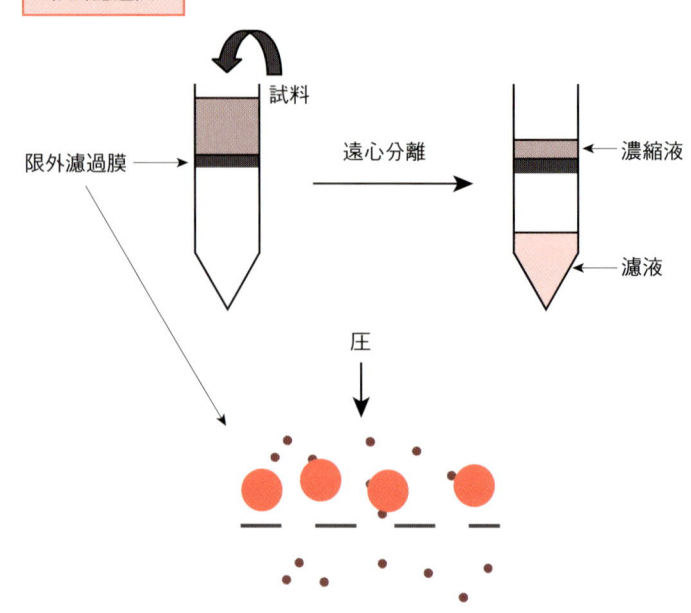

図 5-6　限外濾過法の原理と方法
一定サイズ以下の分子を通し，それ以上のサイズの分子を通さない限外濾過膜を用いて，その膜上にタンパク質を濃縮する．試料を膜状にのせて，遠心分離すると，濾液は膜の下へ，濃縮液は膜上に残る

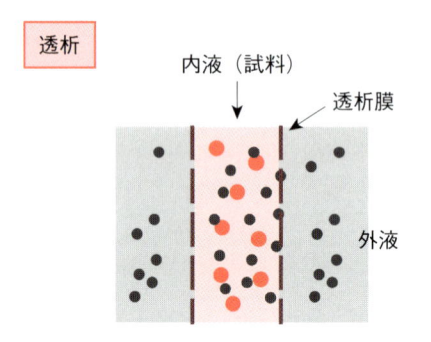

図 5-7　透析の原理
非常に薄い再生セルロース製多孔膜を用いて，自然拡散によって外液と内液の間で低分子の交換を行う．通常は試料を内液としてその 100 倍量以上の外液（変更させたいバッファー）を用いて行う

ときには膜濃縮（限外濾過）がよく用いられる（図 5-6）．試料の濃縮や保存には凍結乾燥もよく用いられる．この方法では試料を凍結状態のままで減圧して水や他の昇華性のものを除き，乾燥する．

> **メモ** 膜濃縮の場合，タンパク質が膜に吸着して回収できなくなる場合がある．

2）脱塩，バッファー交換

精製途中や最終段階でバッファー交換や脱塩が必要となることは多い．最も一般的な方法は透析（図5-7）とゲル濾過である．

> **メモ** 外液を水や低塩濃度のバッファーにして透析を行うとタンパク質の沈殿を生じやすい．

■文献■

1）"改訂 タンパク質実験ノート"（岡田雅人 宮崎香/編）：羊土社，1999
2）"改訂版分子生物学研究のためのタンパク実験法"（竹縄忠臣/編）：羊土社，1998

2 マススペクトロメトリーとプロテオミクス解析

ゲノム解読が多くの生物で終了し，すべての遺伝子がわかろうとしている今日，発現している全タンパク質（プロテオーム）を理解する必要性が高まっている．タンパク質の大規模解析（プロテオミクス解析）において欠くことのできないのが，タンパク質の同定に用いるマススペクトロメトリー（質量分析計）である．マススペクトロメトリーを用いたプロテオミクス解析によって，ある細胞内小器官やタンパク質複合体などの構成成分を一網打尽に同定したり，タンパク質の翻訳後修飾部位を大規模に同定し，さらにそれらの時間的変動を大規模に解析することもできる．

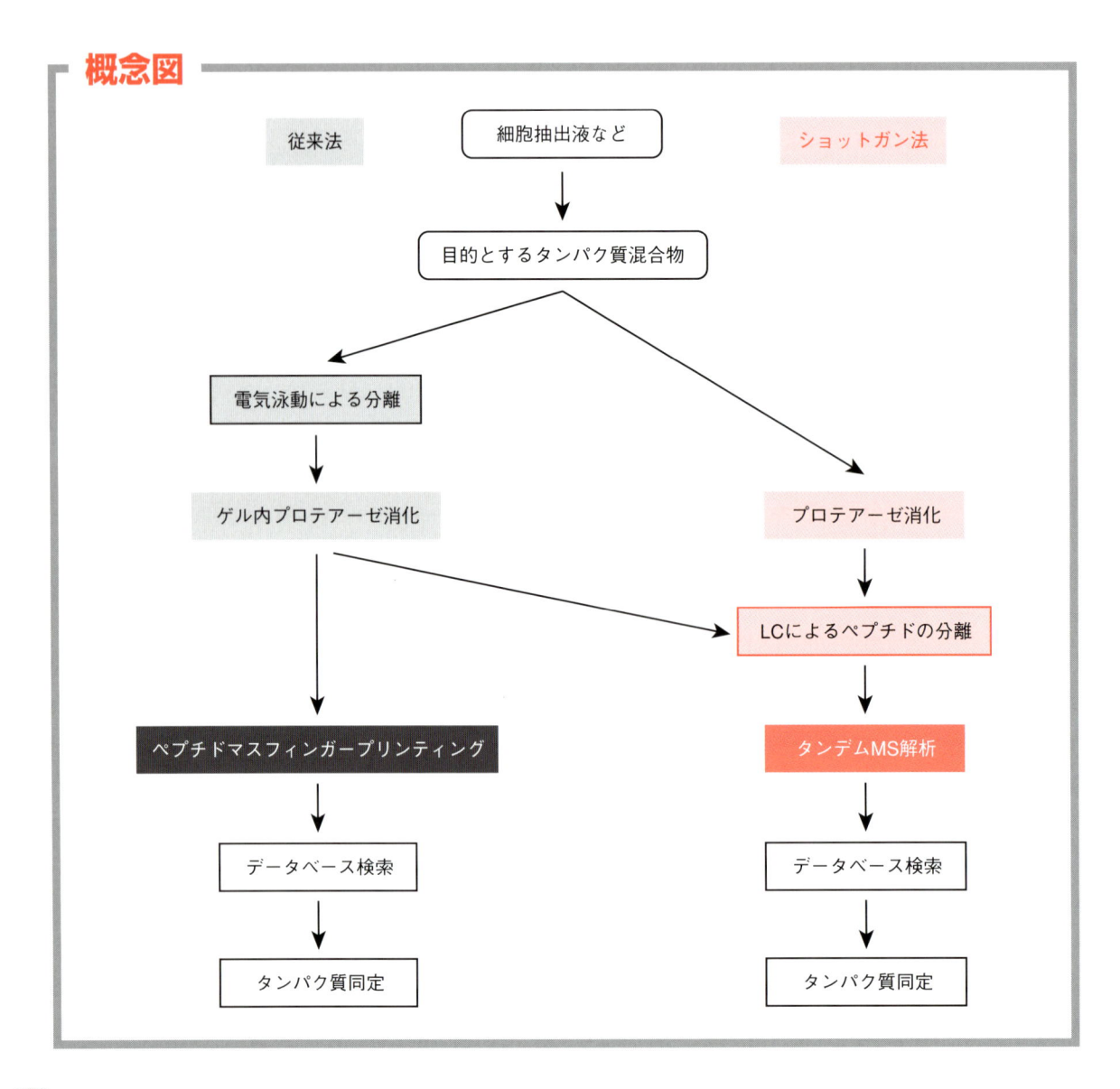

概念図

従来法 / ショットガン法

細胞抽出液など
↓
目的とするタンパク質混合物
↓
- 電気泳動による分離 → ゲル内プロテアーゼ消化 → ペプチドマスフィンガープリンティング → データベース検索 → タンパク質同定
- プロテアーゼ消化 → LCによるペプチドの分離 → タンデムMS解析 → データベース検索 → タンパク質同定

```
ゲル電気泳動  ──→  MALDI          TOF
                                  Q
LC         ──→  ESI              IT
                                  FT-ICR
```

イオン化 → 分離 → 検出
ペプチドをイオン化する / イオンを分ける / イオンを検出する

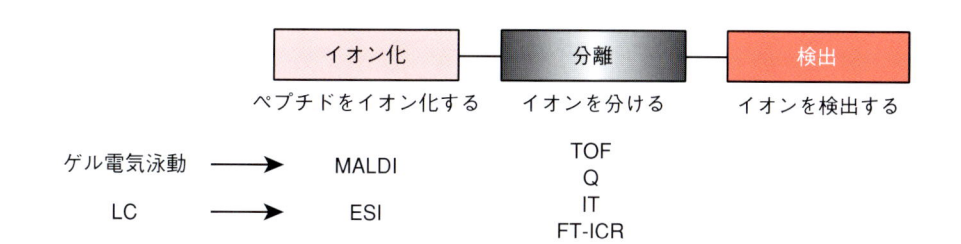

図 5-8　質量分析計概念図
質量分析法は通常，ペプチドをイオン化するイオン化部，電場や磁場を利用して，質量に応じてペプチドイオンを分離する分離部，そしてペプチドイオンを検出する検出部から構成されている．イオン化法や質量分離法にはいくつかのものがあり，質量分析計はこれらの方法の組み合わせの名前で呼ばれることが多い（MALDI-TOF など）

1 プロテオームとプロテオミクス解析

　プロテオームとは生体内で発現しているタンパク質全体を示し，遺伝子全体を示すゲノムに対応する．ゲノム解読が多くの生物で終了し，すべての遺伝子がわかろうとしているため，生体内で実際に機能するタンパク質全体，すなわちプロテオームを理解する必要性が高まっている．タンパク質の大規模解析およびその技術を意味するプロテオミクス解析はここ数年の間に大きく発展しており，細胞抽出液などのタンパク質の混合物から2,000種類程度のタンパク質を1度に同定することが可能である．

　プロテオミクス解析において，欠くことのできないのがタンパク質の同定に用いられるマススペクトロメトリー〔mass spectrometry（MS）：質量分析計〕である．MSとは物質の質量を正確に測定する装置であるが，近年，その性能が検出感度，精度ともに目覚しく進歩し，またゲノム解読によってデータベースも充実してきたため，これをタンパク質同定の手段として用いることができるようになった．つまり，目的とするタンパク質を酵素消化してできたペプチド断片の質量を高感度にかつ正確に測定し，これをデータベース上の理論値と照合することによって，目的のタンパク質を同定することができるようになった．

　MSを用いたタンパク質の同定は，電気泳動によってタンパク質を分離し1つずつ同定していく方法と，電気泳動は行わないで，タンパク質をプロテアーゼ消化後，液体クロマトグラフィー（liquid chromatography：LC）によってペプチドを分離し，質量分析計でまとめて分析する方法（ショットガン法）に大別される．ショットガン法では電気泳動による分離を行わないので，操作が簡単で全自動分析ができるだけでなく，タンパク質を個々のスポットやバンド単位ではなく試料単位で解析するので圧倒的に処理能力が高い特長がある．現在のシステムで一度に同定できるペプチド数はまだ数千種類程度なので，これを上回るほど複雑な生体試料中（細胞抽出液など）のすべてのペプチドを網羅的に同定することはできないが，特定の細胞内オルガネラやあるタンパク質複合体などの構成成分を網羅的に同定することは可能である．

2 マススペクトロメトリーの原理

質量分析は測定したい分子をイオン化して，磁場や電場を利用して質量の異なる分子を分離し，イオン化された分子を検出することによって行われる（図5-8）．イオンを運動させて測定するため，大気中の分子が存在すると運動が妨害されて，測定できなくなるので，常に高真空下で分析を行う．

1) イオン化

イオン化の方法としてはマトリクス支援レーザー脱離イオン化法（matrix-assisted laser desorption/ionization：MALDI）とエレクトロスプレーイオン化法（electrospray ionization：ESI）がペプチドの分析ために汎用されている（図5-9）．

MALDI法ではサンプルを紫外線吸収性の固体マトリクス化合物と混ぜて乾燥させる．これに紫外線レーザーを照射して，サンプルにエネルギーを与えるとマトリクスが励起され，熱エネルギーに変換される結果，マトリクスとサンプルは瞬時に気化し，イオン化する．このときマトリクスと試料分子間でプロトンの授受が起こり，$[M+H]^+$を生じる．

ESI法では電気伝導性の試料溶液をキャピラリー管に通し，高電圧を印加すると帯電した均一で微細な液滴として噴霧され，それらの液滴から溶媒を蒸発させることによって試料分子の多価イオンを生成させる．ESI法では多価イオン$[M+nH]^{n+}$が生成されることが大きな特徴である．

> **メモ** MALDI法はゲル電気泳動により分離したタンパク質を同定するときに用いられるのに対して，ESI法はショットガン法でまとめて分析する場合に用いられることが多い．

2) 質量分離部

① 四重極型質量分離装置（quadruple MS：Q MS）

Q装置では4本のロッドを互いに並行に束ねて，作られている．対向するロッドには同じ電位を与えておいて，隣り合うロッドには正負逆電位を与えておく．4本のロッドの間にできた空間に試料を送り込むとイオンはその質量電荷比に応じて振動しながら4本のロッドの間を進む．ロッドに高周波電位と直流電流を重ね合わせた電位が与えられているとある一定範囲の質量電荷比のイオンだけが安定に振動してロッドの間を通り抜け，それ以外のイオンは振動がしだいに大きくなって最後にはロッドにぶつかって電荷を失ってしまうか，外に飛び出してしまう．このようにしてQ装置はある特定の大きさのイオンだけを選択的に取り出すことができる（図5-10A）．

② イオントラップ型質量分離装置（ion trap MS：IT MS）

Q装置と同じ原理を使った質量分離装置であるが，Q装置とは異なり，安定に振動するイオンは外に出ずに中にとどまり，不安定に振動するイオンは外へ飛び出していってしまう（図5-10B）．弱い高周波電圧をかけて質量電荷比がある値以上のイオンをトラップしておいてから，高周波電圧を徐々に強くしていくと質量電荷比の小さいものから順にイオントラッ

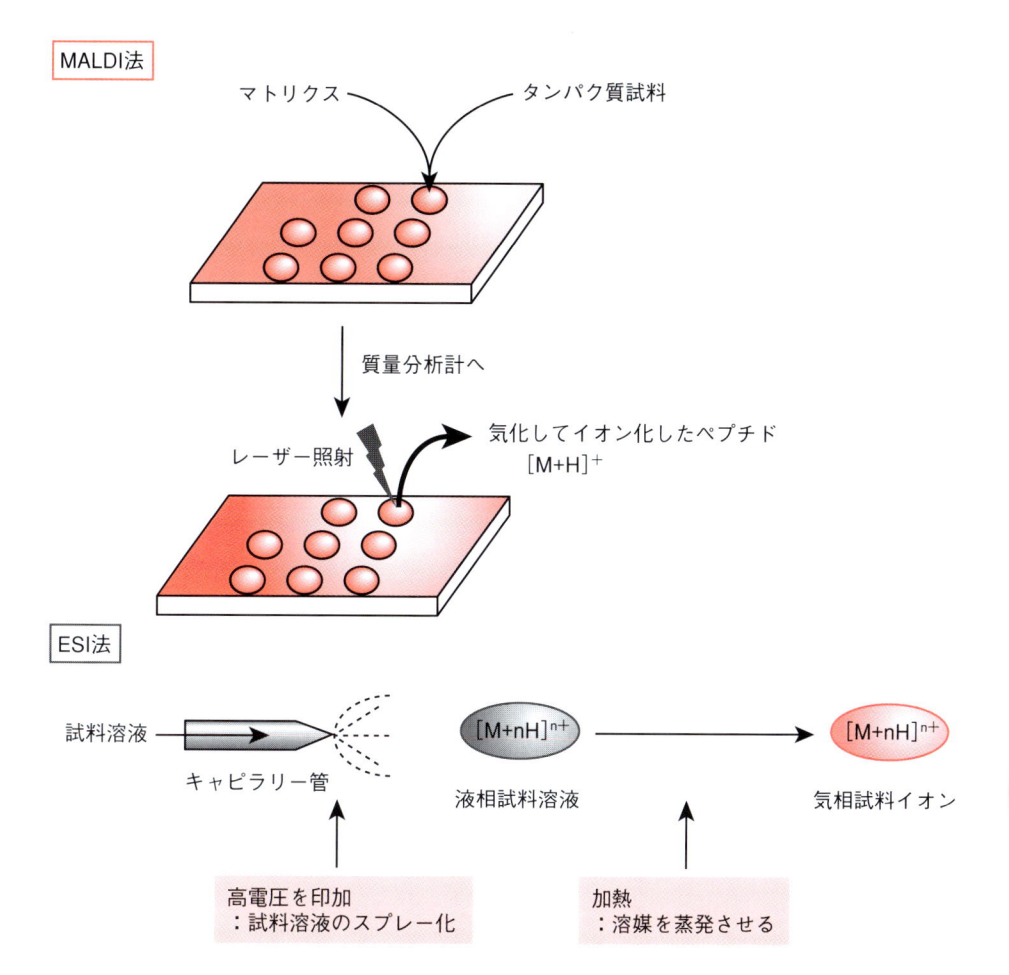

図5-9 質量分析計におけるイオン化法
(上図) MALDI法：マトリクス化合物とペプチド試料を混合し，プレート上へ載せて乾燥させる．これを質量分析計内にセットし，レーザー照射するとマトリクスとサンプルは瞬時に気化し，イオン化する．(下図) ESI法：試料溶液をキャピラリー管内に通し，高電圧を印加すると試料溶液はスプレー上に噴霧され，イオン化する．そして，加熱することによって溶媒を蒸発させて，試料を気化する

プの外へ出てくるので，マススペクトルを得ることができる．

③ 飛行時間型質量分離装置 (time-of-flight MS : TOF MS)

TOF-MSではイオンを加速してから検出器に到達するまでの時間を測定することによって質量を求める．一定の電圧をかけてイオンを加速すると電圧に応じた運動エネルギーが与えられる．一定の運動エネルギーを与えられたイオンの速さは質量が小さい分子ほど速く，大きい分子ほど遅い．したがって，一定距離の空間を検出器に向かって飛行させるとイオンは質量の小さいものから順に検出器に到達する．(図5-10C)．

④ フーリエ変換イオンサイクロトロン型質量分離装置 (FT-ICR MS)

十分に強い磁場中ではイオンは磁場方向を中心軸とした回転運動をするようになる．励起電極に高周波電圧を印加すると同じ質量電荷比のイオンがひとかたまりとなって運動するよ

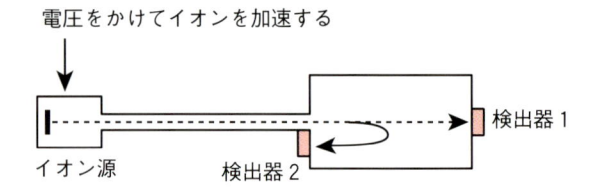

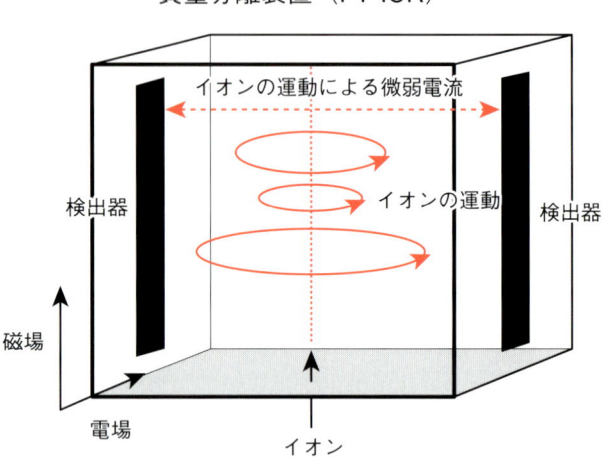

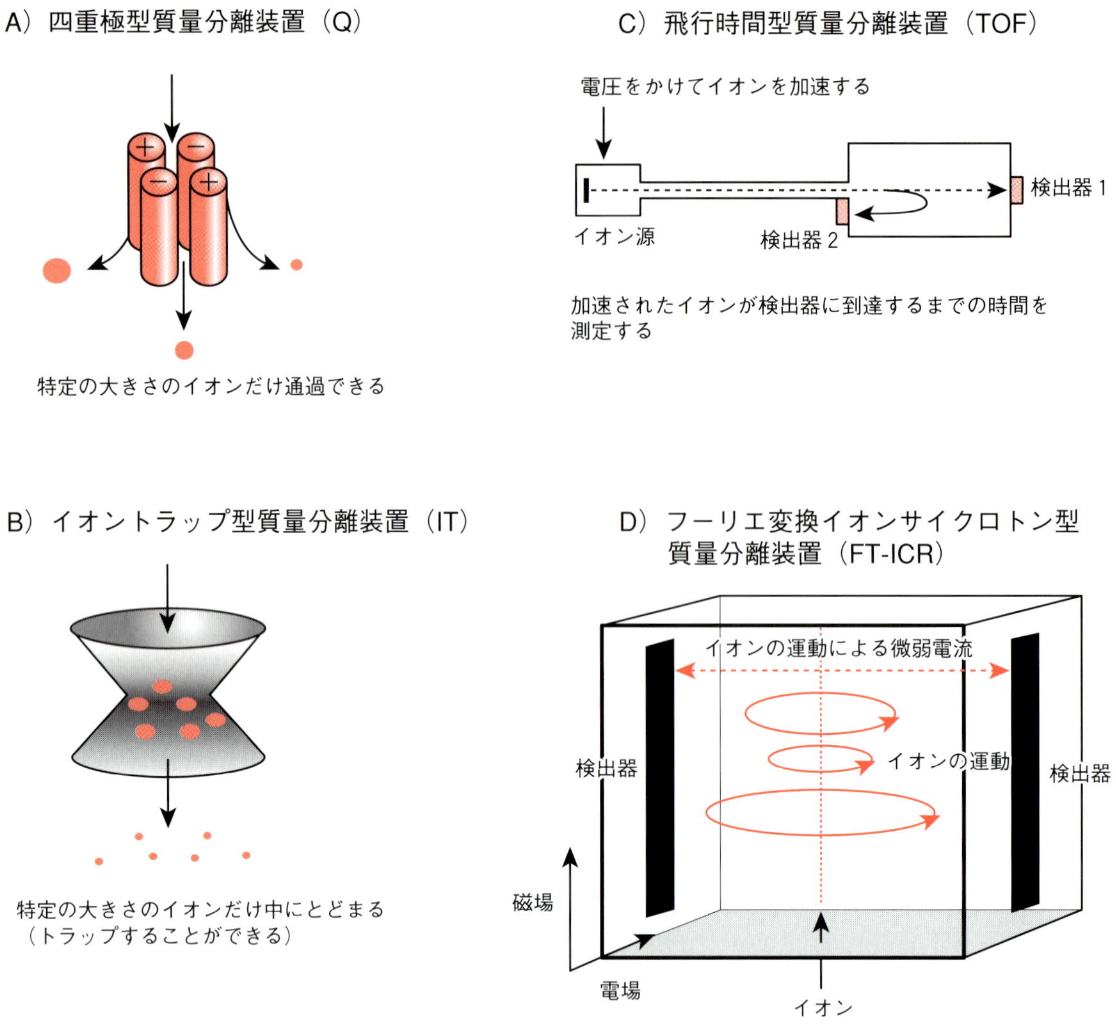

図5-10 質量分析計における質量分離法

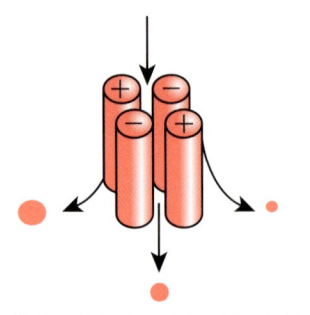

A）四重極型質量分離装置（quadruple MS: Q MS）：特定の大きさのイオンだけ通過できるようにすることによって，特定のペプチドイオンを選択的に分析する．B）イオントラップ型質量分離装置：特定の大きさのイオンだけ，中に留めておくことができる．その後，電圧を変化させることによって，順次ペプチドイオンを外へ出して，マススペクトルを得ることができる．1つでMS/MS解析ができる．C）飛行時間型質量分析装置（time-of-flight MS：TOF MS）：ペプチドイオンの飛行時間を測定することによって，質量を算出する．D）フーリエ変換イオンサイクロトロン型質量分離装置：磁場と電場によってペプチドイオンを回転運動させると質量に応じた回転速度で運動する．この結果質量に応じた誘導電流を発生するので，これを測定し，フーリエ変換を行うことによって，マススペクトルを得る

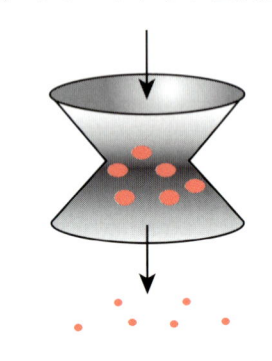

うになる．このひとかたまりで回転するイオンは検出電極に対して離れたり，近づいたりするので，検出電極には周期的に変化する誘導電流が発生する．それぞれのイオンの回転速度に応じた周波数の信号が検出され，これを数学的処理（フーリエ変換）することによってマススペクトルを得ることができる（図5-10D）．非常に高い測定精度と非常に高い分解能をもっており，最近注目されている方法である．

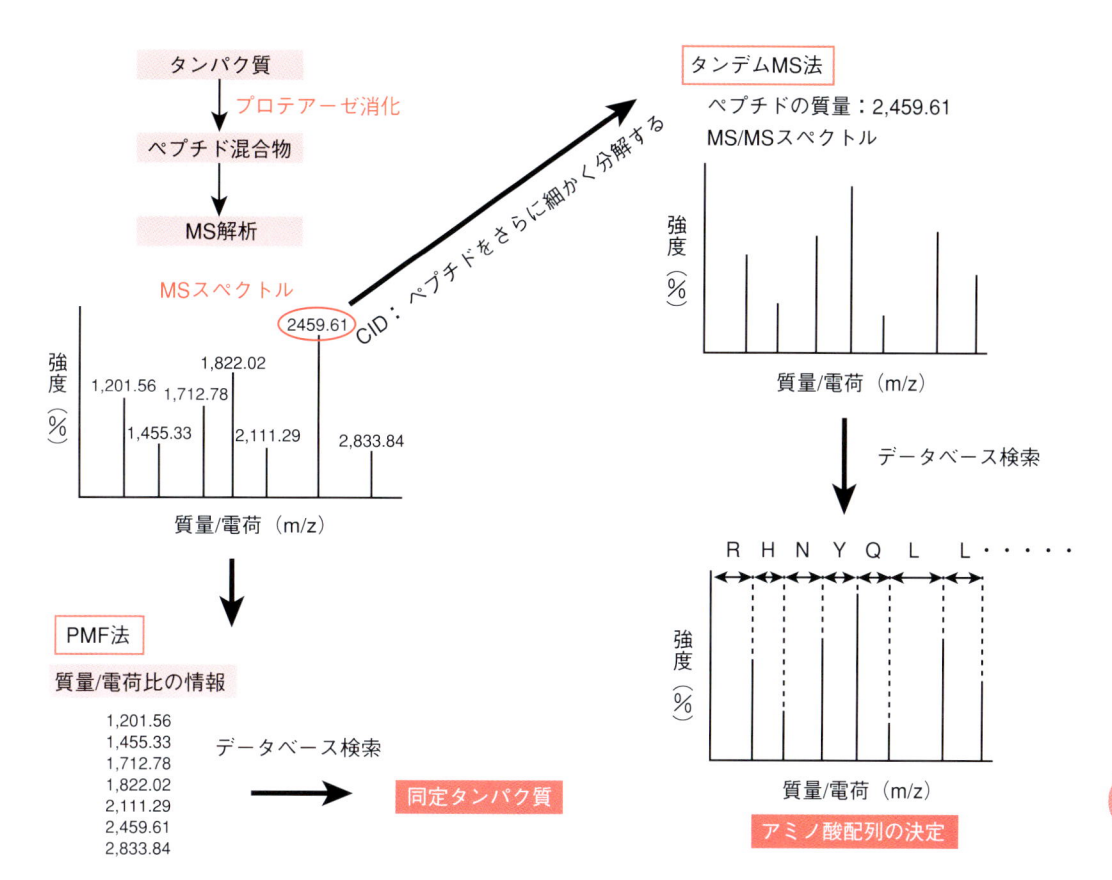

図5-11 質量分析計を用いたタンパク質同定
PMF法：ゲル電気泳動などによって，単一のタンパク質を分離し，プロテアーゼ消化して，質量を測定する．プロテアーゼ消化によって生じたペプチドの大きさの組み合わせはタンパク質のアミノ酸配列に固有であるため，これをデータベース検索して，タンパク質を同定する．タンパク質の同定はできるが，アミノ酸配列を決定することはできない．タンデムMS法：タンパク質のプロテアーゼ消化によって生じたペプチド1つ1つについて，さらに細かく分解し，スペクトルを得る．個々のアミノ酸の大きさも固有であるため，これをデータベース検索して，ペプチドのアミノ酸配列を決定する

3 マススペクトロメトリーを用いたタンパク質の同定

MSを用いたタンパク質の同定には，PMF（peptide mass finger printing：ペプチドマスフィンガープリンティング）法とタンデムMS法が汎用されている（図5-11）．

1) PMF法

PMFとは特定のタンパク質をトリプシンなどのプロテアーゼで消化することによって得られる各ペプチドの質量の組み合わせは，個々のタンパク質に固有のものであることを利用するものである．この質量の組み合わせを情報としてデータベース検索してタンパク質を同定する．MALDI法によりイオン化したペプチドをTOFによって分離するMALDI-TOFが最もよく用いられる．通常は電気泳動によってタンパク質を分離後，1つずつ分析する．

2) タンデム MS 法（tandem MS，MS/MS）

MS/MS法とも呼ばれ，2つの質量分離装置を連結させて，より詳細な分子構造（主にアミノ酸配列）についての情報を得ることができる．1つ目のMS装置で特定のイオンを選別し，ここで選別されたイオンをさらに不活性ガスなどと衝突させて分解させて（collision induced dissociation：CID）マススペクトルを得て，データベース検索することによって，アミノ酸配列を決定することができる．Q装置とTOFをつなげたQ-TOFやTOFを2つつなげたTOF/TOFなどがある．ITやFT-ICRの場合，あるイオンだけを選択してセルの中に残すことができるので，1台でMS/MSあるいはMS^nを行うことができる．1つの空間の中でCIDとスペクトル測定を交互に繰り返すため，時間型MS/MSといい，Q-TOFのように2つの装置をつなげたものを空間型MS/MSという．空間型MS/MSの場合，MS^nを行うためにはn台の装置をつながなければならない．タンデムMS法は通常ペプチド混合物を分離しながら測定を行うためにLCと連結してまとめて分析することが多い（LC-MSショットガン法）．

> **メモ**
> 主なデータベース検索プログラム
> Mascot （http://www.matrixscience.com/cgi/index.pl?page=/search_form_select.html）
> MS-Tag （http://prospector.ucsf.edu/ucsfhtml4.0/mstagfd.htm）
> PepFrag （http://129.85.19.192/prowl/pepfragch.html）
> Peptide Search （http://www.narrador.emblheidelberg.de/GroupPages/PageLink/peptidesearch/Services/PeptideSearch/FR_PeptidePatternFormG4.html）
> SEQUEST （http://thompson.mbt.washington.edu/sequest）

4 ショットガン法による大規模定量解析法

これまでタンパク質発現量の変動の解析は興味の対象となるタンパク質群を電気泳動して，量比を比べる方法がほとんどであった．この方法は手軽にできるが，大規模解析を行うにはあまりにも手間がかかり，現実的ではない．最近になって，タンパク質発現量の変動をショットガン法で定量的に解析するために安定同位体標識法が開発された．この方法は，比較の対象とする一方の試料を^{13}Cや^{15}Nなどの安定同位体で標識し，同位体を含まないもう一方の対照試料と混合した後にMS法で分析し，最終的に得られるMSスペクトルでペアとなるシグナルの強度比を測定することで，2種類の試料に含まれるタンパク質成分を相対的に定量化して比較する（図5-12）．

試料の標識法には，培養細胞を安定同位体で標識されたアミノ酸を含む培地で培養して合成されるタンパク質をまるごと標識する代謝ラベル法や，比較の対象とする2種類の試料の一方を通常の試薬，他方を同位体標識した試薬と反応させる*in vitro*ラベル法がある．いずれの方法もトリプシンなどで消化して断片化したペプチド混合物をLC-MSシステムで分析し，同位体を含むMSデータから定量を，MS/MSデータからペプチドを同定する．これらの方法は，刺激によって変動するシグナル伝達複合体のダイナミクスの解析から，血液や病理組織を使用した腫瘍マーカーの探索などの臨床研究まで，さまざまな目的に利用されている．

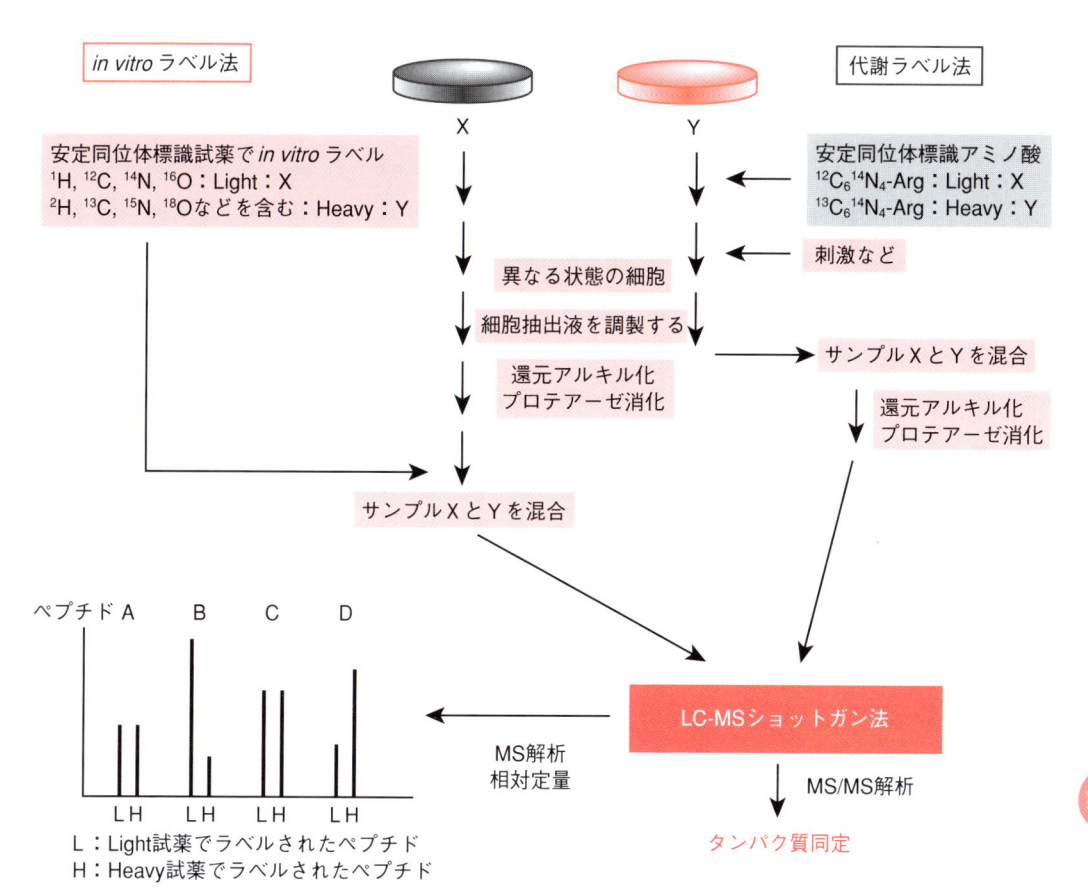

図5-12 ショットガン法による定量解析
生体試料中のタンパク質を重い同位体と軽い同位体で標識した後に断片化し，LC-MS法で同定と同時に2つの試料に存在するタンパク質セットの相対的な量比を測定する．タンパク質の標識法には，代謝標識法と化学標識法がある

5 プロテオミクス解析の応用例

1) プロテオミクスによる大規模タンパク質間相互作用解析

　タンパク質が機能するうえでは，ほとんどのものが複合体を形成して機能していることが明らかとなっている．したがって，ある分子の機能を考えるうえで，1分子としてではなくどのような複合体を形成しているのかを明らかにすることが重要である．タンパク質相互作用の大規模解析法として利用される酵母ツーハイブリッド法が基本的に2成分からなる直接的な相互作用を解析するのに対して，プロテオミクスでは目的とするタンパク質を含む複合体全体を解析できる特徴がある．

　タンパク質の相互作用解析を目標とした複合体の分離法として，現在最もよく利用されるのはエピトープタグ発現法である．この方法は目的とする遺伝子に，特定の配列をもったアフィニティーキャプチャー用の標識（エピトープタグ）を挿入して培養細胞に発現し，生成した複合体を不溶性ビーズに固定したタグに対する抗体などを用いて分離精製する方法であ

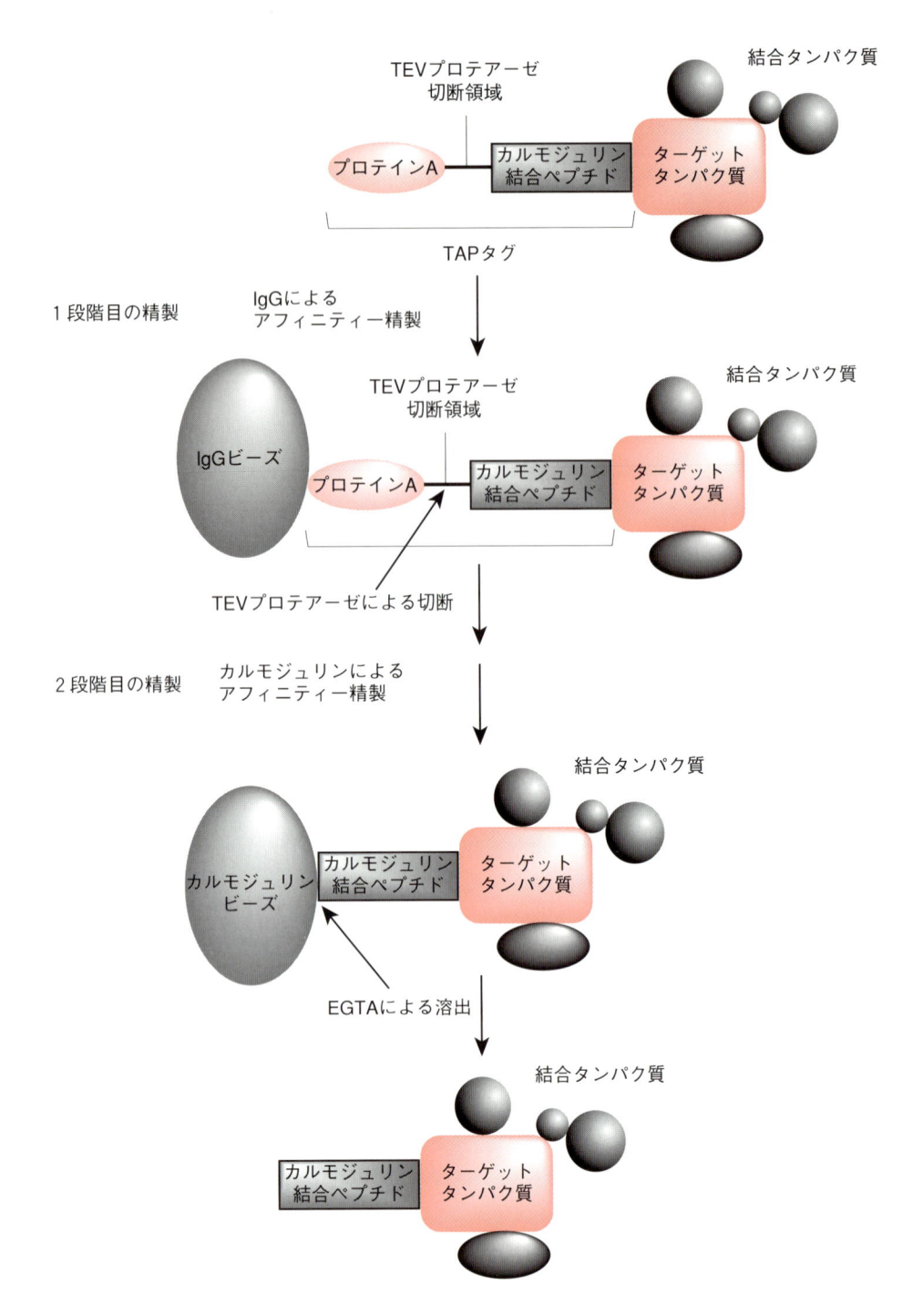

図 5-13 TAP 法
プロテイン A-TEV プロテアーゼ切断領域−カルモジュリン結合ペプチドを連続して繋いだタグと標的分子の融合タンパク質を細胞内に発現させる．その後，細胞抽出液から IgG およびカルモジュリンによって 2 段階精製を行い，標的タンパク質の生体内における複合体をきれいに単離する

る．タグには，グルタチオンS転移酵素（GST）やミエリン塩基性タンパク質（MBP）などのタンパク質からペンタヒスチジン（Hisタグ）やFLAG, mycタグといったペプチドタグなど，さまざまなものがあり，目的に応じて使い分けられている．

最近では，複合体をより純度良く多段階で精製するためにTAP法が開発された（図5-13）．この方法では2つのタグを用いて二重に精製していることと，プロテアーゼで切断して溶出させることによってきれいに分離することが可能となっており，現在も主要な手法として利用されている．

2）プロテオミクスによる翻訳後修飾の大規模解析

MS/MS解析ではタンパク質の翻訳後修飾の部位も特定することができる．特にリン酸化はシグナル伝達において重要な役割を果たしているので，精力的に研究が行われている．通常のMS分析ではペプチドを正に荷電させて，質量を測定しているが，リン酸化ペプチドの場合はリン酸基のマイナスイオンをもつため，荷電されにくく測定しにくいという宿命をもつ．また，仮にあるタンパク質がリン酸化反応の標的となっていたとしても，その分子が生体内で100％リン酸化されていることはほとんどない．したがって，生体から分離したタンパク質試料には同じ配列をもつリン酸化型と非リン酸化型ペプチドが共存することになる．そこで，リン酸化タンパク質を効率よく解析するためには，リン酸化タンパク質やリン酸化ペプチドを選択的に濃縮精製してから解析することが必要である．

この目的のための前処理法として汎用されるのが，①抗体を利用したアフィニティークロマトグラフィー法と②金属キレートアフィニティークロマトグラフィー（IMAC）法〔（第5章-1）参照〕，ならびに③リン酸化部位特異的な化学修飾法を利用した標識法である．化学修飾法では，例えばアルカリ条件下でベータ脱離反応によってリン酸化ペプチドのリン酸基を脱離とともにSH基を導入し，ビオチン化することでリン酸化タンパク質を標識したのちに，アビジンを用いたアフィニティー精製によってリン酸化ペプチドを濃縮する方法などが報告されている[4]．

また，通常MSで分析するペプチドはトリプシン消化物であるため，酸性条件下ではN末端のアミノ基とC末端のLysまたはArgに由来する2つの正電荷をもつ場合が多い．一方，リン酸化ペプチドの場合はリン酸基に由来する負電荷が1つ存在するので，ペプチド全体では1つの正電荷をもつ場合が多い．ペプチド混合物中のリン酸化型と非リン酸化型ペプチドを，この電荷の違いを利用して陽イオンカラムにより分離し，リン酸化型ペプチドを含む画分をMS解析することで，リン酸化部位の大規模同定をした例も報告されている[5]．

■文献

1）志田保夫　ほか/著"これならわかるマススペクトロメトリー"：化学同人，2001
2）Pennington, S. R. & Dunn, M. J./著, 礒辺俊明/訳"プロテオミクス"：メディカル・サイエンス・インターナショナル，2001
3）"タンパク質実験ハンドブック"（竹縄忠臣/編）：羊土社，2003
4）Oda, Y. et al.：Enrichment analysis of phosphorylated proteins as a tool for probing the phosphoproteome. Nature Biotechnol., 19：379-382, 2001
5）Beausoleil, S. A. et al.：Large-scale characterization of Hela cell nuclear phosphoproteins. Proc. Natl. Acad. Sci. USA, 101：12130-12135, 2004

3 タンパク質の発現系

　生体内に微少しか存在しないタンパク質を分析し，その機能を明らかにするには，目的のタンパク質を組換え体として安定に大量発現させる必要がある．今日では目的のタンパク質を不活性なポリペプチド鎖として発現させることは充分可能となった．発現技術の開発は，むしろ天然のタンパク質と同等の機能を保持した組換えタンパク質を発現させることに重点が置かれている．発現されるタンパク質の機能や性質は，宿主となる細胞の影響を受けるため，研究の目的によって最適な発現系を選択する必要がある（表5-1）．発現させるタンパク質に人工的に別なアミノ酸配列を付加させることによって，発現量や精製効率，さらには物性を向上させることもできるようになった．組換えタンパク質を用いた研究は，さまざまな解析を可能とするが，一方で組換えタンパク質が必ずしも天然の状態を完全に再現しているわけではないことに十分注意を払う必要がある．

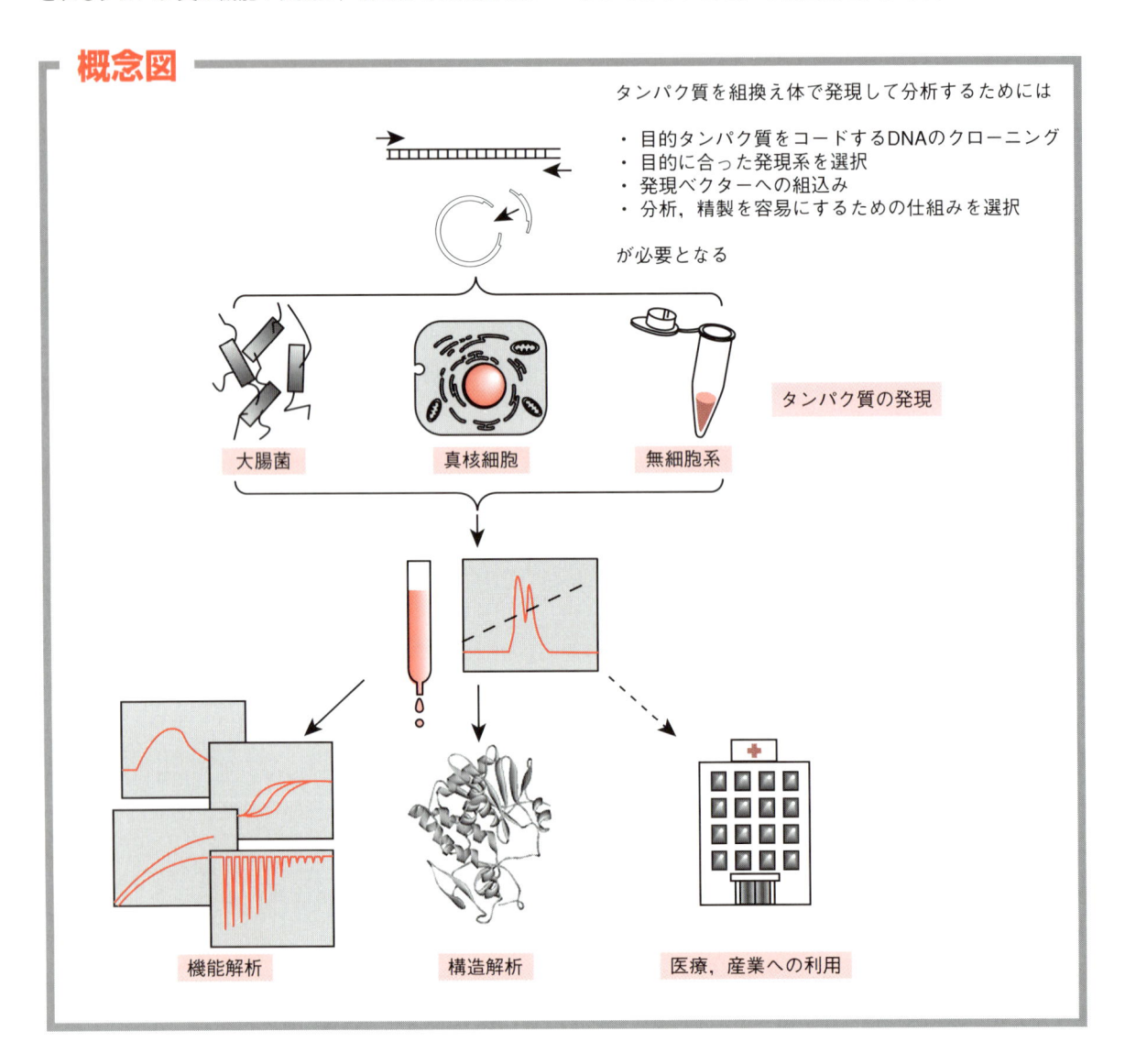

概念図

タンパク質を組換え体で発現して分析するためには

- 目的タンパク質をコードするDNAのクローニング
- 目的に合った発現系を選択
- 発現ベクターへの組込み
- 分析，精製を容易にするための仕組みを選択

が必要となる

タンパク質の発現

大腸菌　　真核細胞　　無細胞系

機能解析　　構造解析　　医療，産業への利用

表5-1　タンパク質の発現目的に適した発現系

発現の目的	大腸菌	酵母	昆虫細胞	動物細胞	無細胞合成系
タンパク質の機能解析					
・活性評価	△	○	○	○	△
・変異の導入	○	△	×	×	○
タンパク質の構造解析					
・結晶化	○	△	△	△	○
・ラベル化	○	×	×	×	○
タンパク質の網羅的発現	△	×	×	×	○
発現のハイスループット化	△	×	×	×	○
医薬品タンパク質の製造	△	△	×	○	×

1　ポストゲノム時代におけるタンパク質発現系の重要性

さまざまな生物の遺伝情報が解析され，それらの情報を活用するポストゲノム研究の時代が到来した．そこでは遺伝情報にコードされた未知タンパク質の構造と機能の解析が，重要なテーマの1つとなっている．生物のさまざまなタンパク質の立体構造を決定し，構造と機能との相関関係を解明したり，それらの情報を創薬などの産業に活用する研究が推進されている．このような研究を支えているのは，遺伝子組換え技術によるタンパク質の生産技術である．すなわち生体内に微量しか存在しないタンパク質のDNAを遺伝子組換え技術により大量に発現させ，さまざまな研究に供することができるようになった．今日では，組換えタンパク質の生産に大腸菌や真核細胞（酵母，昆虫および動物細胞）を宿主とした系だけでなく，細胞質の抽出液をタンパク質合成の場として用いる無細胞系なども利用されている．しかしながら，個別のタンパク質に対して発現系の改良や最適化が必要とされているのが現状である．

2　原核細胞でのタンパク質発現

原核細胞発現系の代表例は大腸菌での発現である．大腸菌発現系は，手軽で豊富な基礎知識が蓄積されており，一般的なタンパク質発現系である（表5-1，図5-14）．

大腸菌発現系では，染色体DNAとは独立して機能し自己複製が可能なプラスミドDNAを宿主に導入し形質転換する．プラスミドDNAには強力なプロモーター遺伝子がコードされており，このプロモーターの支配下でタンパク質発現がコントロールされる．プロモーターとして用いられるのはバクテリオファージT7由来のT7プロモーターであるが，近年では，コールドショックタンパク質（$cspA$）のプロモーターを用いて低温（15℃）で誘導することにより宿主のタンパク質の発現を抑え，目的タンパク質だけを高発現させる技術も開発されている[1]．

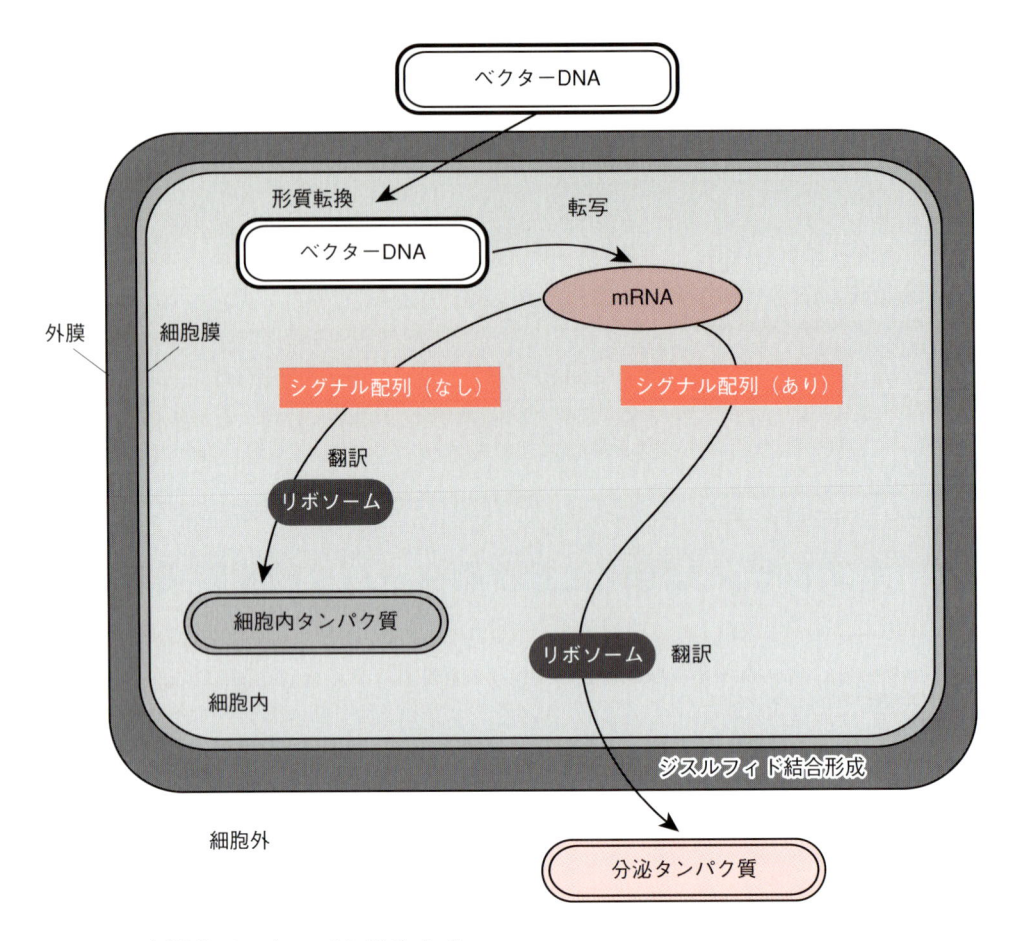

図 5-14　大腸菌でのタンパク質生合成
目的のタンパク質のアミノ酸配列をコードする DNA をベクター DNA（DNA を宿主に運ぶための DNA）の決められた部位に挿入し，宿主に導入する．ベクター DNA 上に組み込まれた目的タンパク質の DNA は，宿主中で転写・翻訳されタンパク質が生合成される．翻訳されたタンパク質においてはシグナル配列（分泌シグナル）の有無により細胞質への蓄積や細胞外への分泌が起こる．大腸菌の場合，分泌タンパク質は細胞膜と外膜の間の領域（ペリプラズム）でジスルフィド結合が形成される

1）可溶性分画への発現

　一般に翻訳後修飾を必要としない小型の細胞内タンパク質は，大腸菌の菌体内に可溶性タンパク質として容易に大量発現させることができる．この方法はタンパク質発現における標準的な手法であり，その成功例は非常に多い．逆に短時間に多量のタンパク質を蓄積させすぎると封入体と呼ばれる不活性なポリペプチドの凝集体を形成することがある．その場合には培養温度を下げる，発現を誘導する物質（IPTG など）の濃度を低下させるなどによってタンパク質発現速度を遅くする．宿主にとって有害なタンパク質を発現させる場合には，宿主の生存に悪影響を及ぼすので注意が必要である．

2）封入体形成とリフォールディング

　哺乳動物の分泌タンパク質などを大腸菌菌体内で発現させると，ほとんどの場合封入体を

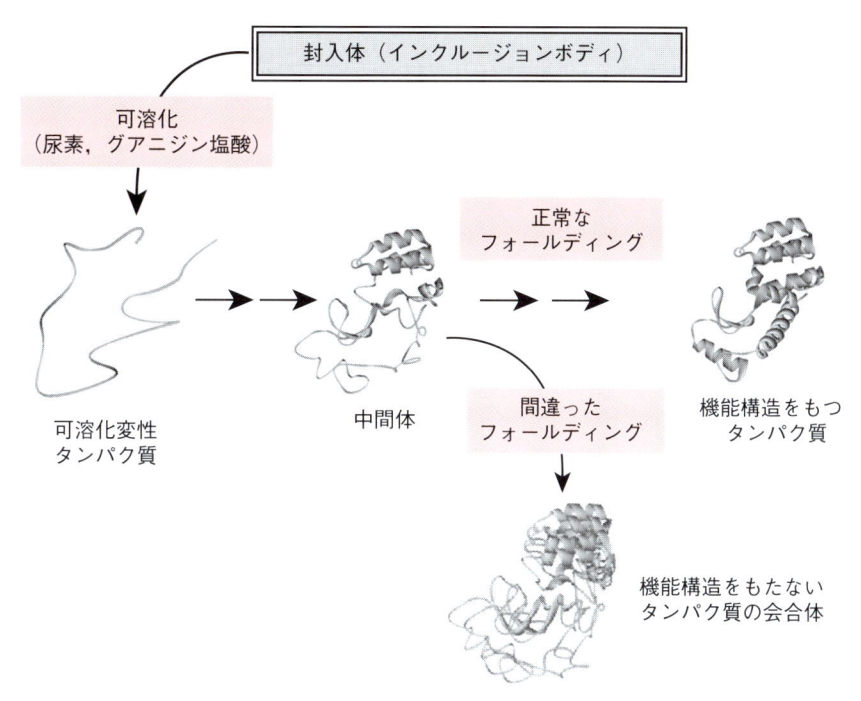

図 5-15　タンパク質のリフォールディング
封入体を高濃度の変性剤（尿素，グアニジン塩酸）で溶解する．変性タンパク質は低濃度の変性剤やさまざまな添加物（アルギニン，グリセロール，塩類など）を含む緩衝液に対して透析もしくは希釈を行う．ジスルフィド結合を有するタンパク質では，リフォールディングの際に酸化剤と還元剤の両方を一定の比率で添加することにより，ジスルフィド結合を効率よく形成させることができる．しかしながらリフォールディング条件は，タンパク質ごとに異なることから，条件を最適化する必要がある

形成する．封入体として発現されたタンパク質は，高濃度の尿素や塩酸グアニジンなどの変性剤で可溶化した後，希釈や透析によって徐々に変性剤を除き，その機能や立体構造を再生できる可能性がある〔リフォールディング（図5-15）〕．分子量の大きいタンパク質や複数のドメインをもつタンパク質のリフォールディングは一般に難しい．しかしながら近年では，抗体のような複数のドメインからなるタンパク質のリフォールディング成功例も報告されはじめた[2)][3)]．宿主に有害なタンパク質の発現や，翻訳後修飾を避けたい場合には，発現タンパク質をむしろ不活性の封入体として発現させることもある．

原核生物である大腸菌でもシグナル配列（分泌シグナル）の付加により，ジスルフィド結合を有するタンパク質をペリプラズムに分泌させることができる．この場合一般に，菌体内発現よりも発現量は少なく真核生物の分泌系で生ずる複雑な翻訳後修飾は生じない．

3 真核細胞（酵母，昆虫および動物細胞）でのタンパク質の発現

翻訳後修飾を必要としない細胞内タンパク質の発現では，前述の大腸菌発現系を用いることができる．しかしながら，哺乳類の多くの分泌タンパク質では翻訳後修飾（糖鎖付加，ジ

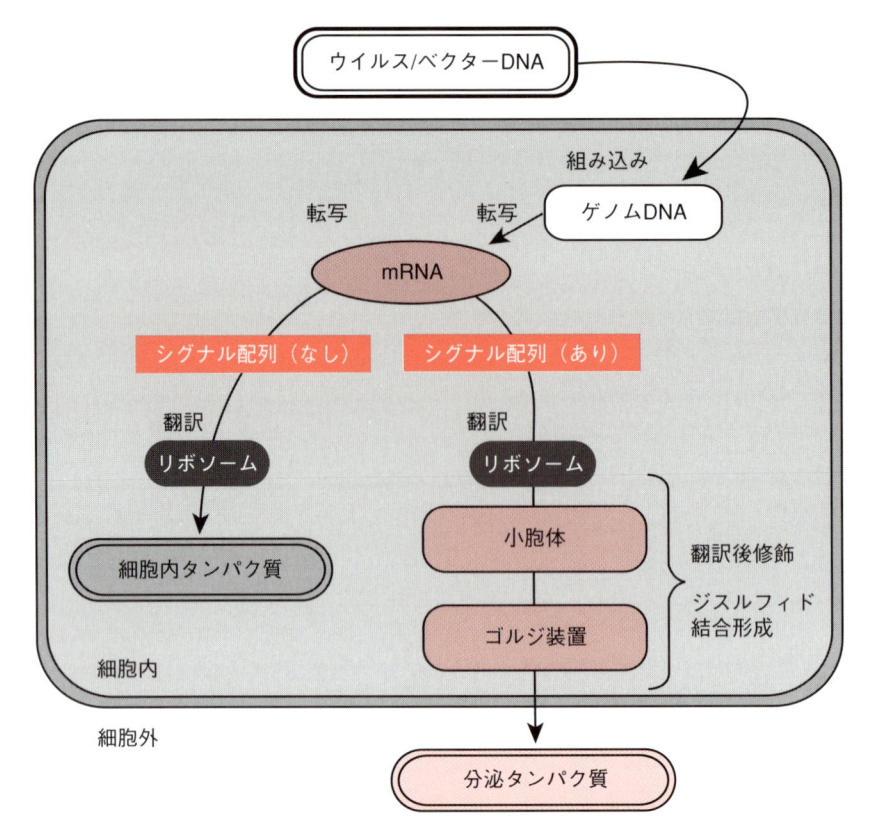

図5-16　真核細胞（酵母，昆虫および動物細胞）でのタンパク質生合成
目的のタンパク質のアミノ酸配列をコードするDNAやタンパク質発現のために必要な遺伝子をベクターDNAもしくはウイルスを介し細胞内に導入しゲノムDNA上に組み込む．目的タンパク質のDNAは，宿主中で転写・翻訳されタンパク質が生合成される．シグナル配列（分泌シグナル）が存在すれば小胞体中に輸送される．小胞体からゴルジ装置を経て細胞外に分泌される過程でさまざまな翻訳後修飾（糖鎖付加，ジスルフィド結合形成など）を受ける

スルフィド結合など）がその機能発現に深く関与している．したがって分泌タンパク質を本来の機能を保持したまま発現させるためには同じ真核細胞である酵母，昆虫あるいは動物細胞での分泌発現系が用いられる．目的のタンパク質をこれらの細胞に発現させれば，そのままシグナル伝達の解析や細胞の分化・増殖の解析が可能であるが，さらに過剰発現させることによって実際にタンパク質を調製しさまざまな解析に用いることができる．特に動物細胞（CHO細胞やCOS細胞）では，ヒトが作り出すタンパク質と同等の翻訳後修飾が生ずることから，翻訳後修飾がそのタンパク質の機能発現においてどのような役割を示すのかを解析することができる．

これらの細胞を用いてタンパク質を過剰発現させる場合には，図5-16に示すように，目的タンパク質をコードするDNAやタンパク質発現のために必要な遺伝子をベクターDNAもしくはウイルスを介して宿主内に導入しゲノムDNAに組み込む．そのためタンパク質発現系の構築そのものが大腸菌よりもより煩雑である．タンパク質発現量や発現速度が大腸菌に比べて低く培養コストも高いが，本来の生合成経路に近い系であるため，ほぼ確実に発現で

きる．動物細胞発現系は製造にある程度のコストがかけられるタンパク質医薬品（サイトカインや抗体など）の生産系に用いられている（表5-1）．

近年では，アデノウイルスを用いた動物細胞での一過性発現によって高発現が得られる系も開発されている[4]．糖鎖の組成が動物細胞とは異なるが，昆虫細胞も翻訳後修飾を受けるタンパク質の発現には有効な手段である．通常は夜蛾の幼虫由来株化細胞（Sf細胞）が用いられるが，生体であるカイコ中でのタンパク質発現も実用化されている[5]．

1）分泌タンパク質の発現

真核生物の分泌タンパク質は，翻訳されるポリペプチドのN末端に，分泌を決定づけるシグナル配列（分泌シグナル）を有し，小胞体からゴルジ装置を経由する分泌経路によって細胞外に分泌される．この過程でシグナル配列は除去され，翻訳後修飾が生じる（図5-16）．分泌発現は宿主によって最適なシグナル配列が異なることや，翻訳後修飾の1つである糖鎖の組成が異なるため，発現を試みるタンパク質本来の発現状態に近い系が選択される．翻訳後修飾の代表例である糖鎖の付加は，不安定なタンパク質が効率よく分泌されるために重要である[6]．

2）膜タンパク質の発現

膜タンパク質は，翻訳されるポリペプチド内に，シグナル配列（分泌シグナル）と膜に留まるための強い疎水性配列を有するという特徴がある．受容体は細胞外の情報を細胞内へ伝達する膜タンパク質であり，しばしば創薬のターゲットとなる．受容体は分泌タンパク質と同じ経路で動物細胞膜表面に発現させる．しかしながら一般に，組換え発現させた膜タンパク質全体を機能保持させたまま精製することは難しい．そこである受容体において細胞外に重要な機能部位が存在する場合には，細胞外領域のみを発現させ，通常の可溶性分泌タンパク質と同様に取り扱い，解析を進めることがある[7]．

4 無細胞系でのタンパク質の発現

無細胞タンパク質合成系は，その発現の迅速性からプロテオーム解析を目的とした未知遺伝子の網羅的発現や，タンパク質発現のハイスループット化などに威力を発揮している（表5-1，図5-17）[8]．現在，大腸菌，小麦胚芽，ウサギ網状赤血球由来の無細胞系がキット化され販売されている．無細胞系でのタンパク質合成は，細胞毒性を有するタンパク質の発現が可能なこと，非天然型のアミノ酸の取り込みが容易であるなどの長所もあるが，翻訳後修飾は起こらない．

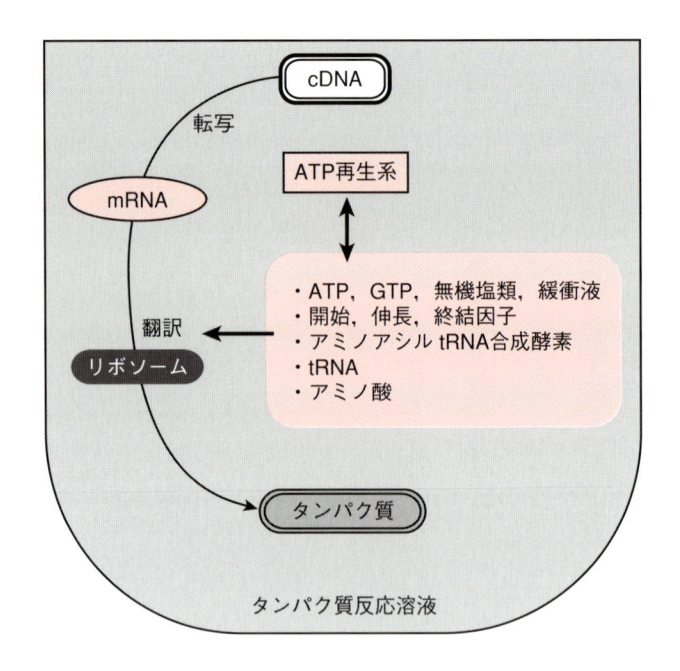

図5-17 無細胞系でのタンパク質の合成
反応液中にタンパク質発現にかかわるさまざまな因子など（リボソーム，開始因子，伸長因子，tRNA，アミノアシルtRNA合成酵素，アミノ酸，塩類，ATP再生系）を用意し，目的タンパク質をコードするmRNAを添加することによりタンパク質合成反応を行う．タンパク質の合成反応ではアミノアシルtRNA合成時にATPが消費されるので，ADPをATPへ再生する反応系（クレアチニンリン酸-クレアチニンキナーゼなど）が組み込まれている．現在販売されている無細胞発現系には，DNA転写系を含みプラスミドDNAを添加するだけでタンパク質が合成できるものもある

5 タンパク質工学的な手法によるタンパク質発現の改善

タンパク質を発現させる際には，宿主・ベクター系の選択以外にその発現の目的，タンパク質の分子量，翻訳後修飾の有無に応じてタンパク質工学的な手法によってタンパク質自身のアミノ酸配列を改変することが試みられる（図5-18）．いずれも効果的な手法であるが，天然のタンパク質と異なったアミノ酸配列が人工的に導入されることになるので，天然体との同一性については十分注意する必要がある．

1）変異導入による発現タンパク質の安定性の改善

発現されたタンパク質が，調製中に宿主や培地由来のプロテアーゼによって断片化されることがある．特に不安定な糖タンパク質や膜タンパク質を培地に分泌発現させる場合には，培地に含まれる血清成分や宿主由来のプロテアーゼによって断片化される可能性がある．部分的に断片化されたタンパク質と未断片化タンパク質を分離できなければ，目的のタンパク質の収率が低下するだけでなく，以降の機能解析にも重大な影響を及ぼす．したがって発現させるタンパク質中に存在するプロテアーゼ感受性残基には必要に応じて変異導入を検討する．

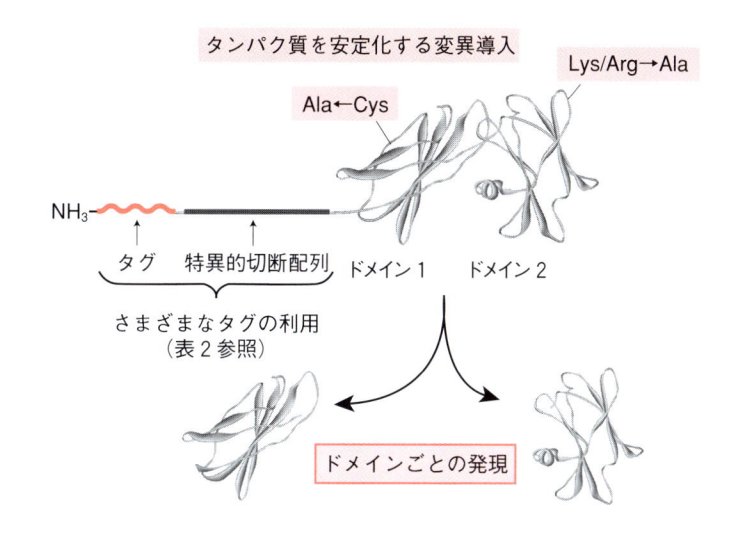

図5-18　タンパク質工学的な手法によるタンパク質発現の改善

またタンパク質に存在する遊離のシステイン残基（ジスルフィド結合の形成にかかわっていないシステイン残基）は，タンパク質間で非特異的なジスルフィド結合を形成することにより分子間架橋重合体を形成し不安定化する．したがって，目的のタンパク質に存在する遊離のシステイン残基をセリン，アラニンなどのアミノ酸に置換し安定性を向上させることがある．

2) ドメイン領域ごとに分割した発現

一般的に分子量の大きなタンパク質ほど多量に発現させることは難しい．大型のタンパク質は，通常分子量10,000程度の複数のドメインから構成されているので，各ドメインを個別に発現させ構造および機能解析することは，元のタンパク質の機能解明への重要な手がかりとなる．また，ある特定のドメインが単独でも機能をもつ場合には，ドメインを個別に発現させ，その機能部位を特定することもできる．ドメイン領域ごとに発現させる場合には大腸菌で封入体として発現させた後，リフォールディングできる可能性がある．

3) 他のタンパク質やタグとの融合発現

目的タンパク質の発現確認，効率よい回収，そして発現量の向上を目的として，タグとなるポリペプチド鎖との融合発現が行われる．発現ベクターに予め用意された制限酵素部位（マルチクローニングサイト）に目的DNAを挿入するだけで，さまざまな融合発現が可能な発現ベクターが数多く市販されている（表5-2）．

融合による機能への影響が最も少ないのは，5～20残基程度のペプチド性のタグである．タグには抗体によって認識されるエピトープ配列（FLAG，myc，T7など），リボヌクレアーゼAのN末端ペプチド（S-ペプチド）でありS-ペプチドを欠くリボヌクレアーゼA（S-プロテイン）と強い親和性を示すS-Tag，金属（ニッケル，コバルト）と配位結合するヒスチジンタグ（His-Tag）などが用いられる．His-Tagは，変性剤存在下でも金属を保持させた樹脂と相互作用するため，変性タンパク質の回収にも用いられる．

表5-2 タンパク質発現系によく使用されるタグおよびプロテアーゼ

タグ名（ペプチド）	配列	精製方法
myc	EQKLISEEDL	モノクローナル抗体
FLAG	DYKDDDDK	モノクローナル抗体
His-Tag	HHHHHH	Ni-キレートカラム
S-Tag	MASMTGGQQMG	S-プロテインに対する親和性
T7-Tag	KETAAAKFERQHMDS	モノクローナル抗体

タグ名（タンパク質）	分子量	精製方法
グルタチオン S-トランスフェラーゼ	27,000	グルタチオンカラム
マルトース結合タンパク質	47,000	アミロースカラム
抗体Fc領域	50,000	プロテインA カラム

部位特異的プロテアーゼ	切断配列
トロンビン	(-PR▼-)
ファクター Xa	(-IEGR▼-)
エンテロキナーゼ	(-DDDDK▼-)

　グルタチオンS-トランスフェラーゼ（GST）やマルトース結合タンパク質（MBP）は細胞内に可溶性発現する．このようなタンパク質をタグとして融合発現させることにより，目的タンパク質の発現量や溶解性を改善することができる．また，融合体はグルタチオンやマルトースに対する親和性を利用して効果的に回収し分析に用いることができる．

　昆虫細胞や動物細胞での分泌発現では，発現させるタンパク質のシグナル配列をそのまま用いることが多いので，前述のタグはカルボキシ末端側に付加されることが多い．免疫グロブリンの一部であるFcと融合させると，目的タンパク質を故意に二量体化したり，抗体結合タンパク質（プロテインAやG）との親和性を利用して効率良く精製できる．

　市販の発現ベクターのタグと目的タンパク質の間には，特異性の高い血液凝固系のプロテアーゼ（ファクター Xa，トロンビン），エンテロキナーゼ切断配列が用意されており，必要に応じてタグを除去することができる．ほとんどのタグにはその配列に特異的な抗体が市販されていることから，ウエスタンブロッティング法によりタンパク質の発現が高感度で検出することができる．

■文献

1) Qing, G. et al.：Cold-shock induced high-yield protein production in Escherichia coli. Nature Biotechnol., 22：877-882, 2004
2) Maeda, Y. et al.：Effective renaturation of denatured and reduced immunoglobulin G in vitro without assistance of chaperone. Protein Eng., 9：95-100, 1996
3) 津本浩平　ほか/著　"凝集蛋白質を再生する", 蛋白質核酸酵素, 46：共立出版, 2001
4) BD Adeno-X Expression Systems 2. Clontechniques XVIII：16-17, 2003
5) Suzuki, T. et al.：Recombinant human chymase produced by silkworm-baculovirus expression system：Its application for a chymase detection kit. Jpn. J. Pharmacol., 90：210-213, 2002
6) Muto, T. et al.：Functional analysis of carboxyl-terminal region of recombinant human thrombopoietin：C-terminal region of thrombopoietin is a "shuttle" peptide to help secretion. J. Biol. Chem., 275：12090-12094, 2000
7) Mine, S. et al：Thermodynamic analysis of the activation mechanism of the GCSF receptor induced by ligand binding. Biochemistry, 43：2458-2464, 2004
8) Mardin, K.：Applications of Promega's In Vitro Expression Systems. Promega Notes, 70：2-6, 1999

第6章
タンパク質と疾患

1　タンパク質分解異常と疾患
　　－神経変性疾患を中心に－　　　286

2　フォールディング異常と疾患　　295

3　タンパク質変異と疾患
　　－癌にかかわるタンパク質－　　304

4　癌治療の分子標的タンパク質　　314

1 タンパク質分解異常と疾患
―神経変性疾患を中心に―

アルツハイマー病，プリオン病，ハンチントン病などの神経変性疾患は加齢，感染，または遺伝などにより発症する疾患であり，高齢化社会を迎え，また食品の安全性が問われる今日の社会では重大な問題となっている．これらの患者の脳では，特徴的に蓄積している異常構造をとったタンパク質が発症にかかわっており，原因タンパク質の分解異常，構造変化と凝集，そして最終的に神経細胞死に至る過程に共通の分子機構が見出されつつある．ここで取り上げた異常タンパク質の蓄積を伴う3つの代表的な神経変性疾患を最新の知見まで含めて概説し，発症メカニズムの相同性，相違点について述べる．

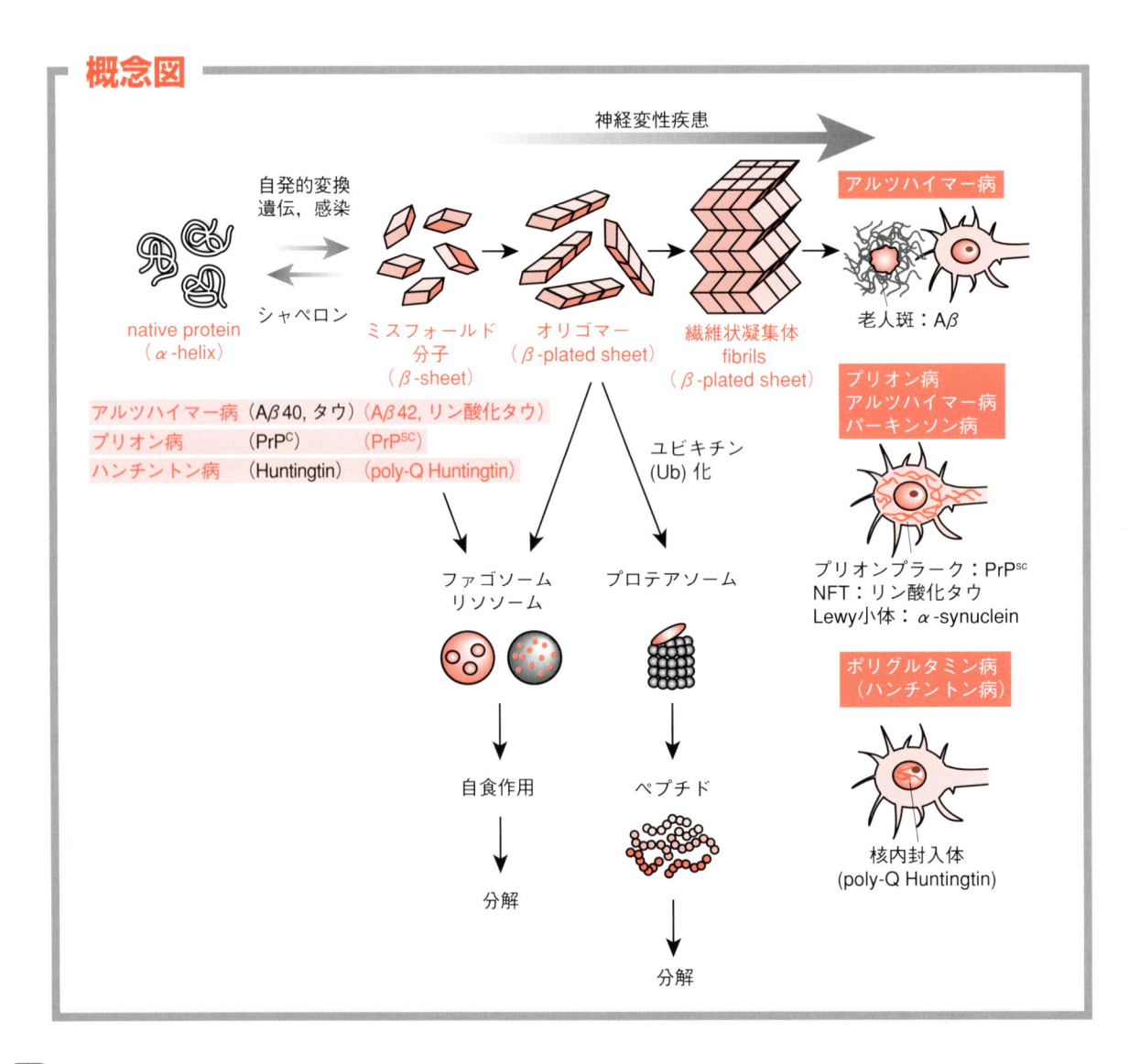

概念図

神経変性疾患

native protein（α-helix） ⇌（自発的変換，遺伝，感染／シャペロン）ミスフォールド分子（β-sheet） → オリゴマー（β-plated sheet） → 繊維状凝集体 fibrils（β-plated sheet）

アルツハイマー病	(Aβ40, タウ)	(Aβ42, リン酸化タウ)
プリオン病	(PrP^C)	(PrP^{SC})
ハンチントン病	(Huntingtin)	(poly-Q Huntingtin)

ユビキチン(Ub)化

ファゴソーム／リソソーム → 自食作用 → 分解

プロテアソーム → ペプチド → 分解

アルツハイマー病
老人斑：Aβ

プリオン病／アルツハイマー病／パーキンソン病
プリオンプラーク：PrP^{SC}
NFT：リン酸化タウ
Lewy小体：α-synuclein

ポリグルタミン病（ハンチントン病）
核内封入体（poly-Q Huntingtin）

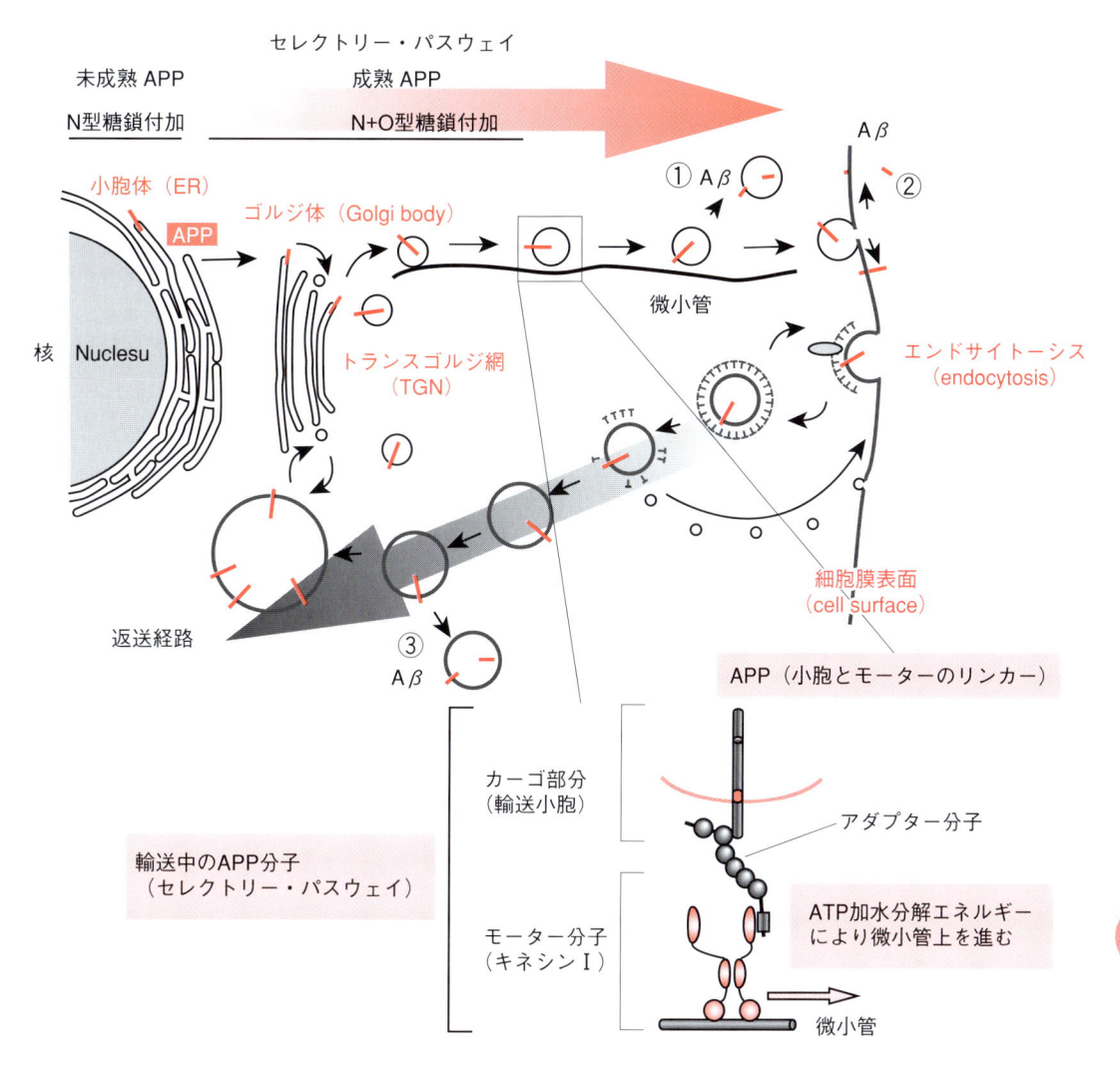

図6-1 タンパク質分泌経路におけるAPPの輸送とAβ生成.
ゴルジ体を通過したAPPは輸送小胞により微小管上を細胞膜へと運ばれる（セクリトリー・パスウェイ）．APPは輸送小胞のカーゴ受容体として機能していると考えられている（下図：APPはアダプター分子を介してキネシンと接続している）．①APPは輸送途中，②細胞膜上，または③エンドサイトーシスされた後にセクリターゼによる切断を受け，Aβを生成・分泌する

1 アルツハイマー病

1）原因タンパク質

　アルツハイマー病（Alzheimer's Disease：AD）患者脳に認められる老人斑の主要成分は39～43アミノ酸からなるアミロイドβ-プロテイン（Aβ）であり，その前駆体はⅠ型膜タンパク質であるアミロイド前駆体タンパク質（amyloid β-protein precursor：APP）である．AβはAPPのセクリターゼによる細胞外切断と膜内切断により生成する．APPは生合成後，タンパク質分泌経路を利用して，細胞膜に輸送されエンドサイトーシスによって再び細胞内に取り込まれる．AβはAPPの輸送過程で生じる（図6-1）．

1 タンパク質分解異常と疾患

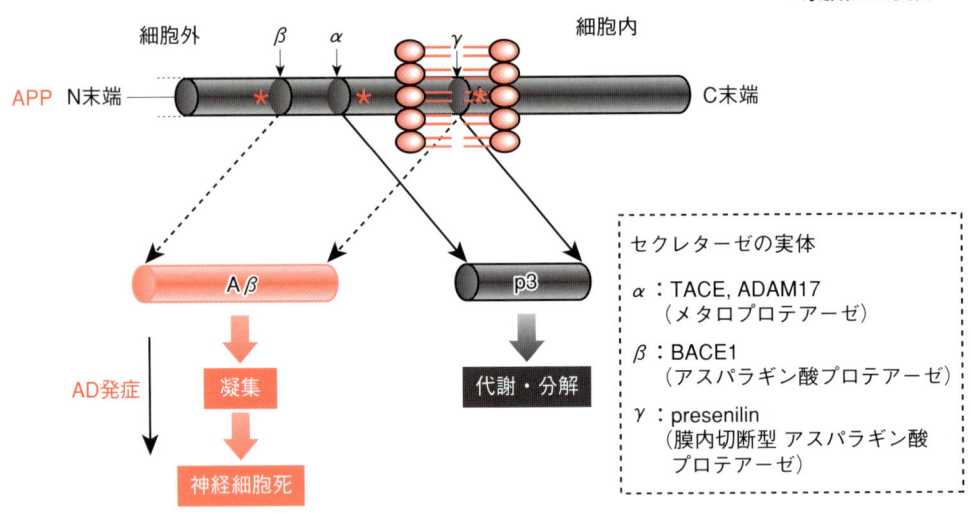

図 6-2　APP の切断様式と Aβ 生成

APP は細胞外領域の α もしくは β サイトで切断を受け，C 末端フラグメントはさらに膜内 γ サイトで切断を受ける．β/γ 切断を受けると Aβ が生成するが，APP の大部分は α/γ 切断を受ける．APP 遺伝子に変異（＊で示す）をもつ家族性 AD では，Aβ の量的増加と質的変化（γ サイトの切断部位が揺らぐ）が起こる

　APP の大部分は膜付近領域の α 部位と膜内領域にある γ 部位で切断を受け Aβ を生成しない．1 回目の切断が α 部位より N 末端側にある β 部位と γ 部位で切断を受けると Aβ が生成する（図 6-2）．AD 患者では，γ 部位の切断に変化が起こり，凝集性の高い Aβ42 の割合が高くなり，神経細胞に対し強い毒性を示すようになる（アミロイドカスケード仮説）[2]．

> **メモ**　タンパク質分泌経路（protein secretory pathway）：リボソームで合成された膜タンパク質は，シグナルペプチドを利用して小胞体へ入り，ゴルジ体を経由して細胞の必要な場所に輸送される．ゴルジ体から①細胞膜，②エンドソームに輸送される経路，③小胞体に返送される経路などが知られており，これらは主に膜貫通型タンパク質の細胞質ドメインにある数アミノ酸からなるシグナルによって識別されている．代表的な小胞体の返送シグナルは，タンパク質の C 末端 4 アミノ酸 KDEL 配列である．

> **メモ**　アミロイド・カスケード仮説（amyloid cascade hypothesis）：Aβ の生成，凝集，蓄積が引き金となり AD が発症するとする仮説．家族性 AD の原因遺伝子である APP および γ セクリターゼの触媒ユニットとされるプレセニリン（presenilin：PS）における変異は，Aβ の量的増加，質的変化（凝集性の高い Aβ42 の産生を亢進）を引き起こすことから提唱された．しかしながら，Aβ の産生亢進と同時に起こる何らかの現象が AD 発症に必要である可能性もあり，発症原因と病理を完全には説明できてはいない．

2）Aβ ペプチドと神経毒性

　老人斑に認められる Aβ は，主に 40 アミノ酸（Aβ1-40），または 42 アミノ酸（Aβ1-42）から構成されるもの，および 3 番目のグルタミン酸がピログルタミン酸に変換した Aβ3-40，

Aβ3-42である．ピログルタミン酸を含むAβ種は最も凝集性が高い．Aβは溶媒やpHといった環境変化によってαヘリックス→ランダムコイル→βシート構造へと変換する．βシートが豊富な状態になると分子間相互作用によりオリゴマーを形成し凝集する．

最近，カレーに大量に含まれる色素ターメリック（circumin）がAβの凝集を阻害することが報告され，ターメリックの神経保護効果が疫学的に報された．凝集性の高いAβ種がAD発症にかかわる機構は未解明な点が多いが，Aβが神経細胞毒性を示すことは多くの研究室から報告されている．またAβが神経情報伝達系において調節的機能を担っている可能性が報告された[3]．

3）AD治療薬の開発状況

アミロイドカスケード仮説に立脚して，Aβの①生成抑制，②凝集阻害，③分解促進，④除去，を標的とした治療法が開発されつつある．

① 生成抑制

APP切断酵素セクリターゼの阻害剤は直接的にAβ生成を抑制できる．しかし，γ-セクリターゼの触媒ユニットであるプレセニリン（PS）遺伝子欠損マウスはNotch表現型を示す胎生致死であり，成体マウスにおける発現抑制も神経細胞死と学習・記憶障害を引き起こすことが示され，γ-セクリターゼ阻害剤の実用化は現実的ではない．これは，γ-セクリターゼがNotchなど多くのⅠ型膜タンパク質を基質として切断するためであり，APPの切断に特異性の高い間接的なγ-セクリターゼ阻害法の開発が望まれる[4]．

一方，β-セクリターゼ（BACE）の場合，BACE遺伝子欠損マウスは発達や神経機能が正常であり，BACEは有力な創薬ターゲットになりうる．しかし，BACEの酵素活性部位に特異的に作用する低分子化合物の探索は，基質認識性の特異さから非常に難しいとされている．

② 凝集阻害

凝集阻害は，薬剤が細胞外で作用するために開発が比較的簡単であり，チオフラビンTやコンゴーレッドなどのリード化合物から合成が進められている．脳血液関門の透過性の改善などの問題点は残っている．

③ 分解促進

Aβを分解する酵素としてネプリライシン，インスリン分解酵素が見出されている[5]．ネプリライシンは細胞外Aβを分解できる優れた酵素であり，有効な創薬ターゲットである[6]．凝集程度の高い構造変換を起こしたAβを分解する方法の開発など課題は残る．

④ 除去

Aβペプチドを除去する方法として免疫療法が開発された[7]．Aβが脳組織に蓄積するヒト型APP遺伝子発現マウスに抗Aβ抗体を産生させると，加齢に伴うAβの蓄積が減少する．しかし，PhaseⅡ試験では，Aβ蓄積抑制は認められたが，脳炎やTリンパ球の浸潤が認められ，臨床治験は中断された．マウスを用いた実験では記憶・学習障害に改善が認められるので，詳細な作用機序の解明と安全性の高い免疫法の改良が期待される．

表6-1　主要なプリオン病

種	病気	原因物質・経路	発症	経路・コメント
ヒト	クロイツフェルト・ヤコブ病（CJD）	おもに弧発性 （プリオンの自発的変換） $PrP^C → PrP^{SC}$ 全プリオン病の80%	平均60歳代	3〜7カ月で無動無言状態 脳のスポンジ化 約1年で死亡
	ゲルストマン・ストロイスラーシャインカー病（GSSD）	おもに遺伝性 （PrP 102, 104, 145, 219番目などのコドンに変異によりPrP^{SC}に変換）	平均40〜50歳代	5年から10年で死亡
	変異型クロイツフェルト・ヤコブ病（vCJD）	感染性（主に食肉による） 牛PrP^{SC}→ヒトPrP^{SC}	20歳代を含む若年	1年で無動無言状態 脳のスポンジ化 約2年で死亡（CJDより経過が長い・種の壁？）
	クールー（Kuru）	おもに感染性 ヒトPrP^{SC}→ヒトPrP^{SC}		CJDに同じ 食人儀式による？
ウシ	牛海綿状脳症・狂牛病（BSE）	感染性 ウシPrP^{SC}→ウシPrP^{SC}	生後20カ月以降	歩行困難など神経症状の後，死亡（飼料の肉骨粉が主な感染経路？）
ヒツジ	スクレイピー（Scrapie）	感染性 ヒツジPrP^{SC}→ヒツジPrP^{SC}		歩行困難など神経症状の後，死亡

2　プリオン病

1）プリオン病

　プリオン病（PrD）は，ヒトクロイツフェルト・ヤコブ病（Creutzfeldt–Jacob disease：CJD），牛海綿状脳症〔bovine spongiform encephalopathy：BSE（狂牛病）〕，羊スクレイピー（scrapie）を含む致死性神経変性疾患の総称である（表6-1）．CJDは性格変化，感覚障害などの初期症状に伴い脳の急速な萎縮，脳室の拡大がみられ，1年以内に無動・無言状態となり約2年以内に死に至る．伝達性海綿状脳症（transmissible spongiform encephalopathy：TSE）という別名の通り，脳組織のスポンジ化と経口摂取による感染性を特徴とする．ヒトPrDの80%は100万人に約1名の発症率である弧発性CJDで，残りは遺伝性，感染性（変異型CJD）である[8]．

2）プリオン仮説

　肉骨粉を飼料とした牛・羊が歩行困難などの神経症状を経て死に至る原因として，食肉を媒介した病原体の存在が疑われていた．しかし，紫外線照射や核酸分解酵素による処理ではこの病原体は活性を失わないため，遺伝情報をもつウィルスや細菌以外の原因が疑われた．Prusinerらは生化学的な手法を用いて，1982年に病原体がタンパク質であるとする"プリオン（proteinous infectous particle：prion）仮説"を提唱した．当時の常識を覆す概念は大変な批判にさらされたが，Prusinerは'84年に脳に存在するプロテアーゼ耐性で感染性をもつ

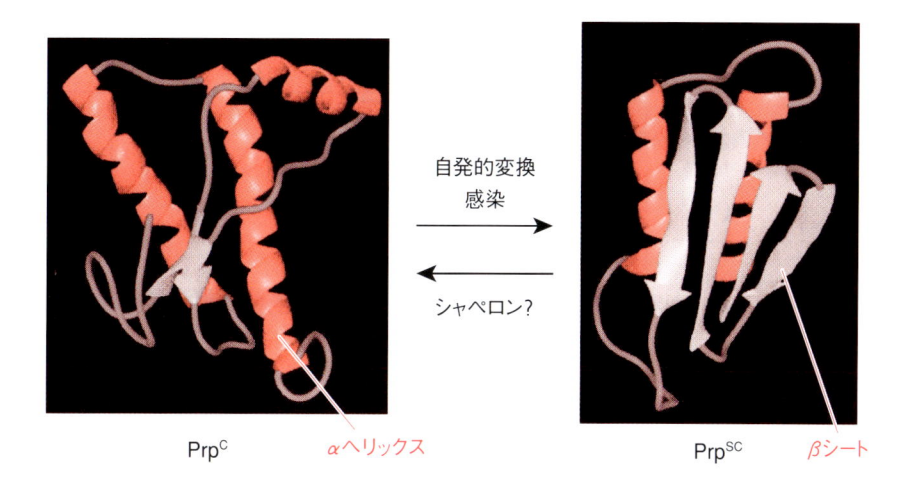

図6-3 正常型プリオン（PrPc）と異常型プリオン（PrPsc）の構造
αヘリックス構造に富むPrP^Cが一度βシート構造に富むPrP^{SC}に変換すると，プロテアーゼに対する抵抗性を示すようになり，病原性・感染性を獲得する（出典 http://en.wikipedia.org/wiki/Prion）

線維状タンパク質プリオンを精製，'86年にはヒトプリオン遺伝子を同定した．ヒトのプリオンタンパク質が構造変換し，病原性および感染性を獲得することでPrDが発症することを証明したPrusinerは，'97年ノーベル医学生理学賞を受賞した．

3）プリオンタンパク質

プリオンタンパク質（prion protein：PrP）は209アミノ酸のGPIアンカータンパク質である．遺伝性のプリオン病ではプリオン遺伝子中に変異が見つかっている．PrPは正常な脳，心臓，肺組織などに発現が認められ，何らかの生理機能を担っていることが予想される．PrP遺伝子欠損のマウスは，記憶学習，睡眠調節，小脳神経細胞の生存，アポトーシスなどに軽微な異常を示すが，発生・生殖は正常である．

正常組織に存在するPrP〔正常型プリオン（cellular prion protein：PrP^C）〕と，PrDで見出されるPrP〔異常型プリオン（scrapie prion protein：PrP^{SC}）〕は感染性・病原性の有無で異なっており，その相違は両者のコンフォメーションの違いに由来する．PrP^Cがらせん状構造（αヘリックス）を多く含む構造であるのに対し，PrP^{SC}は板状構造（βシート）の割合が高く，凝集性を示す非常に安定なタンパク質である．PrDは外因性のPrP^{SC}が内因性のPrP^Cに作用し，PrP^{SC}への構造変化を促すことにより感染・伝播する（図6-3）．このため，PrP^C遺伝子欠損マウスでは感染が成立しない．異なる生物種間ではプリオンによる感染が起こりにくい（種の壁）．これは内因性のPrP^Cの配列がわずかながら異なること，さらにプリオンに結合してプリオンの伝播を媒介する種間差の大きい他のタンパク質（"protein X"）の存在が理由と考えられている．

プロテアソームの阻害剤を作用させた培養細胞では，細胞質にPrP^{SC}が検出された．これは，PrP^CからPrP^{SC}への変換が細胞内ではある割合で起こっているが，通常はプロテアソームにより迅速に分解・処理されることを示唆しており，弧発性プリオン病の発症機構の解明に糸

急激に発症の危険性が高まる．これらの疾患はポリグルタミン（poly-Q）病と総称され，共通の発症機構が存在すると考えられている[11]．

2）発症機構

マウスにpoly-Qを発現させると脳が萎縮し，同時に特有の神経症状が観察される．伸長したpoly-Qを導入した細胞では細胞内にポリグルタミン凝集体が観察され，DNAの断片化，核の凝集などアポトーシスに特有の形態変化が現れる．細胞死はpoly-Qが長いほど増強され，臨床知見とよく一致する．しかし，Httなどの全長タンパク質を発現した場合は，伸長したpoly-Qを含んでいても顕著な変化が起きないことが多く，プロテアーゼがpoly-Q配列を切り出し細胞毒性を発現する「プロセシングモデル」が有力視されている．

Httは3,144アミノ酸で，カルパインやカスパーゼなどのプロテアーゼがpoly-Qを含む配列を切り出すと考えられている．切断されたpoly-Qは核内へ移行し封入体を形成するが，このとき，CBP（CREB binding protein），Sp1，TAF_{II}-130などの転写因子を封入体内に取り込む結果，遺伝子発現が阻害され，神経細胞死を引き起こすと考えられている．

4 まとめ

独立した3種（AD，PrD，HD）の中枢神経変性疾患は，タンパク質の切断異常およびタンパク質凝集体の形成と神経細胞の死滅が並行して起こる共通性を示す（表6-2）．しかし，凝集するタンパク質の種類や蓄積する場所の違いにより，それぞれの疾患はさまざまな症状を呈する．異常タンパク質に対する免疫療法は，異常タンパク質を取り除く共通の戦略に立った治療法として発展が期待されるが，より根本的な治療法の開発にはタンパク質の構造変換と分解異常が生体内で起こる仕組みの解明が不可欠である．

■文献■

1) Forman, M. et al.：Neurodegenerative diseases : a decade of discoveries paves the way for therapeutic breakthroughouts. Nature med., 10：1055-1063, 2004
2) Selkoe, D. J.：Alzheimer's Disease ：genes, proteins, and thepapy. Physiol. Rev., 81：741-766, 2001
3) Kamenentz, F. et al.：APP processing and synaptic function. Neuron, 37：925-937, 2003
4) Araki, Y. et al.：Novel cadherin-related membrane proteins, Alcadeins, enhance the X11-like protein-mediated stabilization of amyloid β-protein precursor metabolism. J. Biol. Chem., 278：49448-49458, 2003
5) Tanzi, R. E. & Berytram, L.：Twenty years of the Alzheimer's disease amyloid hypothesis：a genetic perspective. Cell, 120：545-55, 2005
6) Iwata, N. et al.：Metabolic regulation of Brain Aβ by neprilysin. Science, 25：1550-1552, 2001
7) Nicoll, J. A. R. et al.：Neuropathlogy of human Alzheimer's Disease after immunization with amyloid-β peptide：a case report. Nature Med., 9：448-452, 2003
8) Prusiner, S. B.：Prions（Nobel lecture）. Proc. Natl. Acad. Sci. USA, 95：13363-13383, 1998
9) White, A. R. et al.：Monoclonal antibidies inhibit prion replication and delay the development of prion disease. Nature, 422：80-83, 2003
10) Legname, G. et al.：Synthetic mammalian prions. Science, 305：673-676, 2004
11) Landles, C. & Bates, G. P.：Huntingtin and the molecular pathogenesis of Huntington's disease. EMBO Rep. 5：958-63, 2004

2 フォールディング異常と疾患

タンパク質は，そのアミノ酸配列（一次構造）から決まる立体構造にひとりでに折りたたまれる．これをタンパク質のフォールディング反応という．このようにしてできるタンパク質の立体構造を天然構造と呼び，多くのタンパク質で唯一の安定な構造であると考えられてきた．しかし，いくつかのタンパク質は天然構造以外の安定な構造をもつことが明らかになってきている．それらは何らかの原因で通常のフォールディング反応に異常をきたし，同一のタンパク質同士が相互作用し，大きな会合体を作り出す．その典型的なものがアミロイド線維と呼ばれる線維状会合体である．そのようなタンパク質会合体は，多くの疾患とかかわることが明らかになってきているのみならず，疾患との関係が明らかではないタンパク質においても数多く報告されている．ここでは透析関連アミロイドーシスの原因タンパク質 $β_2$-ミクログロブリンとアルツハイマー病の原因タンパク質 $Aβ$ を例にあげ，フォールディング異常と疾患の関係について考える．

概念図

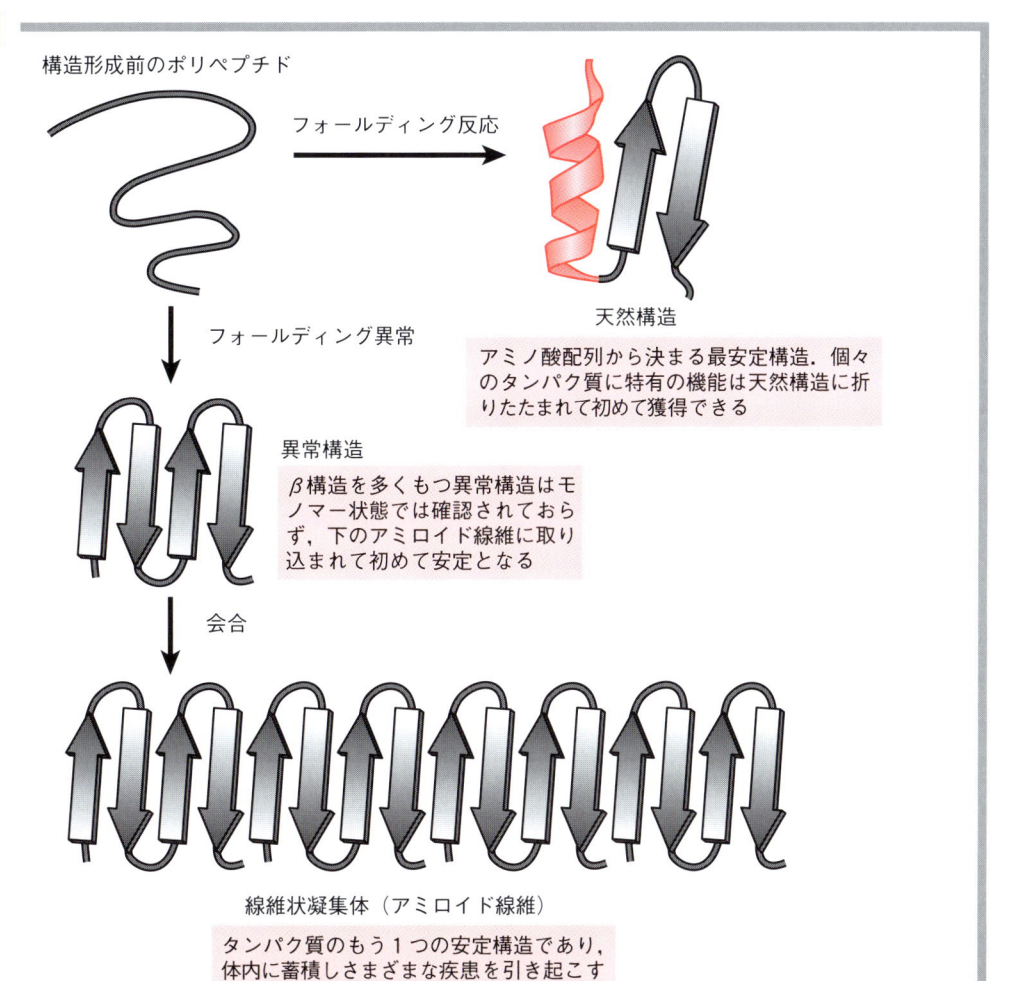

構造形成前のポリペプチド

フォールディング反応 →

天然構造

アミノ酸配列から決まる最安定構造．個々のタンパク質に特有の機能は天然構造に折りたたまれて初めて獲得できる

フォールディング異常 ↓

異常構造

$β$ 構造を多くもつ異常構造はモノマー状態では確認されておらず，下のアミロイド線維に取り込まれて初めて安定となる

会合 ↓

線維状凝集体（アミロイド線維）

タンパク質のもう1つの安定構造であり，体内に蓄積しさまざまな疾患を引き起こす

表6-3 主なヒトアミロイドーシス

アミロイドタンパク質	前駆タンパク質	原因・関連疾患
全身性アミロイドーシス		
AL	免疫グロブリン軽鎖（κ, λ）	B細胞，形質細胞の腫瘍性増殖
AA	血清アミロイドA（serum amyloid A）	慢性炎症性疾患，家族性地中海熱
Aβ2M	β_2-ミクログロブリン	長期血液透析
ATTR	異型トランスサイレチン（60種類以上） 正常トランスサイレチン	家族性アミロイドポリニューロパチー 全身性老人性アミロイドーシス
限局性アミロイドーシス		
Aβ	β-アミロイド前駆体タンパク質	中枢神経：アルツハイマー病， 　　　　　脳アミロイド血管症
APrP（PrP^{Sc}）	正常プリオンタンパク質（PrP^C）	中枢神経：さまざまなプリオン病
ACal	カルシトニン	甲状腺　：髄様癌
AIAPP	ラ氏島アミロイドポリペプチド （islet amyloid polypeptide）	膵ランゲルハンス島：2型糖尿病
AANF	心房性ナトリウム利尿因子 （atrial natriuretic factor）	心房アミロイドーシス

1 フォールディング異常

　タンパク質がその機能を発揮するためには，天然構造に折りたたまれることが必要である．天然構造とはアミノ酸配列から決まる最も安定な構造のことであり，多くのタンパク質はひとりでに天然構造へと折りたたまれる[1]．しかし，いくつかのタンパク質は，天然構造と異なる異常構造に折りたたまれてしまうことが知られており，このことをフォールディング異常（ミスフォールディング）と呼ぶ．代表的なフォールディング異常生成物はアミロイド線維であり，異常構造をもつタンパク質が線維状に会合したもののことをいう（概念図）．アミロイド線維は体内に蓄積し，さまざまな疾患を引き起こす．現在，タンパク質のアミロイド線維化と関係する疾患は25種類以上知られており，全身にアミロイド線維の沈着がみられるものを全身性アミロイドーシス，特定の臓器にのみアミロイド線維の沈着がみられるものを限局性アミロイドーシスという（表6-3）．そしてそのほとんどが重篤な症状をきたすが，有効な治療法は確立されていないのが現状である．

> **メモ**　タンパク質は，その一次構造から決まる天然構造が唯一の安定な構造であると考えられてきたが，いくつかのタンパク質では，それらが相互作用し合い，異常構造を獲得することによりできる会合体が，もう1つの安定構造として存在しうる．その代表的なものがアミロイド線維であり，さまざまな疾患とかかわっている．

1）異常構造

　アミロイド線維を電子顕微鏡下に観察すると，幅7から13nmのゆるやかならせん構造をもった針状細線維として認められる（図6-5A）．一方アミロイド線維のX線回折を行うと，線維軸方向に約4.7Å周期の，また線維軸に垂直方向に約10Å周期の繰り返し構造が観察され

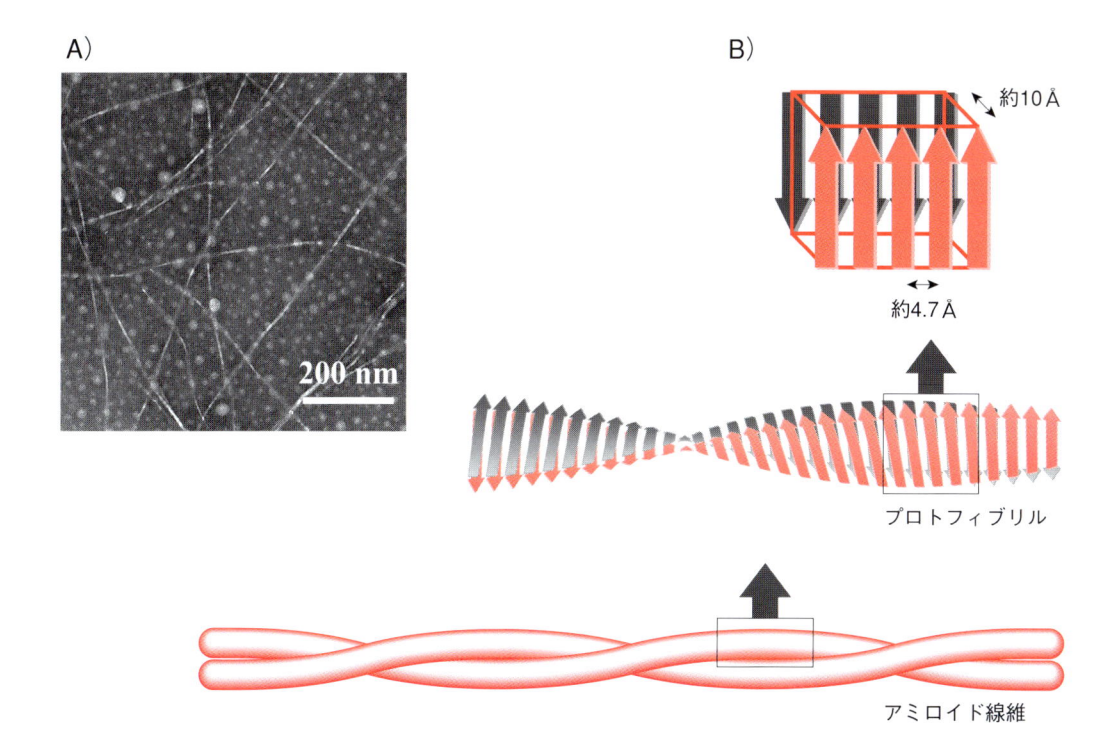

図6-5 アミロイド線維の構造

A) Aβアミロイド線維の電子顕微鏡写真．緩やかな螺旋構造をもつ，まっすぐな線維で直径は約10nm．B) 階層的アミロイド線維構造モデル．数枚のβシートが重なってプロトフィブリルを形成し，さらにそのプロトフィブリルが数本束になり，アミロイド線維が作られているというモデル

る．これは，線維軸に垂直方向にβストランドが規則的に配列したひだ状βシート（cross-β-pleated sheet）構造を表しており，このような構造が何層か積み重なることにより1本の細線維が形成されていると考えられる（図6-5B）．興味深いことに，アミノ酸配列もその長さも全く異なるタンパク質から，上記のような同じ性質をもつアミロイド線維が形成される[2]．最近ではX線結晶構造解析や固体核磁気共鳴法を用いて，より詳細な線維構造を解明する試みが行われている．

アミロイド線維のようなタンパク質の異常構造が形成されるには，天然構造が大きく崩れた変性状態を経由する，分子全体に及ぶ構造の組替えが必要であると考えられている[3]．体内で構造の組替えが起きる原因はタンパク質によってさまざまであり，まだ完全には明らかになっていないが，①アミロイド前駆タンパク質の濃度上昇，②アミノ酸置換による天然構造の不安定化もしくは異常構造の安定化，③タンパク質の天然構造を不安定化する，もしくは異常構造を安定化する生体分子の存在，④タンパク質分解酵素による異常構造形成能の高いタンパク質断片の蓄積，などが考えられる．

> **メモ** アミロイド線維の構造は線維軸と垂直方向にβストランドが規則的に並んだcross-β-pleated sheet構造である．タンパク質がそのような構造に至るには，分子全体に及ぶ構造の組替えが必要であり，さまざまな要因によって引き起こされる．

A）重合核形成過程

前駆タンパク質　⇌（K_{on} / K_{off}）　重合核

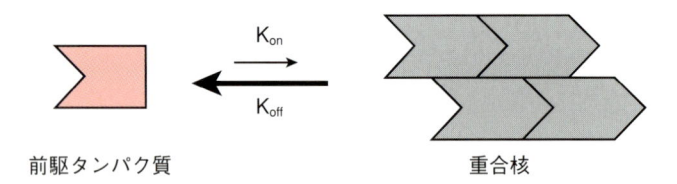

B）線維伸長過程

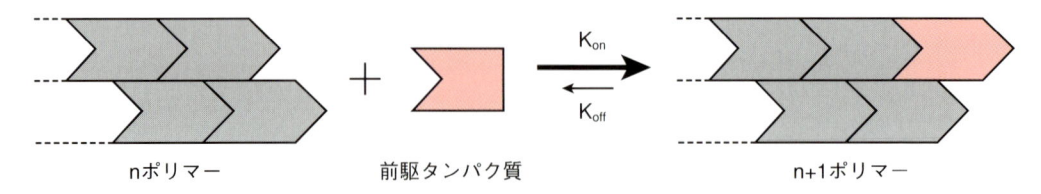

nポリマー ＋ 前駆タンパク質 ⇌（K_{on} / K_{off}）　n+1ポリマー

図6-6　アミロイド線維形成機構
A）重合核形成過程は非常に起こりにくく，試験管内では通常，長時間かかるもしくは起こらない．B）いったん重合核ができると，それに続く線維伸長過程はすみやかに，一次反応的に進行する

2）試験管内アミロイド線維形成

タンパク質のアミロイド線維形成は，試験管内で再現が可能であり，治療法開発や薬剤探索に必要なモデル系として注目を集めている．多くの試験管内実験より，アミロイド線維形成機構を説明するモデルとして重合核依存性重合モデルが提唱されている（図6-6）．このモデルはアミロイド前駆タンパク質からの重合核形成過程，および線維伸長過程よりなる．重合核とはタンパク質数分子以上からなり，モノマーでは不安定な異常構造を安定に保持できるタンパク質会合体のことである．重合核形成は反応速度論的に起こりにくく，反応全体の律速段階となっている．一方線維伸長は一次反応速度論形式に従い，重合核，あるいは線維断端に，前駆タンパク質が立体構造を変化させながら次々に結合することによりすみやかに進行する[4]．

> **メモ**　アミロイド線維形成反応は重合核形成過程と線維伸長過程の2段階反応であり，重合核形成は非常に起こりにくい反応であるが，線維伸長はすみやかに進行する．

2　$β_2$-ミクログロブリン（透析関連アミロイドーシス）

透析関連アミロイドーシスは長期血液透析患者に頻発する合併症であり，$β_2$-ミクログロブリンというタンパク質がアミロイド線維を形成し，体内に蓄積する．透析関連アミロイドーシスは全身性アミロイドーシスに属し，全身のいたるところにアミロイド線維が蓄積するが，その多くは骨・関節部位への蓄積であることが知られている．その結果，関節の痛みや

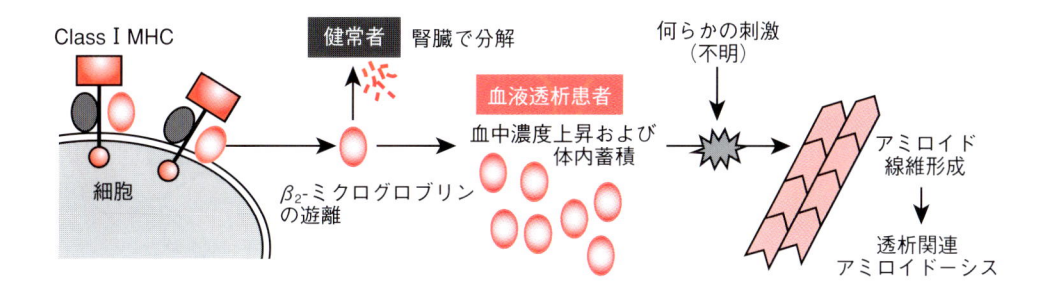

図6-7 透析関連アミロイドーシス発症への流れ
Class I MHC から遊離したβ_2-ミクログロブリンは通常であれば腎臓で分解されるが，血液透析患者は腎臓の機能を失っているため，β_2-ミクログロブリンが体内に蓄積する．体内に蓄積したβ_2-ミクログロブリンは何らかの原因で天然構造が崩れ，それら同士が会合し，アミロイド線維を形成する．アミロイド線維は体内に沈着し，透析関連アミロイドーシスを発症する

屈曲障害を招く[5]．

　β_2-ミクログロブリンは，ほとんどすべての動物細胞で発現している膜タンパク質である主要組織適合性抗原（Class I MHC）の一部で，その構造を維持するのに重要な働きをしている．透析患者の体内で，Class I MHC から遊離したβ_2-ミクログロブリンの血中濃度が上昇することが1つの引き金となり，β_2-ミクログロブリンのアミロイド線維化が起き，体内に蓄積していく（図6-7）．しかし，β_2-ミクログロブリン濃度の上昇だけではアミロイド線維形成・沈着が起こらないこともわかっており，決定的な原因を求めて現在も研究が進められている．

　試験管内でβ_2-ミクログロブリンの重合核形成反応は容易に起こらないが，β_2-ミクログロブリン溶液に細かく砕いたアミロイド線維（線維核）を添加することで，正常β_2-ミクログロブリンをアミロイド線維に変化させる伸長反応を起こすことができる．そしてこのアミロイド線維伸長反応は，中性条件では起こらず，酸性条件で容易に進行する．一方正常β_2-ミクログロブリンは，中性で天然構造を，酸性では大きく崩れた変性構造をとっている．つまりこのことは，いくら線維核を添加しても，天然構造という固い殻に守られたタンパク質を無理やり構造変化させることは不可能であるということを意味している．また最近の研究から，中性条件でも，界面活性剤であるSDS（ドデシル硫酸ナトリウム）や，アルコールの一種であるトリフルオロエタノールを添加することで，アミロイド線維伸長反応を起こしえることが明らかとなった[6)7)]．SDSやトリフルオロエタノールを添加した場合，β_2-ミクログロブリンは天然構造が部分的に崩れた状態であることが同時に報告されている．これらの知見は，アミロイドタンパク質の天然構造が崩れることがアミロイド線維形成には重要であることを示唆しており，透析関連アミロイドーシス患者の体内におけるアミロイド線維形成には，β_2-ミクログロブリンの天然構造を崩す生体分子間相互作用がかかわっている可能性が考えられている（図6-8）．

　また，非常に起こりにくい反応である試験管内核形成反応も，β_2-ミクログロブリン溶液に超音波をあてる，またはその溶液を激しく撹拌することで起こしえることがわかっている．

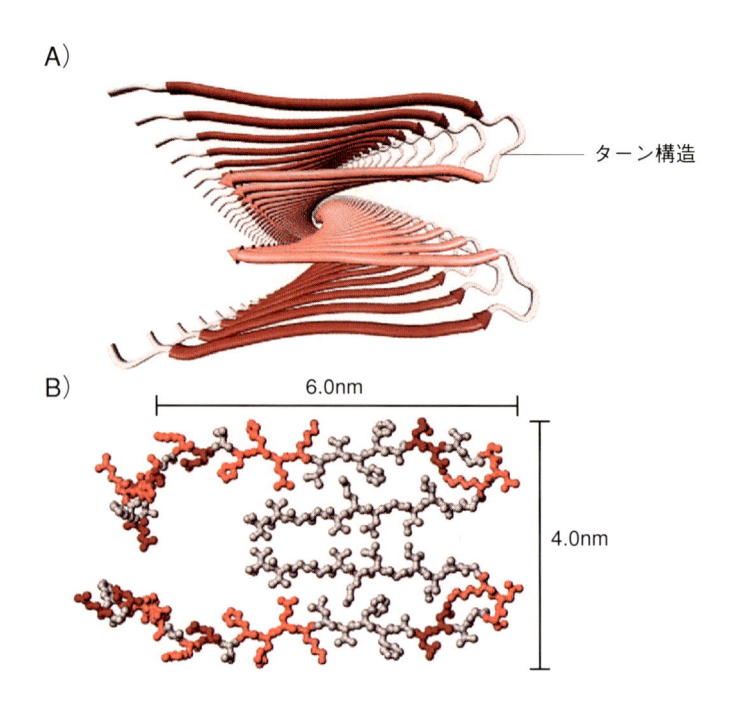

図6-10 固体核磁気共鳴法を用いて決定されたAβアミロイド線維の詳細構造
（巻頭カラー5参照）
A) Aβの9-40残基のアミロイド線維構造リボン図．線維軸は手前から奥へ向かう方向．1つのAβがターンを挟む2本のβストランド（■と■）を形成し，二量体を1単位として全く同じ構造をもつAβが連なっていく．B) アミロイド線維の構成単位である二量体の構造を原子レベルで表示したもの（Tycko, R1.: Biochemistry, 2003より引用）

> **メモ** アルツハイマー病，脳アミロイド血管症では，脳内にAβの異常構造会合体が蓄積している．Aβは，通常特定の構造をもたない天然変性タンパク質であるが，会合体内ではβシート構造をとっている．

4 おわりに

ここではタンパク質のフォールディング異常と疾患の関係について，β_2-ミクログロブリンとAβを例にあげて述べてきた．ヒトアミロイドーシス異常病は現在25種類以上知られているが，ヒトのタンパク質でフォールディング異常を起こすタンパク質が25種類というわけではない．疾患とかかわりをもたない数多くのタンパク質が，試験管内で異常構造を獲得することが確認されている．最近では，異常構造の獲得はタンパク質の一般的な性質であり，条件さえ整えば多くのタンパク質で起こりえる普遍的現象であるという考え方が広まっている．すべての生物に欠かすことのできない，そして生物の進化過程で洗練を重ねてきたタンパク質であるが，実は先天的な欠陥を抱えていたと考えると皮肉なことである．だが，今後の研究がアミロイドーシスの予防，治療に大きな進歩をもたらすことを，筆者は強く希望する．

■ 文献

1) "タンパク質の分子設計"（後藤祐児　谷澤克行/編）：共立出版，2001
2) Sunde, M. & Blake, C.：The structure of amyloid fibrils by electron microscopy and X-ray diffraction. Adv. Protein Chem., 50：123-159, 1997
3) Uversky, V. N. & Fink, A. L.：Conformational constraints for amyloid fibrillation：the importance of being unfolded. Biochim. Biophys. Acta., 1698：131-53. 2004
4) Naiki, H. & Gejyo, F.：Kinetic analysis of amyloid fibril formation. Methods Enzymol., 309：305-318, 1999
5) 下条文武/著 "透析患者のアミロイド骨・関節症"：診断と治療社，1998
6) Yamamoto, S. et al.：Low concentrations of sodium dodecyl sulfate induce the extension of β_2-microglobulin-related amyloid fibrils at a neutral pH. Biochemistry, 43：11075-11082, 2004
7) Yamamoto, S. et al.：Glycosaminoglycans enhance the trifluoroethanol-induced extension of β_2-microglobulin-related amyloid fibrils at a neutral pH. J. Am. Soc. Nephrol., 15：126-133, 2004
8) Teplow, D. B.：Structural and kinetic features of amyloid β-protein fibrillogenesis. Amyloid：Int. J. Exp. Clin. Invest., 5：121-142, 1998
9) Tycko, R.：Insights into the amyloid folding problem from Solid-State NMR. Biochemistry, 42：3151-3159, 2003

3 タンパク質変異と疾患
―癌にかかわるタンパク質―

癌の原因としては，化学発癌剤，家族性遺伝，放射線，腫瘍ウイルスがあげられるが，proto-oncogene 説が提唱されて，遺伝子変異によって，細胞は癌化するという基本原理が確立した．一方，これに対するものとして，癌抑制遺伝子があり，癌はこの両者の組み合わせによって起こると考えられる．したがって，これらの遺伝子タンパク質の機能を解明することが，癌化の分子機構を理解するうえで，重要であることは論を待たない．しかし，この学説とは異なる考え方― aneuploidy 論もあり併記した．また，癌遺伝子・癌抑制遺伝子以外にも，重要な役割を果たす癌関連タンパク質がある．本稿では，全体として，代表的なタンパク質群に的をしぼり解説を試みた．

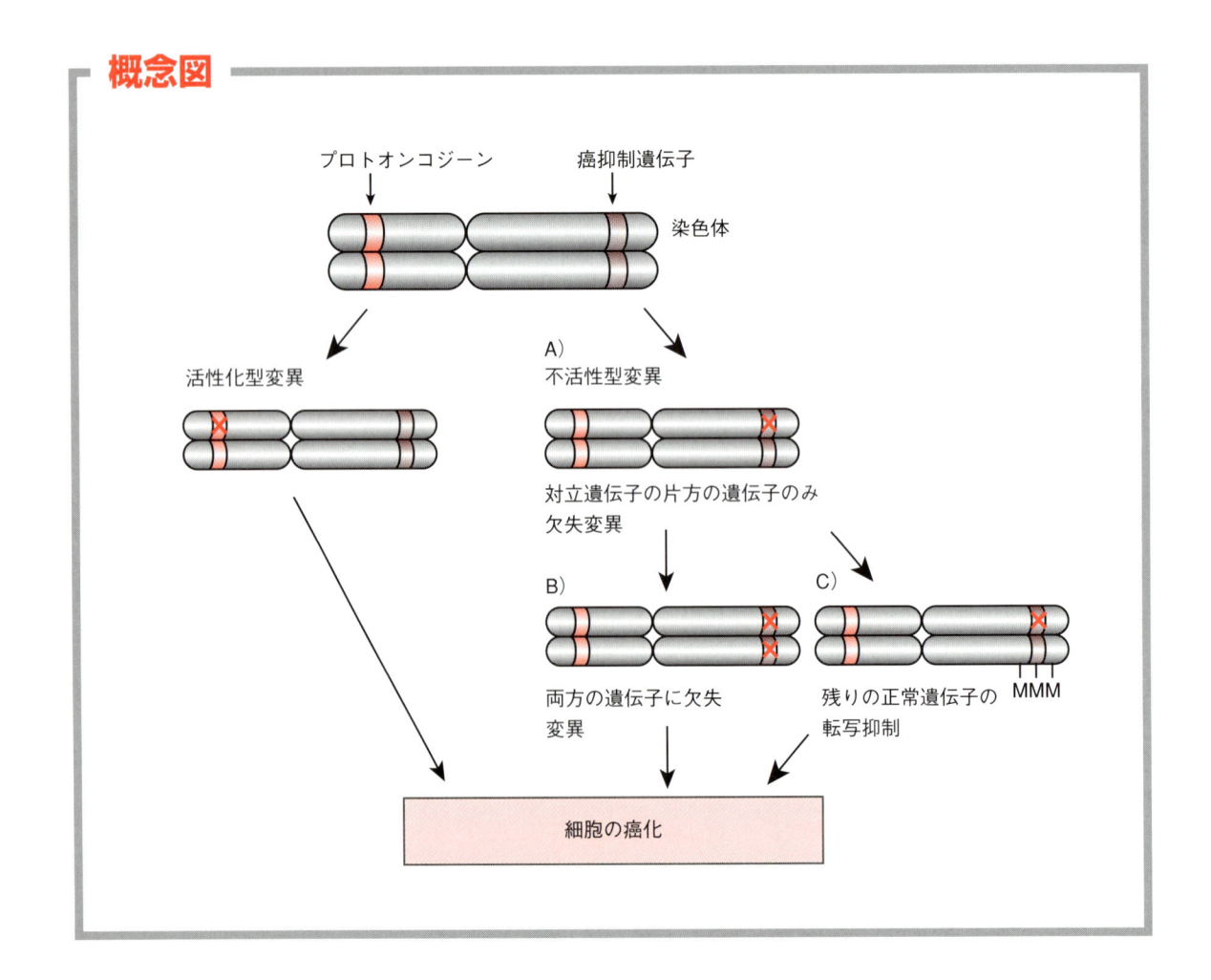

概念図

1 癌の発生と仮説

1）proto-oncogene 説

　癌は，多数の遺伝子変異で引き起こされる．この遺伝子群は，総体的に，2種に分類することができる：癌遺伝子（oncogene）と癌抑制遺伝子である．癌遺伝子は，癌原遺伝子（proto-oncogene）に，正常な機能や発現を活性化するような変異が起こったもので，正常な調節シグナルを乱し，異常な細胞増殖をもたらす．癌原遺伝子は，細胞の増殖や分化という細胞の生存と機能にとって，本質的な活性を調節していて，正しい調節機能を失うと破局的な障害をもたらす．変異源としては，DNA損傷を与える放射線や，化学発癌剤（例：ニトロソメチルウレアはRas癌原遺伝子の点突然変異を誘起する）や，それ自体は発癌能力をもたぬが細胞分裂を促進し，遺伝子変異の確率を増大させる物質（例：フォルボルエステル）があげられる．

　一方，RNA腫瘍ウイルスによって外来性の癌遺伝子が細胞に持ち込まれる結果，癌化する場合がある．種々の動物ウイルスやヒトのT細胞白血病ウイルス（HTLV）がその例である．進化論的には，ウイルスが宿主細胞の癌原遺伝子のRNAを，偶然に，自己遺伝子の一部として獲得し，増殖する過程で，変異を起こし，癌遺伝子の運び屋に変貌したと考えられる．これは，1976年，バーマスとビショップによってproto-oncogene説として提唱された．

　癌原遺伝子活性化のもう1つの機構は，染色体の組換えによって，増殖を調節する遺伝子や癌を引き起こす遺伝子を活性化する場合である．例えば，免疫B細胞の異常増殖であるバーキットリンパ腫では，染色体組換えの結果，免疫グロブリン遺伝子のプロモーターの支配下に入ったc-myc遺伝子（細胞に内在する癌原遺伝子に，頭文字cをつける規約がある）が，転写因子Mycを過剰発現する．このMycは，さらに細胞増殖に必要な遺伝子を活性化し，異常な増殖を引き起こして，細胞を癌化する．RNA腫瘍ウイルスの強いプロモーター（LTR）が，宿主染色体に組み込まれて，細胞増殖に必要な遺伝子を活性化する場合も同様である．

2）癌抑制遺伝子の変異による発癌

　しかし，このproto-oncogene説だけでは，必ずしも説明できない型の癌があった．ある種の癌細胞と正常細胞を融合すると，その融合細胞では癌形質が抑制される．このことから，正常細胞では，発癌を抑制する癌抑制遺伝子が存在していて，その機能や発現を不活化する変異が起こると，抑止力を失って細胞の無秩序な分裂を引き起こしたり，癌遺伝子を活性化すると考えられる．クヌードソンの網膜芽細胞腫という小児癌（Rbという癌抑制遺伝子が原因）の発生機序を説明するtwo-hit理論[4]もこの考えを支持する（概念図）．本来，癌原遺伝子として正常に機能している対立遺伝子の一方に活性型変異が起こると，癌遺伝子として機能し，異常に活性が増強したタンパク質，あるいは過剰にタンパク質が作られ癌化を引き起こす．すなわち，優性的に作用する．癌抑制遺伝子は，対立遺伝子の片方の遺伝子のみに不活型変異が起こり，タンパク質の活性が低下するか，その産生が抑えられる．しかし，一方の対立遺伝子が正常であるため，正常な機能が維持される（不活性型変異）．両方の対立遺伝子が不活化されたとき，癌化を引き起こす．したがって，劣性的に作用する．これはクヌー

表6-4　癌遺伝子

	関与する腫瘍	機能
1. 増殖因子・受容体		
PDGF（Sis）	神経膠腫	血小板由来増殖因子
erb-B	神経膠芽腫, 乳癌	EGF受容体, チロシンキナーゼ
erb-B2（HER-2, new）	乳癌, 卵巣癌, だ液腺腫	増殖因子受容体, チロシンキナーゼ
RET	甲状腺癌	増殖因子受容体, チロシンキナーゼ
Fms	急性骨髄性白血病	チロシンキナーゼ受容体
Abl（BCL-Abl）	骨髄性白血病	チロシンキナーゼ, PI3Kの活性化, 膜結合タンパク質
2. 細胞質シグナル分子		
B-Raf	メラノーマ	セリン・スレオニンキナーゼ
Ki-Ras	大腸癌, 肺癌, 卵巣癌, 膵臓癌	低分子量Gタンパク質
N-Ras	白血病	低分子量Gタンパク質
3. 核タンパク質		
c-myc	白血病, 乳癌, 肺癌, 胃癌	増殖制御の転写因子
N-myc	神経芽腫, 神経膠芽腫	増殖制御の転写因子
Rel	B細胞リンパ腫	転写因子, NFκBホモログ
Ski	多様な癌	TGFβシグナルの調節
Jun	肺癌, 多様な癌	転写因子

ドソンのtwo-hit理論）と呼ばれているが，近年，不活性型変異の状態でも，残りの対立遺伝子の発現がメチル化（概念図中，Mで示す）などにより抑制されれば，癌化に到ると考えられる例（エピジェネティック調節）が報告されつつある[5]．

> **メモ**　エピジェネティック調節：遺伝子外調節として，遺伝子の変異ではなく，クロマチン，ヒストン，ヌクレオソームの修飾によって，遺伝子発現の異常を起こすことをいう．また癌遺伝子の活性化，染色体不安定性を引き起こすDNAの脱メチル化や癌抑制遺伝子の抑制を引き起こすDNAの高メチル化も，この調節に入る．誤ったゲノムインプリンティングも大腸癌のリスクを高め，Wilms腫瘍のゲートキーパーである．エピジェネティック因子は，遺伝子変化だけでは説明できない癌の発生，プロモーションを説明するものとして近年，脚光を浴びつつある．

　癌遺伝子の分離は，NIH3T3細胞のDNAトランスフェクション法などで，比較的容易に行われるが，癌抑制遺伝子のそれは，一般に難しく，主に遺伝性癌の家系分析に基づく染色体マッピングに頼っていた．ヒトゲノム解析による遺伝子リストが完成した現在，欠失した癌抑制遺伝子の探索はより容易になったといえる．今日では，100種以上の癌遺伝子が，また30種以上の癌抑制遺伝子が同定されている（表6-4, 6-5にその一部を示す）．ATMやChk2のようなDNA修復遺伝子は，癌に対して防御的に働くので，ある意味で癌抑制遺伝子に属

表6-5 癌抑制遺伝子

	関与する腫瘍	機能
1. 細胞質タンパク質		
APC	大腸癌・胃癌 家族性大腸ポリポーシス	β-カテニンによる結合して転写調節
DPC4	膵臓癌	Smad4をコード，TGFβシグナルを調節
NF-1	神経繊維芽腫 メラノーマ，白血病	Rasの負の調節因子，GAP活性
VHL	腎臓，メラノーマ	転写因子HIFの調節
WT1	ウィルムス症候群 神経芽細胞腫	転写因子
p21（Waf1）	乳癌，多様の癌	細胞周期調節 CDKインヒビター
2. 核タンパク質		
Rb	網膜芽細胞腫 骨肉腫，肺小細胞癌，乳癌	細胞周期調節
BRCA-1	乳癌，卵巣癌	DNA修復，細胞周期調節
BRCA-2	乳癌	DNA修復，細胞周期調節
p53	多様の癌 リーフラウメニ症候群	転写因子，増殖抑制 アポトーシス誘導
p16（INK4a）	神経膠腫，多様な癌	細胞周期調節， CDKインヒビター
p19（ARF）	悪性リンパ腫，多様な癌	細胞周期調節

するようにみえるが，癌抑制遺伝子というより，DNA修復遺伝子が欠失すると，多くの遺伝子に変異が蓄積するため，癌の発生・プロモーションに寄与すると考えた方がよいであろう．このDNA修復酵素の重要性は，家族性乳癌の10％が，ATMタンパク質の変異を伴っていることからも伺えよう．

3) 染色体の質的・量的変化による発癌

今まで述べてきた，しかも現在の潮流となっている癌原遺伝子，癌抑制遺伝子の変異説に抗して，根強い反論があることを付記しておく．1902年，ボベリによって，癌細胞は，染色体異常（aneuploidy：異数倍数体）を有することが観察されていた．この現象は，癌の原因というより結果であるとみなされてきた．一方，癌細胞のなかには，必ずしも癌遺伝子や癌抑制遺伝子の変異（したがって，その不活化や，活性化）が見つからず，むしろ単に，gene dosage（遺伝子産物の量）が変化した結果であるようにみえる事例が報告されていた．しかも，この場合にも確実に検出されるものは，aneuploidyなのである．それゆえ，近年，この大規模な染色体の質的・量的変化が遺伝的不安定性をもたらし，ひいては無秩序な細胞増殖を誘導し，発癌の原因となるという仮説が提唱されている．筆者は，2つの機構が共存した形で進行しているのが現実の発癌過程ではないかと考えている．

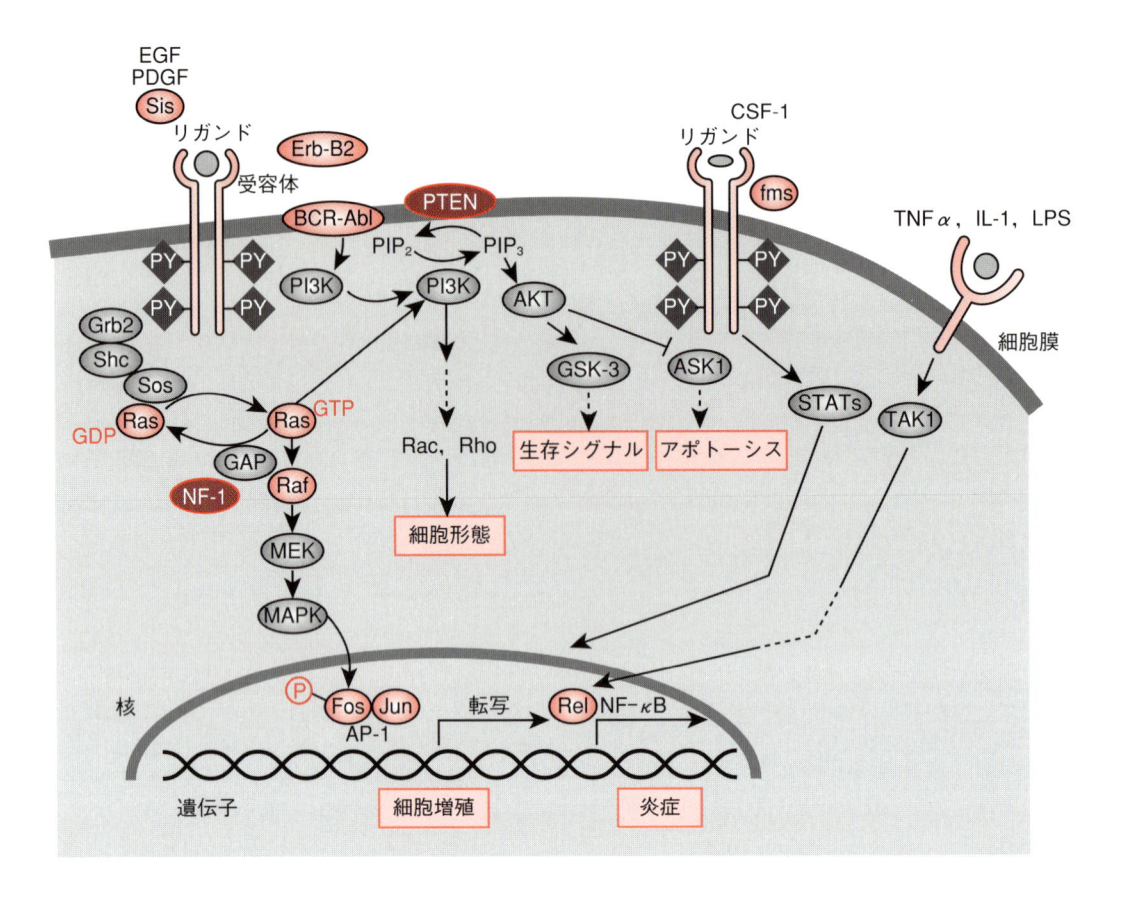

図6-11 癌遺伝子・癌抑制遺伝子を介したシグナル伝達

増殖因子受容体によりRas-Raf-MEK-MAPKリン酸化カスケード経路を介して，増殖シグナルが転写因子に伝達され，増殖に必要な遺伝子の転写が活性化される．このシグナル経路に，代表的な癌遺伝子が存在する[6]．組換えでできたBCR-AblはPI3Kを活性化する．また炎症を誘導するTNFα，IL-1の作用を媒介する転写因子やCSF-1の受容体も癌遺伝子となりうる．さらに，Ras活性を抑制するNF1や，PIP_3を脱リンするPTENは癌抑制遺伝子である

4）癌細胞の抗アポトーシス活性

　また，いくつかの癌原遺伝子，癌抑制遺伝子は，アポトーシスの制御にかかわっていて，アポトーシスの抑制が癌細胞の永続的増殖に利することになる．悪性度の高い癌ほど，環境の生理的栄養条件に依存せず，抗アポトーシス活性を獲得している．例えば，抗アポトーシス活性を有するBCL-2タンパク質は，予後の悪い前立腺癌，大腸癌に高発現している．アポトーシスについては，**第4章-5**を参照されたい．

2 膜受容体チロシンキナーゼからのシグナル伝達

　癌遺伝子や癌抑制遺伝子産物は，細胞間で保存された増殖シグナル伝達経路に機能的に組みこまれている（図6-11）．したがって，このなかのどの成分でも，恒常的に活性化，または不活化されると，常に細胞の増殖が進行する．

まず，いくつかの癌遺伝子による癌化の分子機構について述べたい．典型的な例として，正常上皮細胞では，上皮細胞増殖因子（EGF）が細胞膜受容体（EGF受容体）に結合すると，低分子量Gタンパク質Rasが活性化され，Raf－MEK－MAPキナーゼのリン酸化カスケードを介して，最終的に転写因子（AP-1など）を活性化して，細胞分裂に必要な遺伝子群の転写を開始させる．しかし，受容体に変異が起こって，常に活性化の状態にあると，増殖因子の有無に関係なく細胞質ドメインがチロシンリン酸化状態にあるため（例：Erb-B2），低分子量Gタンパク質と連絡するアダプタータンパク質（Grb2）と常に結合し，下流に活性化シグナルを送り，発癌の引き金となる．一方，Rasが変異して，GTPase活性を失うと，Rasは，GTPと結合した活性化状態を維持して，この場合も，恒常的な増殖シグナルを送ることになる．多くのヒト癌で，この変異が観察される．これに関連して，GTPase活性を触媒するGAPが不活化すれば，Rasは耐えず活性化状態にあり，発癌をもたらしうる．実際，GAP活性をもつ癌抑制遺伝子NF1の欠失により，神経線維腫症が起こる．MAPKをリン酸化するB-Rafキナーゼでも調節ドメインに変異が起こった場合，発癌性タンパク質となり，メラノーマの50％に，この種の異常が報告されている．

　受容体シグナルを受けて，細胞生存に必要なAKTキナーゼを活性化するリン脂質PIP_3の量は，PIP_3を生成するPI3KとPIP_3を脱リンするPTENによって，各々，正負の調節を受ける．このPTENが，癌抑制遺伝子機能を果たしていて，前立腺癌やメラノーマでその欠失変異が見つかることは，興味深い．また，サイトカイン受容体チロシンキナーゼの活性化変異でもたらされる癌遺伝子（例：fms）もある．癌の発症の30％位は，慢性炎症が誘因になっていると考えられるが（例：大腸癌），この過程には，TNFα，IL-1，LPSなどの炎症性サイトカインによって活性化されるNFκB経路が媒介的役割を果たしていて，この転写因子NFκBの変異したものとしてRelがある．

3　APCタンパク質によるシグナル伝達

　次に，癌抑制遺伝子として大腸癌の発生に関与するAPCのシグナル伝達について解説する．Wntというリガンドがない場合，APCは，GSKキナーゼによるβカテニンのリン酸化を促進して，βカテニンをユビキチン－プロテアソームによる分解へ持ち込む．その結果，APCは転写制御因子βカテニンの活性を抑える（図6-12A）．この過程には，APCがAxinに結合することが不可欠であり，大腸癌でみられるAxinに結合できない欠失変異型のAPCは，もはやβカテニンをリン酸化できず，大量の活性型βカテニンが核へ移行することにより，Wntシグナルの標的遺伝子の転写がスイッチオンとなる．（図6-12B）

　APCにはβカテニンの分解誘導以外にも重要な機能があると推測される．最近，APCが，低分子量Gタンパク質Racのグアニンヌクレオチド交換因子Asefと結合してAsefの活性を調節していることが報告された．そしてAPCの変異の結果，Asefが恒常的に活性化し大腸癌細胞の運動能亢進に寄与すると考えられている．βカテニンは，またαカテニンを介した相互作用により，Eカドヘリンを細胞骨格タンパク質に結合させて，細胞の接着活性を高める

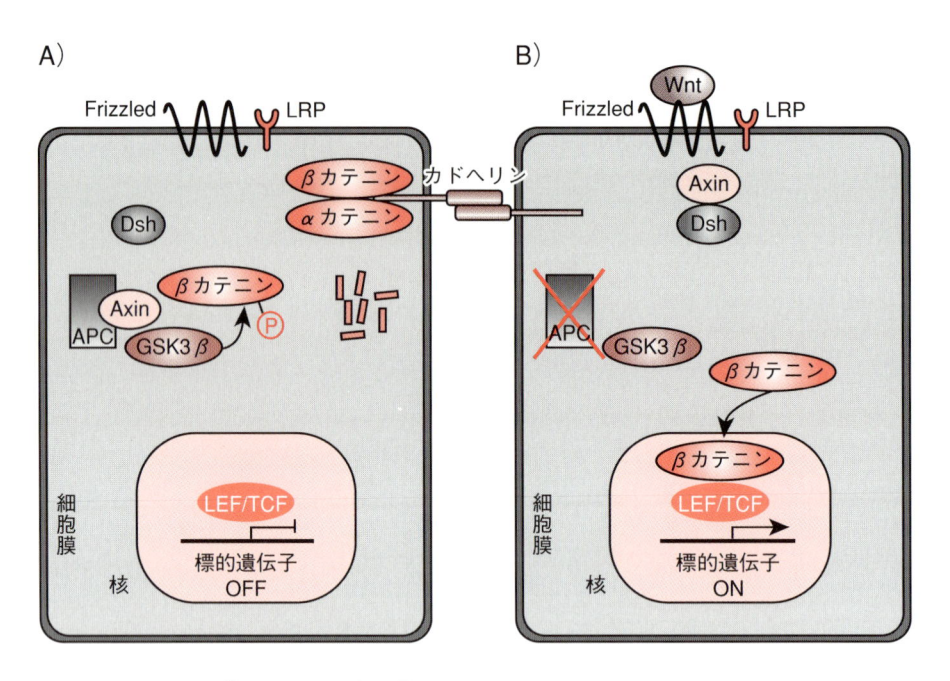

図6-12 APCの不活化による細胞癌化
Wntシグナルは，幹細胞の発生・分化で重要な役割を果たすが，発癌とも密接に関係する[7]．Wntシグナルのない状態（A）では，βカテニンがAPC-Axinと結合し，GSK3βにより，リン酸化されて分解する．Wntシグナルのある状態では，受容体Frizzledを介してGSK3βが阻害を受け，βカテニンは，リン酸化されず安定化する．その結果，βカテニンが核へ移行し，転写因子LEF/TCFに結合して，増殖に必要な遺伝子（c-myc, Cyclin D1など）の転写を開始する（B）．大腸癌などの癌で変異したAPCは，Axinと結合できないため，βカテニンが動員されずに安定となり，恒常的に転写活性を上昇させ，異常な細胞増殖を誘導する（B）

役割ももつ．Eカドヘリンは，癌抑制遺伝子的に捉えられる半面，その不活化による結果は，APCの不活化やβカテニンの活性化変異と異なっており，Eカドヘリンの癌化における機能については，整合性のある統一的解釈に至っていない．

4 癌抑制遺伝子p16，Rb，p53によるシグナル伝達

　このシグナル伝達は，細胞周期の調節に組み込まれている（図6-13）．網膜芽細胞腫タンパク質Rbは，CyclinD1やCDK4を介してp16によって調節される．すなわち，Rbは，G1初期には活性型の低リン酸化状態にあり，転写因子E2Fと結合して，E2Fの標的遺伝子の発現を抑制している．S期に入るとCyclinD1/CDK4複合体によってリン酸化されて高リン酸化型となり，転写因子E2Fに結合できず，E2Fはその標的遺伝子（細胞増殖に必要な遺伝子群，CyclinEやDNAポリメラーゼαなど）を転写し，DNA合成，細胞増殖を促進させる．したがって，CyclinD1/CDK4の働きを抑制しているp16が不活化しても，あるいはCyclinD1，またはCDK4が恒常的に活性化しても細胞増殖が亢進し，発癌性となる．p16が癌抑制遺伝子的に，CyclinD1，CDK4が癌遺伝子的に，みなされる所以である．実際，ほとんどすべての癌において，Rbやp16が不活化型の変異をもち，CyclinD1やCDK4が活性型の変異をもつこ

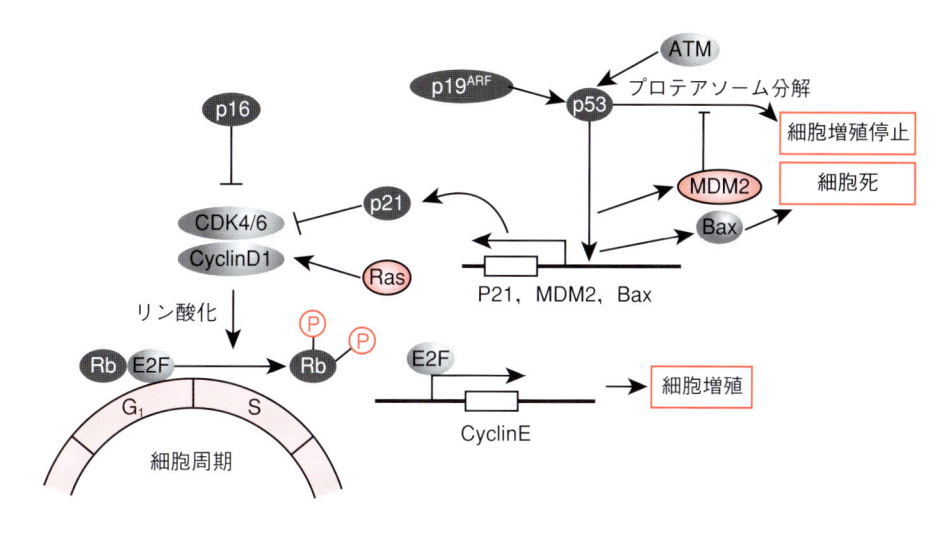

図 6-13 癌抑制遺伝子 p16, Rb, p53 による細胞増殖調節機構

p16 (INK4a) は，Cyclin D1/D4 複合体形成を阻害し，Rb のリン酸化を抑制することによって，細胞増殖を停止させる．Rb は，転写因子 E2F と結合し，抑制的に働いているが，リン酸化されると，E2F から遊離し，E2F 標的遺伝子 (CyclinE, DHFR など) の転写を開始し，細胞増殖を促す．p53 は，細胞周期 G1 ブロッカーの p21 (Waf1) を誘導し，この p21 が CyclinD1/CDK4 複合体に結合して細胞周期を止める．一方，癌細胞に p53 を強制発現すると Bax などの転写を活性化し，アポトーシスを誘導する．MDM2 は p53 と結合し，p53 をプロテアソーム依存性に分解するので，癌遺伝子として作用する．また，p53 は MDM2 を転写活性化するので，MDM2 による p53 の調節は，ネガティブフィードバック機構によると考えられる[8) 9)]

とが知られている．

　細胞周期において，もう 1 つの中心的役割を果たすタンパク質は p53 である．p53 はおそらく最も頻繁に変異する遺伝子であり，50％以上の癌に不活型変異が検出されている．p53 は，細胞周期インヒビターの p21 や，アポトーシスを誘導する Bax などの転写因子として機能し，細胞増殖を抑制するかアポトーシスを誘導する．p53 の活性はタンパク質安定性によって調節される．つまり，MDM2 がユビキチン－プロテアソーム依存性に p53 の分解を引き起こす．この MDM2 はさらに p19^{ARF} によって負に調節されている．ある種の癌では，MDM2 の活性化型変異や，p19^{ARF} の不活型変異が起こっていて，このいずれの場合でも，p53 活性を抑えることになり，その結果，アポトーシスを抑制し，恒常的に細胞増殖を促進することになる．p16 と p19^{ARF} は，同一遺伝子から異なったスプライシング機構で転写される遺伝子産物である．また，MDM2 の遺伝子発現は，p53 によって調節されているので，MDM2 は p53 を負のフィードバック機構で調節していると考えられる．

5 その他のタンパク質

1) 活性酸素による発癌

　スーパーオキサイド ($\cdot O_2^-$) や過酸化水素 (H_2O_2) のような活性酸素 (ROS) は，無秩序に細胞内に蓄積すると，遺伝子に傷害を与える結果，癌遺伝子を活性化したり，癌抑制遺

伝子を不活化し，発癌の源となると考えられてきた．しかし，最近，こういったgenotoxicな観点とは異なり，正常細胞では低濃度のROSがシグナル分子として機能していて，癌形質における亢進した細胞増殖の維持に不可欠であるという観察が報告されているのでここに紹介する．この種のROSは，NADPH oxidase（Nox）ファミリー遺伝子群から産生されるものであり，ファミリーメンバーの1つNox1の産生するROSは，Ras癌遺伝子で癌化した細胞や大腸癌細胞の癌形質（増殖，細胞形態，造腫瘍能）に必須である．また，Nox4はメラノーマ，膵臓癌細胞の増殖に必要であることが示されている．Nox1，Nox4の産生するROSを除去すると，アポトーシスや細胞増殖（細胞周期）の停止が起こる．今後，Nox作用の解明がすすめば，発癌の分子機構に新たな解釈を加えられる可能性がある．

2）ケモカインによる癌細胞の転移

もとより，癌化に寄与するタンパク質群としては枚挙にいとまがなく，浸潤，転移にかかわるものとして，2～3の例について特筆したい．腫瘍細胞が，原発巣からある特定の組織へ転移する性質を支配しているものは何か？　最近の研究から，新しい転移の分子機構が明らかになってきた．転移先の組織から，特定のケモカインが，分泌されており，腫瘍細胞に，そのケモカインに対する受容体が発現すると，ケモカインの濃度勾配に沿った化学走性に従い，白血球がそうであるように，腫瘍細胞が転移先の組織に移動するためであることがわかってきた[10]．

ケモカイン受容体は，Gタンパク質，インテグリンや細胞骨格タンパク質と共役し，接着，細胞運動能を調節することが知られているので，このモデルは理にかなっているといえる．乳癌の場合，乳癌細胞に発現している代表的な受容体としては，CXCR4, CCR7がある．これらのリガンドは，各々SDF-1α（CXCL12），CCL21（6Ckine）であり，リンパ節，肺，肝臓，骨髄組織でよく産生されていて，これらの組織における乳癌細胞の転移率が高いことと符号している．メラノーマ細胞の場合，これらの受容体に加えて，CCR10のケモカイン受容体が高発現している．そのリガンドCCL27は，皮膚組織でよく産生されていて，メラノーマの皮膚組織での高転移と合致する．

3）HIFによる癌細胞の転移・浸潤

これに関連して，癌組織の低酸素状態（hypoxia）という環境下で，癌細胞でのCXCR4受容体の発現が高まり，癌の転移・浸潤に寄与すると考えられる現象がある．この場合，低酸素状態によって，転写因子（HIF）が活性化されて，その標的遺伝子である血管内皮細胞増殖因子VEGFやCXCR4の発現を誘導している．ここで面白いのは，Von Hippel-Lindau（VHL）癌抑制遺伝子が，その調節過程にかかわっていることであり，正常のVHLはHIFの活性化因子であるαサブユニットを分解して，HIF活性を抑制し，CXCR4/VEGFの発現を抑えている．しかし，変異したVHLは，HIFのαサブユニットを分解することができず，HIFは常に活性化状態にあり，CXCR4を含む標的遺伝子群が，恒常的に発現すると考えられる．癌抑制遺伝子が，転移・浸潤と結びついた新しい癌の分子機構といえるであろう．

4）MMPによる癌細胞の浸潤

癌細胞の浸潤能を媒介するタンパク質群として，ヒアルロン酸/CD44受容体以外に細胞外マトリックス（ECM）を，亜鉛イオン依存的に分解する酵素，マトリックスメタロプロテアーゼ（MMP）がある．MMPファミリーとしては，細胞膜結合型（MT1-MMP）と可溶性型（MMP）とがあり，各々基質特異性をもつ．浸潤能の高い癌細胞からは，MMP-2，MMP-9がよく分泌され，周囲のECM（コラーゲン）を分解し，癌細胞の移動を助ける．一方，MT1-MMPは，MMP-2のプロセシングを行うことで浸潤活性に寄与すると考えられる．

最近，ユニークな膜結合型のMMPインヒビターであるRECKタンパク質が同定された．RECKは，MMPの細胞外分泌やその活性化を制御しており，ECMリモデリングの調節を介して血管形成に重要な役割を果たすことが知られている．MMPファミリーと異なる特徴は，RECKの発現が，Rasなど多様な癌遺伝子によって負に制御されていて，予後の良い腫瘍ではRECKの発現が高いことから癌抑制的に働いているのかもしれない．今後，その機能的役割が解明されれば，浸潤の機構に新しい観点がもたらされ，癌治療への応用の道も開けるであろう．

■文献

1）Hahn, W. C. & Weinberg, R. A.：Modeling the molecular circuitry of cancer. Nature Rev. Cancer, 5：331-341, 2002
2）黒木登志夫/著 "遺伝子でガンを攻める"，日経サイエンス，2月号：日経サイエンス社，2000
3）Jacks, T. & Weinberg, R. A.：Taking the study of cancer cell survival to a new dimension. Cell, 11：923-925, 2002
4）Alfred, G. & Knudson, J. R.：Mutation and Cancer：Statistical Study of 5 Retinoblastoma. Proc. Natl. Acad. Sci. USA, 68：820-823, 1971
5）Feinberg, A. P.：The epigenetics of cancer etiology. Seminars in Cancer Biolog., 14：427-432, 2004
6）Bar-Sagi, D. & Hall, A.：Ras and Rho GTPases：A Family Reunion. Cell, 103：227-238, 2000
7）Reya, T. & Clevers, H.：Wnt signaling in stem cells and cancer. Nature, 434：843-850, 2005
8）Sherr, C. J.：The INK4a/ARF network in tumor suppression. Nature Rev. Mol. Cell Biol., 2：731-737, 2001
9）Roussel, M. F.：The INK4 family of cell cycle inhibitors in cancer. Oncogene, 18：5311-5317, 1999
10）Zlotnik, A.：Chemokines in neoplastic progression. Semin. Cancer Biol., 14：181-185, 2004

4 癌治療の分子標的タンパク質

癌の分子標的タンパク質は癌細胞そのものの増殖，分化，細胞死，DNA修復などに関与する群と，生体宿主側の正常細胞による血管新生や腫瘍免疫応答などに関与する群に分けられる．現在は癌細胞の非特異的増殖シグナル関連分子の拮抗薬が主流である．個々の癌の特異的病因が解明されることが最も重要で，それに立脚してオーダーメイド的にその病因分子を標的とすれば病気を標的とすることになり理想的である．慢性骨髄性白血病のイマチニブなどはその教科書的存在である．

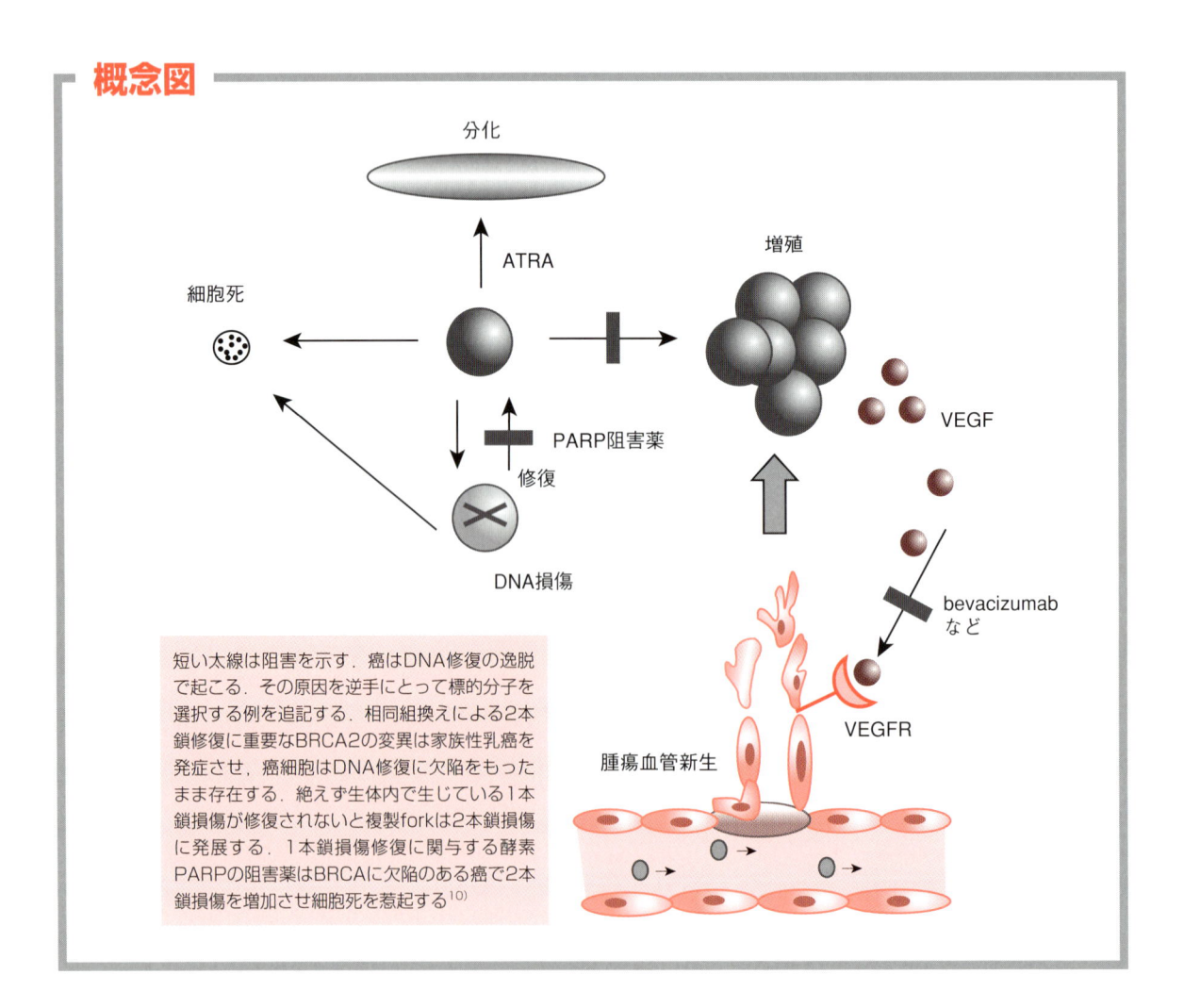

概念図

短い太線は阻害を示す．癌はDNA修復の逸脱で起こる．その原因を逆手にとって標的分子を選択する例を追記する．相同組換えによる2本鎖修復に重要なBRCA2の変異は家族性乳癌を発症させ，癌細胞はDNA修復に欠陥をもったまま存在する．絶えず生体内で生じている1本鎖損傷が修復されないと複製forkは2本鎖損傷に発展する．1本鎖損傷修復に関与する酵素PARPの阻害薬はBRCAに欠陥のある癌で2本鎖損傷を増加させ細胞死を惹起する[10]

1 くすりと分子標的

すべての薬は標的分子（薬理学的には薬物受容体）をもつが，良薬は病気を標的にしている．COX阻害薬を解熱剤としてインフルエンザに服用する場合，分子標的薬ではあるが病気標的薬ではない．根本原因（病因）であるウイルスのニューラミダーゼを阻害するoseltamivir（タミフル）は病気標的薬でもある．近年，癌や白血病（以下，癌と総称する）の一部で病因が解明され病気標的治療が可能になったが，癌はゲノム的に多様性に富むため，理想的には特定の癌に対してオーダーメイド薬による個人最適化医療が必要である[1]．分子標的というとその分子の機能を破壊する意味にとられがちであるが，このようなとき標的薬は拮抗薬アンタゴニスト（antagonist）と呼ばれ，逆にその機能を促進させるとき作用薬アゴニスト（agonist）という．

癌細胞の分子生物学は増殖，分化，細胞死で論じられ，生体内ではこれに血管新生や免疫などの生体防御機構の要素が加わる（概念図）．最終的な分化を遂げて特定の機能を獲得した細胞（例えば神経細胞や好中球）はもはや増殖しない．またX線などでDNA損傷が生じた場合，修復機構を免れた細胞は細胞死のプログラムが積極的に作動し消滅する．したがって，分化や細胞死が何らかの原因で病的に抑制された場合，病的な増殖活性化機転が存在しなくても生理的な増殖刺激で細胞は正常域を逸脱して増殖する．癌の増殖を抑制することが治療の目的であるため，標的薬は多くが増殖のアンタゴニストである．これに対し分化や細胞死を積極的に促進させるような標的分子が発見された場合標的薬はアゴニストである．

2 細胞増殖の基本

生理的条件下では，細胞外に分泌された増殖因子によって細胞の主として増殖が制御されている．増殖因子が膜受容体に結合すると，細胞内シグナル伝達分子の連鎖的分子間相互作用が生じ，最終的には核内の細胞周期関連分子（**4章-6参照**）が活性化されて細胞分裂が起こる．癌では，増殖因子A1－膜受容体A2－シグナル伝達分子A3－細胞周期関連分子A4のカスケードのいずれかに異常が起き，制御不能な病的細胞増殖が起きている（図6-14）．癌は生体内で増大するために，栄養および酸素供給を皮肉なことに宿主（患者自身）の血管から受けている．この腫瘍血管の新生を抑制して癌を兵糧攻めにするためには，これに本質的な血管内皮細胞という宿主側の非腫瘍細胞の増殖を阻害しなければならない（概念図）．

3 病気を標的としない癌の標的分子

1）DNAとその修飾タンパク質

これは古くから癌治療の分子標的である．白血病治療にBHAC-DMP療法という多剤併用

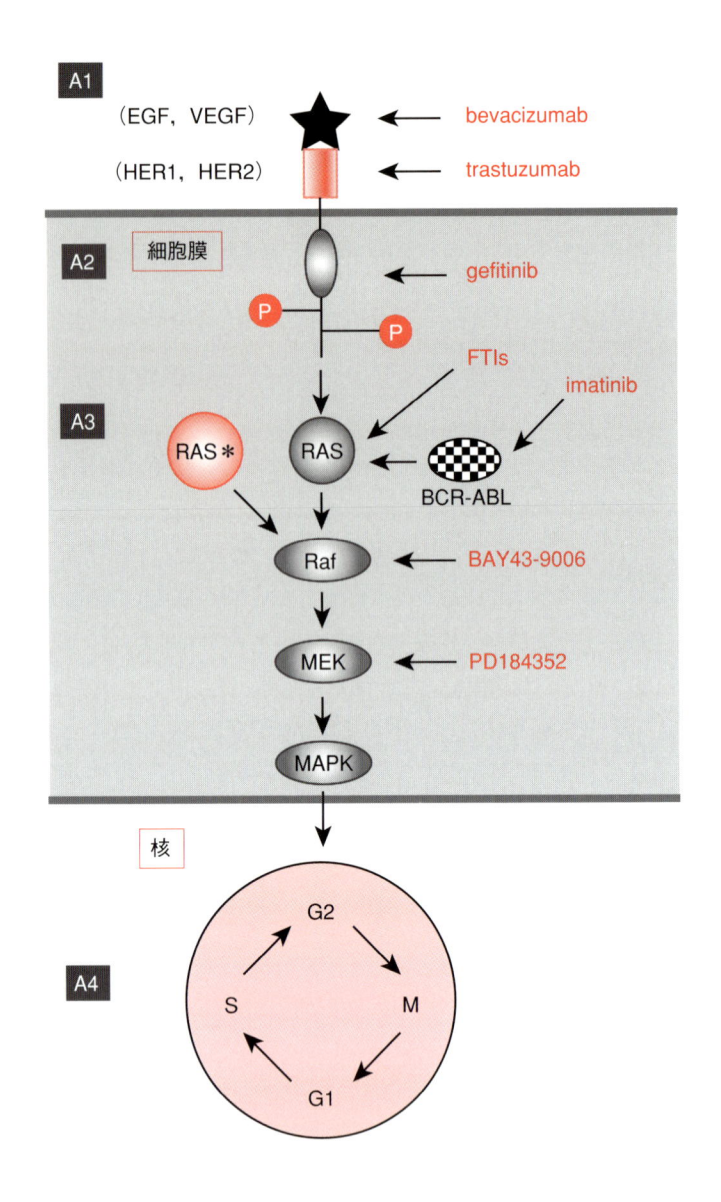

図 6-14　細胞増殖のカスケードの基本
本文参照．A1-A4 に属する分子とその標的薬の代表例を示す．RAS＊：活性化 RAS

療法がある（図 6-15A）．BHAC は生体内でシトシンアラビノシド（cytosine arabinoside：Ara-C）に変換される．DNA 複製時（S 期）には DNA の材料の供給が必須である．デオキシリボースの代わりにアラビノースがシトシンに付加したものが Ara-C で，DNA ポリメラーゼはこの擬似基質によって抑制されることになる．このように酵素の基質に人工的分子を使用する方法は多くの成功をおさめている．D は Daunorubicin で複製に関係なく DNA にインターカレーション（挿入）することで損傷を負わせる．M は 6-mercaptopurine でやはり DNA 合成の材料であるプリンの擬似体である．生体内で誤ってリボースが付加されるが（thioinosine），これが DNA 材料の合成経路に関与する酵素に抑制をかける．P は

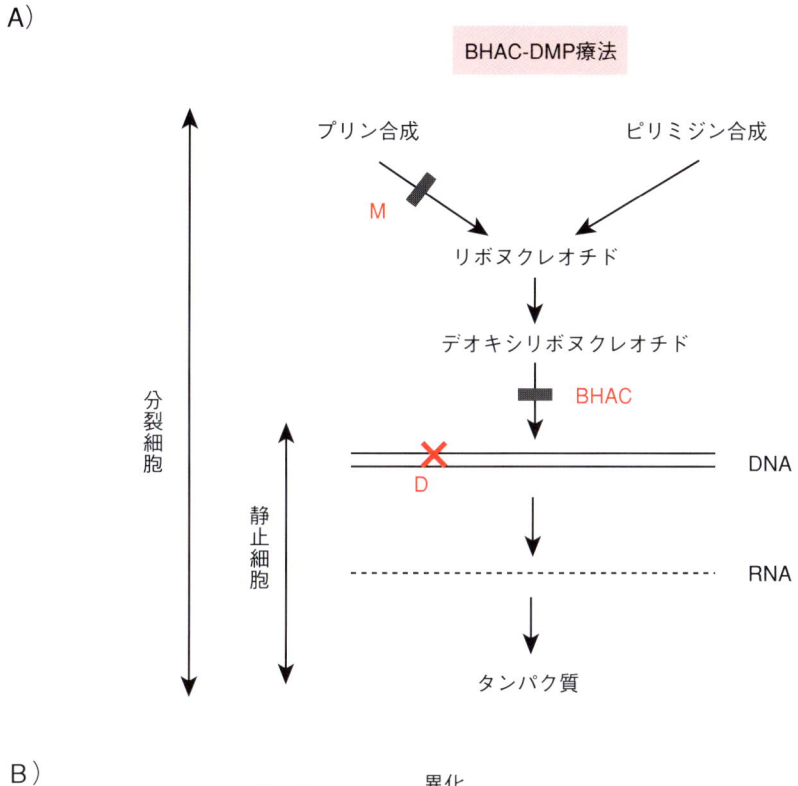

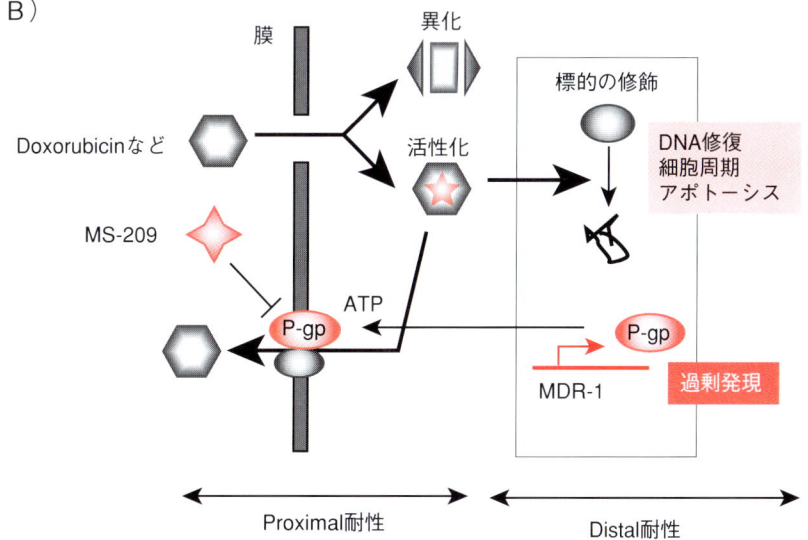

図 6-15 細胞傷害性薬と薬剤耐性
A) 非特異的細胞傷害性薬の作用点を BHAC-DMP 療法を例に示す（本文参照）．B) 薬剤耐性における P 糖タンパク質（P-gp）の役割を示す．細胞膜など薬が標的に達する前段階での耐性を proximal 耐性という

predonisolone（ステロイド剤）であり，死滅した癌細胞から放出される異常タンパク質に生体がショックのような過剰防御反応を起こすことを抑制する．増殖シグナルの最も下流に位置するDNA複製は癌細胞（テロリストのアジト）で盛んではあるものの正常細胞（民家）でも生じており，これら細胞傷害性薬物（空爆撃）は大きな悲劇（副作用）を招く．

2) P-glycoprotein（P糖タンパク質）

MDR-1多剤耐性遺伝子がコードする分子で，doxorubicin，vinka alkaloidなどの細胞傷害性薬剤を積極的に細胞外に排出する．化学療法の後にその発現が増強され，臨床的には再発時の治療抵抗性につながる．MS-209はP糖タンパク質に直接作用し，そのトランスポーターとしての機能を阻害する（図6-15B）[2]．

3) Ras/MAPK

① *Ras*とファルネシル化阻害薬

Ras遺伝子は4つのアイソフォームすなわちH-Ras，N-Ras，K-RasA，K-RasBをもち，その突然変異による異常は癌全体の30％に見出される．逆に変異型Rasは発癌活性があることが実証されてきた．正常のRasは増殖シグナルの最も本質的な構成員でもある．GTP結合分子であるRasのGTPase活性はGAP（GTPase activating protein）によって活性化されGDP結合型（不活性化型）となる．GDP－GTPのスイッチがMAPキナーゼ（MAPK）の活性化を制御している（図6-14）．

Rasがその機能を果たすためにはisoprenoid（イソプレノイド）がそのC末端に付加される（プレニル化）ことで細胞膜に移行しなくてはならない．GAPのように機能するGTPaseのアゴニストは薬物として存在しないため，Rasの機能を抑制する方法としてイソプレノイド転移酵素が標的タンパク質とされてきた．3つのイソプレンユニットにリン酸が付加したファルネシル二リン酸（FPP）からファルネシル部分（F）をRasのC末端に存在する4つのアミノ酸配列C-A1-A2-X（CはCys，A1とA2は脂肪族アミノ酸，XはSer，Gln，Met）のCに転移するのがファルネシル転移酵素（FT）である（図6-16A）．

FTは49kDaのα，46kDaのβサブユニットで構成されるヘテロ二量体であり活性中心にZnを含有する．FTはRasタンパク質のC-A1-A2-X部分のみを認識するという特殊性があるため，FTの疑似基質として4つのアミノ酸からなるさまざまなペプチドがFT阻害薬（inhibitor）（FTI）として検討されてきた．結晶構造解析の結果から，例えばC-V-I-MというK-RasBペプチドでは，そのIがY361β（βサブユニットの361番Tyr，以下同様），W106β，W102βなどからなるA2結合部位に，MがA98β，P152β，H149β，Y131αなどから構成されるspecific pocketと呼ばれる構造に，それぞれ結合する[3]．現在ではペプチドと同様にFTに結合する低分子化合物が複数開発されている．その1つであるR115777（tipifarnib）（図6-17）では図6-16C, Dに示す4番のリングがF360βと水素結合し，また4番，5番のリングはA2結合部位と結合している．したがって本薬物の存在下では，K-RasBのC-V-I-Mは結合できず細胞膜に移行できないことになる．

CA1A2Xプレニル転移酵素にはRasファミリーに属するRacやRhoなどを基質とするゲラ

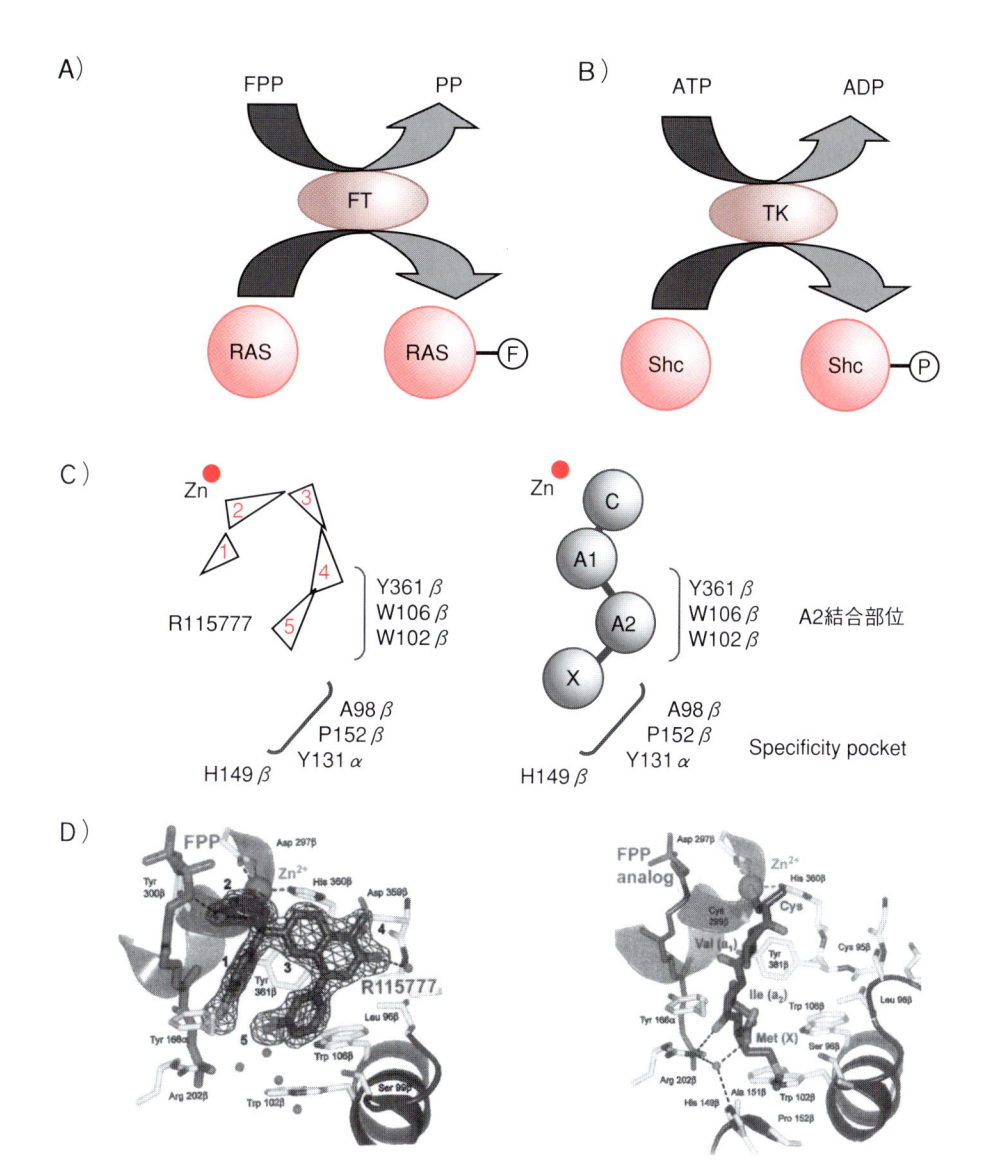

図6-16 ファルネシル転移酵素の阻害薬およびRas認識部位（巻頭カラー6参照）
FT（A）とTK（B）の酵素反応を基質としてRas，Shcをそれぞれとって模式的に対比した．CVIMとFTIのFT結合の比較を結晶構造解析（文献3から引用）（D）とその簡略図（C）で示す（本文参照）

ニルゲラニル転移酵素 type I（GGT-I）が存在し，FTのαと同一分子であることがわかっている．FT阻害薬の存在下ではGGT-Iがサルベージ機能を果たすこと，両酵素の阻害は有害であることなどからFTに対する特異性が求められる．C-A1-A2-XのXがGGT-Iの基質ではLやIであり，このことが先述のspecificity pocketとの結合を規定すると考えられているが，結晶構造解析の結果からtipifarnibは本pocketと結合しないにもかかわらずFT特異的である．これはFTのA2結合部位がYやWなどの芳香族アミノ酸で形成されるのに対しGGT-Iの相当部位はLやTなどの非芳香族アミノ酸であるためとされている．

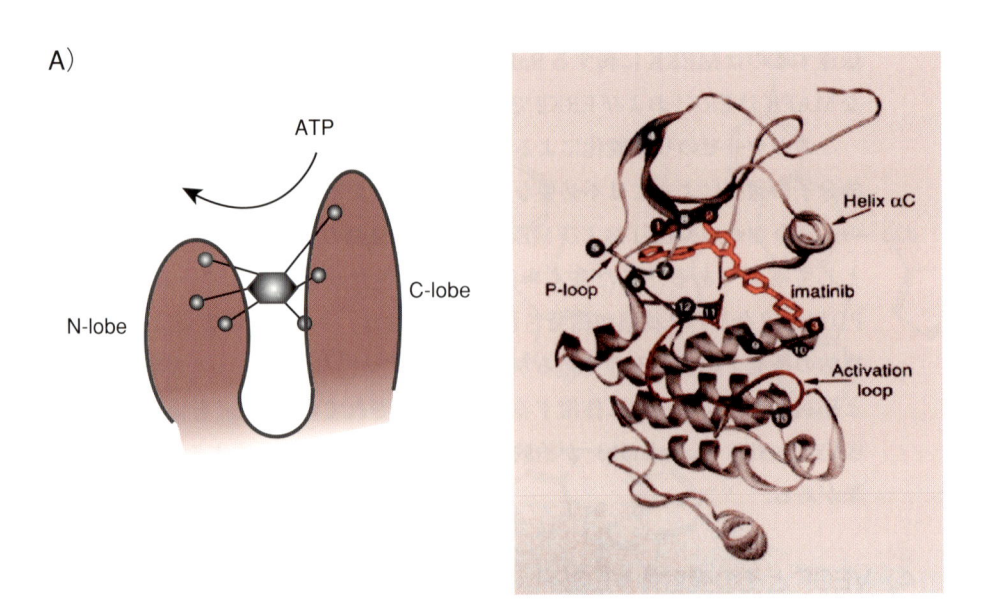

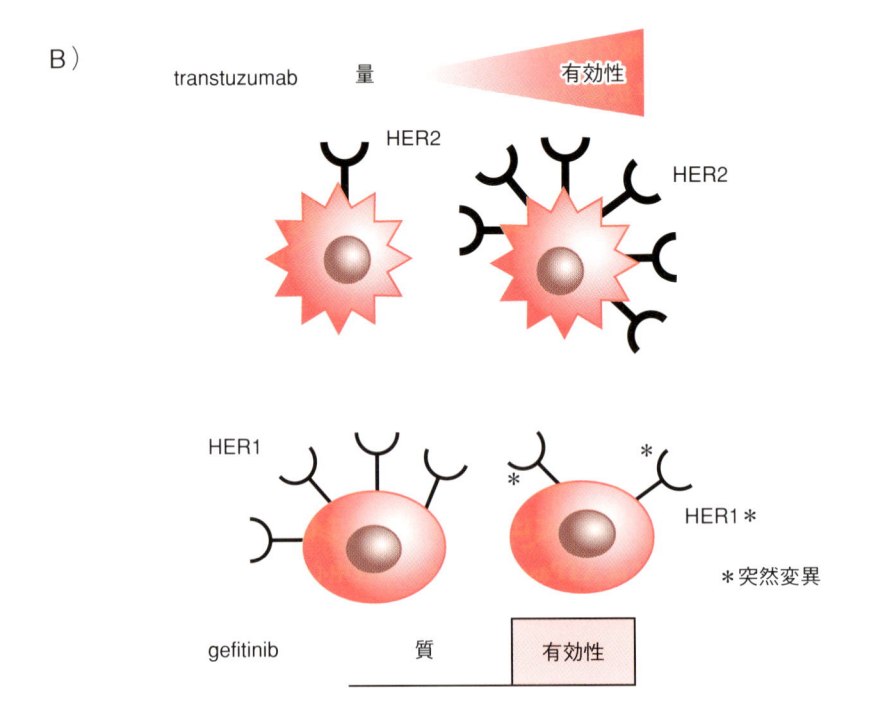

図6-18 分子標的薬の作用機序（巻頭カラー7参照）

A) imatinibとABL TKの結晶構造（文献4より引用）（右）とATP結合阻害の模式図（左）を示す．B) trastuzumabの薬効がHER2発現量に相関するのに対し，gefitinibのそれは相関しない．特定の変異をもったHER1の発現，すなわち質的変化と相関するという主張がある

薬TK inhibitor（TKI）である（図6-17）．ATPの擬似体としてプロテインキナーゼに共通の活性中心構造に入り込み6個の水素結合で結合する（図6-18A）．重篤な副作用もなく経口投与可能な優れた薬物であるが，本剤に抵抗性のBCR-ABLが問題化している．多くは6個の水素結合を担うABL側のアミノ酸自身あるいはその近傍で突然変異が生じ，imatinibが十分結合できないことで説明される[4]．これに対し，BCR-ABLはRasを活性化するのでFTIの併用[5]やBCR-ABLの変異のいかんにかかわらずこれを分解するHsp90阻害薬[6]などが期待されている．ImatinibはABL以外にSCF（stem cell factor）受容体c-kit TKも特異的に阻害する．胃や小腸に原発巣がみられる間葉系由来の高転移性悪性腫瘍（gastro-intestinal stromal tumor：GIST，消化管間質腫瘍）はc-kit遺伝子（癌原遺伝子）に自己活性化を引き起こす変異が発見されておりCMLと同様本剤の適応である．

2）PML-RAR α（病気：PML-RAR α発現 APL）

急性前骨髄球性白血病（acute promyelocytic leukemia：APL）のなかには染色体相互転座t（15；17）の結果PML-RAR αという異常タンパク質が検出されるものがある[7]．RAR αはRA（retinoic acid）の受容体で細胞の分化に，PMLは細胞死や中心体に局在してゲノム安定性などに関与する[8]．RAR αは転写因子で，その活性を制御している機構はヒストンのアセチル化である．RAの非存在下ではN-CoR，SMRT，HDAC（ヒストン脱アセチル化酵素）などの抑制分子と複合体を形成しているが，RAが結合するとこれらの抑制分子が解離しp300，CBPなどの転写促進分子が介合して転写活性を発揮する（図6-19）．ATRA（all-trans retinoic acid）は活性化型RAであり，この大量投与がPML-RAR αでも抑制分子群の解離を促すことで，転写とそれに続く分化が生じて白血病細胞の増殖を抑制する（概念図）．癌の分子標的治療薬の多くが拮抗薬であるのに対し，この場合は促進薬であることに注意していただきたい．t（11；17）転座によってPLZF-RAR αを産生するAPLでは，PLZFが抑制分子群に結合能を有するためATRAでは解離しない（図6-19）．すなわち無効である．

3）HER1（病気：変異型HER1発現腫瘍）

上皮増殖因子（epidermal growth factor：EGF）受容体1（HER1）は多様な癌で強発現を認めるだけでなく，そのような癌は悪性度が高く治療抵抗性である．Gefitinibはimatinibと同様TKIでHER1を特異的に阻害する．マウスを用いた腫瘍移植実験などからヒト癌に対する有効性が大きく期待されていたが，薬効と癌細胞のHER1発現量に相関が認められないという大きな問題を抱えている．BCR-ABLの突然変異はimatinib抵抗性を生じるのに対し，逆にHER1では高い感受性を獲得する突然変異がgefitinib有効な癌で認められるという主張がある（図6-18 B）[9]．

一方でgefitinib感受性を規定する因子は複数の遺伝子発現の変化によるものだというcDNAマイクロアレイの知見もある．先述のbevacizumabがVEGFという増殖因子に対する抗体であるのに対し，cetuximabは増殖因子受容体HER1に対するモノクローナル抗体である．EGFの捕獲ではなくEGFがHER1に作用することを阻害する．またHER1を細胞表

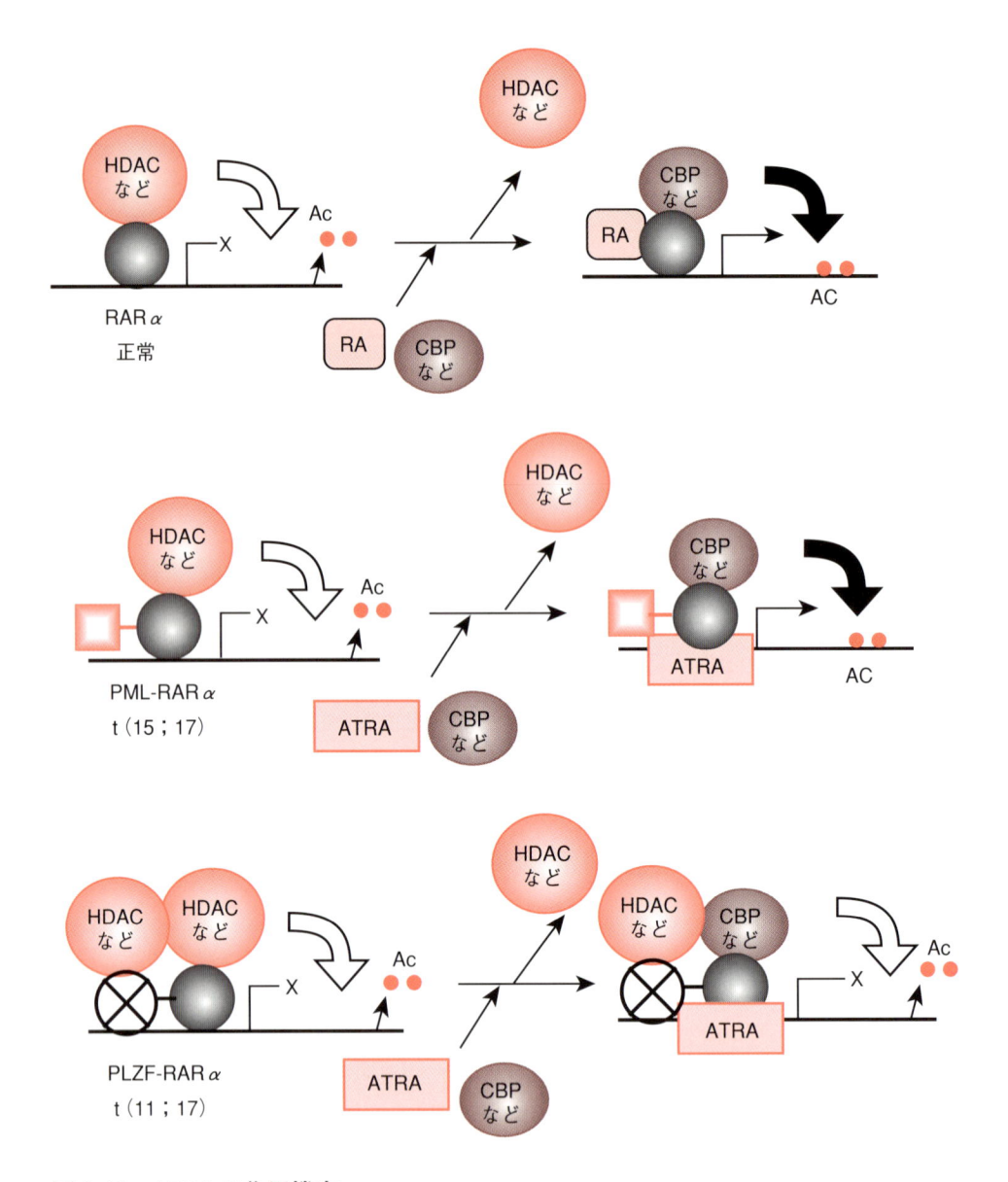

図6-19　ATRAの作用機序
ATRAによるPML-RARα分子標的治療は，APL細胞の分化誘導の分子基盤にヒストンのアセチル化によって制御される転写活性化のスイッチが存在する（本文参照）．Ac：アセチル化

面抗原の1つと考えるなら，抗体の保有するFc部分がNK細胞や単球など殺傷能力をもつ細胞に結合し，HER1を強発現する細胞を殺傷するとも説明される（抗体依存性細胞傷害活性，ADCC）．

4) HER2（病気：HER2強発現乳癌）

　ヒト乳癌の30％ではHER2の遺伝子増幅に起因する強発現が観察される．HER2のトラン

表6-6 分子標的薬とその標的

癌の標的タンパク質	特異的疾患	低分子阻害薬	低分子促進薬	抑制抗体
チロシンキナーゼ				
BCR-ABL	CML	imatinib		
c-kit	GIST	imatinib		
EGFR（HER1）		gefitinib		cetuximab
HER2	乳癌			trastuzumab
VEGF				bevacizumab
VEGFR		SU5416		
FLT3		CT53518		
IGF-R		NVP-ADW742		
Met（HGFR）		SU11274		
セリン／スレオニンキナーゼ				
PKCβ		LY333531		
MEK1		PD184352		
Raf		BAY43-9006		
CDK2		CYC202		
mTOR		Rapamycin		
その他				
FT		tipifarnib		
P-gp（MDR-1）		MS-209		
MDR-1転写因子		ET-743		
Hsp90		17-AAG		
PML-RARα	APL		ATRA	
CD33	AML			gemtuzumab ozogamicin
CD52	CLL			alemtuzumab
CD20	B細胞腫瘍			rituximab
COX-2		celecoxib		

スジェニックマウスでは著明な乳癌発生が観察され本タンパク質と乳癌との関連が明らかになった．HER2はHER1のEGFに相当する特異的リガンドをもたないがHER1などとヘテロ二量体を形成することで細胞増殖に寄与している．TrastuzumabはHER2に対するモノクローナル抗体で，結合した後エンドソームに取り込まれHER2とともに細胞表面から消失する．すなわちHER2発現量の低下に寄与する．生体内ではADCCによる機序も考えられるが，*in vitro*における増殖抑制活性と細胞表面HER2量がどのような関係にあるのか解析されなければならない．trastuzumabは，一定の方法でHER2発現量を各患者で測定し現実的な臨床の場でオーダーメイド化した良き例である（図6-18 B）．

5 おわりに

概念図に示した癌の分子生物学を基本として，表6-6に羅列したもの以外にも多くのタンパク質が分子標的に選択されている．しかし，病気標的薬になっているか否かを常に吟味し

なくてはならない．本稿ではこの理解に徹して代表的な標的分子を論じた．肺癌や乳癌という臓器別分類ではなく，＜HER1 exon9突然変異発現腫瘍＞のような病気標的となりうる標的タンパク質の名前で分類される将来がくるかもしれない．

■文献

1) "チロシンキナーゼの標的治療薬"（丸義朗／編），日本薬理学雑誌　ミニ総説号，122：471-514, 2003

2) Naito, M. & Tsuruo, T.：New multidrug-resistance-reversing druds, MS-209 and SDZ PSC833. Cancer Chemother Pharmacol., 40：Suppl. S20-24, 1997

3) Reid, T. S. & Beese, L. S.：Crystal structures of the anticancer clinical candidates R115777 (Tipifarnib) and BMS-214662 complexed with protein farnesyltransferase suggest a mechanism of FTI selectivity. Biochemistry, 43：6877-6884, 2004

4) Shah, N. P. et al.：Multiple BCR-ABL kinase domain mutations donfer polyclonal resistance to the tyrosine kinase inhibitor imatinib (STI571) in chronic phase and blast crisis chronic myeloid leukemia. Cancer Cell, 2：117-125, 2002

5) Cortes, J. et al.：Efficacy of the farnesyl transferase inhibitor R115777 in chronic myeloid leukemia and other hematologic malignancies. Blood, 101：1692-1697, 2003

6) George, P. et al.：Cotreatment with 17-allylamino-demethoxygeldanamycin and FLT-3 kinase inhibitor PKC412 is highly effective against human acute myelogenous leukemia cells with mutant FLT-3. Cancer Res., 64：3645-3652, 2004

7) "癌のシグナル伝達がわかる"（山本雅　仙波憲太郎／編），「白血病／リンパ腫の染色体転座」（丸義朗）：羊土社，2005

8) Xu, Z. et al.：A role for PML3 in centrosome duplication and genome stability. Molecular Cell., 17：721-732, 2005

9) Lynch, T. J. et al.：Activating mutations in the epidermal growth factor receptor underlying responsiveness of non-small-cell lung cancer to gefitinib. N. Engl. J. Med., 350：2129-2139, 2004

10) Farmer, H. et al.：Targeting the DNA repair defect in BRCA mutant cells as a therapeutic strategy. Nature, 434：917-921, 2005

INDEX

索引

欧文

A

α-SNAP	91
αヘリックス	27, 46, 120
α-マンノシダーゼⅡ	171
AAA+ファミリー	65
AAAモチーフ	198
aa-AMP	36
Aβ	301
Aβ（1-40）	301
Aβ（1-42）	301
Abl	134
actin-related protein	186
acute promyelocytic leukemia	323
AD	287
ADCC	177
AIF	238
Akt	216
all-trans retinoic acid	323
aminoacyl-tRNA synthetase	35
aneuploidy	307
Apaf-1	238
APC	309
APC/C	250
APL	323
APP	287
AP-1	309
ARF1	90
ARP	186
Arp2	186
ARS	35
Asef	309
ATG遺伝子	75
Atg1キナーゼ	75
Atg10	75
Atg8	159
ATM	246, 306
ATP	32, 58
ATPase活性	59
ATP加水分解	59
ATR	246
ATRA	323
A部位	38

B

β-アクチニン	186
βカテニン	309
β屈曲構造	49
βシート	27, 48, 120
βストランド	46, 48
βターン	48
βプロペラ構造	64
βヘアピン	49
$β_2$-ミクログロブリン	298
Bax	237
BAY43-9006	321
Bcl-2ファミリー	237
Bcl-2	124, 237
Bcl-w	237
Bcl-X_L	237
bevacizumab	321
BHAC	316
BH3-onlyタンパク質	238
Bid	238
BiP	86
BRCA2	166
BRCTドメイン	163
BSE	290
BubR1	253
Bub1	253
Bub1キナーゼ	253
B端	184

C

CAAX box	153
CAD/DFF40	242
Cak-activating kinase	123
CATH	52
CA1A2X	318
Ca^{2+}/カルモジュリン依存性キナーゼ	126
Cbp	118
Cdc2	123
Cdc20	254
Cdc25	123
Cdc25C	246
CD45	132
cetuximab	323
CHIP	60
Chk1キナーゼ	246
Chk2	306
Chk2キナーゼ	246
CHO細胞	280
chronic myeloid leukemia	321
c-IAP1	240
c-IAP2	240
CIS	220
CJD	272, 290
CLASP	194
Class Ⅰ MHC	299
CLIP	194
c-myc	305
CML	321
collision induced dissociation	272
Con A	261
conventionalミオシン	188, 191
COP	90
Co-Smad	220
COS細胞	280
COX阻害薬	315
CrkL	110
CRMP2	194
cross-β-pleated sheet	297
Csk	118
Csk binding protein	118
cspA	277
c-Src	110
C-terminal Src kinase	118
CXCR4	312
CyclinD1	310
CyclinD1/Cdk4	246
Cタイプ	196
C末端	46

D〜F

DEP-1	135
DNA	23, 24
DnaJ	59
DnaK	58, 60
DNase	242
DNase γ	243
DNA結合ドメイン	228
DNA修復	160
DNA損傷	315
DNAチップ	18
DUB	70
ECM	313
Eco Ⅰ	248
EF-G	38
EF-Tu	38
EFハンド	125
EGF	88, 111, 309
EGF抗体	321
EGF受容体	89, 309
Ena	134
EndoG	243
ENTHドメイン	17
epidermal growth factor	111
ERK1/2	215
ESI	268
Eカドヘリン	309
E-サブユニット	133
E部位	38
FACT複合体（facilitates chromatin transcription）	227
FADD	237
Fas	236
FasL	236
FGF	111
fibrobkast growth factor	111
FK-506	124
FLAG	283
FPP	318
FT-ICR	269, 272
Fアクチン	183

G

γ-amino butyric acid	201
γ-アミノ酪酸	201
G1期	245
G12	204
G2期	245
GABA	201
GABA受容体	202
GAP	82, 224, 318
gastro-intestinal stromal tumor	323
GCN5	144, 145
GDI	213
GDP dissociation inhibitor	213
GDP/GTP exchange factor	213
GEF	82, 213
Gefitinib	323
geldanamycin	321
gene dosage	307
genotoxic	312
GGA	90
GGT-Ⅰ	319
GIST	323
Gi/o	204
GPCR	204
GPI	153, 291
GPIアンカー	81
GPIアンカータンパク質	153
GPIアンカー化シグナル	153
G protein-coupled receptor	204
Gq	204
Grb2	110, 212
GroEL	62

INDEX 327

INDEX

GroES	62	
GrpE	60	
Gs	204	
GSK3β	194, 217	
GST	284	
GTP	17	
GTPase activating protein	318	
GTPキャップ	194	
GTPチューブリン	194	
GTP結合タンパク質	154	
Gアクチン	183	
Gアクチン結合タンパク質	184	
Gサブユニット	121	
Gタンパク質	204	
Gタンパク質共役型受容体	154, 204	

H～K

HAT	142, 229
HD	292
HDAC	144, 147, 229, 323
HEATモチーフ	123
HECT	69
HER1	323
HIF	312
His-Tag	283
HMM	184
homologous to E6AP C-terminus	69
Hop	60
Hsp40	59
Hsp70	59, 84
Hsp90	60
HTLV	305
IAPファミリー	239
ICAM-1	175
IF	35
IFN	218
IFN-β	145
IFN-γ	73
IGF	111
IL-1	309
imatinib	321
ING finger	69
initiation factor	35
insulin-like growth factor	111
in vitroラベル法	272
IPTG	278
IQモチーフ	189
IRES	44
I-Smad	222
isoprenoid	318
ISWI複合体 (imitation for SWI)	229
IT	268, 272
Jab1/MPN domain metalloenzyme	70
Jak	115, 209
JAMM	70
Janusキナーゼ	209
Jurkat T細胞	138
K-RasB	318

L～M

LAR	133
LAT	158
LC	267
Lck	157
LDL	88
LDL受容体	88
LTR	305
LY333531	321
Mad1	253
MALDI	268
MALDI-TOF	271
Man6-P	88, 174
MAP2	196
MAPキナーゼホスファターゼ	216
MAPKK	215
MAPKKK	215
MAPキナーゼキナーゼ	215
MAPキナーゼキナーゼキナーゼ	215
MBP	284
MEK1/2	213
merotelic接着	251
microtubular organizing center	249
microtubule	193
miRNA	44
Mi-2複合体	229
MKP	138, 216
MMP	313
motheatenマウス	137
MS	267
MSF	84
MS/MS法	272
MTOC	249
myc	283
MYPT	122
MYST	144
M期	245
Mタイプ	196
M2ヘリックス	203
M20	122

N～O

nAChR	202
NAD⁺	160
NADPH oxidase	312
N-CAM	176
Nck	110
nerve growth factor	111
NF-AT	124
NFκB	309
Nox	312
Nox1	312
NGF	111
NSF	91
N-グリカン	169
N-グリコシド結合	169
N-結合糖鎖	169
Nタイプ	196
N末端	46
N-ミリストイル化	151, 155
N-ミリストイル化シグナル	151
N-ミリストイル転移酵素	153
ODC	74
oncogene	305
OTU	70
ovarian tumor	70
O-グリカン	169, 171
O-グリコシド結合	168
O-グリコシル化	170
O-結合糖鎖	169

P

PAS	75
PA28	73
PA700	72
PARG	162
PARP	160
PARP阻害剤	160
PCAF	144
PDK	216
PDGF	111
PDGF受容体	112
Pex	84
peroxisome-targeting signal	84
P-glycoprotein	318
PHDドメイン	69
phosphotyrosine binding domain	110
PHドメイン	17, 29
PIC	226
PIM	122
PIP₂	187
PI3キナーゼ	216
PI3キナーゼ/Akt経路	212
PI(3,4,5)P₃	217
platelet-derived growth factor	111
PLCγ	110
PPMグループ	120
PPPグループ	120
PP1	119
PP2A	119
PP2B	119
PP2C	119
PQSサーバ	50
PrD	290
pre autophagosomal structure	75
pre-initiation complex	226
proto-oncogene	305
proto-oncogene説	305
PrP	291
PrPc	291
PrPSc	291
PTB	212
PTBドメイン	110
PTEN	140, 218, 309
PTP-MEG2	137
PTPH1	138
PTPドメイン	127
PTPループ	129
PTPζ	134
PTPμ	132
PTP1B	135
PTS	84
P-サブユニット	133
P端	184
P糖タンパク質	318
P部位	38
Pループ	198
p16	311
p19ARF	311
p300/CBP	144, 148
p53	147, 162, 311

Q～R

Q-TOF	272
Rab	91
Rac	134, 318
Raf-1	213
Ran	82

INDEX

RanGAP	82	
RARα	323	
Ras	213, 309	
Ras/ERK-MAPキナーゼ経路	212, 215	
Ras/MAPK	318	
Ras遺伝子	318	
RCC1	82	
receptor tyrosine kinase	212	
RECK	313	
regulator of G protein signaling	224	
release factor	35	
RF	35	
RGS	224	
Rho	134, 318	
RhoGAP部位	190	
RhoGEF	205	
Rho guanine nucleotide exchange factor	205	
ribosome recycling factor	35	
RNA	24	
RNA Pol II 複合体	227	
RNAエディティング	42	
RNA腫瘍ウイルス	305	
RNAポリメラーゼ	29, 226	
ROS	311	
RRF	35	
R-Smad	220	
RTK	212	
ruboxistaurin	321	
R点	245	

S

SANTドメイン	230
SAPKシステム	125
SAP-1	134
Sar1	90
Scc1	248
Scc3	248
SCOP	52
SDF-1α	312
SDS	299
SDS-PAGE	262
SDSポリアクリルアミドゲル電気泳動法	262
SD配列	38
Sec61複合体	86
SFK	117
SHIP2	218
SHP-1	136
SHPS-1	137
SH2ドメイン	109, 110

sister chromatid cohesion	248
Smac/DIABLO	239
Smad	210, 220
small ubiquitin-like modifier	228
Smc1	248
Smc3	248
Smurf1/2	222
SNARE	91
SOCS3	220
sorafenib	321
specific pocket	318
Src homology 2 domain	109
Srcファミリーチロシンキナーゼ	154, 156
SRP	86
STAT	218
stability of minichromosomes	248
SUMO	148
SUMO化	83, 228
Survivin	240
SWI/SNF複合体	146
switch/sucrose non-farmenting	229
SWI2/SNF2	229
Syk	110
syntelic接着	251
S期	247

T~Z

TβR	210
tankyrase	165
TAP法	275
TFII	226
TFIID複合体	146
TGF	210
TGF-β	222
TGF-βスーパーファミリー	220
TIM	84
tipifarnib	319
TKI	321
TNF	209, 236
TNFα	309
TNFR	236
TNFファミリー	236
TOF MS	269
TOF/TOF	272
TOM	84
TOR	77
TPR	60
TRADD	237
TRAIL	236
transforming growth factor	210
Trastuzumab	325
TRiC	63
tRNA	35
TSE	290
tumor necrosis factor	209
two-hit理論	305
T細胞受容体	157
T細胞白血病ウイルス	305
t (11;17) 転座	323
T7プロモーター	277
Ub carboxy-terminal hydrase	70
ubiquitin interacting motif	73
U-box	69
Ub-specific protease	70
UCH	70
UIM	73
unconventionalミオシン	188, 192
USP/UBP	70
vascular endothelial growth factor	321
vault PARP	165
VCP	138
VCP/p97	87
VEGF	321
WD40	123
WGAカラム	261
XIAP	240
XMAP215/Dis1	196
X線結晶解析	54
X線単結晶解析	54
Zn^{2+}フィンガー部位	190
Znフィンガー	162

和文

あ

アーキテクチャー	52
アイソフォーム	14
アクチベーター	226
アクチン	165, 182
アクチン結合タンパク質	184
アクチン細胞骨格	183
アクチン脱重合タンパク質	185
アクチンの脱重合	183
アクチン様タンパク質	186
アクチンリング	250
アゴニスト	200, 315
足場タンパク質	119
アシル化タンパク質	150
アセチル化	228, 229
アセチルコリン	201, 203
アダプタータンパク質	32, 110, 309
アデニル酸シクラーゼ	205
アデノウイルス	281
アフィニティークロマトグラフィー	259
アポトーシス	235, 308
アミノアシルAMP	36
アミノアシルtRNA合成酵素	35
アミノアシル化	36
アミノ基	24
アミノ酸	23, 24, 26
アミロイドβタンパク質	301
アミロイドーシス	296
アミロイド線維	296
アミロイド前駆タンパク質	297
アンタゴニスト	315
アンチコドン	36
安定同位体標識法	272
イオン交換クロマトグラフィー	261
イオンチャネル受容体	201
イオントラップ型質量分離装置	268
異数倍数体	307
イソプレノイド	318
一次構造	46
遺伝子	23
異変性接着	251
イノシトールリン脂質	216
イムノフィリン	62, 124
陰イオン交換クロマトグラフィー	261
インスリン	208
インスリン様増殖因子	111
インターカレーション	316
インターフェロン	209, 218
インターフェロンβ	145
インテグリン	175, 177
インヒビター	118
インポーチン	82
インポーチンα	149
エキスポーチン	82
液体クロマトグラフィー	267
エピジェネティック	227
エピジェネティック調節	306
エピトープタグ発現法	273

INDEX

エピトープ配列	283
エレクトロスプレーイオン化法	268
塩基除去修復	164
塩析	258
エンドサイトーシス	67
エンドソーム	325
エンハンサー	226
塩溶	258
オートファゴソーム	74
オートファジー	67, 74, 89, 159
オーロラB	252
オカダ酸	120
オピオイド	204
オリゴメリック酵素	124
オリゴ糖転移	171
オルニチン脱炭素酵素	74

か

ガードル状構造	203
開始因子	35
化学発がん	165
化学発癌剤	305
核酸	23
核内受容体	144
核輸送タンパク	149
獲得免疫	78
過酸化水素	311
カスパーゼ	163, 241
家族性アルツハイマー病	301
カタストロフ	194
活性化型RA	323
活性酸素	311
カベオラ	89
可溶性リガンド	112
カラムクロマトグラフィー	258
カルシトニン	206
カルシニューリン	124
カルネキシン	171
カルボキシル基	24
カルモジュリン	119
カルレティキュリン	171
癌	304
癌遺伝子	18, 305
癌化	160
癌原遺伝子	305
癌抑制遺伝子	18, 140, 305
基質	58
基質特異性	122
キネシン	196
機能	32
機能ドメイン	27
逆相クロマトグラフィー	261
キャッピングプロテイン	186
キャップ構造	38, 47
急性前骨髄性白血病	323
凝集	58
虚血後再灌流症候群	160
筋ジストロフィー	178
筋疾患	78
金属キレートアフィニティークロマトグラフィー	262
空間型MS/MS	272
組換えタンパク質	277
クラスリン	90
クリアランス	178
グリコーゲン合成酵素	121
グリコシダーゼ	171
グルタチオンS-トランスフェラーゼ	284
グルタミン酸	201
クローバーリーフ構造	35
クロストーク	201
クロスブリッジサイクル	191
クロマチン	141, 226
クロマチン構造制御コファクター複合体	227
クロマチン再構築	142
クロモドメイン	231
群特異的アフィニティークロマトグラフィー	261
形質転換増殖因子	210
血管内皮細胞増殖因子	321
結晶構造解析	120
血小板由来増殖因子	111
ケモカイン	218
ケモカイン受容体	312
ゲラニルゲラニル転移酵素	153
ゲラニルゲラニル転移酵素 type I	318
ゲル濾過	265
ゲル濾過クロマトグラフィー	261
限外濾過	264
コア構造	169
コア酵素	123
コア5糖構造	170
コイルドコイル	47
抗アポトーシス活性	308
高エネルギーチオエステル結合	69
抗癌剤	160
高次構造	18
校正機構	37
構造ゲノミクス	53
抗体依存性細胞傷害活性	177
高転移性悪性腫瘍	323
抗凍結糖タンパク質	179
高マンノース型	169
コールドショックタンパク質	277
古細菌	162
コシャペロニン	62
コシャペロン	59
固定化pH勾配ゲル	262
古典的チロシンホスファターゼ	127
コヒーシン	248
コファクター	227
コミットメント	245
小麦胚芽レクチンカラム	261
コラーゲン	313
コラーゲン型ヘリックス	47
コラーゲンヘリックス	49
ゴルジ体	171
コンカナバリンA	261
混成型	169
コンセンサス配列	170
コンデンシン	249
コンフォメーション	57

さ

サイトカイン	76, 112, 175, 218
サイトカイン受容体	220
サイトカラシン	188
細胞	22
細胞間接着分子-1	175
細胞骨格	92, 182
細胞死	79, 162
細胞質分裂	248
細胞周期	244
細胞情報伝達	150
細胞内局在	150
細胞内シグナル伝達	108
細胞内配置	197
細胞内品質管理	78
細胞表面受容体	201
細胞分裂	164
細胞膜アンカータンパク質	187
細胞膜受容体	309
残基	45
三次構造	50
三量体Gタンパク質	154
シアリダーゼ	178
シアリル Le^a	175, 176
シアリル Le^x	175, 176
シアリルルイス抗原	175
シアリル6-スルホLe^x	175
シアル酸	169
時間型MS/MS	272
シグナル伝達	110
シグナル伝達経路	224
シグナル配列	80, 171
シグナル分子	200
シグナルペプチダーゼ	80
シグナルペプチド	173
シクロスポリンA	124
自己阻害部位	125
脂質修飾タンパク質	150
四重極型質量分離装置	268
自食作用	159
システイン	26
ジストログリカン	178
ジスルフィド結合	46
自然免疫	78
質量分析計	266
シトシンアラビノシド	316
シナプシンI	188
脂肪酸	23
シャペロニン	61
シャペロン分子	173
終止コドン	40
重合核依存性重合モデル	298
重合促進タンパク質	186
収縮環	183
主鎖	46
腫瘍壊死因子	209
主要組織適合性抗原	299
受容体	200
受容体型チロシンキナーゼ	112
受容体型チロシンホスファターゼ	131
消化管間質腫瘍	323
小サブユニット	35
ショウジョウバエ	165
上皮細胞増殖因子	309
上皮成長因子	88
上皮増殖因子	111, 208
小胞体（ER）	171
情報伝達系	14
触媒活性	30
触媒サブユニット	119
ショットガン法	267
進化	27
真核生物	58, 162
心筋梗塞	166

INDEX

神経成長因子	111
神経変性	160
神経変性疾患	78
新生糖タンパク質	173
新生ポリペプチド鎖	58
伸長因子	35
水素結合	46
スーパーオキサイド	311
スーパーフォールド	50, 52
スタスミン	194
ステロイドホルモン受容体	62
ストーク	198
ストークヘッド	198
ストレス	57
スフィンゴ脂質	89, 157
スプライシング	14
スプライシングバリアント	123
スプリット型	60
滑り	192
制御機構	27
生物時計	165
セキュリン	254
セクレチン	206
セパレース	250
セリル tRNASec	44
セリン/スレオニンキナーゼ	15
セリン・スレオニンキナーゼ受容体	210
セレクチン	174
セレノシステイン	42, 46
セロトニン	201
線維核	299
線維芽細胞増殖因子	
遷移状態	31
	111, 208
センサー	204
染色体異常	307
染色体の安定性	160
全身性エリテマトーデス	162
セントロメア	165
繊毛	197
相互作用解析	55
増殖因子	212
増殖制御	111
双方向接着	251
側鎖	25, 46
足場タンパク質	119
疎水クロマトグラフィー	261
疎水性コア	26, 50

た

ターン構造	46
ダイオキシン	163
大サブユニット	35
代謝調節型受容体	206
代謝ラベル法	272
大腸菌	58
ダイナクチン複合体	198
ダイニン	194, 196
タウ	196
タグ	283
脱アセチル化酵素	229
脱塩	261
脱分極	78
脱リン酸化反応	119
ダブルリング構造	62
多胞体（MVB）	88
タリン	188
タンデム MS 法	272
単頭構造	192
タンパク	22
タンパク質	23, 24
タンパク質キナーゼB	216
タンパク質相互作用	17
タンパク質複合体	29
単粒子像解析	54
チェックポイント	245
チトクロム c	238
中心体	160
チューブリン	193, 251
調節サブユニット	119
超二次構造	47, 50
超らせん構造	47
チロシンキナーゼ	15, 106, 201
チロシンキナーゼ活性	106
チロシンキナーゼ拮抗薬	321
チロシンキナーゼ受容体	208
チロシン残基	108
チロシンホスファターゼ	127
停止シグナル	245
低分子化合物	17
低分子量 Gタンパク質	134, 154, 213
低密度リポタンパク質	88
デスリガンド	236
デスレセプター	236
テロメア	163
電気泳動	262
電子顕微鏡	54
電子線二次元結晶解析	54
転写	24
転写因子	215
転写開始効率	227
転写開始複合体	226
転写活性化ドメイン	228
転写伸長効率	227
糖	23
凍結乾燥	264
糖鎖抗原	174, 176
糖質加水分解酵素	171
透析	265
透析関連アミロイドーシス	298
糖タンパク質	168
糖転移酵素	171
等電点	261
等電点電気泳動法	262
糖尿病	160
糖ヌクレオチド	170
同方向性接着	251
ドッキングタンパク質	212
ドデシル硫酸ナトリウム	299
トポロジー	51
ドメイン	27, 53
トランスアクティベーション	112
トランスアミダーゼ	153
トランスゴルジ・ネットワーク	87
トランストランスレーション	42
トランスロケーション	38
トランスロコン	86
ドリコールリン酸	171
トリフルオロエタノール	299
トレッドミリング	184, 193
トロポニン	192
トロポミオシン	187, 192
トロポモデュリン	186
トロンビン	284
トワイライトゾーン	53

な

内在性リガンド	201
ニコチン性アセチルコリン受容体	202
二次元結晶解析	54
二次元電気泳動	18, 262
二次構造	46
二重特異性プロテインホスファターゼ	123
二重特異性ホスファターゼ	127
ニトロソメチルウレア	305
ニューラミダーゼ	315
二量体化	112
ヌクレオソーム	142
ヌクレオチド交換因子	60
ネクローシス	166
熱耐性 MAPs	196
ネットワーク	17
脳梗塞	166

は

バーキットリンパ腫	305
ハイドロキシアパタイトクロマトグラフィー	262
パッキング	54
バルジ	48
パルミトイル化	151
反やじり端	184
低い特異性	56
飛行時間型質量分離装置	269
微細繊維	184
非受容体型チロシンキナーゼ	109, 114
非受容体型チロシンホスファターゼ	131
微小管	193
微小管安定化	196
微小管構造中心	249
ヒスチジンタグ	283
ヒストン	141
ヒストンアセチル化酵素	142, 229
ヒストンオクタマー	226
ヒストンコード	142, 145, 227
ヒストンシャペロン	142
ヒストン脱アセチル化酵素	143, 323
ヒストンフォールド	143
ひだ状βシート	297
ヒトアミロイドーシス異常病	302
被覆ピット	88, 113
標的分子	315
広い特異性	56
ピロホスファターゼ	163
ビンキュリン	187
品質管理	173
ファクター Xa	284
ファシン	187
ファルネシル化	155
ファルネシル転移酵素	153, 318
ファルネシル二リン酸	318

INDEX

フィブロネクチンIII様ドメイン	132
フィラメント架橋タンパク質	187
フィラメント切断タンパク質	186
フィラメント側面結合タンパク質	187
フィラメント端キャッピングプロテイン	186
フーリエ変換イオンサイクロトロン型質量分離装置	269
フォールディング	23, 24, 57, 58
フォールディング中間体	58
フォールディング反応	295
フォールド	51
フォルボルエステル	305
フォルミン	186
不活性型変異	305
複合型	169
物質輸送	197
プラス端	184
プラス端集積因子	194
プラスミドDNA	277
ブルーカラム	261
フレームシフト	42
プレニル化	318
プレニル化タンパク質	150
プレニル転移酵素	318
プロスタグランジン	204
プロテアーゼ	24, 282
プロテアーゼ抵抗性	179
プロテアソーム	60, 250, 309
プロテインセリン・スレオニンホスファターゼ	119
プロテインデータベース	51
プロテオーム	266
プロテオーム研究	18
プロテオミクス解析	266
プロトフィラメント	194
プロフィリン	184
プロモーター	277
ブロモドメイン	146, 231
プロリンリッチドメイン	27
分解	23
分画遠心法	258
分岐構造	160
分子シャペロン	24, 57
分子寿命	177
分子スイッチ	156
分子置換法	54
分泌シグナル	279
分泌顆粒	88
平行βシート	48
ヘッジホッグタンパク質	159
ヘテロクロマチン	142
ヘパリンカラム	261
ヘビーメロミオシン	184
ペプチジルトランスフェラーゼ	35
ペプチド	45
ペプチド解離因子	35
ペプチド結合	25, 26, 45
ペプチド転移	38
ペプチド転移反応	35
ペプチドマスフィンガープリンティング	271
ペリプラズム	279
変性	23
鞭毛	197
紡錘体	165
紡錘体形成チェックポイント	253
ホーミング	176
補酵素	50
ホスファチジルイノシトール依存タンパク質キナーゼ	216
ホスホジエステラーゼ	163
ホスホチロシン結合ドメイン	110
ホスホリパーゼCβ	222
ポリADP-リボース合成酵素	160
ポリADP-リボシル化	160
ポリADPリボース分解酵素	162
ポリA結合タンパク質	36
ポリシアル酸鎖	176
ポリジストロフィー	174
ポリソーム	36
ポリプロリン配列	27
ポリプロリンヘリックスII型	47
ポリペプチド	45
ポリペプチド鎖	58
ポリユビキチン化	74
ホルミル化	38
ホロ酵素	121
翻訳	24
翻訳因子	35
翻訳後修飾	160

ま〜ら

マイクロドメイン	89
マイナス端	184
膜貫通型タンパク質	112
膜貫通型リガンド	112
膜電位	202
膜濃縮	264
マススペクトログラフィー	18
マススペクトロメトリー	266
マスト細胞	138
マトリクス支援レーザー脱離イオン化法	268
マトリックスメタロプロテアーゼ	313
マルチクローニングサイト	283
マルトース結合タンパク質	284
慢性骨髄性白血病	321
マンノース6-リン酸	88
ミオシン	183, 188
ミオシン軽鎖	121
ミオシンスーパーファミリー	188, 189
ミオシンモーター部位	192
ミクロフィラメント	184
ミスフォールディング	296
密度勾配遠心法	258
ミリストイルスイッチ	155, 156
無細胞タンパク質合成系	281
ムチン	179
メタボトロピック受容体	206
メチオニンアミノペプチダーゼ	151
メチル化	229
メチル転移酵素	153
メディエーター複合体	227
メラノーマ	309
免疫プロテアソーム	73
網膜芽細胞腫	305
モータータンパク質	194, 196
モータードメイン	196
モノADP-リボシル化酵素	162
モノユビキチン化	74
薬物受容体	315
やじり端	184
輸送シグナル	174
ユークロマチン	142
ユビキチン	60, 68, 82, 309
ユビキチン化	229, 250
ユビキチン活性化酵素	69
ユビキチン結合酵素	69
ユビキチン鎖伸長酵素	70
ユビキチン様反応系	75
ユビキチンリガーゼ	171
ユビキチン連結酵素	69
ゆるい相互作用	56
陽イオン交換クロマトグラフィー	261
溶液NMR	54
四次構造	50
ラフト	150, 157
リガンド	30, 107
リソソーム	67, 171
立体構造	18, 23, 27
立体構造決定法	54
リフォールディング	279
リボース	36
リボスイッチ	44
リボソーム	35
リボソーム再生因子	35
リボソームジャンプ	42
硫安分画	258
両性電解質	261
リン酸化	15, 228, 229
リン酸化酵素	107
レクチン	173
レスキュー	194
ローリング	175
ロスマンフォールド	49
ロドプシン	206

数字・その他

14-3-3	162
14-3-3σ	246
16S rRNA	38
17-allylamino GA	321
20Sプロテアソーム	72
23S rRNA	38
2頭構造	192
3_{10}ヘリックス	47, 49
5HT	201
5-hydroxytryptamine	201
+TIPs	194

編者紹介

竹縄　忠臣（たけなわ　ただおみ）

1966年，京都大学薬学部卒業．'72年筑波大学基礎医学講師．'80年東京大学医学部生化学助教授．'84年東京都老人総合研究所部長を経て'92年より東京大学医科学研究所教授．研究当初よりイノシトールリン脂質情報伝達の研究を一貫して行っている．その過程でN-WASPやWAVEを見つけて細胞骨格，細胞運動制御の研究にも首を突っ込んできた．最近ではイノシトールリン脂質による細胞運動制御に興味を抱いている．

タンパク質科学イラストレイテッド
しつかがく

2005年11月1日　　第1刷発行

編　集	竹縄忠臣（たけなわただおみ）
発行人	葛西文明
発行所	株式会社　羊　土　社
	〒101-0052
	東京都千代田区神田小川町2-5-1
	神田三和ビル
	TEL　03(5282)1211
	FAX　03(5282)1212
	E-mail　eigyo@yodosha.co.jp
	URL　http://www.yodosha.co.jp/
印刷所	三美印刷株式会社

ISBN4-89706-492-9

本書の複写権・複製権・転載権・翻訳権・データベースへの取り込みおよび送信（送信可能化権を含む）・上映権・譲渡権は，(株)羊土社が保有します．
JCLS　＜(株)日本著作出版管理システム委託出版物＞　本書の無断複写は著作権法上での例外を除き禁じられています．複写される場合は，そのつど事前に(株)日本著作出版管理システム（TEL 03-3817-5670, FAX 03-3815-8199）の許諾を得てください．

研究に役立つ羊土社おすすめ書籍

生命現象の主役,タンパク質への理解が深まる最先端レビュー集

細胞内タンパク質の社会学

編集／永田和宏, 遠藤斗志也

合成・品質管理・輸送・分解のケアシステムと疾患発症機構

定価 5,670円
（本体5,400円＋税5%）
B5判　209頁
ISBN4-89706-112-1

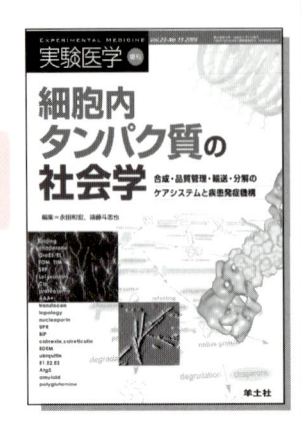

誰もがつまずく実験法のコツと裏技ばかりを集めました！

バイオ実験で失敗しない！ 検出と定量のコツ

編集／森山達哉

核酸からタンパク質,脂質まで,確実なデータを出す実践的ノウハウと最適なキット・機器の活用法

定価 3,675円
（本体3,500円＋税5%）
B5判　234頁
ISBN4-89706-483-X

初心者にもわかりやすいタンパク質実験書の決定版！

タンパク質実験ハンドブック

編集／竹縄忠臣

分離・精製, 質量分析, 抗体作製, 分子間相互作用解析などの基本原理と最新プロトコール総集編！

定価 7,245円
（本体6,900円＋税5%）
B5判　281頁
ISBN4-89706-369-8

プロテオーム研究の第一人者編集による最新プロトコール集

決定版！プロテオーム解析マニュアル

編集／礒辺俊明, 高橋信弘

発現解析・機能解析の最新プロトコールからデータ整理,トラブル対処法まで

定価 6,510円
（本体6,200円＋税5%）
B5判　281頁
ISBN4-89706-415-5

発行　羊土社

〒101-0052
東京都千代田区神田小川町2-5-1 神田三和ビル
TEL 03(5282)1211　　FAX 03(5282)1212
E-mail:eigyo@yodosha.co.jp
URL:http://www.yodosha.co.jp

ご注文は最寄りの書店,または小社営業部まで
郵便振替00130-3-38674

初心者からベテランまでみんなが知りたい実験成功のコツが満載！

タンパク質研究
なるほどQ&A

- 確実におさえておきたい基本が**100の回答**で身につきます！
- **最適な条件**で実験を行うポイントも満載！！
- 知識を深める50の用語解説つき！

編集／戸田年総（東京都老人総合研究所），
　　　平野　久（横浜市立大学大学院国際総合科学研究科），
　　　中村和行（山口大学大学院医学系研究科）

■ 定価 4,830円（本体4,600円＋税5％）
■ B5判　■ 288頁　■ 2色刷り　■ ISBN4-89706-488-0

電気泳動 なるほどQ&A

泳動のバンドの形が変！ゲルが固まらない！など，電気泳動にまつわるさまざまなトラブルをQ&A方式で解決！

編集／大藤道衛（東京テクニカルカレッジ・バイオテクノロジー科）
協力／日本バイオ・ラッドラボラトリーズ株式会社

■ 定価 3,990円（本体3,800円＋税5％）
■ B5判　■ 250頁　■ 2色刷り
■ ISBN4-89706-889-4

細胞培養 なるほどQ&A

培養操作の基本から，コンタミなど困った時のトラブル対策まで，今さら人に聞けない疑問や悩みを即解決！

編集／許　南浩（岡山大学大学院医歯学総合研究科）
協力／日本組織培養学会，JCRB細胞バンク

■ 定価 4,095円（本体3,900円＋税5％）
■ B5判　■ 221頁　■ 2色刷り
■ ISBN4-89706-878-9

遺伝子導入 なるほどQ&A

遺伝子導入・発現効率を上げる方法などの基礎知識に加え，失敗を回避するコツやトラブルへの対処法が満載！

編集／落谷孝広，青木一教（国立がんセンター研究所）

■ 定価 4,410円（本体4,200円＋税5％）
■ B5判　■ 232頁　■ 2色刷り
■ ISBN4-89706-481-3

発行　羊土社
〒101-0052　東京都千代田区神田小川町2-5-1　神田三和ビル
TEL 03(5282)1211　　FAX 03(5282)1212
E-mail：eigyo@yodosha.co.jp　URL：http://www.yodosha.co.jp/

ご注文は最寄りの書店，または小社営業部まで
郵便振替00130-3-38674

大好評シリーズ最新刊，ついに登場！
分子生物学の基礎がゼロからわかる！

学生から教授にまで大好評！
親しみやすい語り口で"生物学的ものの見方"が身につきます

井出利憲／著
（広島大学大学院医歯薬学総合研究科 教授）

分子生物学講義中継

細胞生物学と生化学の基礎から生物が成り立つしくみを知ろう

part 0 上巻

まず分子生物学の基礎を楽しく学ぼう！

分子生物学講義中継 part ゼロ 上巻
細胞生物学と生化学の基礎から生物が成り立つしくみを知ろう
井出利憲
広島大学大学院医歯薬学総合研究科／教授

どのようにつくられている？
構成する成分から
複雑で巧妙なシステムまで，
わかりやすく教えます！

暗記ではなく「理解して納得できる」
名物講義で分子生物学の基礎固め！
"生物学的ものの見方"が身につきます

定価3,780円
（本体3,600円＋税5％）
B5判，2色刷り，237頁
ISBN4-89706-491-0

part 3

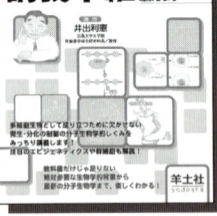

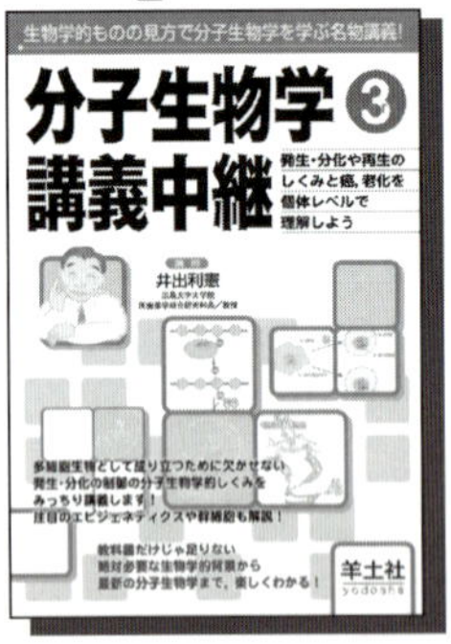

発生・分化や再生のしくみと癌，老化を個体レベルで理解しよう

定価4,095円
（本体3,900円＋税5％）
B5判，2色刷り，212頁，
ISBN4-89706-877-0

part 2

細胞の増殖とシグナル伝達の細胞生物学を学ぼう

定価3,885円（本体3,700円＋税5％）
B5判，2色刷り，164頁，
ISBN4-89706-876-2

part 1

教科書だけじゃ足りない絶体必要な生物学的背景から最新の分子生物学まで楽しく学べる名物講義

定価3,990円
（本体3,800円＋税5％）
B5判，2色刷り，260頁，
ISBN4-89706-280-2

高校生物を学んでいない人でも **楽しくわかる！**

発行 **羊土社**
〒101-0052
東京都千代田区神田小川町2-5-1 神田三和ビル
TEL 03(5282)1211　　FAX 03(5282)1212
E-mail：eigyo@yodosha.co.jp
URL：http://www.yodosha.co.jp/

ご注文は最寄りの書店，または小社営業部まで
郵便振替00130-3-38674